HÜTTE Bautechnik Band V

HÜTTE Taschenbücher der Technik

Herausgegeben vom
Wissenschaftlichen Ausschuß des Akademischen Vereins Hütte e.V.

29. Auflage

Bautechnik

Band V
Konstruktiver Ingenieurbau 2: Bauphysik

Bandherausgeber E. Cziesielski

Springer-Verlag Berlin Heidelberg NewYork
London Paris Tokyo 1988

Bandherausgeber:

Prof. Dr. rer. nat. *Erich Cziesielski*, Technische Universität Berlin

Mitarbeiter:

Prof. Dr. rer. nat. Erich Cziesielski, Technische Universität Berlin
Prof. Dr.-Ing. habil. Karl Gertis, Universität Stuttgart
Prof. Dr.-Ing. Robert von Halász, Berlin
Prof. Dr.-Ing. Karl Kordina, Technische Universität Braunschweig
Reg.-Dir. Dr.-Ing. Claus Meyer-Ottens, Amtliche Materialprüfanstalt für das Bauwesen, Braunschweig

Mit 186 Abbildungen

CIP-Titelaufnahme der Deutschen Bibliothek

Hütte: Taschenbücher d. Technik/hrsg. vom Wiss. Ausschuß d. Akad. Vereins Hütte e. V. — Berlin; Heidelberg; New York; London; Paris; Tokyo: Springer. Teilw. im Ernst-Verl., Berlin; München; Düsseldorf. — Teilw. hrsg. von Hütte, Ges. für Techn. Informationen mbH, Berlin. — Teilw. mit d. Erscheinungsorten Berlin, Heidelberg, New York
NE: Akademischer VereinHütte/Wissenschaftlicher Ausschuß; Hütte, Gesellschaft für Technische Informationen (Berlin, West)
Bautechnik. Bd. 5. Konstruktiver Ingenieurbau. — 2.–29. Aufl. — 1988
Bautechnik. — Berlin; Heidelberg; New York; London; Paris; Tokyo: Springer. (Hütte)
Bd. 5. Konstruktiver Ingenieurbau. — 2/Bd.-Hrsg. E. Cziesielski. [Mitarb.]. — 29. Aufl. — 1988

ISBN-13: 978-3-642-95546-4   e-ISBN-13: 978-3-642-95545-7
DOI: 10.1007/978-3-642-95545-7

NE: Cziesielski, Erich [Hrsg.]

Vorwort

Seit mehr als hundert Jahren verfolgen die HÜTTE-Taschenbücher das Ziel, auf wichtigen Gebieten der Technik ein zuverlässiges Nachschlagewerk für Praxis und Studium zu sein.

Der Bautechnik wurde erstmals in der 20. Auflage (1909) ein eigener Band gewidmet, der als HÜTTE III bekannt war und in der 28. Auflage (1956) bereits ca. 1 600 Seiten umfaßte. Die zahlreichen Fortschritte im Bauwesen sowie dessen technische und wirtschaftliche Bedeutung führten zu dem Entschluß, für die 29. Auflage ein mehrbändiges Werk „HÜTTE Bautechnik" zu schaffen, das an die Stelle des früheren Bandes III treten soll. Mit der Übernahme der Buchreihe durch den Springer-Verlag wurde auch das in der Vergangenheit viel verwendete Taschenbuch für Bauingenieure von Schleicher in die Planungen der HÜTTE Bautechnik integriert. Insbesondere die HÜTTE-Bände IV bis VII (Konstruktiver Ingenieurbau) sollen den ersten Band des Schleicher ersetzen.

Aus der HÜTTE Bautechnik liegen bis jetzt die Bände I bis IV vor. Insgesamt ist das folgende Programm vorgesehen:

Band I   Vermessungstechnik, Baubetriebswirtschaft, Bauvertragsrecht, Baustoffe

Band II   Grundbau, Verkehrsbau, Wasserbau

Band III   Baumaschinen, Schalung, Rüstung

Band IV   Konstruktiver Ingenieurbau 1: Statik. Planungsablauf und Planungsgenehmigung, Baustatik, Methode der Finiten Elemente, Modellstatik

Band V   Konstruktiver Ingenieurbau 2: Bauphysik: Wärmeschutz, Feuchteschutz, Abdichtung, Schallschutz, Brandschutz; Geschichte der Bauingenieurkunst

Band VI   Konstruktiver Ingenieurbau 3: Massiv- und Stahlbau: Stahlbau, Verbundbau, Stahlbetonbau, Spannbetonbau, Anwendung des Stahl- und Spannbetons

Band VII Konstruktiver Ingenieurbau 4: Ingenieurhochbau: Aussteifungen, Dachkonstruktionen, Außenwände, Innenwände, Decken, Treppen, Fenster; Mauerwerksbau, Holzbau

Zur Zielsetzung des vorliegenden Bandes V ist folgendes zu bemerken:

Das Baugeschehen ist jetzt und in der Zukunft grundlegend von den Erfordernissen der Energieeinsparung sowie des Umweltschutzes geprägt. Die Bauphysik hat sich dieser Aufgabe frühzeitig angenommen und sich zu einer bedeutsamen Fachdisziplin entwickelt, die praktische Lösungen aufzeigen kann.

Der Band über die Bauphysik behandelt die Phänomene von Wärme, Feuchte, Schall und Brand.

Im Abschnitt über den Wärmeschutz werden die physikalischen Grundlagen des Wärmetransportes sowie die Möglichkeiten zur Energieeinsparung aufgezeigt. Die Energieeinsparung wird zunehmend notwendiger und stellt eine Aufgabe dar, die die technische Ausführung von Bauwerken erheblich mitbestimmen wird.

Der Einfluß der Feuchte ist in hohem Maße bedeutsam für die Funktion und den Bestand der Gebäude. Der Feuchteschutz schafft zusammen mit dem Wärmeschutz die Voraussetzungen für behagliche und hygienische Wohnverhältnisse.

Abdichtungsfragen und Probleme des Schutzes gegen Bodenfeuchtigkeit und Witterungseinflüsse müssen bis zur Detailausbildung beherrscht werden, um schadensfreie Bauwerke zu errichten, die den Nutzungsanforderungen gerecht werden.

Der Schallschutz gewinnt zunehmend an Bedeutung, weil der Lärm in unserer hochtechnisierten Gesellschaft gesundheitsgefährdend wirkt. Darüber hinaus wird in zunehmendem Maße auch der Schallschutz im Städtebau zu einer Aufgabe des Umweltschutzes.

Milliardenwerte gehen alljährlich durch Brände verloren. Die Aufgabe des baulichen Brandschutzes ist es, Leben und Gesundheit der Nutzer von Gebäuden zu schützen und gleichzeitig die Sachwerte zu erhalten. Die gesetzlichen Anforderungen hinsichtlich des Brandschutzes sowie die Realisierung des baulichen Brandschutzes werden behandelt.

Die Tageslichttechnik ist im vorliegenden Band nicht berücksichtigt, da sie überwiegend die Architekten betrifft, während sich die Bände der HÜTTE über den Konstruktiven Ingenieurbau hauptsächlich an Bauingenieure wenden.

Abgeschlossen wird der Band durch einen Beitrag über die Geschichte der Bauingenieurkunst. Er soll die Bauingenieure zusammenfassend über die Anfänge ihrer Technik informieren und zugleich ihr Geschichtsbewußtsein entwickeln helfen.

Besonderer Dank gilt den Autoren, die ihr fachliches Wissen und ihre didaktischen Erfahrungen eingebracht und viel Verständnis für die Wünsche des Herausgebers und der Redaktion gezeigt haben.

Dem Springer-Verlag danken wir für die vertrauensvolle Zusammenarbeit.

Berlin, im Juni 1988   Dr. rer. nat. Erich Cziesielski
           Bandherausgeber

           Dipl.-Ing. Ulrich Kluge
           Redaktion der HÜTTE-Taschenbücher

           Dr.-Ing. Werner Sommerfeld
           Vorsitzender des Wissenschaftlichen Ausschusses
           des Akademischen Vereins Hütte e. V., Berlin

Inhalt

Teil E. Bauphysik

5. Schallschutz (K. Gertis) 176

Inhalt

Teil F. Zur Geschichte der Bauingenieurkunst

(*R. v. Halász*)

Teil E. Bauphysik

1. Wechselwirkungen zwischen Bauphysik und Baukonstruktionen

Von *Erich Cziesielski*

1.1 Aufgabe und Umfang der Bauphysik

Die Entwicklung des Baugeschehens während der letzten drei Jahrzehnte war im wesentlichen dadurch gekennzeichnet, daß die Bautätigkeit rationalisiert werden mußte, um eine höhere Produktivität zu erzielen.

Zum Erreichen des angestrebten Zieles war es notwendig, die bis dahin vorherrschenden handwerklichen Baumethoden zu verlassen und zu mehr oder minder industriellen Baumethoden überzugehen. Bei den industriellen Baumethoden war es nicht mehr ohne weiteres möglich, auf die langjährigen Erfahrungen der handwerklichen Konstruktionen — insbesondere des Mauerwerks- und Holzbaues — zurückzugreifen. Die kurzfristig zu entwickelnden Baumethoden mußten die in Handwerksbetrieben überlieferten Erfahrungen durch die Erkenntnisse der Wissenschaft und der Forschung ersetzen. Bei industriellen Baumethoden und neuerdings auch bei handwerklichen Baumethoden werden deswegen zur Lösung der auftretenden Probleme weitgehend naturwissenschaftliche Methoden zur Bewältigung der erkannten Probleme eingesetzt. Einen wesentlichen Teil dieser mathematischen und naturwissenschaftlichen Methoden umfaßt die Bauphysik, die die wissenschaftliche Grundlage der Baukonstruktionslehre darstellt. Bild 1-1 gibt einen Überblick über die Einzelgebiete der Bauphysik.

Die aufgeführten bauphysikalischen Einzelgebiete (Grundlagenwissen) stehen im engen Zusammenhang miteinander und sind bestimmend für die Wahl der Konstruktion sowie

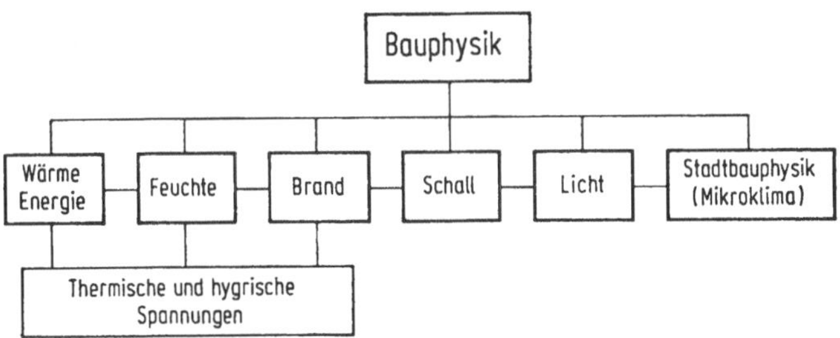

Bild 1-1. Teilgebiete der Bauphysik.

für die zur Anwendung gelangenden Baustoffe. Sie stehen außerdem im engen Zusammenhang mit der Ausbautechnik und beeinflussen diese bzw. werden durch sie beeinflußt. Die Betrachtung der bauphysikalischen Probleme muß deswegen immer im Zusammenhang mit dem zu entwerfenden Gebäude gesehen werden. Das gesonderte Betrachten einzelner Aspekte des Bauens ist praxisfremd. Notwendig ist vielmehr eine ganzheitliche Betrachtungsweise: Fast sämtliche Bauteile und Gebäude, die bisher fast ausschließlich nach statisch konstruktiven Gesichtspunkten entworfen wurden und bei denen die bauphysikalischen Aspekte aus der Erfahrung heraus als befriedigend gelöst angesehen werden durften, sollten bei Vorliegen neuerer Bauarten und Baustoffe aufgrund der auf Bauschäden und Mängel zurückzuführenden Erkenntnis heraus, heute auch unter Berücksichtigung bauphysikalischer Überlegungen entworfen werden. Bauphysikalische Maßnahmen sind somit unverzichtbare und unabtrennbare Bestandteile eines jeden konstruktiven und planerischen Entwurfs im Hochbau. Bauphysikalische Maßnahmen bewirken, daß die angestrebte Qualität eines Gebäudes unter Wahrung wirtschaftlicher Gesichtspunkte langfristig erreicht wird und sie stellen gleichzeitig die Gesundheit, das Wohlbefinden und die Leistungsfähigkeit der Nutzer eines Gebäudes sicher.

1.2 Wechselwirkungen zwischen Baukonstruktionen und Bauphysik

1.2.1 Übersicht

Konstruieren heißt, für ein bestimmtes Bauwerk oder ein bestimmtes Bauteil eine technisch möglichst sämtlichen Ansprüchen genügende, wirtschaftlich günstige sowie ästhetisch befriedigende Lösung zu finden. Eine Planung stellt somit ein komplexes (vieles umfassendes) Vorhaben dar, bei der die Erfüllung zahlreicher sich gegenseitig beeinflussender Parameter zu erreichen gesucht werden muß. Zur Lösung solcher Aufgaben ist die Aufgliederung komplexer Planungszusammenhänge in einzelne Problemkreise notwendig, die dann einer Gesamtlösung zugeführt werden müssen.

1.2.2 Analyse der Wechselwirkungen

Die Beurteilung der Wechselwirkungen bauphysikalischer Zusammenhänge auf ein Bauteil geschieht in der Form, daß zunächst die bauphysikalischen Kriterien (Randbedingungen) aufgelistet und dann die möglichen Verknüpfungen zu weiteren komplexen Planungszusammenhängen aufgezeigt werden. In Bild 1-2 sind die Zusammenhänge und Wechselwirkungen in einer prinzipiellen Übersicht dargestellt; danach bestehen z. B. bei der Wahl des Wärmeschutzes (k_m) einer Außenwand Wechselwirkungen zwischen der Raumbelichtung (Tageslichtquotient als Funktion der Fenstergröße), zwischen dem Temperaturverhalten des Raumes im Sommer (wärmespeichernde Außenwandkonstruktion, Sonnenschutz) und auch zwischen dem klimabedingten Feuchteschutz (Tauwasserbildung). Weitere Zusammenhänge mit anderen Planungskomponenten sind: Abhängigkeit vom architektonischen Entwurf (Verhältnis Wandoberfläche zu Gebäudevolumen), weiterhin die Abhängigkeit vom verwendeten Wärmedämmstoff und letztlich auch der Zusammenhang mit dem Tragverhalten des Bauwerks (Zwängungsspannungen). Der Grad der Komplexität wird beeinflußt

a) durch die Anzahl der zu erfüllenden Anforderungen,
b) durch die Anzahl der Beurteilungskriterien,

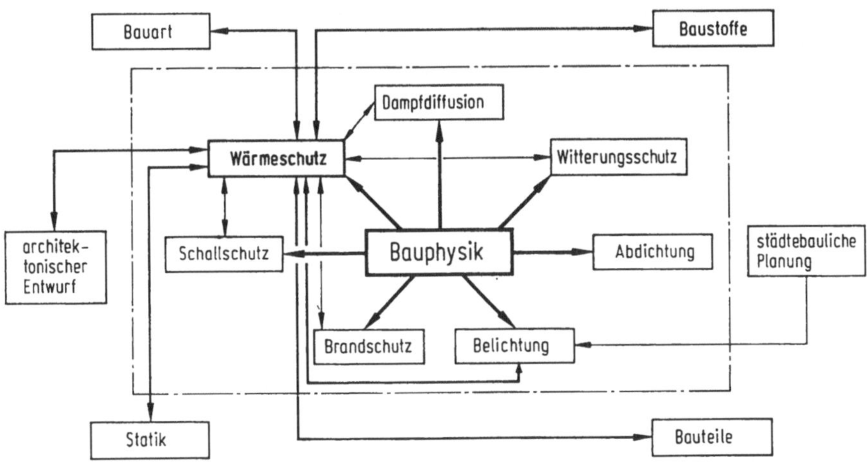

Bild 1-2. Wechselbeziehungen zwischen Teilgebieten der Bauphysik am Beispiel
des Wärmeschutzes.

c) durch die Anzahl der zur Erfüllung der Aufgabe in Frage kommenden Bauarten und
   Bauverfahren,
d) durch die Anzahl der zur Erfüllung der Aufgabe in Frage kommenden Baustoffe.

Die Komplexität der Zusammenhänge wird immer schwieriger überschaubar, da die
Anforderungen und die Maßnahmen zur Beurteilung bauphysikalischer Eigenschaften
nicht festgefügt sind, sondern einer durch äußere Einflüsse bedingten Veränderung unterliegen (z. B. Preisentwicklung für die Heizenergie, Zinspolitik, gesetzliche Maßnahmen auf
dem Gebiet des Umweltschutzes o. ä.).

1.2.3 Lösungsmöglichkeiten bei der Erarbeitung bauphysikalischer Planungen

Es ist üblich, Planungsentscheidungen hinsichtlich der Auswahl von Baustoffen und
Bauarten, die die bauphysikalischen Eigenschaften eines Gebäudes beeinflussen, primär
nach ihrer „Wirtschaftlichkeit" zu beurteilen. Unter der „Wirtschaftlichkeit" wird in der
Regel eine Minimierung der reinen Baukosten, gegebenenfalls eine Minimierung der Heiz-
kosten und darauf aufbauend eine Minimierung der Gesamtkosten verstanden. Die Schwie-
rigkeit bei dieser Betrachtungsweise besteht darin, daß bei Veränderung nur eines Para-
meters die damit in funktionalem Zusammenhang stehenden Auswirkungen auf andere
Bauteile kostenmäßig nur schwierig zu erfassen sind (z. B. die Abänderung einer schweren
Außenwandkonstruktion in eine leichte Außenwandkonstruktion mit einer zwar besseren
Wärmedämmung, aber einer geringeren Temperaturamplitudendämpfung, die u. U. eine
Klimatisierung oder eine schwere, speichernde Innenwand bedingt). Diese zusätzlichen
Maßnahmen haben ihrerseits wieder Auswirkungen z. B. auf die Tragkonstruktion und
auf die Ausbautechnik.

Eine Lehre der Methodik des Konstruierens von Gebäuden und Bauteilen existiert zur Zeit nur unvollkommen oder überhaupt nicht. Es erscheint zunächst schwer, die vielfältigen Anforderungen in statischer und bauphysikalischer Hinsicht sowie deren Wechselwirkungen zu erfassen, weswegen auch routinierten Konstrukteuren des öfteren Fehler unterlaufen, die auf das Übersehen einer Beanspruchung oder Anforderung zurückzuführen sind. Demgegenüber haben sich insbesondere im Maschinenbau für das methodische Konstruieren Arbeitsschritte bewährt, die dort allgemein anwendbar sind. Auch im Bauwesen wird versucht, neuerdings das Konstruieren methodischer durchzuführen. Um zu einer allgemeingültigen Konstruktionsmethodik zu gelangen, ist folgendes notwendig:

1. Konstruktionsprozeß in Einzelschnitte aufgliedern, so daß Einzelschritte (Einzelberechnungen) zur Klärung einer Eigenschaft angewendet werden können.
2. Erstellen einer Anforderungsliste — Im Regelfall enthält die Anforderungsliste explizit noch keine Lösungsvarianten, sondern nur Anforderungen z. B. hinsichtlich der Tragfähigkeit, des Brandschutzes, des Wärmeschutzes u. ä.
3. Suchen nach Lösungskonzeptionen für die maßgeblichen Bauteile (Baukomponenten) z. B. hinsichtlich der Baustoffe und der Schichtanordnung.
4. Überprüfen der Kombination möglicher Lösungskonzeptionen im Hinblick auf eine Gesamtlösung. — Zum Beispiel überprüfen, ob bei Wahl einer leichten, besonders gut wärmedämmenden Außenwandkonstruktion auch die Belange der Standsicherheit, des Brandschutzes und des Schallschutzes noch erfüllt sind.
5. Laufende Wertung der erarbeiteten Lösungskonzeptionen und der Kombination von Lösungskonzeptionen.
6. Erarbeiten des Entwurfs.

Das in Bild 1-3 dargestellte Flußdiagramm kann als Anleitung dienen.

Die Beurteilung der technischen Einzelkriterien stellt ein notwendiges Unterfangen dar und vermittelt hinsichtlich der Güte einer Lösungsmöglichkeit einen Anhalt. Für die ganzheitliche Beurteilung bildet jedoch der Preis in der Regel die wichtigste Beurteilungsgröße, wenn die technischen Mindestanforderungen erfüllt sind, soweit nicht aufgrund einer schwierigen Aufgabenstellung technische Werte die Urteilsfindung maßgeblich beeinflussen (z. B. bei einem klimatisierten Verwaltungsbau). In der Systemtechnik gibt es formale Bewertungsmethoden, die es gestatten, technische und wirtschaftliche Wertigkeiten miteinander derart zu verknüpfen, daß komplexe Lösungen ganzheitlich beurteilt werden. Ohne auf die Problematik der Berechnung von Bewertungen im einzelnen einzugehen, wird angeführt, daß formale Bewertungsmethoden *nicht* die Aufgabe haben und auch nicht haben können, unumstößliche Zielfindungen herbeizuführen; sie sollen lediglich den Vorgang der Zielfindung und der verbalen Argumentation unterstützen [1].

1.3 Zusammenfassung

Die Bauphysik stellt die mathematisch naturwissenschaftliche Grundlage der Baukonstruktionslehre dar. Bauphysikalische Untersuchungen sind notwendig, um Gebäude in ihrer Gebrauchs- und Funktionsfähigkeit beurteilen zu können.

Die Beurteilung eines Gebäudes muß ganzheitlich erfolgen. Die ausschließliche Betrachtung nur einer Komponente ist unzureichend. Die ganzheitliche Beurteilung eines

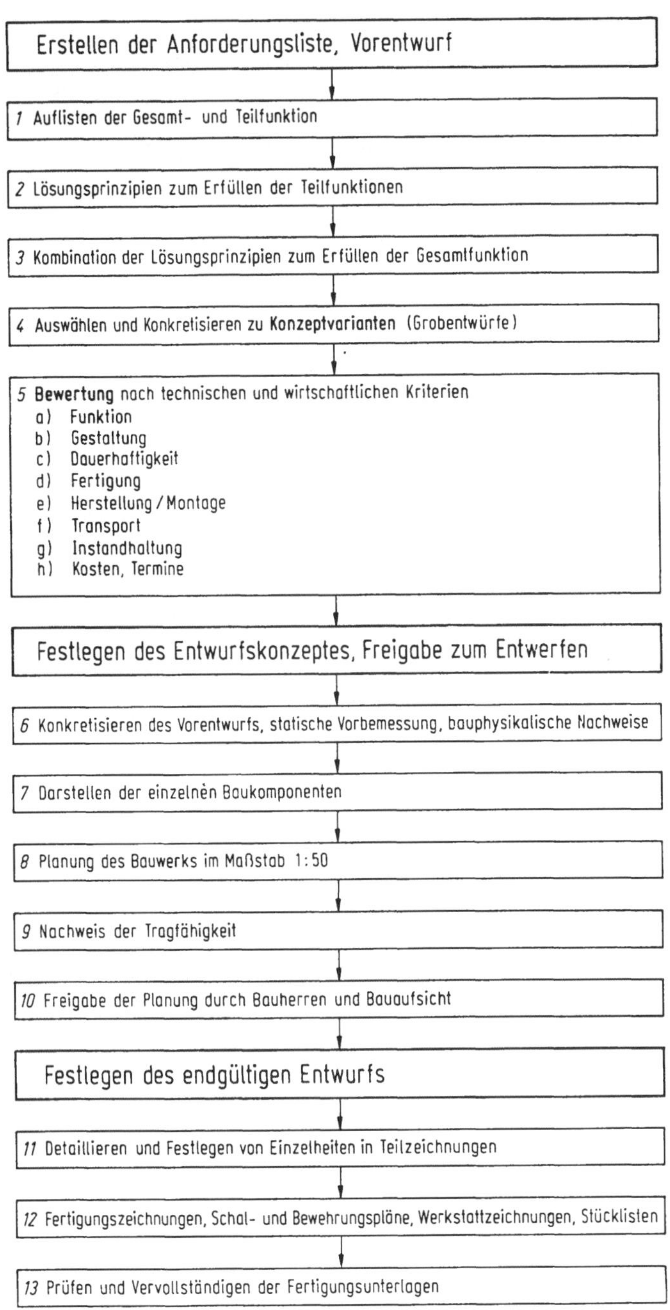

Bild 1-3. Ablaufplan zum methodischen Konstruieren.

Gebäudes ist in der Weise vorzunehmen, daß anhand einer Checkliste die Anforderungen hinsichtlich ihres Erfüllungsgrades beurteilt werden. Die Beurteilung der einzelnen Anforderungen kann nach VDI 2225 durch ein gewichtetes Punktsystem bewertet werden. Bei der Beurteilung in wirtschaftlicher Hinsicht müssen die reinen Baukosten, die Lebensdauer, die jährlichen Gesamtkosten sowie die Energiekosten (Heizung, Kühlung, Beleuchtung) berücksichtigt werden. Eine rechnerische Gesamtbeurteilung, ausgedrückt in einer Gesamtwertigkeit, wird und soll nicht eine unumstößliche Zielfindung herbeiführen. Die Gesamtwertigkeit soll die Abweichungen zwischen den einzelnen Lösungen aufzeigen und so den Entscheidungsprozeß erleichtern.

Bei Gebäuden, bei denen die bautechnischen Zusammenhänge komplexer sind, sind beim Einsatz unterschiedlicher Baustoffe und Bauarten die Auswirkungen auf andere Planungskomplexe in technischer und wirtschaftlicher Hinsicht, z. B. aufgrund der geschilderten Bewertungsmethode, zu erfassen. Allgemein gültige Ergebnisse solcher Berechnungen für komplexe Bauobjekte liegen noch nicht vor. Die Bewertung muß deswegen bis zum Vorliegen solcher vergleichender Untersuchungen im Einzelfall durchgeführt werden.

Literatur zu E 1 Wechselwirkungen zwischen Bauphysik und Baukonstruktionen

1 *Koelle, H.:* Bewertungsprobleme in der Praxis. Vorlesungsmanuskript Seminar Systemtechnik, Technische Universität Berlin, 1978.

2. Wärmeschutz

Von *Karl Gertis*

Bei den klimatischen Verhältnissen in mitteleuropäischen Breiten müssen die Außenbauteile unserer Bauwerke eine wärmetechnische Schutzfunktion ausüben, um in den Innenräumen ein für die beabsichtigte Nutzung geeignetes Innenklima herzustellen. Wenn die Räume für den Aufenthalt von Menschen bestimmt sind, muß das Innenklima so beschaffen sein, daß die Bewohner oder Nutzer sich behaglich fühlen und dort in hygienisch einwandfreier Weise leben können (physiologische Forderung — Tabelle 2-1).

In unserer geographischen Lage ist es zur Herstellung eines nutzungsabhängigen Raumklimas im allgemeinen notwendig, daß während der winterlichen Jahreszeit geheizt wird. Zur Sommerzeit kann in Einzelfällen auch eine Kühlung erforderlich werden. Wegen der Installation und des Betriebes der generell notwendigen Heizanlage und der evtl. erforderlichen Kühleinrichtungen müssen die Außenbauteile wärmetechnisch nicht nur nach hygienischen Gesichtspunkten bemessen werden; die Anlagen sollen vielmehr auch wirtschaftlich arbeiten (wirtschaftliche Forderung). Der Wärmeschutz der Bauwerke hat aus wirtschaftlicher Sicht seit der Energiekrise eine Bedeutung erlangt, die fast dominierend geworden ist: Wegen der Notwendigkeit, Energie einzusparen, avanciert der Wärmeschutz zu einem Hauptkriterium für den Gebäudeentwurf und für die Ausbildung der Baukonstruktionen.

Der Wärmeschutz steht mit dem Feuchteschutz in enger Verbindung, weil Feuchteschäden an Bauteilen (z. B. Tauwasserbildung) eine Folge mangelnden Wärmeschutzes

Tabelle 2-1. Optimales Raumklima im Hinblick auf durchschnittliche „thermische Behaglichkeit"

Innenraum-faktoren	Raumluft-temperatur in °C		Luftfeuchte relativ in %		Luftbewegung maximal in m/s		Oberflächen-temperatur (innen) in °C	
Raumart	Sommer	Winter	Sommer	Winter	Sommer	Winter	Sommer	Winter
Wohnzimmer	22−25	20−23	40 bis 60	40 bis 50	0,2 bis 0,4	$\leq 0,2$	2 bis 3 °C unter der Luft-temperatur	
Schlafzimmer	19−22	17−20						
Küche	20−22	18−20						
Bad	22−25	20−23						
WC	19−22	17−20						
Flur	19−22	17−20						
Treppenhaus	18−20	16−18						
Arbeitszimmer	22−24	20−22						
Bürogebäude	22−24	20−22						

sein können und die Wärmedämmfähigkeit von Baustoffen umgekehrt in hohem Maß vom Feuchtegehalt beeinflußt wird. Wärmeschutz dient somit auch dazu, Tauwasserschäden zu vermeiden (feuchtetechnische Forderung).

Die in unserem Klima auf die Außenbauteile einwirkende Wärmebeanspruchung, insbesondere die Sonneneinstrahlung im Sommer oder auch die Wechselbeanspruchung zwischen Sommer und Winter bzw. zwischen Tag und Nacht kann so stark werden, daß gewisse Bauteile versagen würden. Dies erfordert, daß solche gefährdete Bauteile durch Anordnung von Schichten aus Baustoffen, welche dieser thermischen Beanspruchung gewachsen sind, geschützt werden. Wärmeschutz dient somit auch dem Schutz der Baukonstruktion selbst vor zu starker thermischer Beanspruchung (bautechnische Forderung).

Insgesamt ist Wärmeschutz somit aus vier Gründen notwendig:

1. Zur Sicherung der thermischen Behaglichkeit (physiologische Forderung).
2. Zur Energieeinsparung (wirtschaftliche Forderung).
3. Zur Vermeidung schädlicher Tauwasserbildung (feuchtetechnische Forderung).
4. Zur Verringerung der thermischen Beanspruchung (bautechnische Forderung).

2.1 Mechanismus der Wärmeübertragung

Der Wärmeschutz von Bauteilen und dessen Beeinflussung im erwünschten Sinn beruhen auf der Lenkung der einzelnen Wärmeübertragungsvorgänge, die sich auf der Außenseite, auf der Innenoberfläche und im Inneren eines Bauteils abspielen. Bild 2-1 vermittelt einen schematischen Überblick über die Vorgänge an nichttransparenten (opaken) und

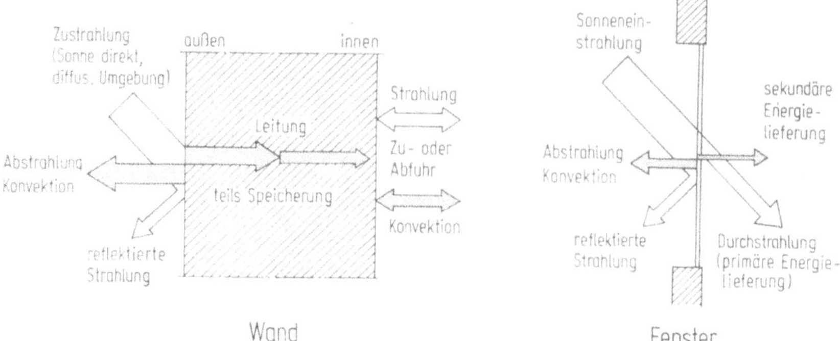

Bild 2-1. Schematisierte Darstellung der Wärmeübertragungsvorgänge an nichttransparenten (Wand) und transparenten Bauteilen (Fenster).

transparenten Bauteilen (Fenstern). Man erkennt, daß außen- und innerseitig mehrere Einflüsse zusammenwirken:

— Je nach Tages- und Jahreszeit trifft Sonnenstrahlung mit einer bestimmten Intensität auf, die bei der Wand entweder absorbiert oder reflektiert wird. Beim Fenster wird — wegen der Transluzenz des Glases — ein gewisser Strahlungsanteil auch durchgelassen (transmittiert).

— Der absorbierte Energieanteil wird teilweise nach außen abgegeben, teilweise nach innen weitergeleitet. Die Abgabe nach außen erfolgt durch Konvektion, weil die Außenluft, insbesondere bei Windanströmung des Gebäudes, die Wärme abführt; ein Teil wird aber von der Außenoberfläche nach außen abgestrahlt, weil die absorbierte Energie sich in Wärme umsetzt und das Bauteil zum Strahlensender werden läßt, der — entsprechend seiner Temperatur — im langwelligen Spektralbereich Strahlung emittiert. Dies gilt für Wand und Fenster (vgl. die jeweils schwarzen, nach außen weisenden Pfeile!).

— Der Wärmetransport von der Außenseite nach innen erfolgt bei der Wand und beim Fenster auf verschiedene Weise. Infolge der außenseitigen Erwärmung setzt bei der Wand im Wandmaterial eine Wärmeleitung ein. Ein Teil der abgeleiteten Wärme wird hierbei in der Wand gespeichert und später beim Auskühlen wieder abgegeben. Der Rest der geleiteten Wärmeenergie erreicht die Innenoberfläche. Beim Fenster wird — wegen der Strahlungsdurchlässigkeit des Glases — der nicht absorbierte Energieanteil durch Strahlung praktisch mit Lichtgeschwindigkeit sofort in den Innenraum übertragen.

— Im Innenraum und an der Innenoberfläche wirken, wenn auch nicht ganz so ausgeprägt, die gleichen Wärmeübertragungsmechanismen wie auf der Außenseite. Die innerseitige Wärmeübertragung erfolgt ebenfalls durch Konvektion und langwellige Strahlung, wobei die konvektive Übertragung innen im allgemeinen schwächer ausgeprägt ist als außen; wegen des fehlenden Windes herrschen hier nur relativ schwache Luftbewegungen.

— Die Wärmeübertragung erfolgt grundsätzlich in Richtung fallender Temperatur. An der Innenoberfläche des Fensters herrscht bei Sonnenzustrahlung in der Regel eine höhere Temperatur als im Innenraum; aus diesem Grund weist der schwarze Pfeil beim Fenster zum Innenraum hin. An der Innenoberfläche der Wand hingegen kann fallweise eine höhere oder niedrigere Temperatur als im Raum vorhanden sein, je nachdem, wieviel die Wand an Energie speichert oder wie warm z. B. der Raum aufgrund der Sonneneinstrahlung durch die Fenster ohnedies geworden ist. Die Pfeile an der Innenoberfläche der Wand können bereits in beide Richtungen zeigen.

Jede Art der geschilderten Wärmeübertragung folgt bestimmten Gesetzmäßigkeiten, die rechnerisch beschrieben werden können.

2.2 Gesetze der Wärmeübertragung und Kenngrößen

Analysiert man die in Abschnitt 2.1 erläuterten Mechanismen, welche bei der Wärmeübertragung durch Bauteile in verschiedener Intensität zusammenwirken, so lassen sich zweierlei Unterscheidungsmerkmale ableiten, nämlich:

a) *Nach der Art der Übertragung*

Sämtliche geschilderten Wärmeübertragungsvorgänge beruhen auf folgenden drei Arten von Übertragung:

1. *Konvektion*: immer dann, wenn Luft an ein Bauteil angrenzt (z. B. Außen- oder Innenoberfläche);
2. *Wärmeleitung*: immer dann, wenn Wärme durch einen festen Körper transportiert wird (z. B. durch einen Baustoff)
3. *Strahlung*: immer dann, wenn Körper oder Gase strahlungsdurchlässig sind (z. B. transluzente Baustoffe wie Glas und dgl. oder Luftschichten).

b) *Nach der zeitlichen Änderung des Temperaturfeldes*

Es gibt Temperaturzustände, die sich zeitlich nicht ändern (stationäre Temperaturbedingungen oder Beharrungszustand). Diese treten dann auf, wenn das Bauteil längere Zeit den gleichen, zeitlich konstanten Umgebungsbedingungen ausgesetzt ist. In diesem Fall stellt sich zwischen dem Bauteil und der Umgebung ein Temperaturgleichgewicht ein.

In Bild 2-2 ist in allen drei dargestellten Fällen ein solcher Gleichgewichtszustand als Ausgangspunkt gewählt worden. An das Bauteil möge außen und innen Luft mit gleicher Umgebungstemperatur über einen längeren Zeitraum angrenzen. Über den Bauteilquerschnitt wird sich dann eine gleichförmige (isotherme) Temperaturverteilung einstellen. Wenn nunmehr außenseitig ein plötzlicher Temperatursturz einsetzt, wird sich das Bauteil nach außen hin abkühlen (links in Bild 2-2). An der Innenoberfläche ist der Tempera-

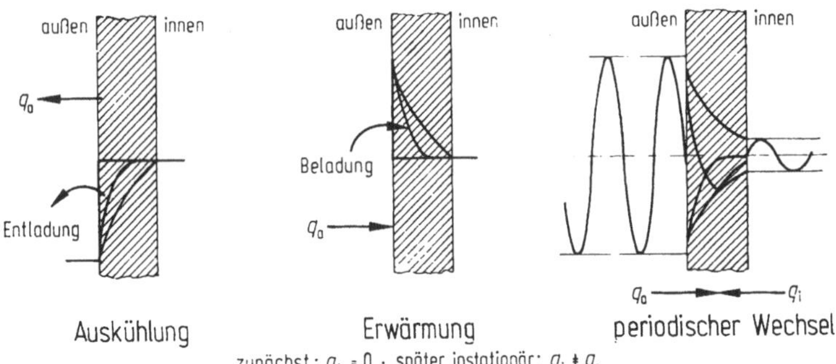

Bild 2-2. Zur Erläuterung der Wärmespeicherung im instationären Temperaturzustand.

tursturz zunächst aber noch nicht spürbar. Die nach außen abfließende Wärme (q_a) kommt deshalb nicht vom Innenraum, sondern stammt aus dem Bauteil selbst. Das Bauteil zehrt gewissermaßen aus seinem Energievorrat; es wird „entspeichert". Im Falle einer plötzlichen Erwärmung (Mitte in Bild 2-2) setzt der umgekehrte Vorgang ein: Das Bauteil speichert Wärme ein (q_a in umgekehrter Richtung). Wichtig ist, daß eine Wärmespeicherung nur dann wirksam wird, wenn sich die Temperaturen zeitlich ändern; Wärmespeicherung ist somit an den sog. „instationären" Temperaturzustand gebunden. Im stationären Zustand tritt keinerlei Speicherung auf. Folgt im periodischen Wechsel einer Erwärmung stets eine gleichstarke Abkühlung, so ergibt sich (vgl. Bild 2-2 rechts) der sog. „quasistationäre" oder „periodisch eingeschwungene" Temperaturzustand, der laufend von positiven und negativen Wärmespeichervorgängen durchsetzt ist.

2.2.1 Stationäre Wärmeübertragung

Die Temperaturverteilung im stationären Zustand ist über einen Bauteilquerschnitt in Bild 2-3 veranschaulicht. Wegen des vorausgesetzten stationären Zustandes unterliegt das abgebildete Temperaturgefälle keinen zeitlichen Veränderungen. Auch die von innen nach außen fließende Wärme bleibt zeitlich konstant. Da im stationären Zustand ferner keinerlei Wärmespeicherung vorhanden sein kann, muß der aus dem Innenraum abfließende Wärmestrom q_i auch gleich dem außenseitig ankommenden Strom q_a sein. Es gilt somit:

$$q_i = q_a = q \tag{2-1}$$

Mit Hilfe des Wärmeübergangskoeffizienten α_i läßt sich die von der Raumluft an die Innenoberfläche konvektiv transportierte Wärmestromdichte q_i wie folgt ermitteln:

$$q_i = \alpha_i(\vartheta_{Li} - \vartheta_{0i}) \tag{2-2}$$

Analogerweise erhält man für die von der Außenoberfläche durch Konvektion an die Außenluft abfließende Wärmestromdichte:

$$q_a = \alpha_a(\vartheta_{0a} - \vartheta_{La}) \tag{2-3}$$

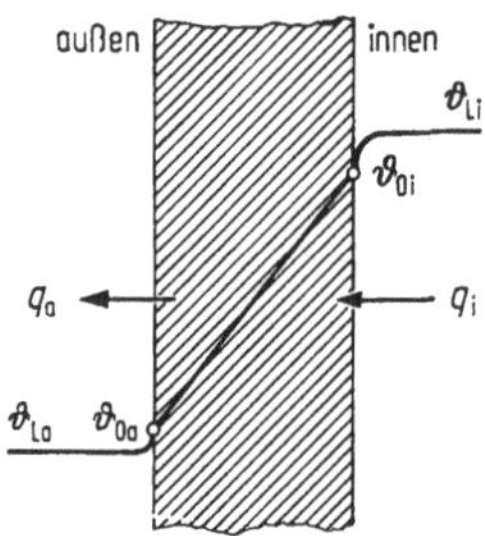

Bild 2-3. Konvektion und Wärmeleitung, dargestellt an Hand der Temperaturverteilung über den Querschnitt eines Bauteils im stationären Temperaturzustand.

ϑ_{Li}: Temperatur der Luft innen (Raumluft)
ϑ_{0i}: Temperatur der Oberfläche innen
ϑ_{0a}: Temperatur der Oberfläche außen
ϑ_{La}: Temperatur der Luft außen (Außenluft)

Die durch das Bauteil aufgrund der Wärmeleitung strömende Wärme q ist direkt proportional zur Wärmeleitfähigkeit λ des Baustoffes, aus dem das Bauteil hergestellt ist, und umgekehrt proportional zur Dicke s des Bauteils. Daraus folgt:

$$q = \frac{\lambda}{s} \, (\vartheta_{0i} - \vartheta_{0a}) \tag{2-4}$$

Setzt man die Ausdrücke (2-2) bis (2-4) in Gleichung (2-1) ein, so folgt für einschichtige Bauteile

$$q = \frac{\vartheta_{Li} - \vartheta_{La}}{\dfrac{1}{\alpha_i} + \dfrac{s}{\lambda} + \dfrac{1}{\alpha_a}} \tag{2-5}$$

bzw. analogerweise für mehrschichtige Bauteile mit n Schichten:

$$q = \frac{\vartheta_{Li} - \vartheta_{La}}{\dfrac{1}{\alpha_i} + \sum_{j=1}^{n} \left(\dfrac{s}{\lambda}\right)_j + \dfrac{1}{\alpha_a}} \tag{2-6}$$

Tabelle 2-2. Benennung, Formelzeichen und Einheiten von wärmeschutztechnischen Größen, wie sie z. Z. gehandhabt werden. Näheres siehe [1].

	Benennung	Formelzeichen	Einheit
allgemeine Größen	Zeit	t	s
	Fläche	A	m²
	Temperatur, Absol. Temperatur	ϑ, T	°C, K
	Temperaturdifferenz	$\vartheta\Delta, \Delta T$	K
	Wärmemenge	Q	J
	Wärmestrom	Φ	W
	Wärmestromdichte	q	W/m²
	Strahlungsaustauschkoeffizient	C	W/m²K⁴
	Emissionszahl	ε	—
	Strahlungsintensität	J	W/m²K
	Absorbierter Strahlungsanteil	a	—
	Reflektierter Strahlungsanteil	r	—
	Transmittierter Strahlungsanteil	τ	→
Stationäre Größen	Wärmeleitfähigkeit	λ	W/mK
	Wärmedurchlaßkoeffizient	Λ	W/m²K
	Wärmedurchlaßwiderstand	$1/\Lambda$	m²K/W
	Wärmeübergangskoeffizient	α	W/m²K
	Wärmeübergangswiderstand	$1/\alpha$	m²K/W
	Wärmedurchgangskoeffizient	k	W/m²K
	Wärmedurchgangswiderstand	$1/k$	m²K/W
Instationäre Größen	spezifische Wärmekapazität	c	J/kgK
	Temperaturleitfähigkeit	a	m²/s
	Temperaturamplitudenverhältnis	ν	—
	Wärmeeindringkoeffizient	b	J/s⁰⁵m²K

Im Nenner der Gleichungen (2-5) und (2-6) stehen jeweils Kehrwerte der Proportionalitätsfaktoren, welche die Wärmestromdichte in den Gleichungen (2-2) bis (2-4) mit der treibenden Temperaturdifferenz verbinden. Diese Kehrwerte bezeichnet man als Widerstände, wobei sich die in Tabelle 2-2 genauer aufgeführten Formelzeichen und Kenngrößenbezeichnungen eingebürgert haben. Es gilt für den *Wärmedurchlaßwiderstand* $1/\Lambda$ und für den *Wärmedurchgangswiderstand* $1/k$:

$$\frac{1}{\Lambda} = \frac{s}{\lambda} \tag{2-7}$$

$$\frac{1}{k} = \frac{1}{\alpha_i} + \frac{1}{\Lambda} + \frac{1}{\alpha_a} \tag{2-8}$$

so daß für Gleichung (2-6) in einfacherer Form folgt:

$$q = k(\vartheta_{Li} - \vartheta_{La}). \tag{2-9}$$

Multipliziert man die Wärmestromdichte q mit der Fläche A des Bauteils, so erhält man den Wärmestrom Φ:

$$\Phi = A \cdot q = A \cdot k \cdot (\vartheta_{Li} - \vartheta_{La}). \tag{2-10}$$

Multipliziert man den Wärmestrom Φ mit der Zeit t, so ergibt sich hieraus für den stationären Zustand die in der Zeit t durch das Bauteil fließende Wärme Q zu:

$$Q = \Phi \cdot t = A \cdot q \cdot t = A \cdot k \cdot t \cdot (\vartheta_{Li} - \vartheta_{La}). \tag{2-11}$$

Für verschiedene energietechnische Berechnungen hat es sich als notwendig erwiesen, den *Wärmedurchgangskoeffizienten* (k-Wert) verschiedener Bauteile flächenmäßig zu mitteln und einen mittleren k-Wert wie folgt zu definieren:

Mittel über eine Fassade (Wand und Fenster)
(W: Wand; F: Fenster)

$$k_{m(W+F)} = \frac{k_W \cdot A_W + k_F \cdot A_F}{A_W + A_F} \tag{2-12}$$

Mittel über sämtliche Gebäudehüllteile
(m: Mittel; W: Wand; F: Fenster; K: Kellerdecke; D: Dach; g: gesamt)

$$k_m = \frac{k_W \cdot A_W + k_F \cdot A_F + 0,5k_K \cdot A_K + 0,8k_D \cdot A_D}{A_g} \tag{2-13}$$

Die Gewichtsfaktoren 0,5 und 0,8 im Zähler von Gleichung (2-13) tragen der erfahrungsbelegten Tatsache Rechnung, daß beim Wärmetransport durch die Kellerdecke etwa nur die Hälfte und durch das Dach etwa nur 80% jenes Temperaturgefälles maßgeblich sind, das auf die übrigen Bauteile einwirkt.

2.2.2 Instationäre Wärmeübertragung

Stationäre Temperaturverhältnisse liegen in angenäherter Weise bei konstanter Beheizung während der Heizperiode vor, so daß der Wärmedurchlaß- und Wärmedurchgangswiderstand das winterliche Dämmverhalten der Bauteile in zutreffender Weise charakterisieren. Bei zeitlich veränderlichen Temperaturen hingegen, wie sie insbesondere bei sommerlicher Wärmeeinwirkung auftreten, geraten die Bauteile rasch in einen typisch instationären Temperaturzustand, der mit den bislang dargelegten Gesetzen und Größen allein nicht behandelt werden kann, gleichwohl aber erhebliche ingenieurmäßige und praktische Probleme aufwirft.

Instationäre Wärmeleitprobleme lassen sich mit Hilfe der Fourier-Gleichung der Wärmeleitung beschreiben; diese Gleichung lautet für den mehrdimensionalen Fall gemäß Bild 2-4 [3]:

$$\frac{\partial^2\vartheta}{\partial x^2} + \frac{\partial^2\vartheta}{\partial y^2} + \frac{\partial^2\vartheta}{\partial z^2} = a\,\frac{\partial\vartheta}{\partial t} \qquad (2\text{-}14)$$

wobei a gemäß Tabelle 2-1 die Temperaturleitfähigkeit und t die Zeit darstellen. Betrachtet man nur eindimensionale Temperaturänderungen über den Bauteilquerschnitt mit der laufenden Dickenkoordinate x (links in Bild 2-4), so ergibt sich

$$\frac{\partial^2\vartheta}{\partial x^2} = a\,\frac{\partial\vartheta}{\partial t} \qquad (2\text{-}15)$$

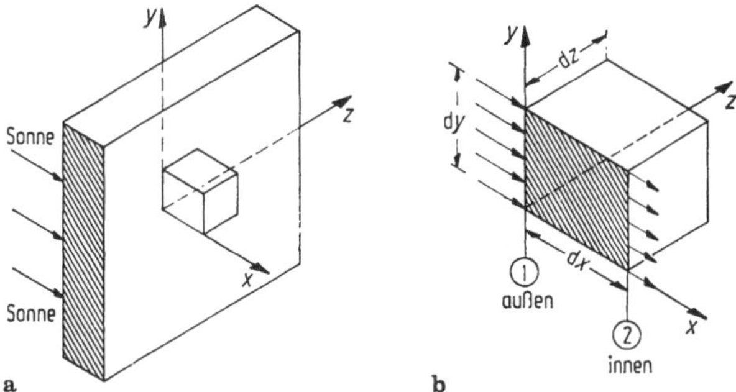

Bild 2-4. Zur Veranschaulichung der Fourierschen Differentialgleichung der Wärmeleitung.
a) Von Sonnenstrahlung getroffenes Bauteil mit Koordinatenangabe;
b) Infinitesimales Volumenelement des Bauteils, durch das im Querschnitt 1 Wärme ein- und im Querschnitt 2 Wärme ausströmt.

Diese partielle Differentialgleichung 2. Ordnung, welche sich aus der Wärmestrombilanz am Volumenelement in Bild 2-4 rechts ableiten läßt, ist für viele Fälle analytisch gelöst worden [4]. Heindl [5] hat die Lösung für quasistationäre Vorgänge in beliebig geschichteten Bauteilen beschrieben. Ferner existieren mehrere computergestützte numerische Lösungsverfahren [6, 7]. Für die rasche Anwendung bei Ingenieurproblemen eignet sich das grafische Lösungsverfahren von Binder und Schmidt [8, 9] am besten, weil es praktisch beliebigen Randbedingungen angepaßt werden kann. Gemäß Bild 2-5 unterteilt man hierzu das zu untersuchende Bauteil in n Schichten der Dicke Δx. Aus der bekannten Temperaturverteilung zum Zeitpunkt k erhält man die neue Temperaturverteilung zum Zeitpunkt $(k+1)$ nach folgender Rekursionsformel:

$$\vartheta_{n;k+1} - \vartheta_{n;k} = \frac{2a\,\Delta t}{\Delta x^2}\left(\frac{\vartheta_{n+1;k} - \vartheta_{n-1;k}}{2} - \vartheta_{n;k}\right) \qquad (2\text{-}16)$$

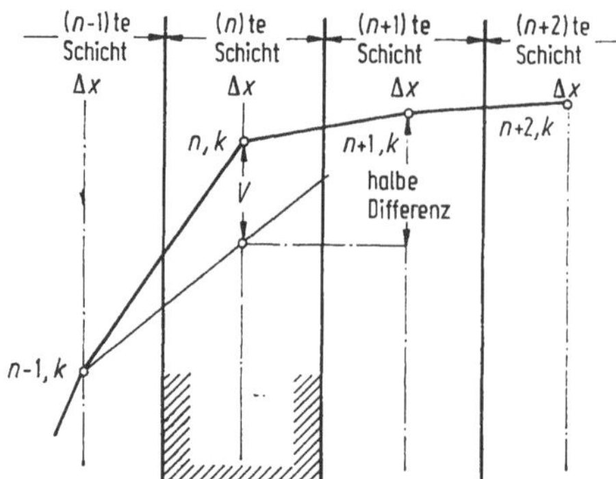

Bild 2-5. Zur Durchführung des Binder-Schmidtschen Differenzenverfahrens [8, 9] bei instationären Wärmeleitproblemen.

Diese Rekursionsformel, die auf einer Umwandlung der Differentialgleichung (2-15) in eine Differenzengleichung beruht, läßt sich zeichnerisch auf beliebige Randbedingungen anwenden. Sie läßt sich ferner auch auf relativ kleinen Taschenrechnern leicht programmieren.

Über den periodisch eingeschwungenen (quasistationären) Temperaturzustand, der bei der im 24-h-Zyklus wechselnden sommerlichen Wärmeeinwirkung eine gravierende Rolle spielt, sind umfangreiche Untersuchungen angestellt worden [10, 12], wobei mehrere Kenngrößen zur Beschreibung des Bauteils abgeleitet worden sind. Alle diese Größen verursachen aber einen höheren Rechenaufwand als die Berechnung der stationären Kenngrößen gemäß Abschnitt 2.2.1.

Relativ häufig werden in der Praxis das sog. „*Temperaturamplitudenverhältnis* (TAV)" und die „Phasenverschiebung" verwendet. Bild 2-6 veranschaulicht das TAV. Man erkennt, wie sich das Bauteil im Verlaufe einer 24stündigen Periode erwärmt und abkühlt. Die Schwankungsbreite der außenseitigen Oberflächentemperatur (Amplitude a_a) ist

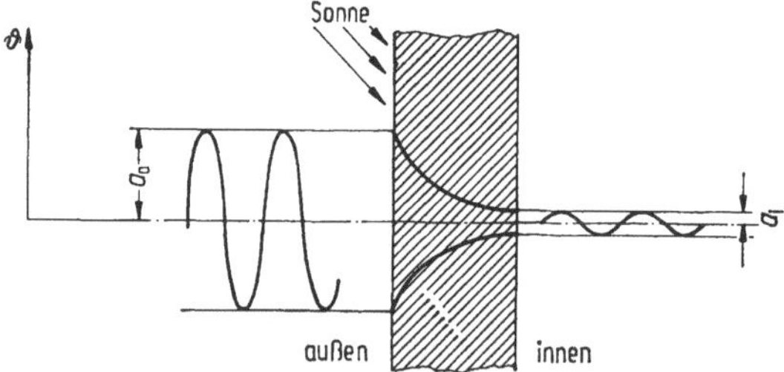

Bild 2-6. Schematische Darstellung des Temperaturamplitudenverhältnisses eines Bauteils.

Temperaturamplitudenverhältnis

$$v = a_i/a_a$$

36,5 cm Hochlochziegelmauerwerk
(beidseitig verputzt): $v = 0,04$
25 cm Gasbetonwand
(beidseitig beschichtet): $v = 0,17$
7 cm Alu-Panel
(mit Hartschaumfüllung): $v = 0,71$

hierbei größer als die innenseitige Schwankungsbreite a_i, da das Bauteil die einwandernde Wärmequelle „dämpft". Das Temperaturamplitudenverhältnis $v = a_i/a_a$ stellt ein geeignetes Maß zur Kennzeichnung des instationären Wärmeschutzes dar. Beispielsweise sagt ein Verhältniswert $a_i/a_a = 0{,}10$ aus, daß an der Innenseite eines Bauteils nur 10% der außen vorhandenen Temperaturschwankung spürbar werden; ein Bauteil mit dem Wert $a_i/a_a = 0{,}90$ würde hingegen 90% der äußeren Temperaturschwankung durchdringen lassen, was natürlich einen nur sehr minderwertigen sommerlichen Wärmeschutz ergäbe. Bemerkenswert erscheint das unten in Bild 2-6 aufgeführte 7 cm dicke Metallpaneel. Obwohl diese Konstruktion wegen der 7 cm dicken Wärmedämmschicht mit ca. 2,0 m²K/W einen hervorragenden Wärmedurchlaßwiderstand besitzt und damit einen sehr guten winterlichen (stationären!) Wärmeschutz bietet, läßt es bei sommerlicher (instationärer) Wärmebeanspruchung 70% der „Wärmewelle" durchlaufen. Das Bauteil verfügt zwar über Wärmedämmfähigkeit, nicht aber über Wärmespeicherfähigkeit, weil wegen des geringen Gewichtes fast keine Masse vorhanden ist.

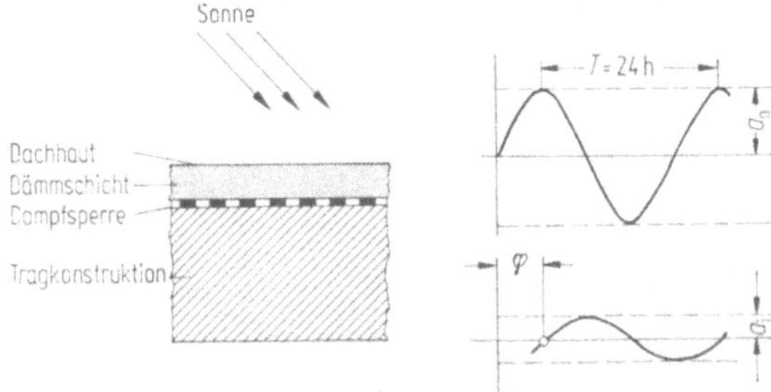

Bild 2-7. Schematische Darstellung der Phasenverschiebung bei quasistationärer Wärmeeinwirkung auf ein Flachdach.

Die Phasenverschiebung verdeutlicht Bild 2-7 an Hand eines Flachdaches, das außen besonnt wird. Man erkennt, daß beim Durchwandern der Wärmewelle von oben nach unten die Temperaturamplitude nicht nur gedämpft, sondern auch zeitlich verschoben wird. Je nach der Masse des Bauteils und nach der Anordnung der einzelnen Schichten des Bauteils ergeben sich in der Praxis Phasenverschiebungen von 10 h und mehr. Allgemein gilt, daß eine große Phasenverschiebung immer mit einer starken Amplitudendämpfung einhergeht.

2.2.3 Wärmestrahlung

Wärmestrahlungsvorgänge spielen sich grundsätzlich zwischen zwei im Strahlungsaustausch befindlichen Körpern ab, wobei jeder Strahlung emittiert (Strahlensender) und vom anderen emittierte Strahlung empfängt. Die Temperatur des Senders bestimmt die Wellenlänge der emittierten Strahlung. Die Sonne mit einer Corona-Temperatur von ca. 6 000 K emittiert im Wellenlängenbereich von ca. 0,2 bis 3 μm, ein auf etwa 20 °C erwärmtes Bauteil sendet Strahlung im Wellenlängenbereich von ca. 4 bis 60 μm aus. Je niedriger die Temperatur des Senders ist, um so langwelliger wird die Strahlung.

Die emittierte Strahlung ist der 4. Potenz der absoluten Temperatur des Senders proportional. Es hat sich eingebürgert, den Proportionalitätsfaktor in Relation zur maximal möglichen Strahlungsemission festzulegen, die ein ideal schwarzer Körper besitzt. Der Strahlungsaustauschkoeffizient C_s des schwarzen Körpers beträgt 5,77 W/m²K⁴. Die Emissionszahl ε eines beliebigen Baustoffes gibt das Verhältnis der Austauschzahl C des Körpers zu der maximal möglichen Strahlung des schwarzen Körpers wieder:

$$\varepsilon = \frac{C}{C_s}.\qquad(2\text{-}17)$$

Stehen nunmehr zwei Körper 1 und 2 mit den Austauschzahlen C_1 und C_2 miteinander im Strahlungsaustausch, so wird durch Strahlung die Wärmestromdichte q_s übertragen:

$$q_s = C_1\left(\frac{T_1}{100}\right)^4 - C_2\left(\frac{T_2}{100}\right)^4 = C_{1,2}\left[\left(\frac{T_1}{100}\right)^4 - \left(\frac{T_2}{100}\right)^4\right].\qquad(2\text{-}18)$$

Da die absolute Temperaturdifferenz $(T_1 - T_2)$ gleich der Celsius-Differenz $(\vartheta_1 - \vartheta_2)$ ist, läßt sich Gleichung (2-18) wie folgt erweitern

$$q_s = \frac{C_{1,2}\left[\left(\frac{T_1}{100}\right)^4 - \left(\frac{T_2}{100}\right)^4\right]}{T_1 - T_2}\cdot(\vartheta_1 - \vartheta_2)\qquad(2\text{-}19)$$

bzw. mit der Abkürzung

$$\alpha_s = \frac{C_{1,2}\left[\left(\frac{T_1}{100}\right)^4 - \left(\frac{T_2}{100}\right)^4\right]}{T_1 - T_2}\qquad(2\text{-}20)$$

vereinfacht folgendermaßen schreiben:

$$q_s = \alpha_s(\vartheta_1 - \vartheta_2).\qquad(2\text{-}21)$$

Der Ansatz (2-21) ist formal gleichlautend mit dem Konvektionsansatz (2-2) bzw. (2-3). Dies bedeutet, daß die Strahlungswärmeübertragung rechnerisch genauso gehandhabt werden kann wie die bereits bekannte konvektive Übertragung, wenn gemäß Gleichung (2-20) der sog. „strahlungsbedingte" Wärmeübergangskoeffizient eingeführt wird. Der gesamte Wärmeübergangskoeffizient α_g, in dem der konvektive Anteil α_k *und* der langwellig strahlungsbedingte Anteil α_s zusammengefaßt werden, ergibt sich dann zu:

$$\alpha_g = \alpha_k + \alpha_s.\qquad(2\text{-}22)$$

Die früher bei Gleichung (2-3) bzw. (2-4) eingeführten außen- und innerseitigen Wärmeübergangskoeffizienten α_a und α_i stellen Gesamtkoeffizienten dar, welche (stillschweigend) beide Anteile beinhalten sollen. Mit diesem Ansatz lassen sich alle langwelligen Strahlungsvorgänge im Bau behandeln, ohne daß dies im praktischen Gebrauch überhaupt zutage tritt. Wenn es künftig gelänge, die Emissionszahl ε von Bauteiloberflächen zu reduzieren, ergäbe sich ein geringerer α_s- und damit auch ein geringerer α_g-Wert. Hierdurch ließe sich auch der k-Wert gemäß Gleichung (2-9) reduzieren, was geringere Wärmeverluste zur Folge hätte (vgl. [13]).

Zur Erfassung der kurzwelligen Sonnenzustrahlung müssen das Absorptionsvermögen a, das Reflexionsvermögen r und das Transmissionsvermögen τ eines Bauteils bekannt sein, wobei gilt:

$$a + r + \tau = 1\qquad(2\text{-}23)$$

Folgende Sonderfälle sind hierbei denkbar:

$\tau = 0$: nicht transparente Baustoffe
$\tau > 0$: transparente Baustoffe, z. B. Glas
$a = 1$; $r = 0$: ideal schwarz, keine Reflexion
$r = 1$; $a = 0$: idealer Spiegel, alles wird reflektiert.

Transmissionswerte für Bauglas verdeutlicht Bild 2-8. Man erkennt, daß Glas im kurzwelligen Spektralbereich der Sonnenstrahlung bis ca. 3 μm um 90% der Strahlungsenergie durchläßt, um dann bei größeren Wellenlängen zu sperren. Sonnenstrahlung gelangt also durch die Fenster hindurch in die Räume. Die eingedrungene Strahlungsenergie trifft auf den Raumumschließungsteilen auf, wird dort absorbiert und erwärmt die Bauteile, die — entsprechend ihrer Temperatur — im langwelligen Spektralbereich zu emittieren beginnen. Im langwelligen Bereich sperrt Glas aber. Dies bedeutet, daß Fenster zur ,,Strahlenfalle" werden: Die kurzwellige Strahlung dringt ein, aber die dadurch hervorgerufene langwellige Strahlung kann nicht mehr zurück (Treibhauseffekt).

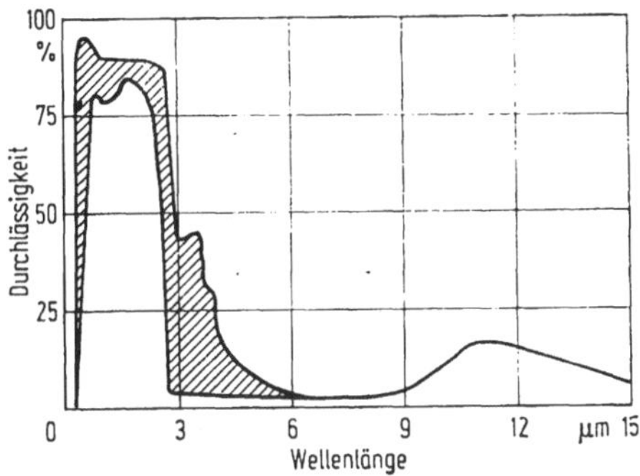

Bild 2-8. Strahlungsdurchlässigkeit von Fensterglas in Abhängigkeit von der Wellenlänge, nach [14]. Die Streuungen, die im schraffierten Bereich zum Ausdruck kommen, rühren vom Eisenoxidgehalt der Glasschmelze und von der Oxidationsstufe her. Die Werte können je nach Zusammensetzung der Schmelze schwanken.

Wie in Bild 2-1 rechts und in Abschnitt 2.1 bereits erläutert worden ist, kann ein Fenster auf primäre und sekundäre Art Energie liefern. Beide Anteile, die primäre und sekundäre Energielieferung, faßt man im sog. ,,Gesamtenergiedurchlaßgrad" g zusammen, der in Tabelle 2-3 für verschiedene Verglasungen und Sonnenschutzvorrichtungen wiedergegeben ist. Der Gesamtenergiedurchlaßgrad gibt an, welcher Anteil der außen auftreffenden Sonnenzustrahlung auf primäre und sekundäre Art durch das Fenster in den Raum gelangt. Man erkennt aus Tabelle 2-3, daß bei normalem Doppelglas aus Klarglas ca. 65% bis 80% der zugestrahlten Energie in den Raum gelangen. Mit Sonnenschutzvorrichtungen läßt sich dieser Anteil bis auf 10% reduzieren. Geht man von der in Bild 2-9 veranschaulichten äußeren Wärmeeinwirkung im Sommer aus, so empfängt beispielsweise eine Westfassade gegen ca. 16 Uhr eine maximale Sonneneinstrahlung von ca. 800 W/m². Bei einer Doppelverglasung mit einem g-Wert von 0,8 würden 80% ($\triangleq$ 640 W/m²) in den Raum eindringen. Betätigte man eine außenliegende Sonnenschutzvorrichtung mit $g = 0,10$, so ließe sich der Strahlungsanfall auf 80 W/m² reduzieren.

Tabelle 2-3. Zusammenstellung des Gesamtenergiedurchlaßgrades von Verglasungen und Sonnenschutzvorrichtungen, nach [14]. Die Ermittlung des Gesamtenergiedurchlaßgrades wird in [15] beschrieben.

Glasart bzw. Sonnenschutz	g
Doppelverglasung aus Klarglas	0,65 – 0,80
Dreifachverglasung aus Klarglas	0,60 – 0,75
Absorbierende Sonnenschutzgläser	0,50 – 0,65
Reflektierende Sonnenschutzgläser	0,30 – 0,60
Absorbierende und reflektierende Sonnenschutzgläser	0,30 – 0,55
Klargläser mit innenliegenden Sonnenschutzvorrichtungen (Lamellenstore, Vorhänge etc.)	0,30 – 0,60
Klargläser mit zwischen den Scheiben liegenden Sonnenschutzvorrichtungen	0,30 – 0,60
Klargläser mit außen nicht in der Fensterebene liegendem Sonnenschutz	0,15 – 0,30
Klargläser mit außen in der Fensterebene liegendem Sonnenschutz	0,10 – 0,20

(evtl. Einzelnachweis durch Prüfzeugnis)

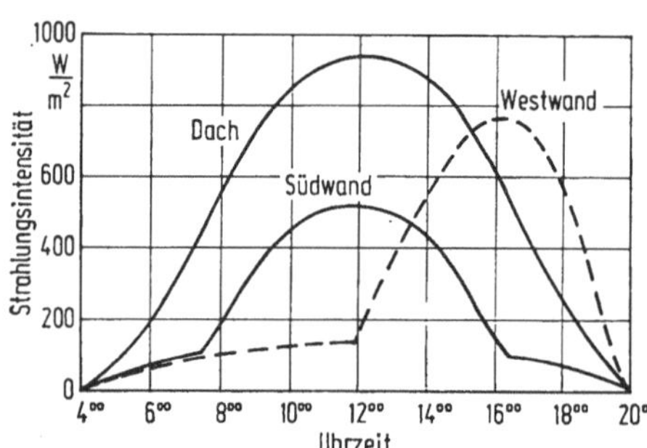

Bild 2-9. Tageszeitlicher Verlauf der Sonnenstrahlungsintensität auf eine horizontale Fläche (Dach) sowie auf vertikale Süd- und Westfassaden im Sommer.

Trifft die in Bild 2-9 wiedergegebene Einstrahlung auf nichttransparente Bauteile, z. B. auf ein Flachdach, so hängt der Absorptionsanteil in erster Linie von der Farbe bzw. dem Verschmutzungsgrad der bestrahlten Oberfläche ab. Tabelle 2-4 vermittelt einen Überblick über die Absorptionsfaktoren verschieden behandelter Oberflächen. Bild 2-10 zeigt deutlich, in welchem Ausmaß sich dunkel gefärbte Oberflächen stärker erwärmen als helle. Dies hat für die thermische Beanspruchung von Außenbauteilen auch in den tieferliegenden Bauteilschichten erhebliche Konsequenzen. Bild 2-11, in dem die instationären Temperaturfelder für ein helles und ein dunkles Wandelement einander gegenübergestellt sind, veranschaulicht dies drastisch: Selbst in 5 cm Schichttiefe ist

Tabelle 2-4. Absorptionsfähigkeit für kurzwellige Sonneneinstrahlung von Bauteiloberflächen

Oberfläche	Absorptionsfaktor a
spezielle reflektierende Oberflächen (Alu, Gläser)	0,1 — 0,3
weiße Oberflächen:	
unverschmutzt	ca. 0,3
verschmutzt	0,4 — 0,6
Oberflächen mit mittleren Farbtönen	0,4 — 0,7
Oberflächen mit dunklen Farbtönen	0,7 — 0,95

Die Absorptionsfähigkeit hängt praktisch nicht vom Baustoff selbst bzw. seiner Oberflächenstruktur ab, sondern fast ausschließlich von der Farbe.

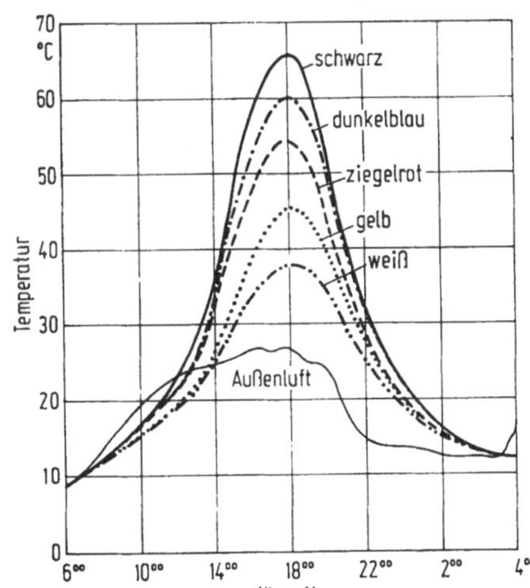

Bild 2-10. Zeitlicher Verlauf der Oberflächentemperatur von verschieden gestrichenen Westwänden während eines strahlungsreichen Sommertages, nach [16]. Zum Vergleich ist auch der Tagesgang der Außenlufttemperatur eingezeichnet.

das dunkel gestrichene Element noch wärmer als die Außenschicht des hellen. Man erkennt ferner, wie die Wärmewelle in das Innere des Wandelementes hineinwandert: Die Temperaturspitzen nehmen mit zunehmender Schichttiefe ab (Amplitudendämpfung) und die Maxima treten zu immer späteren Zeitpunkten auf (Phasenverschiebung).

Die sommerliche und winterliche Temperaturbeanspruchung eines Außenbauteils hängen auch von der Lage der Wärmedämmschicht ab. Dies verdeutlicht Bild 2-12, in dem die jahreszeitlichen Temperaturschwankungen für ein innen- bzw. außengedämmtes Bauteil einander gegenübergestellt sind. Man erkennt, daß im Falle der Außendämmung durch die Dämmschicht praktisch die gesamte Wärmebeanspruchung vom dahinter liegenden Tragwerk abgehalten wird, während bei Innendämmung die volle Beanspruchung auf die tragende Schicht einwirkt, wodurch in dem Bauteil entsprechend größere Eigen- bzw. Zwängungsspannungen verursacht werden.

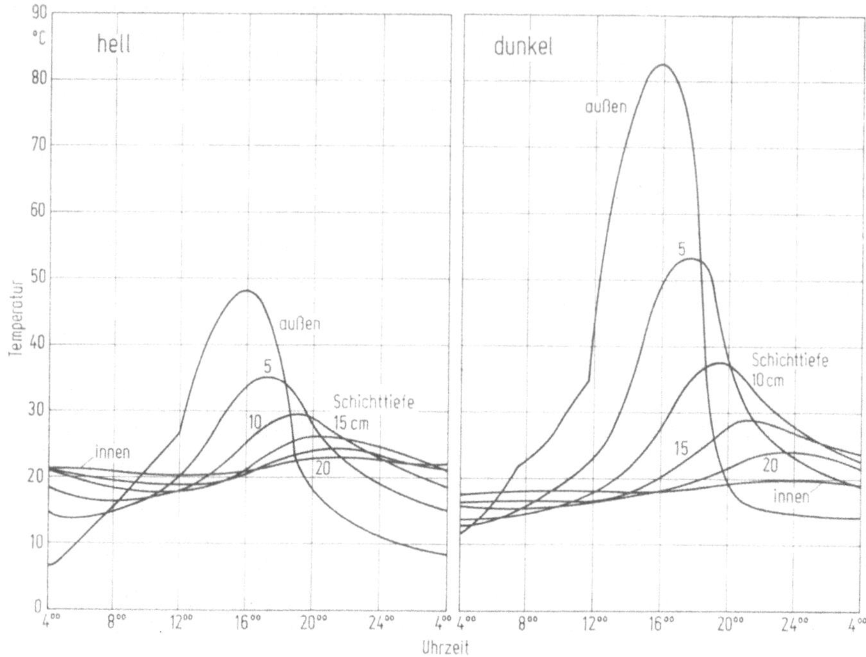

Bild 2-11. Zeitliche Verläufe der Temperaturen in verschiedenen Schichttiefen einer 25 cm dicken Leichtbeton-Westwand mit heller bzw. dunkler Farbe der Außenoberfläche, nach [17]. (Das Meßbeispiel ist nicht mit dem Fall von Bild 2-10 identisch.)

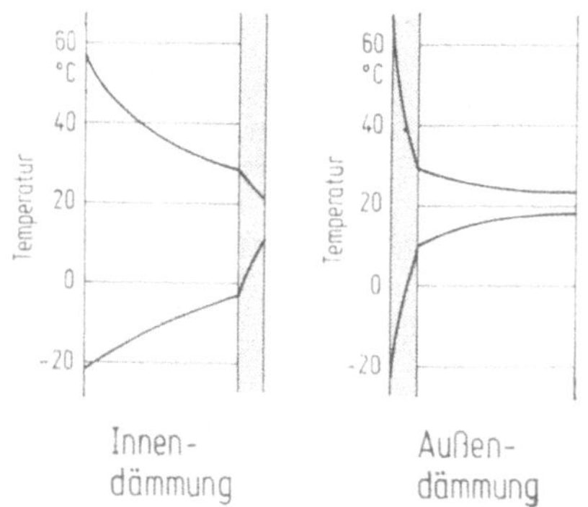

Bild 2-12. Thermische Beanspruchung eines Außenbauteils im Verlaufe eines Sommer-Winter-Zyklus bei Innen- bzw. Außenanordnung der Wärmedämmschicht, dargestellt an Hand der Temperaturverteilungen über den Bauteilquerschnitt.

Treten an einer Bauteil-Außenoberfläche eine (kurzwellige) Sonnenzustrahlung, ein langwelliger Strahlungsaustausch und eine konvektive Wärmeübertragung gleichzeitig auf, so läßt sich mit Hilfe einer Fiktiv-Temperatur Θ ein einfacher, aber zutreffender Berechnungsansatz finden. Man sucht dafür jene fiktive Temperatur der Außenluft, bei der — ohné Besonnung — die gleiche Wärmeübertragung vorhanden wäre wie mit Besonnung bei der wirklichen Außenlufttemperatur. Dies führt auf die Ansätze:

ohne Besonnung (fiktiv):

$$q_g = \alpha_g(\Theta - \vartheta_{0a}) \tag{2-24}$$

mit Besonnung mit der Intensität J:

$$q_g = J \cdot a + \alpha(\vartheta_{La} - \vartheta_{0a}) \tag{2-25}$$

Durch Gleichsetzen von (2-24) und (2-25) erhält man für die gesuchte Fiktivtemperatur

$$\Theta = \vartheta_{La} + \frac{a \cdot J}{\alpha_g}. \tag{2-26}$$

Man kann somit die Sonnenzustrahlung rechnerisch dadurch erfassen, daß man die Besonnung ignoriert, dafür aber in den rein konvektiven Ansatz die Fiktivtemperatur Θ aufnimmt, deren Genauigkeit sich mit wenigen pauschalen Korrekturen noch erheblich steigern läßt [11].

2.2.4 Wärmebrücken

Wärmebrücken sind Bauteil-Bereiche, in denen material- oder konstruktionsbedingt ein höherer Wärmefluß stattfindet als in den angrenzenden Bereichen. Bei winterlicher Beheizung vom Innenraum her verursacht der höhere Wärmefluß im Brückenbereich ein

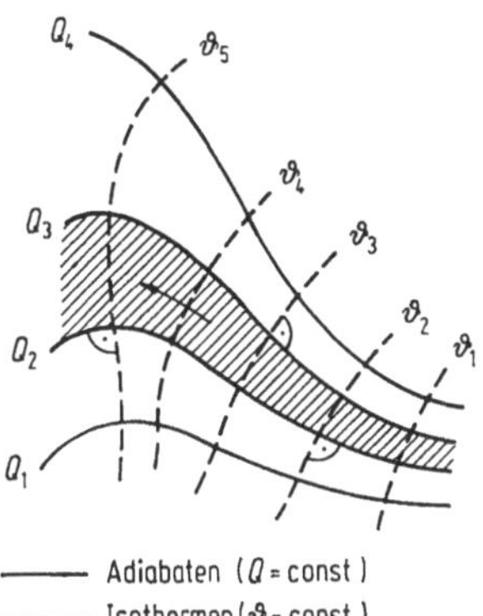

Bild 2-13. Zur Veranschaulichung eines Isothermen- und Adiabatenfeldes in Bauteilen. Die Isothermen und die Adiabaten bilden ein orthogonales Kurvensystem. Da die Wärme in Richtung fallender Temperatur stets *entlang* der Q-Linien strömt, kann man sich diese auch als Röhrchen mit wärmeundurchlässiger (adiabater) Wandung vorstellen. Die Schraffur im Röhrchen zwischen Q_2 und Q_3 bringt dies zum Ausdruck.

Absinken der Temperatur auf der Innenoberfläche und ein Ansteigen der außenseitigen Temperatur. Der erstgenannte Effekt ist gefährlich, weil es u. U. auf der Innenoberfläche zum Unterschreiten der Taupunkttemperatur und damit zu lokaler Tauwasserbildung kommt. Der stärkere Wärmefluß an der Brücke bedingt ferner zusätzliche Energieverluste, die ebenfalls vermieden werden müssen. Aus diesen Gründen besitzt die Vermeidung bzw. Reduzierung von Wärmebrücken eine große praktische Bedeutung.

Rechnerisch sind Wärmebrücken als zwei- bzw. dreidimensionale Wärmefelder anzusehen, deren Behandlung grundsätzlich schwierig, nicht aber unmöglich ist. Es gibt eine Reihe von komplizierten EDV-Programmen, welche mehrdimensionale Rechnungen gestatten (z. B. [18]). Eine national und international durchgeführte Ring-Rechnung hat verschiedenen Rechenprogrammen eine ausgezeichnete Übereinstimmung bestätigt. Mit all diesen Rechenprogrammen lassen sich mehrdimensionale Temperaturfelder gemäß Bild 2-13 in der Weise erfassen, daß die Linien gleicher Temperatur (Isothermen) an allen Stellen der betrachteten Bauteile senkrecht auf den Linien konstanten Wärmeflusses (Adiabaten) stehen. Die an Wärmebrücken vorhandene Verzerrung der Wärmestrom-Linien und der Isothermen veranschaulichen die Bilder 2-14 und 2-15 am Beispiel einer Gefachstütze und einer Ecke. Bild 2-14 zeigt, daß die Temperaturveränderungen nicht etwa auf den Bereich beschränkt bleiben, der die Brücke, d. h. die Stütze, darstellt. Die Temperaturabsenkungen pflanzen sich vielmehr auch seitlich in den Gefachbereich hinein fort. Die geometrische Breite bzw. Abmessung einer Wärmebrücke ist deshalb nicht identisch mit ihrer thermischen.

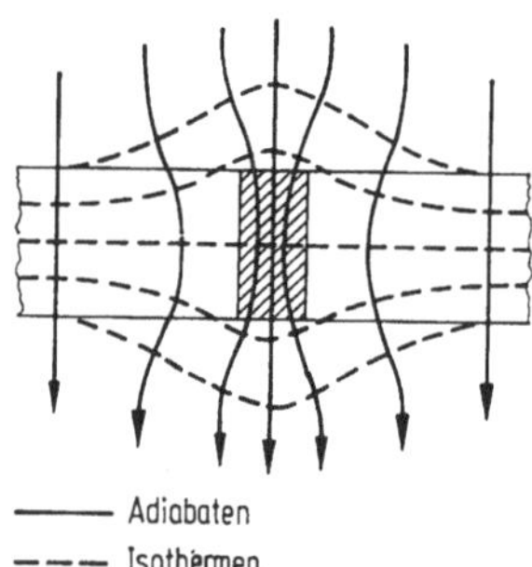

Bild 2-14. Schematische Darstellung einer Stelle verstärkten Wärmeflusses (z. B. tragende Stütze innerhalb eines Gefaches). Die Adiabaten verdichten sich an der Stelle der Wärmebrücke. Die Isothermen wölben sich auf.

Gestrichelte Kurven: Isothermen
Ausgezogene Kurven: Adiabaten

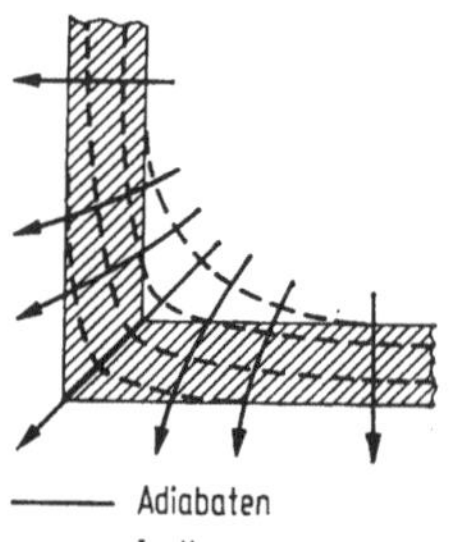

Bild 2-15. Schematische Darstellung der Wärmebrückenwirkung einer Ecke.

Gestrichelte Kurven: Isothermen
Ausgezogene Kurven: Adiabaten

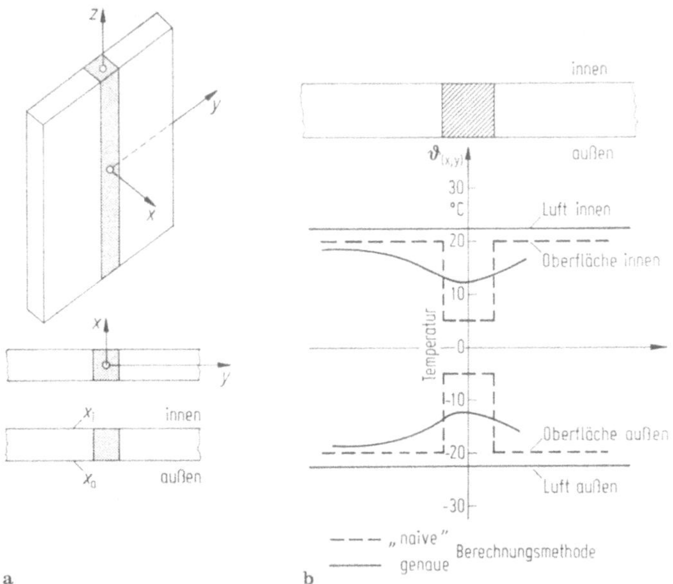

Bild 2-16. Zur Berechnung der Wärmebrückenwirkung.
a) Schematische Darstellung einer Gefachstütze mit Koordinatenangabe,
b) Temperaturverteilungen entlang der Innen- und Außenoberfläche sowie in der angrenzenden
Luft.

Geht man (naiverweise) davon aus, daß die geometrische Breite gleich sei mit der
thermischen, so läßt sich gemäß Bild 2-16 der Wärmestrom durch die Brücke und durch
das Gefach wie folgt berechnen (B: Brücke; G: Gefach):

$$\Phi_{\mathrm{B}} = \frac{\vartheta_{\mathrm{Li}} - \vartheta_{\mathrm{La}}}{\dfrac{1}{\alpha_{\mathrm{i,B}}} + \dfrac{1}{\Lambda_{\mathrm{B}}} + \dfrac{1}{\alpha_{\mathrm{a}}}} \cdot A_{\mathrm{B}} \qquad (2\text{-}27)$$

$$\Phi_{\mathrm{G}} = \frac{\vartheta_{\mathrm{Li}} - \vartheta_{\mathrm{La}}}{\dfrac{1}{\alpha_{\mathrm{i}}} + \dfrac{1}{\Lambda_{\mathrm{G}}} + \dfrac{1}{\alpha_{\mathrm{a}}}} \cdot A_{\mathrm{G}} \qquad (2\text{-}28)$$

Der gesamte Wärmestrom Φ durch das Bauteil, welches eine Wärmebrücke enthält,
ergibt sich dann zu:

$$\Phi = \Phi_{\mathrm{B}} + \Phi_{\mathrm{G}} = A \cdot h \cdot (\vartheta_{\mathrm{Li}} - \vartheta_{\mathrm{La}}). \qquad (2\text{-}29)$$

Setzt man die Ausdrücke (2-27) und (2-28) in Gleichung (2-29) ein, so gewinnt man den
Wärmedurchgangskoeffizienten (k-Wert) für ein mit Wärmebrücken durchsetztes Bauteil
wie folgt:

$$k = k_{\mathrm{B}} \frac{A_{\mathrm{B}}}{A} + k_{\mathrm{G}} \frac{A_{\mathrm{G}}}{A}. \qquad (2\text{-}30)$$

Für den Wärmedurchlaßwiderstand* eines Bauteils mit Brücken erhält man aus Gleichung (8):

$$\frac{1}{\Lambda} = \frac{1}{k} - \left(\frac{1}{\alpha_i} + \frac{1}{\alpha_a}\right) \qquad (2\text{-}31)$$

Betrachtet man die Wärmestromdichte, die durch die Brücke fließt, so läßt sich einmal ansetzen

$$q_B = k_B(\vartheta_{Li} - \vartheta_{La}) \qquad (2\text{-}32)$$

und sodann

$$q_B = \alpha_{i,B}(\vartheta_{Li} - \vartheta_{0i}) \qquad (2\text{-}33)$$

Aus den beiden Gleichungen (2-32) und (2-33) erhält man für die Temperatur $\vartheta_{0i,B}$ der Innenoberfläche an der Stelle der Brücke:

$$\vartheta_{0i,B} = \vartheta_{Li} - \frac{k_B}{\alpha_{i,B}}\,(\vartheta_{Li} - \vartheta_{La})\,. \qquad (2\text{-}34)$$

Um Tauwasser auf der Innenoberfläche zu vermeiden, darf $\vartheta_{0i,B}$ höchstens die Taupunkttemperatur ϑ_S (vgl. Abschnitte Feuchte) erreichen. Es gilt somit, folgende Forderung einzuhalten:

$$\vartheta_{0i,B} \geqq \vartheta_S\,. \qquad (2\text{-}35)$$

Setzt man Gleichung (2-35) in (2-34) ein, so erhält man den Wärmedurchgangskoeffizienten k_B, der an der Wärmebrücke höchstens vorhanden sein darf, damit sie tauwasserfrei bleibt:

$$k_B \leqq \alpha_{i,B} \cdot \frac{\vartheta_{Li} - \vartheta_S}{\vartheta_{Li} - \vartheta_{La}}\,. \qquad (2\text{-}36)$$

Für den zur Tauwasserfreiheit mindestens erforderlichen Wärmedurchlaßwiderstand $1/\Lambda_B$ an der Stelle der Wärmebrücke erhält man in Verbindung mit Gleichung (2-8):

$$\frac{1}{\Lambda_B} \geqq \frac{1}{\alpha_{i,B}} \left(\frac{\vartheta_{Li} - \vartheta_{La}}{\vartheta_{Li} - \vartheta_S} - 1\right) - \frac{1}{\alpha_a}\,. \qquad (2\text{-}37)$$

Man erkennt aus Gleichung (2-37), daß der zur Tauwasservermeidung erforderliche Dämmwert in sehr empfindlicher Weise vom innerseitigen Wärmeübergangskoeffizienten $\alpha_{i,B}$ an der Brückenstelle abhängt und diesem annähernd umgekehrt proportional ist. Dies bedeutet, daß man aus Sicherheitsgründen zur Berechnung des erforderlichen Dämmwertes einen relativ kleinen α_i-Wert an der Brückenstelle wählen sollte. Dies ist auch insofern angemessen, als in Ecken und Nischen, insbesondere hinter Möblierungsgegenständen, die Konvektion der Innenluft ziemlich gering ist.

---

*) Fälschlicherweise wird in der Praxis statt Gleichung (2-31) häufig die Berechnungsformel

$$\frac{1}{\Lambda} = \frac{1}{\Lambda_B} \cdot \frac{A_B}{A} + \frac{1}{\Lambda_G} \cdot \frac{A_G}{A}$$

angewandt. Es sei hier ausdrücklich darauf hingewiesen, daß diese Formel unzulässig ist.

Die gestrichelten Linienzüge der Temperaturen an der Innenoberfläche in Bild 2-16b zeigen ferner, daß die zugrunde gelegte „naive" Berechnungsmethode ebenfalls einen Sicherheitsbeitrag leistet. Man erhält mit der „naiven" Berechnungsmethode auf der Innenoberfläche der Wärmebrücke nämlich fast immer tiefere Temperaturen als in Wirklichkeit (ausgezogene Kurve). Dies läßt die Anwendung der „Naiv-Methode", obwohl unzutreffend, sinnvoll erscheinen.

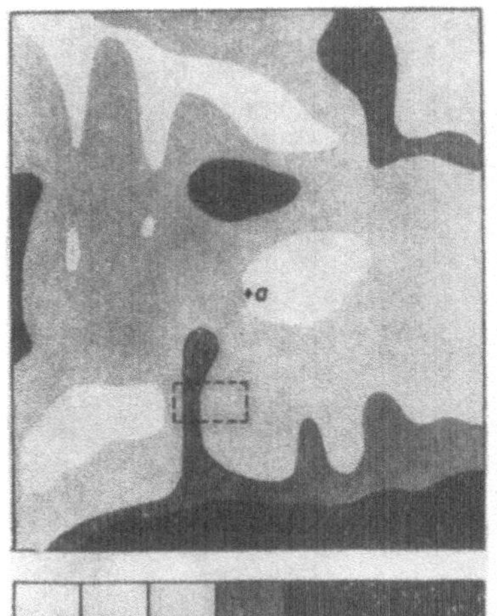

Bild 2-17. Wärmebrücken in Betonmontagewänden, nach [19].

a) Gemessene Temperaturen an der Innenoberfläche an einem kalten Wintertag.
b) An der oben gestrichelt markierten Stelle ist das Wandelement geöffnet worden. Man erkennt, daß die Wärmebrücke durch den zwischen die Dämmplatten hindurchgeflossenen Beton gebildet wird.

Welch gravierende Wirkungen Wärmebrücken auf die Absenkung der Innenober-flächen-Temperatur in der Praxis ausüben können, verdeutlicht Bild 2-17. Man erkennt, daß der Wärmeschutz einer Betonsandwichwand mit Hartschaum-Wärmedämmschicht zunichte gemacht werden kann, wenn z. B. Mörtel am Dämmplattenstoß hindurchfließt. Um dies zu vermeiden, soll die Wärmedämmschicht zweilagig mit versetzter Stoßfuge ausgebildet werden. Weitere im Hochbau auftretende Wärmebrücken sind in [55, 60 und 61] abgehandelt.

Eine in der Praxis noch nicht hinreichend beachtete Minderung des Wärmeschutzes infolge Wärmebrücken tritt bei innerseitiger Anbringung von Wärmedämmschichten auf. Die innerseitigen Wärmedämmschichten werden nämlich durch Innenwände oder Decken, die in die Außenwände eingebunden sind, unterbrochen. Ähnliches geschieht entlang der Fensterlaibungen. Wie Bild 2-18 verdeutlicht, unterscheidet sich der in üblicher Weise (mittels Gleichung (2-8)) berechnete k-Wert ganz erheblich von jenem effektiv vorhandenen k-Wert, welcher diese Wärmebrückeneffekte berücksichtigt. Beispielsweise ist bei einer 10 cm dicken innerseitigen Dämmschicht der wirkliche k-Wert doppelt so hoch (doppelt so schlecht!), als er sich nach (2-8) errechnen läßt. Die Ursache für diese Tat-

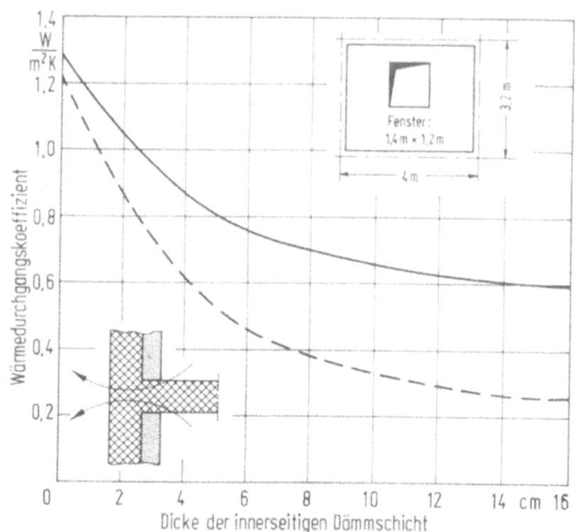

Bild 2-18. Wärmedurchgangskoeffizient (*k*-Wert) einer Außenwand mit innerseitiger Dämmschicht, in Abhängigkeit von der Dicke der Dämmschicht, nach [20].
Gestrichelte Kurve: *k*-Wert-Berechnung wie üblich, gemäß Gl. (2-8).
Ausgezogene Kurve: *k*-Wert-Berechnung unter Berücksichtigung der Wärmebrücken.

sache liegt darin, daß die Wärmebrückeneffekte um so gravierender in Erscheinung treten, je besser gedämmt wird. Wie aus den am linken Rand des Bildes (bei Dämmschichtdicke Null) liegenden Ordinatenwerten hervorgeht, war auch früher im ungedämmten Fall ein gewisser Einfluß der Wärmebrücken vorhanden; dieser Einfluß war aber vernachlässigbar klein, so daß die Anwendung der *k*-Wert-Formel früher durchaus zulässig war. Bei den heutzutage aber immer dickeren Dämmschichten ist dies nicht mehr in jedem Fall möglich.

2.3 Praktische Wärmeschutzanforderungen

In den letzten Jahren unterlagen die wärmeschutztechnischen Anforderungen — bedingt durch die Energiekrise — laufend Veränderungen und Fortschreibungen. Ausgangspunkt für wärmeschutztechnische Anforderungen war das Niveau, welches in der maßgeblichen Norm DIN 4108 — Wärmeschutz im Hochbau, Fassung 1969 — festgelegt war [21]. Dieses Niveau ist zunächst in den Jahren 1974/75 durch ergänzende Bestimmungen [22] in einzelnen Bundesländern und durch ein Beiblatt zu DIN 4108 [23] fortgeschrieben worden. Das im Jahre 1976 in Kraft gesetzte Energieeinspargesetz [24] hat im November 1977 auf Bundesebene zur Wärmeschutzverordnung geführt, die 1982 novelliert worden ist [25]. Das derzeit neueste Regelwerk ist die Neufassung der DIN 4108 (1981), in der — soweit möglich — alle aktuellen Rechenwerte und Anforderungen zusammengetragen worden sind. Die folgenden Ausführungen schließen sich an dieses Regelwerk weitgehend an. Wesentlich erscheint eine klare Trennung der energietechnischen Erfordernisse von den sog. „Mindestanforderungen", welche unabhängig von den Energiepreisentwicklungen aus bauphysikalischen Gründen erforderlich und *unveränderlich* sind. Die energietechnischen Probleme werden wegen ihrer derzeitigen und künftigen Bedeutung gesondert in Abschnitt 2.4 behandelt.

2.3.1 Rechenwerte

Bei der rechnerischen Bestimmung der Wärmedämmung von Bauteilen müssen Wärmeleitfähigkeiten verwendet werden, die den praktischen Verhältnissen in einem normal ausgetrockneten Bauwerk entsprechen. Die Prozedur, wie diese Rechenwerte zustande kommen, beschreibt [27]. Tabelle 2-5 (s. S. 28 ff.) gibt eine Übersicht für verschiedene Bau- und Dämmstoffe, wobei auch die jeweilige Rohdichte angegeben ist.

Bei instationären Berechnungen ist — neben der Wärmeleitfähigkeit und der Rohdichte — auch die spezifische Wärmespeicherfähigkeit der Baustoffe erforderlich. Diese enthält Tabelle 2-6. Bemerkenswert erscheint dabei, daß im Rahmen der praktischen Genauigkeit die in Tabelle 2-6 vorgenommene, simplifizierende Gruppenzusammenfassung ausreichend ist, da innerhalb der Gruppe praktisch keine Unterschiede der Wärmekapazität bestehen. Überraschend ist die etwa doppelt so große Kapazität von Holzbaustoffen gegenüber anorganischen Stoffen, wie z. B. Beton.

Die Rechenwerte der Wärmeübergangswiderstände gibt Tabelle 2-7 überblicksmäßig wieder. Hierin ist auch eine Skizze enthalten, welche — in Abhängigkeit von der Lage des Bauteils — die Auswahl der zutreffenden Übergangswiderstände erleichtert.

Tabelle 2-6. Rechenwerte der spezifischen Wärmekapazität[1]) verschiedener im Bau verwendeter Stoffe, nach [28].

Zeile	Stoff	Spezifische Wärmekapazität c $J/(kg \cdot K)$
1	Anorganische Bau- und Dämmstoffe	1 000
2	Holz und Holzwerkstoffe einschließlich Holzwolle-Leichtbauplatten	2 100
3	Pflanzliche Fasern und Textilfasern	1 300
4	Schaumkunststoffe und Kunststoffe	1 500
5	Metalle	
5.1	Aluminium	800
5.2	Sonstige Metalle	400
6	Luft ($\varrho = 1{,}25$ kg/m³)	1 000
7	Wasser	4 200

[1]) Diese Werte sind für spezielle Berechnungen von Bauteilen bei instationären Randbedingungen zu verwenden.

Tabelle 2-5. Rechenwerte der Wärmeleitfähigkeit und Richtwerte der Wasserdampf-Diffusions-
widerstandszahlen verschiedener Bau- und Dämmstoffe nach DIN 4108 [28]

Zeile	Stoff	Rohdichte oder Rohdichte-klassen[1][2]) kg/m³	Rechenwert der Wärme-leitfähig-keit λ_R[3]) W/(m · K)	Richtwert der Wasser-dampf-Diffu-sionswider-standszahl μ[4])
1	***Putze, Estriche und andere Mörtelschichten***			
1.1	Kalkmörtel, Kalkzementmörtel, Mörtel aus hydraulischem Kalk	(1 800)	0,87	15/35
1.2	Zementmörtel	(2 000)	1,4	15/35
1.3	Kalkgipsmörtel, Gipsmörtel, Anhydrit-mörtel, Kalkanhydritmörtel	(1 400)	0,70	10
1.4	Gipsputz ohne Zuschlag	(1 200)	0,35	10
1.5	Anhydritestrich	(2 100)	1,2	
1.6	Zementestrich	(2 000)	1,4	15/35
1.7	Magnesiaestrich nach DIN 272			
1.7.1	Unterböden und Unterschichten von zweilagigen Böden	(1 400)	0,47	
1.7.2	Industrieböden und Gehschicht	(2 300)	0,70	
1.8	Gußasphaltestrich, Dicke $\geqq$ 15 mm	(2 300)	0,90	[5])
2	***Großformatige Bauteile***			
2.1	Normalbeton nach DIN 1045 (Kies- oder Splittbeton mit geschlossenem Gefüge; auch bewehrt)	(2 400)	2,1	70/150
2.2	Leichtbeton und Stahlleichtbeton mit geschlossenem Gefüge nach DIN 4219 Teil 1 und Teil 2, hergestellt unter Verwendung von Zuschlägen mit porigem Gefüge nach DIN 4226 Teil 2 ohne Quarzsandzusatz[6])	800 900 1 000 1 100 1 200 1 300 1 400	0,39 0,44 0,49 0,55 0,62 0,70 0,79	70/150

Fußnoten s. S. 39

Tabelle 2-5. (Fortsetzung)

Zeile	Stoff	Rohdichte oder Rohdichte-klassen[1] [2] kg/m³	Rechenwert der Wärme-leitfähig-keit λ_R[3] W/(m · K)	Richtwert der Wasser-dampf-Diffu-sionswider-standszahl μ[4]
2.2		1 500 1 600 1 800 2 000	0,89 1,0 1,3 1,6	
2.3	Dampfgehärteter Gasbeton nach DIN 4223 (z. Z. noch Entwurf)	400 500 600 700 800	0,14 0,16 0,19 0,21 0,23	5/10
2.4	Leichtbeton mit haufwerksporigem Gefüge, z. B. nach DIN 4232			
2.4.1	mit nichtporigen Zuschlägen nach DIN 4226 Teil 1, z. B. Kies	1 600 1 800 2 000	0,81 1,1 1,4	3/10 5/10
2.4.2	mit porigen Zuschlägen nach DIN 4226 Teil 2, ohne Quarzsandzusatz[6]	600 700 800 1 000 1 200 1 400 1 600 1 800 2 000	0,22 0,26 0,28 0,36 0,46 0,57 0,75 0,92 1,2	5/15
2.4.2.1	ausschließlich unter Verwendung von Naturbims	500 600 700 800 900 1 000 1 200	0,15 0,18 0,20 0,24 0,27 0,32 0,44	5/15
2.4.2.2	ausschließlich unter Verwendung von Blähton	500 600 700 800 900 1 000 1 200	0,18 0,20 0,23 0,26 0,30 0,35 0,46	5/15

Tabelle 2-5. (Fortsetzung)

Zeile	Stoff	Rohdichte oder Rohdichte-klassen[1])[2]) kg/m³	Rechenwert der Wärme-leitfähig-keit λ_R[3]) W/(m · K)	Richtwert der Wasser-dampf-Diffu-sionswider-standszahl μ[4])
3	***Bauplatten***			
3.1	Asbestzementplatten nach DIN 274 Teil 1 bis Teil 4 und DIN 18517 Teil 1	(2000)	0,58	20/50
3.2	Gasbeton-Bauplatten, unbewehrt, nach DIN 4166			
3.2.1	mit normaler Fugendicke und Mauer-mörtel nach DIN 1053 Teil 1 verlegt	500 600 700 800	0,22 0,24 0,27 0,29	5/10
3.2.2	dünnfugig verlegt	500 600 700 800	0,19 0,22 0,24 0,27	5/10
3.3	Wandbauplatten aus Leichtbeton nach DIN 18162	800 900 1000 1200 1400	0,29 0,32 0,37 0,47 0,58	5/10
3.4	Wandbauplatten aus Gips nach DIN 18163, auch mit Poren, Hohlräumen, Füllstoffen oder Zuschlägen	600 750 900 1000 1200	0,29 0,35 0,41 0,47 0,58	5/10
3.5	Gipskartonplatten nach DIN 18180	(900)	0,21	8
4	***Mauerwerk einschließlich Mörtelfugen***			
4.1	Mauerwerk aus Mauerziegeln nach DIN 105 Teil 1 bis Teil 4			
4.1.1	Vollklinker, Hochlochklinker, Keramikklinker	1800 2000 2200	0,81 0,96 1,2	50/100

Tabelle 2-5. (Fortsetzung)

Zeile	Stoff	Rohdichte oder Rohdichte-klassen[1] [3] kg/m³	Rechenwert der Wärme-leitfähig-keit λ_R [3] W/(m · K)	Richtwert der Wasser-dampf-Diffu-sionswider-standszahl μ [4]
4.1.2	Vollziegel, Hochlochziegel	1200 1400 1600 1800 2000	0,50 0,58 0,68 0,81 0,96	5/10
4.1.3	Leichthochlochziegel mit Lochung A und Lochung B nach DIN 105 Teil 2	700 800 900 1000	0,36 0,39 0,42 0,45	5/10
4.1.4	Leichthochlochziegel W nach DIN 105 Teil 2	700 800 900 1000	0,30 0,33 0,36 0,39	5/10
4.2	Mauerwerk aus Kalksandsteinen nach DIN 106 Teil 1 und Teil 2	1000 1200 1400 1600 1800 2000 2200	0,50 0,56 0,70 0,79 0,99 1,1 1,3	5/10 15/25
4.3	Mauerwerk aus Hüttensteinen nach DIN 398	1000 1200 1400 1600 1800 2000	0,47 0,52 0,58 0,64 0,70 0,76	70/100
4.4	Mauerwerk aus Gasbeton-Blocksteinen nach DIN 4165	500 600 700 800	0,22 0,24 0,27 0,29	5/10
4.5	Mauerwerk aus Betonsteinen			
4.5.1	Hohlblocksteine aus Leichtbeton nach DIN 18151 mit porigen Zuschlägen nach DIN 4226 Teil 2 ohne Quarzsand-zusatz[7]			

Tabelle 2-5. (Fortsetzung)

Zeile	Stoff	Rohdichte oder Rohdichteklassen[1][2]) kg/m³	Rechenwert der Wärmeleitfähigkeit λ_R[3]) W/(m · K)	Richtwert der Wasserdampf-Diffusionswiderstandszahl μ[4])
4.5.1.1	2-K-Steine, Breite $\leqq$ 240 mm 3-K-Steine, Breite $\leqq$ 300 mm 4-K-Steine, Breite $\leqq$ 365 mm	500 600 700 800 900 1 000 1 200 1 400	0,29 0,32 0,35 0,39 0,44 0,49 0,60 0,73	5/10
4.5.1.2	2-K-Steine, Breite = 300 mm 3-K-Steine, Breite = 365 mm	500 600 700 800 900 1 000 1 200 1 400	0,29 0,34 0,39 0,46 0,55 0,64 0,76 0,90	5/10
4.5.2	Vollsteine und Vollblöcke aus Leichtbeton nach DIN 18152			
4.5.2.1	Vollsteine (V)	500 600 700 800 900 1 000 1 200 1 400 1 600 1 800 2 000	0,32 0,34 0,37 0,40 0,43 0,46 0,54 0,63 0,74 0,87 0,99	5/10 10/15
4.5.2.2	Vollblöcke (Vbl) (außer Vollblöcken S-W aus Naturbims nach Zeile 4.5.2.3 und aus Blähtcn nach Zeile 4.5.2.4)	500 600 700 800 900 1 000 1 200 1 400 1 600 1 800 2 000	0,29 0,32 0,35 0,39 0,43 0,46 0,54 0,63 0,74 0,87 0,99	5/10 10/15

Tabelle 2-5. (Fortsetzung)

Zeile	Stoff	Rohdichte oder Rohdichte-klassen[1])[2]) kg/m³	Rechenwert der Wärme-leitfähig-keit λ_R[3]) W/(m · K)	Richtwert der Wasser-dampf-Diffu-sionswider-standszahl μ[4])
4.5.2.3	Vollblöcke S-W aus Naturbims Bis zur Regelung in DIN 18152*) dürfen Vollblöcke aus Naturbims mit Schlitzen (S) mit dem Zusatzbuchstaben W bezeichnet werden, wenn sie folgende Bedingungen erfüllen: a) Zuschläge Als Zuschlag ist ausschließlich Naturbims zu verwenden. Zumischungen von anderen Zuschlägen nach DIN 18152, Ausgabe Dezember 1978, Abschnitt 4.2, 2. Absatz, und Abschnitt 6.1, 2. Absatz, sind nicht zulässig. b) Form Die Schlitze der Vollblöcke müssen stets mit einem Deckel abgeschlossen sein. Griffhilfen sind nicht zulässig. Es sind stets Stirnseitennuten anzuordnen. c) Maße Es dürfen nur Vollblöcke nach DIN 18152/12.78, Tabelle 2, Zeile 9 bis 12, Spalten 1 bis 8, verwendet werden. d) Kennzeichnung Die Kennzeichnung nach DIN 18152 muß durch die Buchstaben S-W ergänzt werden.	500 600 700 800	0,20 0,22 0,25 0,28	5/10
4.5.2.4	Vollblöcke S-W aus Blähton Bis zur Regelung in DIN 18152*) dürfen Vollblöcke aus Blähton mit Schlitzen (S) mit dem Zusatzbuchstaben S-W bezeichnet werden, wenn sie die folgenden Bedingungen erfüllen: a) Zuschläge Als Zuschlag ist Blähton zu verwenden. Zumischungen von anderen Zu-	500 600 700 800	0,22 0,24 0,27 0,31	5/10

*) Zur Zeit Entwurf.

Tabelle 2-5. (Fortsetzung)

Zeile	Stoff	Rohdichte oder Rohdichte-klassen[1) 2)] kg/m³	Rechenwert der Wärme-leitfähig-keit λ_R[3)] W/(m · K)	Richtwert der Wasser-dampf-Diffu-sionswider-standszahl μ[4)]
4.5.2.4	schlägen nach DIN 18152/12.78 Abschnitt 4.2, 2. Absatz, und Abschnitt 6.1, 2. Absatz, sind mit Ausnahme von Naturbims nicht zulässig. b) Form Die Schlitze der Vollblöcke müssen stets mit einem Deckel abgeschlossen sein. Griffhilfen sind nicht zulässig. Es sind stets Stirnseitennuten anzuordnen. c) Maße Es dürfen nur Vollblöcke nach DIN 18152/12.78, Tabelle 2, Zeilen 9 bis 12, Spalten 1 bis 8, verwendet werden. d) Kennzeichnung Die Kennzeichnung nach DIN 18152 muß durch die Buchstaben S-W ergänzt werden.			
4.5.3	Hohlblocksteine und T-Hohlsteine aus Normalbeton mit geschlossenem Gefüge nach DIN 18153			
4.5.3.1	2-K-Steine, Breite $\leqq$ 240 mm 3-K-Steine, Breite $\leqq$ 300 mm 4-K-Steine, Breite $\leqq$ 365 mm	($\leqq$ 1 800)	0,92	
4.5.3.2	2-K-Steine, Breite = 300 mm 3-K-Steine, Breite = 365 mm	($\leqq$ 1 800)	1,3	

5 Wärmedämmstoffe

Zeile	Stoff	Rohdichte oder Rohdichte-klassen kg/m³	Rechenwert der Wärme-leitfähigkeit λ_R W/(m · K)	Richtwert der Wasser-dampf-Diffusionswider-standszahl μ
5.1	Holzwolle-Leichtbauplatten nach DIN 1101[8)] Plattendicke $\geqq$ 25 mm = 15 mm	(360 bis 480) (570)	0,093 0,15	2/5
5.2	Mehrschicht-Leichtbauplatten nach DIN 1104 Teil 1 aus Schaumkunststoffplatten nach DIN 18164 Teil 1 mit Beschichtungen aus mineralisch gebundener Holzwolle Schaumkunststoffplatte	 ($\geqq$ 15)	 0,040	20/70

Tabelle 2-5. (Fortsetzung)

Zeile	Stoff	Rohdichte oder Rohdichteklassen[1])[2]) kg/m³	Rechenwert der Wärmeleitfähigkeit λ_R[3]) W/(m · K)	Richtwert der Wasserdampf-Diffusionswiderstandszahl μ[4])
5.2	Holzwolleschichten (Einzelschichten) Dicke $\geqq$ 10 bis < 25 mm $\geqq$ 25 mm Holzwolleschichten (Einzelschichten) mit Dicken <10 mm dürfen zur Berechnung des Wärmedurchlaßwiderstandes $1/\Lambda$ nicht berücksichtigt werden (siehe DIN 1104 Teil 1)	(460 bis 650) (360 bis 460) (800)	0,15 0,093	20/70
5.3	Schaumkunststoffe nach DIN 18159 Teil 1 und Teil 2 an der Baustelle hergestellt			
5.3.1	Polyurethan(PUR)-Ortschaum nach DIN 18159 Teil 1	($\geqq$ 37)	0,030	30/100
5.3.2	Harnstoff-Formaldehydharz(UF)-Ortschaum nach DIN 18159 Teil 2	($\geqq$ 10)	0,041	1/3
5.4	Korkdämmstoffe Korkplatten nach DIN 18161 Teil 1 Wärmeleitfähigkeitsgruppe 045 050 055	(80 bis 500)	0,045 0,050 0,055	5/10
5.5	Schaumkunststoffe nach DIN 18164 Teil 1[9])			
5.5.1	Polystyrol(PS)-Hartschaum Wärmeleitfähigkeitsgruppe 025 030 035 040		0,025 0,030 0,035 0,040	
	Polystyrol-Partikelschaum	($\geqq$ 15) ($\geqq$ 20) ($\geqq$ 30)		20/50 30/70 40/100
	Polystyrol-Extruderschaum	($\geqq$ 25)		80/300
5.5.2	Polyurethan(PUR)-Hartschaum Wärmeleitfähigkeitsgruppe 020 025 030 035	($\geqq$ 30)	0,020 0,025 0,030 0,035	30/100

Tabelle 2-5. (Fortsetzung)

Zeile	Stoff	Rohdichte oder Rohdichteklassen[1] [2] kg/m³	Rechenwert der Wärmeleitfähigkeit λ_R[3] W/(m · K)	Richtwert der Wasserdampf-Diffusionswiderstandszahl μ[4]
5.5.3	Phenolharz(PF)-Hartschaum Wärmeleitfähigkeitsgruppe 030 035 040 045	($\geqq$ 30)	0,030 0,035 0,040 0,045	30/50
5.6	Mineralische und pflanzliche Faserdämmstoffe nach DIN 18165 Teil 1[9] Wärmeleitfähigkeitsgruppe 035 040 045 050	(8 bis 500)	0,035 0,040 0,045 0,050	1
5.7	Schaumglas nach DIN 18174 Wärmeleitfähigkeitsgruppe C45 050 055 060	(100 bis 150)	0,045 0,050 0,055 0,060	[5]

6 Holz und Holzwerkstoffe[10]

Zeile	Stoff	Rohdichte oder Rohdichteklassen kg/m³	Rechenwert der Wärmeleitfähigkeit λ_R W/(m · K)	Richtwert der Wasserdampf-Diffusionswiderstandszahl μ
6.1	Holz			
6.1.1	Fichte, Kiefer, Tanne	(600)	0,13	40
6.1.2	Buche, Eiche	(800)	0,20	
6.2	Holzwerkstoffe			
6.2.1	Sperrholz nach DIN 68705 Teil 2 bis Teil 4	(800)	0,15	50/400
6.2.2	Spanplatten			
6.2.2.1	Flachpreßplatten nach DIN 68761 Teil 1 und Teil 4 und DIN 68763	(700)	0,13	50/100
6.2.2.2	Strangpreßplatten nach DIN 68764 Teil 1 (Vollplatten ohne Beplankung)	(700)	0,17	20
6.2.3	Holzfaserplatten			
6.2.3.1	Harte Holzfaserplatten nach DIN 68750 und DIN 68754 Teil 1	(1 000)	0,17	70

Tabelle 2-5. (Fortsetzung)

Zeile	Stoff	Rohdichte oder Rohdichte-klassen[1) [2) kg/m³	Rechenwert der Wärme-leitfähig-keit λ_R[3) W/(m · K)	Richtwert der Wasser-dampf-Diffu-sionswider-standszahl μ[4)
6.2.3.2	Poröse Holzfaserplatten nach DIN 68750 und Bitumen-Holzfaserplatten nach DIN 68752	$\leqq$ 200 $\leqq$ 300	0,045 0,056	5

7 Beläge, Abdichtstoffe und Abdichtungsbahnen

Zeile	Stoff			
7.1	Fußbodenbeläge			
7.1.1	Linoleum nach DIN 18171	(1000)	,17	
7.1.2	Korklinoleum	(700)	0,081	
7.1.3	Linoleum-Verbundbeläge nach DIN 18173	(100)	0,12	
7.1.4	Kunststoffbeläge, z. B. auch PVC	(1500)	0,23	
7.2	Abdichtstoffe, Abdichtungsbahnen			
7.2.1	Asphaltmastix, Dicke $\geqq$ 7 mm	(2000)	0,70	[5)
7.2.2	Bitumen	(1100)	0,17	
7.2.3	Dachbahnen, Dachdichtungsbahnen			
7.2.3.1	Bitumendachbahnen nach DIN 52128	(1200)	0,17	10000/80000
7.2.3.2	nackte Bitumendachbahnen nach DIN 52129	(1200)	0,17	2000/20000
7.2.3.3	Glasvlies-Bitumendachbahnen nach DIN 52143			20000/60000
7.2.4	Kunststoff-Dachbahnen			
7.2.4.1	nach DIN 16730 (PVC-weich)			10000/25000
7.2.4.2	nach DIN 16731 (PIB)			400000/1750000
7.2.4.3	nach DIN 16732 Teil 1 (ECB) 2,0 K			50000/75000
7.2.4.4	nach DIN 16732 Teil 2 (ECB) 2,0			70000/100000
7.2.5	Folien			

Tabelle 2.5. (Fortsetzung)

Zeile	Stoff	Rohdichte oder Rohdichte-klassen[1])[2]) kg/m³	Rechenwert der Wärme-leitfähig-keit λ_R[3]) W/(m · K)	Richtwert der Wasser-dampf-Diffu-sionswider-standszahl μ[4])
7.2.5.1	PVC-Folien, Dicke $\geq$ 0,1 mm			20000/50000
7.2.5.2	Polyethylen-Folien, Dicke $\geq$ 0,1 mm			100000
7.2.5.3	Aluminium-Folien, Dicke $\geq$ 0,05 mm			[5])
7.2.5.4	Andere Metallfolien, Dicke $\geq$ 0,1 mm			[5])
8	***Sonstige gebräuchliche Stoffe*[11])**			
8.1	Lose Schüttungen[12]), abgedeckt			
8.1.1	aus porigen Stoffen: Blähperlit Blähglimmer Korkschrot, expandiert Hüttenbims Blähton, Blähschiefer Bimskies Schaumlava	($\leq$ 100) ($\leq$ 100) ($\leq$ 200) ($\leq$ 600) ($\leq$ 400) ($\leq$ 1000) $\leq$ 1200 $\leq$ 1500	0,060 0,070 0,050 0,13 0,16 0,19 0,22 0,27	
8.1.2	aus Polystyrolschaumstoff-Partikeln	(15)	0,045	
8.1.3	aus Sand, Kies, Splitt (trocken)	(1800)	0,70	
8.2	Fliesen	(2000)	1,0	
8.3	Glas	(2500)	0,80	
8.4	Natursteine			
8.4.1	Kristalline metamorphe Gesteine (Granit, Basalt, Marmor)	(2800)	3,5	
8.4.2	Sedimentsteine (Sandstein, Muschelkalk, Nagelfluh)	(2600)	2,3	
8.4.3	Vulkanische porige Natursteine	(1600)	0,55	
8.5	Böden (naturfeucht)			
8.5.1	Sand, Kiessand		1,4	
8.5.2	Bindige Böden		2,1	

Tabelle 2.5. (Fortsetzung)

Zeile	Stoff	Rohdichte oder Rohdichteklassen[1])[2]) kg/m³	Rechenwert der Wärmeleitfähigkeit λ_R[3]) W/(m · K)	Richtwert der Wasserdampf-Diffusionswiderstandszahl μ[4])
8.6	Keramik und Glasmosaik	(2000)	1,2	100/300
8.7	Wärmedämmender Putz	(600)	0,20	5/20
8.8	Kunstharzputz	(1 100)	0,70	50/200
8.9	Metalle			
8.9.1	Stahl		60	
8.9.2	Kupfer		380	
8.9.3	Aluminium		200	
8.10	Gummi (kompakt)	(1 000)	0,20	

[1]) Die in Klammern angegebenen Rohdichtewerte dienen nur zur Ermittlung der flächenbezogenen Masse, z. B. für den Nachweis des sommerlichen Wärmeschutzes.

[2]) Die bei den Steinen genannten Rohdichten sind Klassenbezeichnungen nach den entsprechenden Stoffnormen.

[3]) Die angegebenen Rechenwerte der Wärmeleitfähigkeit λ_R von Mauerwerk dürfen bei Verwendung von werksmäßig hergestellten Leichtmauermörteln aus Zuschlägen mit porigem Gefüge nach DIN 4226 Teil 2 ohne Quarzsandzusatz — bei einer Festmörtelrohdichte $\leq$ 1 000 kg/ m³ — um 0,06 W/(m · K) verringert werden, jedoch dürfen die verringerten Werte bei Gasbeton-Blocksteinen nach Zeile 4.4 sowie bei Vollblöcken S-W aus Naturbims und Blähton nach den Zeilen 4.5.2.3 und 4.5.2.4 die Werte der entsprechenden Zeilen 2.3 sowie 2.4.2.1 und 2.4.2.2 nicht unterschreiten.

[4]) Es ist jeweils der für die Baukonstruktion ungünstigere Wert einzusetzen. Bezüglich der Anwendung der μ-Werte siehe DIN 4108 Teil 3 und Beispiele in DIN 4108 Teil 5.

[5]) Praktisch dampfdicht. Nach DIN 52615 Teil 1: $s_d \geq$ 1 500 m.

[6]) Bei Quarzsandzusatz erhöhen sich die Rechenwerte der Wärmeleitfähigkeit um 20%.

[7]) Die Rechenwerte der Wärmeleitfähigkeit sind bei Hohlblocksteinen mit Quarzsandzusatz für 2-K-Steine um 20% und für 3-K-Steine und 4-K-Steine um 15% zu erhöhen.

[8]) Platten der Dicken < 15 mm dürfen wärmeschutztechnisch nicht berücksichtigt werden (siehe DIN 1101).

[9]) Bei Trittschalldämmplatten aus Schaumkunststoffen oder aus Faserdämmstoffen wird bei sämtlichen Erzeugnissen der Wärmedurchlaßwiderstand $1/\Lambda$ auf der Verpackung angegeben (siehe DIN 18164 Teil 2 und DIN 18165 Teil 2).

[10]) Die angegebenen Rechenwerte der Wärmeleitfähigkeit λ_R gelten für Holz quer zur Faser, für Holzwerkstoffe senkrecht zur Plattenebene. Für Holz in Faserrichtung sowie für Holzwerkstoffe in Plattenebene ist näherungsweise der 2,2fache Wert einzusetzen, wenn kein genauerer Nachweis erfolgt.

[11]) Diese Stoffe sind hinsichtlich ihrer wärmeschutztechnischen Eigenschaften nicht genormt. Die angegebenen Wärmeleitfähigkeitswerte stellen obere Grenzwerte dar.

[12]) Die Dichte wird bei losen Schüttungen als Schüttdichte angegeben.

Tabelle 2-7. Rechenwerte der Wärmeübergangswiderstände[1] [2] nach DIN 4108 [28]

Zeile	Bauteil[3]	Wärmeübergangs-widerstand	
		$\dfrac{1}{\alpha_i}$ $m^2 \cdot K/W$	$\dfrac{1}{\alpha_a}$ $m^2 \cdot K/W$
1	Außenwand (ausgenommen solche nach Zeile 2)	0,13	0,04
2	Außenwand mit hinterlüfteter Außenhaut[4]), Abseitenwand zum nicht wärmegedämmten Dachraum		0,08[5]
3	Wohnungstrennwand, Treppenraumwand, Wand zwischen fremden Arbeitsräumen, Trennwand zu dauernd unbeheiztem Raum, Abseitenwand zum wärmegedämmten Dachraum		[6]
4	An das Erdreich grenzende Wand		0
5	Decke oder Dachschräge, die Aufenthaltsraum nach oben gegen die Außenluft abgrenzt (nicht belüftet)	0,13	0,04
6	Decke unter nicht ausgebautem Dachraum, unter Spitzboden oder unter belüftetem Raum (z. B. belüftete Dachschräge)		0,08[5]
7	Wohnungstrenndecke und Decke zwischen fremden Arbeitsräumen		
7.1	Wärmestrom von unten nach oben	0,13	[6]
7.2	Wärmestrom von oben nach unten	0,17	
8	Kellerdecke	0,17	[6]
9	Decke, die Aufenthaltsraum nach unten gegen die Außenluft abgrenzt		0,04
10	Unterer Abschluß eines nicht unterkellerten Aufenthalts-raumes (an das Erdreich grenzend)		0

[1]) Vereinfachend kann in allen Fällen mit $1/\alpha_i = 0,13\ m^2 \cdot K/W$ sowie — die Zeilen 4 und 10 ausgenommen — mit $1/\alpha_a = 0,04\ m^2 \cdot K/W$ gerechnet werden.

[2]) Für die Überprüfung eines Bauteils auf Tauwasserbildung auf Oberflächen siehe besondere Festlegung in DIN 4108 Teil 3.

[3]) Zur Lage der Bauteile im Bauwerk siehe Bild 1.

[4]) Für zweischaliges Mauerwerk mit Luftschicht nach DIN 1053 Teil 1 gilt Zeile 1.

[5]) Diese Werte sind auch bei der Berechnung des Wärmedurchgangswiderstandes $1/k$ von Rippen neben belüfteten Gefachen nach DIN 4108 Teil 2, Ausgabe August 1981, Abschnitt 5.2.6, anzuwenden.

[6]) Bei innenliegendem Bauteil ist zu beiden Seiten mit demselben Wärmeübergangswiderstand zu rechnen.

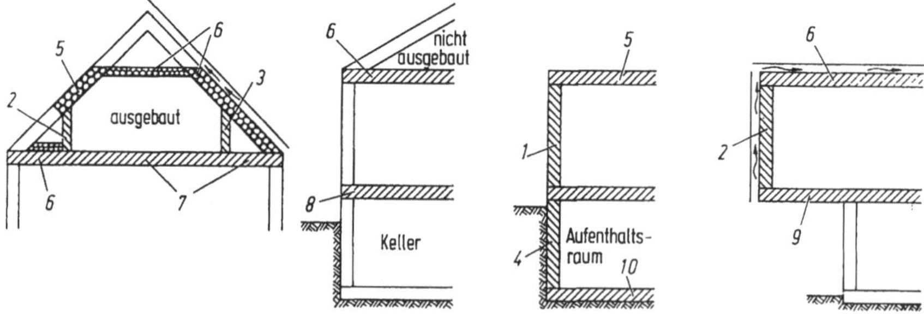

Die lfd. Nrn. entsprechen den Zeilen-Nummern in der Tabelle

Tabelle 2-8. Übersicht über die Rechenwerte der Wärmedurchlaßwiderstände für Luftschichten, nach [28][1].

Lage der Luftschicht	Dicke der Luftschicht mm	Wärmedurchlaßwiderstand $1/\Lambda$ $m^2 \cdot K/W$
lotrecht	10 bis 20	0,14
	über 20 bis 500	0,17
waagerecht	10 bis 500	0,17

[1]) Die Werte gelten für Luftschichten, die nicht mit der Außenluft in Verbindung stehen, und für Luftschichten bei mehrschaligem Mauerwerk nach DIN 1053 Teil 1.

Speziell für Luftschichten, die nicht mit der Außenluft in Verbindung stehen bzw. deren Verbindungsöffnungen höchstens die für zweischaliges Mauerwerk zulässigen Querschnitte aufweisen, sind in Tabelle 2-8 die Rechenwerte der Wärmedurchlaßwiderstände wiedergegeben. Luftschichten, welche mit der Außenluft in Verbindung stehen, dürfen — mitsamt allen nach außen vorgelagerten Schichten — bei wärmeschutztechnischen Berechnungen nicht in Ansatz gebracht werden.

Auch für Fenster sind bestimmte Rechenwerte des Wärmedurchgangskoeffizienten anzuwenden. Der k-Wert eines Fensters hängt vom k-Wert der Verglasung und vom Material bzw. der Größe des Rahmens ab. Tabelle 2-9 vermittelt einen Überblick über die Wärmedurchgangskoeffizienten von Fenstern bzw. Fenstertüren. Bemerkenswert erscheint, daß unter Verwendung von Sondergläsern auch bei Doppelverglasungen k-Werte von ca. 1,0 W/m²K zukünftig erreichbar erscheinen.

2.3.2 Winterliche Wärmeschutzanforderungen

Tabelle 2-10 enthält die Mindestdämmwerte, die aus Gründen des winterlichen Wärmeschutzes von üblichen, nichttransparenten Außenbauteilen gefordert werden müssen. Der Mindestwärmeschutz muß an jeder Stelle vorhanden sein. Hierzu gehören u. a. auch Nischen unter Fenstern, Fensterbrüstungen von Fensterelementen, Fensterstürze, Rolladenkästen, Wandbereiche auf der Außenseite von Heizkörpern und Rohrkanäle, insbesondere für ausnahmsweise in Außenwänden angeordneten wasserführenden Leitungen. Wenn Heizungs- und Warmwasserrohre in Außenwänden angeordnet werden, ist auch aus Gründen der Energieeinsparung eine erhöhte Wärmedämmung gegenüber den Werten nach Tabelle 2-10, Zeile 1, erforderlich. Nach Möglichkeit sollen solche Ausführungen aber vermieden werden.

Zusätzliche Anforderungen für leichte Außenwände, Decken unter nicht ausgebauten Dachgeschossen und Dächer mit einer flächenbezogenen Gesamtmasse unter 300 kg/m² enthält Tabelle 2-11. Die Anforderungen nach Tabelle 2-11 gelten auch als erfüllt, wenn der Wärmedurchlaßwiderstand des Bauteils im Gefachbereich $\geq 1,75\ m^2 \cdot K/W$ ist. Im Bereich von Wärmebrücken (z. B. Stielen, Ständern und Riegeln) sind die Werte der Tabelle 2-10 einzuhalten.

Tabelle 2-9. Rechenwerte der Wärmedurchgangskoeffizienten für Verglasungen und für Fenster bzw. Fenstertüren einschließlich Rahmen, nach [28].

Spalte	1	2	3	4	5	6	7
Zeile	Beschreibung der Verglasung	Verglasung[1] k_V W/(m² · K)	Fenster und Fenstertüren einschließlich Rahmen k_F für Rahmenmaterialgruppe[2] W/(m² · K)				
			1	2.1	2.2	2.3	3[3]
1	***Unter Verwendung von Normalglas***						
1.1	Einfachverglasung	5,8	5,2				
1.2	Isolierglas mit ≧ 6 bis ≦ 8 mm Luftzwischenraum	3,4	2,9	3,2	3,3	3,6	4,1
1.3	Isolierglas mit > 8 bis ≦ 10 mm Luftzwischenraum	3,2	2,8	3,0	3,2	3,4	4,0
1.4	Isolierglas mit > 10 bis ≦ 16 mm Luftzwischenraum	3,0	2,6	2,9	3,1	3,3	3,8
1.5	Isolierglas mit zweimal ≧ 6 bis ≦ 8 mm Luftzwischenraum	2,4	2,2	2,5	2,6	2,9	3,4
1.6	Isolierglas mit zweimal > 8 bis ≦ 10 mm Luftzwischenraum	2,2	2,1	2,3	2,5	2,7	3,3
1.7	Isolierglas mit zweimal > 10 bis ≦ 16 mm Luftzwischenraum	2,1	2,0	2,3	2,4	2,7	3,2
1.8	Doppelverglasung mit 20 bis 100 mm Scheibenabstand	2,8	2,5	2,7	2,9	3,2	3,7
1.9	Doppelverglasung aus Einfachglas und Isolierglas (Luftzwischenraum 10 bis 16 mm) mit 20 bis 100 mm Scheibenabstand	2,0	1,9	2,2	2,4	2,6	3,1
1.10	Doppelverglasung aus zwei Isolierglaseinheiten (Luftzwischenraum 10 bis 16 mm) mit 20 bis 100 mm Scheibenabstand	1,4	1,5	1,8	1,9	2,2	2,7
2	***Unter Verwendung von Sondergläsern***						
2.1	Die Wärmedurchgangskoeffizienten k_V für Sondergläser werden aufgrund von Prüfzeugnissen hierfür anerkannter Prüfanstalten festgelegt (siehe Abschnitt 1 mit Fußnote 2)	3,0	2,6	2,9	3,1	3,3	3,8
2.2		2,9	2,5	2,8	3,0	3,2	3,8
2.3		2,8	2,5	2,7	2,9	3,2	3,7
2.4		2,7	2,4	2,7	2,9	3,1	3,6
2.5		2,6	2,3	2,6	2,8	3,0	3,6
2.6		2,5	2,3	2,5	2,7	3,0	3,5
2.7		2,4	2,2	2,5	2,6	2,9	3,4
2.8		2,3	2,1	2,4	2,6	2,8	3,4
2.9		2,2	2,1	2,3	2,5	2,7	3,3

Tabelle 2-9. (Fortsetzung)

Spalte	1	2	3	4	5	6	7
Zeile	Beschreibung der Verglasung	Verglasung[1] k_V W/(m²·K)	Fenster und Fenstertüren einschließlich Rahmen k_F für Rahmenmaterialgruppe[2] W/(m²·K)				
			1	2.1	2.2	2.3	3[3]
2.10	Die Wärmedurchgangskoeffizienten k_V für Sondergläser werden aufgrund von Prüfzeugnissen hierfür anerkannter Prüfanstalten festgelegt (siehe Abschnitt 1 mit Fußnote 2)	2,1	2,0	2,3	2,4	2,7	3,2
2.11		2,0	1,9	2,2	2,4	2,6	3,1
2.12		1,9	1,8	2,1	2,3	2,5	3,1
2.13		1,8	1,8	2,0	2,2	2,5	3,0
2.14		1,7	1,7	2,0	2,2	2,4	2,9
2.15		1,6	1,6	1,9	2,1	2,3	2,9
2.16		1,5	1,6	1,8	2,0	2,3	2,8
2.17		1,4	1,5	1,8	1,9	2,2	2,7
2.18		1,3	1,4	1,7	1,9	2,1	2,7
2.19		1,2	1,4	1,6	1,8	2,0	2,6
2.20		1,1	1,3	1,6	1,7	2,0	2,5
2.21		1,0	1,2	1,5	1,7	1,9	2,4
3	*Glasbausteinwand* nach DIN 4242 mit Hohlglasbausteinen nach DIN 18175						3,5

[1]) Bei Fenstern mit einem Rahmenanteil von nicht mehr als 5% (z. B. Schaufensteranlagen) kann für den Wärmedurchgangskoeffizienten k_F der Wärmedurchgangskoeffizient k_V der Verglasung gesetzt werden.

[2]) Die Einstufung von Fensterrahmen in die Rahmenmaterialgruppen 1 bis 3 ist wie folgt vorzunehmen:

Gruppe 1: Fenster mit Rahmen aus Holz, Kunststoff (siehe Anmerkung) und Holzkombinationen (z. B. Holzrahmen mit Aluminiumbekleidung) ohne besonderen Nachweis oder wenn der Wärmedurchgangskoeffizient des Rahmens mit $k_R \leq 2,0$ W/(m²·K) aufgrund von Prüfzeugnissen nachgewiesen worden ist (siehe Abschnitt 1 mit Fußnote 2).

Anmerkung: In die Gruppe 1 sind Profile für Kunststoff-Fenster nur dann einzuordnen, wenn die Profilausbildung vom Kunststoff bestimmt wird und eventuell vorhandene Metalleinlagen nur der Aussteifung dienen.

Gruppe 2.1: Fenster mit Rahmen aus wärmegedämmten Metall- oder Betonprofilen, wenn der Wärmedurchgangskoeffizient des Rahmens mit $2,0 < k_R \leq 2,8$ W/(m²·K) aufgrund von Prüfzeugnissen nachgewiesen worden ist (siehe Abschnitt 1 mit Fußnote 2).

Gruppe 2.2: Fenster mit Rahmen aus wärmegedämmten Metall- oder Betonprofilen, wenn der Wärmedurchgangskoeffizient des Rahmens mit $2,8 < k_R \leq 3,5$ W/(m²·K) aufgrund von Prüfzeugnissen nachgewiesen worden ist (siehe Abschnitt 1 mit Fußnote 2) oder wenn die Kernzone der Profile die in der folgenden Tabelle A angegebenen Merkmale aufweist.

Tabelle 2-9. (Fortsetzung)

Tabelle 3 A. *Merkmale der Profilkernzone*

Anteil der Kunststoffverbindung an der Dämmzone mit $\lambda \geqq 0,17$ W/(m · K)	Abstand gegenüberliegender Stege a mm	Dicke der Dämmzone s mm
bei Verbindung der Innen- und Außenschale der Metallprofile mit Kunststoff		
$b_1 + b_2 \leqq 0,4 \cdot b$	$\geqq 7$	$\geqq 12$
$b_1 + b_2 > 0,4 \cdot b$	$\geqq 9$	$\geqq 12$

Gruppe 2.3: Fenster mit Rahmen aus wärmegedämmten Metall- oder Betonprofilen, wenn der Wärmedurchgangskoeffizient des Rahmens mit $3,5 < k_R \leqq 4,5$ W/(m² · K) aufgrund von Prüfzeugnissen nachgewiesen worden ist (siehe Abschnitt 1 mit Fußnote 2) oder wenn die Kernzone der Profile die in der folgenden Tabelle 3 B angegebenen Merkmale aufweist:

Tabelle 3 B. *Merkmale der Profilkernzone*

Anteil der Kunststoffverbindung an der Dämmzone mit $\lambda \geqq 0,17$ W/(m · K)	Abstand gegenüberliegender Stege a mm	Dicke der Dämmzone s mm	Dicke der Stifte mm	Abstand der Stifte mm
bei Verbindung der Innen- und Außenschale der Metallprofile mit Kunststoff				
$b_1 + b_2 \leqq 0,4 \cdot b$	$\geqq 3$	$\geqq 10$		
$b_1 + b_2 > 0,4 \cdot b$	$\geqq 5$	$\geqq 10$		

Tabelle 2.9. (Fortsetzung)

Anteil der Kunststoffverbindung an der Dämmzone mit $\lambda \geqq 0{,}17$ (W/m · K)	Abstand gegenüberliegender Stege a mm	Dicke der Dämmzone s mm	Dicke der Stifte mm	Abstand der Stifte mm
bei Verbindung der Innen- und Außenschale der Metallprofile mit Stiften	$\geqq 5$	$\geqq 10$	$\leqq 3$	$\geqq 200$

Gruppe 3: Fenster mit Rahmen aus Beton, Stahl und Aluminium sowie wärmegedämmten Metallprofilen, die nicht in die Rahmenmaterialgruppen 2.1 bis 2.3 eingestuft werden können, ohne besonderen Nachweis.

[3]) Bei Verglasungen mit einem Rahmenanteil $\leqq 15\%$ dürfen in der Rahmenmaterialgruppe 3 (Spalte 7, ausgenommen Zeile 1.1) die k_F-Werte um 0,5 W/(m² · K) herabgesetzt werden.

Die zusätzlichen Anforderungen für leichte Außenbauteile mit flächenbezogenen Gesamtmassen unter 300 kg/m² haben ihre Ursache im instationären Wärmeverhalten. Wegen der geringen Masse dieser Bauteile fehlt in der Regel jene Wärmespeicherfähigkeit, die schweren Bauteilen innewohnt, was sich bei intermittierender Beheizung im Winter und bei Sonneneinstrahlung im Sommer nachteilig bemerkbar machen könnte. Um die relativ geringe Masse thermisch zu kompensieren, werden von leichten Bauteilen die in Tabelle 2-11 aufgeführten, erhöhten Wärmedurchlaßwiderstände gefordert. Die aus instationären Überlegungen resultierende Festlegung erhöhter Dämmwerte stellt ein Zugeständnis an die praktische Handhabbarkeit des rechnerischen Nachweises dar. Rein instationäre Kenngrößen, wie z. B. das in Abschnitt 2.2.3 erläuterte Temperaturamplitudenverhältnis, würden das instationäre Verhalten nämlich besser beschreiben; sie brächten aber auch einen erhöhten, in der Praxis kaum zu bewältigenden Rechenaufwand mit sich.

Im Hinblick auf einen — insbesondere auch unter volkswirtschaftlichen Aspekten — anzustrebenden wirtschaftlichen Wärmeschutz ist der Nachweis nach der Wärmeschutzverordnung [56] zu führen. Der Ablauf des Nachweises geschieht entsprechend Tabelle 2-12.

2.3.3 Sommerliche Wärmeschutzanforderungen

Zur Vermeidung zu starker sommerlicher Raumerwärmung müssen in Gebäuden (ohne raumlufttechnische Anlagen) die in Tabelle 2-13 aufgeführten Werte ($g · f$) des Produktes aus dem Gesamtenergiedurchlaßgrad g und dem Fensterflächenanteil f eingehalten werden.

Tabelle 2-10. Mindestwerte der Wärmedurchlaßwiderstände $1/\Lambda$ und Maximalwerte der Wärmedurchgangskoeffizienten k von schweren Bauteilen nach DIN 4108 [29].

Spalte		1		2		3	
				2.1	2.2	3.1	3.2
Zeile		Bauteile		Wärmedurchlaßwiderstand $1/\Lambda$		Wärmedurchgangskoeffizient k	
				im Mittel	an der ungünstigsten Stelle	im Mittel	an der ungünstigsten Stelle
				$m^2 \cdot K/W$		$W/(m^2 \cdot K)$	
1	1.1	Außenwände[1])	allgemein	0,55		1,39; 1,32[2])	
	1.2		für kleinflächige Einzelbauteile (z. B. Pfeiler)[8]) bei Gebäuden mit einer Höhe des Erdgeschoßfußbodens (1. Nutzgeschoß) $\leqq$ 500 m über NN	0,47		1,56; 1,47[2])	
2	2.1	Wohnungstrennwände[3]) und Wände zwischen fremden Arbeitsräumen	in nicht zentralbeheizten Gebäuden	0,25		1,96	
	2.2		in zentralbeheizten Gebäuden[4])	0,07		3,03	
3		Treppenraumwände[5])		0,25		1,96	
4	4.1	Wohnungstrenndecken[3]) und Decken zwischen fremden Arbeitsräumen[6]) [7])	allgemein	0,35		1,64[8]); 1,45[9])	
	4.2		in zentralbeheizten Bürogebäuden[4])	0,17		2,33[8]); 1,96[9])	
5	5.1	Unterer Abschluß nicht unterkellerter Aufenthaltsräume[6])	unmittelbar an das Erdreich grenzend	0,90		0,93	
	5.2		über einen nicht belüfteten Hohlraum an das Erdreich grenzend			0,81	
6		Decken unter nicht ausgebauten Dachräumen[6]) [10])		0,90	0,45	0,90	1,52
7		Kellerdecken[6]) [11])		0,90	0,45	0,81	1,27
8	8.1	Decken, die Aufenthaltsräume gegen die Außenluft abgrenzen[6])	nach unten[12])	1,75	1,30	0,51; 0,50[2])	0,66; 0,65[2])
	8.2		nach oben[13]) [14])	1,10	0,80	0,79	1,03

[1]) bis [14]) siehe Seite 47

Die Begründung dieser Werte ist in umfangreichen Untersuchungen niedergelegt [30—32]. In diesen Untersuchungen ist festgestellt worden, daß die in Bild 2-19 schematisch dargestellten Einflußgrößen in der dort dargelegten Rangfolge für den sommerlichen Wärmeschutz von Bedeutung sind. Hieraus geht hervor, daß der Größe und Energiedurchlässigkeit der Fenster, d. h. dem f- und g-Wert, die größte und dem Speichereigenschaften der *Außen*bauteile eine nur fünftrangige Bedeutung zukommt. Entgegen einer in der Praxis immer wieder verzerrt geführten Diskussion sind die Möglichkeiten der natürlichen Lüftung (Rang 2), die Orientierung der Fenster (Rang 3) und die Wärmespeicherfähigkeit des *Innen*systems wichtiger als die Speichereigenschaften der Außenbauteile.

Ein allgemeiner Überblick über den Gesamtenergiedurchlaßgrad g ist bereits in Tabelle 2-3 gegeben worden. Tabelle 2-14 veranschaulicht die ohne näheren Nachweis zulässigen g-Werte für Verglasungen. Die g-Werte von Fenstern mit Sonnenschutzvorrichtungen erhält man aus den g-Werten der Verglasung g_V nach der Formel

$$g = g_V \cdot z, \tag{2-38}$$

wobei für die Abminderungsfaktoren z die in Tabelle 2-15 aufgeführten Werte zu verwenden sind.

---

[1]) Die Zeile 1 gilt auch für Wände, die Aufenthaltsräume gegen Bodenräume, Durchfahrten, offene Hausflure, Garagen (auch beheizte) oder dergleichen abschließen oder an das Erdreich angrenzen. Zeile 1 gilt nicht für Abseitenwände, wenn die Dachschräge bis zum Dachfuß gedämmt ist (siehe Abschnitt 4.2.1.8).

[2]) Dieser Wert gilt für Bauteile mit hinterlüfteter Außenhaut.

[3]) Wohnungstrennwände und -trenndecken sind Bauteile, die Wohnungen voneinander oder von fremden Arbeitsräumen trennen.

[4]) Als zentralbeheizt im Sinne dieser Norm gelten Gebäude, deren Räume an eine gemeinsame Heizzentrale angeschlossen sind, von der ihnen die Wärme mittels Wasser, Dampf oder Luft unmittelbar zugeführt wird.

[5]) Die Zeile 3 gilt auch für Wände, die Aufenthaltsräume von fremden, dauernd unbeheizten Räumen trennen, wie abgeschlossenen Hausfluren, Kellerräumen, Ställen, Lagerräumen usw. Die Anforderung nach Zeile 3 gilt nur für geschlossene, eingebaute Treppenräume; sonst gilt Zeile 1.

[6]) Bei schwimmenden Estrichen ist für den rechnerischen Nachweis der Wärmedämmung die Dicke der Dämmschicht im belasteten Zustand anzusetzen.
Bei Fußboden- oder Deckenheizungen müssen die Mindestanforderungen an den Wärmedurchlaßwiderstand durch die Deckenkonstruktion unter- bzw. oberhalb der Ebenen der Heizfläche (Unter- bzw. Oberkante Heizrohr) eingehalten werden. Es wird empfohlen, die Wärmedurchlaßwiderstände $1/\Lambda$ über diese Mindestanforderungen hinaus zu erhöhen.

[7]) Die Zeile 4 gilt auch für Decken unter Räumen zwischen gedämmten Dachschrägen und Abseitenwänden bei ausgebauten Dachräumen.

[8]) Für Wärmestromverlauf von unten nach oben

[9]) Für Wärmestromverlauf von oben nach unten

[10]) Die Zeile 6 gilt auch für Decken, die unter einem belüfteten Raum liegen, der nur bekriechbar oder noch niedriger ist, sowie für Decken unter belüfteten Räumen zwischen Dachschrägen und Abseitenwänden bei ausgebauten Dachräumen (bezüglich der erforderlichen Belüftung siehe DIN 4108 Teil 3).

[11]) Die Zeile 7 gilt auch für Decken, die Aufenthaltsräume gegen abgeschlossene, unbeheizte Hausflure o. ä. abschließen.

[12]) Die Zeile 8.1 gilt auch für Decken, die Aufenthaltsräume gegen Garagen (auch beheizte), Durchfahrten (auch verschließbare) und belüftete Kriechkeller abgrenzen.

[13]) Siehe auch DIN 18530 (Vornorm).

[14]) Zum Beispiel Dächer und Decken unter Terrassen.

Tabelle 2-11. Mindestwerte der Wärmedurchlaßwiderstände für leichte Außenwände, Decken unter nicht ausgebauten Dachgeschossen und Dächer mit flächenbezogenen Gesamtmassen unter 300 kg/m², nach DIN 4108 [28].

Flächenbezogene Masse der raumseitigen Bauteilschichten[1)²)]	Wärmedurchlaßwiderstand des Bauteils $1/\Lambda$[1)²)]	Wärmedurchgangskoeffizient des Bauteils k[1)²)] W/(m² · K)	
		Bauteile mit nicht hinterlüfteter Außenhaut	Bauteile mit hinterlüfteter Außenhaut
kg/m²	m² · K/W		
0	1,75	0,52	0,51
20	1,40	0,64	0,62
50	1,10	0,79	0,76
100	0,80	1,03	0,99
150	0,65	1,22	1,16
200	0,60	1,30	1,23
300	0,55	1,39	1,32

[1)] Als flächenbezogene Masse sind in Rechnung zu stellen:

— bei Bauteilen mit Dämmschicht die Masse derjenigen Schichten, die zwischen der raumseitigen Bauteiloberfläche und der Dämmschicht angeordnet sind. Als Dämmschicht gilt hier eine Schicht mit $\lambda_R \leq 0{,}1$ W/(m · K) und $1/\Lambda \geq 0{,}25$ m² · K/W (vergleiche auch Beispiel A in Abschnitt 5.3),

— bei Bauteilen ohne Dämmschicht (z. B. Mauerwerk) die Gesamtmasse des Bauteils.

Werden die Anforderungen nach Tabelle 2 bereits von einer oder mehreren Schichten des Bauteils — und zwar unabhängig von ihrer Lage — (z. B. bei Vernachlässigung der Masse und des Wärmedurchlaßwiderstandes einer Dämmschicht) erfüllt, so braucht kein weiterer Nachweis geführt zu werden (vergleiche auch Beispiel B in Abschnitt 5.3).
Holz und Holzwerkstoffe dürfen näherungsweise mit dem 2fachen Wert ihrer Masse in Rechnung gestellt werden.

[2)] Zwischenwerte dürfen geradlinig interpoliert werden.

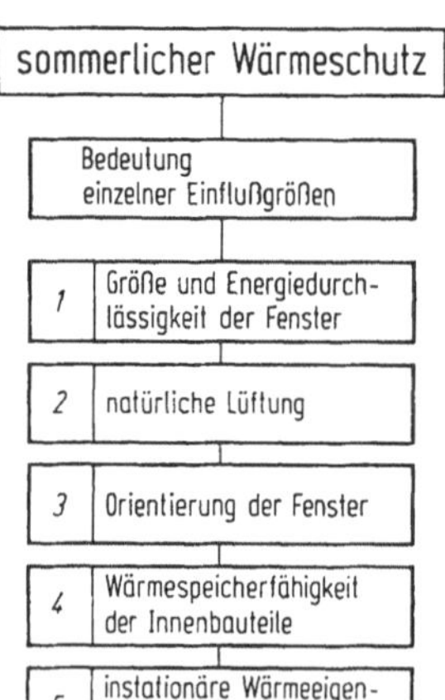

Bild 2-19. Bedeutung der einzelnen Einflußgrößen für den sommerlichen Wärmeschutz. Die im Bild dargestellte Numerierung gibt keine bloße Aufzählung, sondern eine Rangfolge wieder.

Tabelle 2-12. Nachweissystem zur Wärmeschutzverordnung [nach 59]

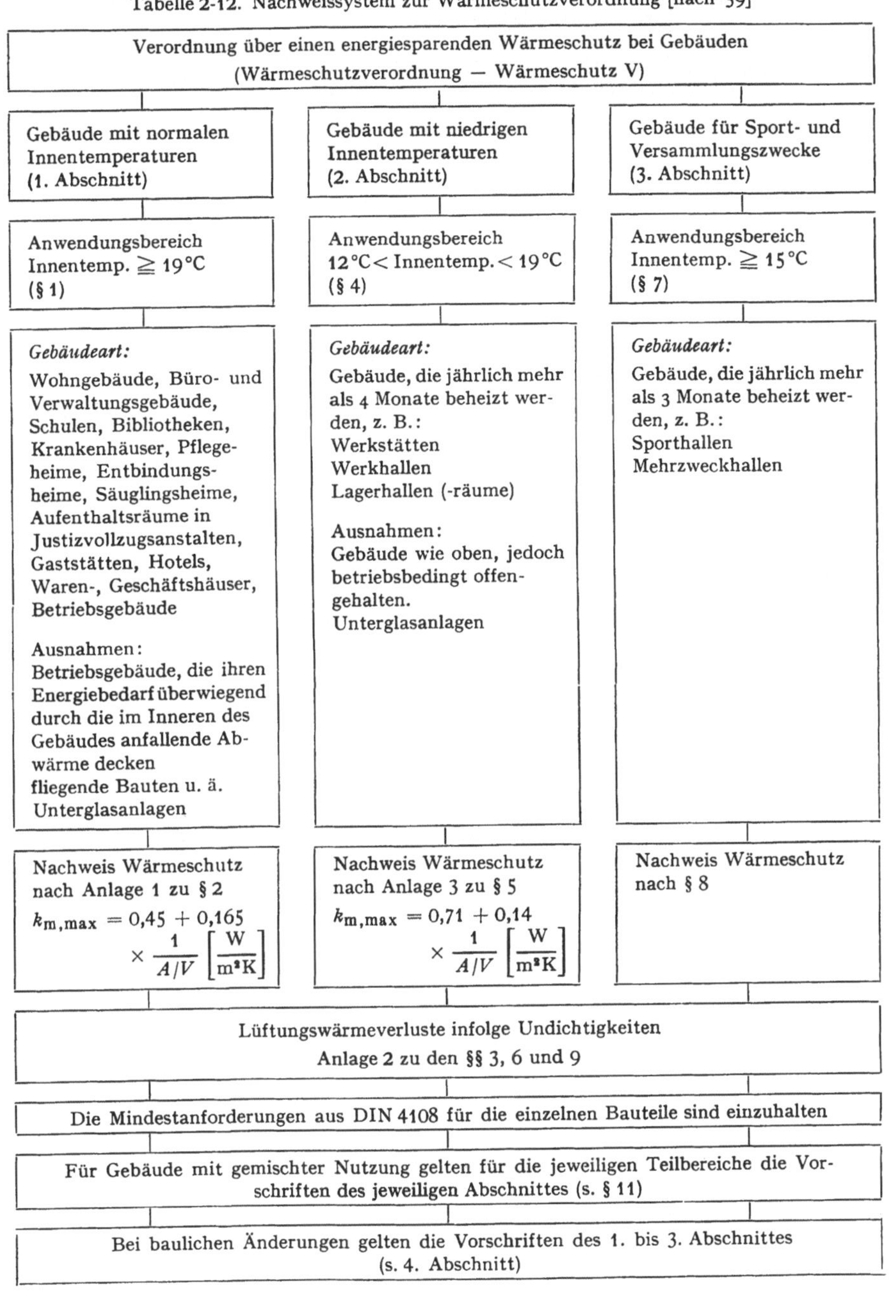

$$k_{m,max} = 0,45 + 0,165 \times \frac{1}{A/V} \left[\frac{W}{m^2 K}\right]$$

$$k_{m,max} = 0,71 + 0,14 \times \frac{1}{A/V} \left[\frac{W}{m^2 K}\right]$$

Tabelle 2-13. Empfohlene Höchstwerte ($g_F \cdot f$) in Abhängigkeit von den natürlichen Lüftungsmöglichkeiten und der Innenbauart, nach DIN 4108 [29].

Spalte	*1*	*2*	*3*
Zeile	Innen-bauart	Empfohlene Höchstwerte ($g_F \cdot f$)[1]	
		Erhöhte natürliche Belüftung nicht vorhanden[2]	Erhöhte natürliche Belüftung vorhanden[3]
1	leicht[4]	0,12	0,17
2	schwer[4]	0,14	0,25

Hierin bedeuten:

g_F Gesamtenergiedurchlaßgrad
f Fensterflächenanteil, bezogen auf die Fenster enthaltende Außenwandfläche (lichte Rohbaumaße):

$$f = \frac{A_F}{A_W + A_F}$$

Bei Dachfenstern ist der Fensterflächenanteil auf die direkt besonnte Dach- bzw. Dachdeckenfläche zu beziehen. Fußnote 1 ist nicht anzuwenden.
In den Höchstwerten ($g_F \cdot f$) ist der Rahmenanteil an der Fensterfläche mit 30% berücksichtigt.

[1] Bei nach Norden orientierten Räumen oder solchen, bei denen eine ganztägige Beschattung (z. B. durch Verbauung) vorliegt, dürfen die angegebenen ($g_F \cdot f$)-Werte um 0,25 erhöht werden. Als Nord-Orientierung gilt ein Winkelbereich, der bis zu etwa 22,5° von der Nord-Richtung abweicht.

[2] Fenster werden nachts oder in den frühen Morgenstunden nicht geöffnet (z. B. häufig bei Bürogebäuden und Schulen).

[3] Erhöhte natürliche Belüftung (mindestens etwa 2 Stunden), insbesondere während der Nacht- oder in den frühen Morgenstunden. Dies ist bei zu öffnenden Fenstern in der Regel gegeben (z. B. bei Wohngebäuden).

[4] Zur Unterscheidung in leichte und schwere Innenbauart wird raumweise der Quotient aus der Masse der raumumschließenden Innenbauteile sowie gegebenenfalls anderer Innenbauteile und der Außenwandfläche ($A_W + A_F$), die die Fenster enthält, ermittelt.

Für einen Quotienten > 600 kg/m² liegt eine schwere Innenbauart vor. Für die Holzbauweise ergibt sich in der Regel leichte Innenbauart.

Die Massen der Innenbauteile werden wie folgt berücksichtigt.

— Bei Innenbauteilen ohne Wärmedämmschicht wird die Masse zur Hälfte angerechnet.

— Bei Innenbauteilen mit Wärmedämmschicht darf die Masse derjenigen Schichten angerechnet werden, die zwischen der raumseitigen Bauteiloberfläche und der Dämmschicht angeordnet sind, jedoch höchstens die Hälfte der Gesamtmasse. Als Dämmschicht gilt hier eine Schicht mit $\lambda_R \leq 0{,}1$ W/(m · K) und $1/\Lambda \geq 0{,}25$ m² · K/W.

— Bei Innenbauteilen mit Holz oder Holzwerkstoffen dürfen die Schichten aus Holz oder Holzwerkstoffen näherungsweise mit dem 2fachen Wert ihrer Masse angesetzt werden.

Tabelle 2-14. Gesamtenergiedurchlaßgrade von Verglasungen, wie sie für wärmeschutztechnische Berechnungen zulässig sind, nach DIN 4108 [29]

Zeile		Verglasung	g
1	1.1	Doppelverglasung aus Klarglas	0,8
	1.2	Dreifachverglasung aus Klarglas	0,7
2		Glasbausteine	0,6
3		Mehrfachverglasung mit Sondergläsern (Wärmeschutzglas, Sonnenschutzglas)[1]	0,2 bis 0,8

[1]) Die Gesamtenergiedurchlaßgrade g von Sondergläsern können aufgrund von Einfärbung bzw. Oberflächenbehandlung der Glasscheiben sehr unterschiedlich sein. Im Einzelfall ist der Nachweis gemäß DIN 67 507 zu führen.
Ohne Nachweis darf nur der ungünstigere Grenzwert angewendet werden.

Tabelle 2-16 gibt einige Beispiele für die Anwendung des $(g \cdot f)$-Verfahrens wieder. Wenn eine schwere Innenbauart und die Möglichkeit des Fensteröffnens gegeben sind, wird ein $(g \cdot f)$-Limit von 0,25 empfohlen. Wählt der Architekt im ersten Beispiel einen Fensterflächenanteil von 60% ($f = 0,6$), so ergibt sich hieraus ein g-Wert von 0,42, der mit einem innenliegenden Sonnenschutz leicht zu realisieren ist. Würde man hingegen einen außenliegenden Sonnenschutz mit $g = 0,25$ wählen (Beispiel 2), so ergäbe sich ein noch zulässiger Fensterflächenanteil von $f = 1,00$; dies würde bedeuten, daß dann auch eine voll verglaste Fassade mit 100% Glasanteil zulässig wäre. Der Architekt ist also bei seinem Entwurf frei. Das $(g \cdot f)$-Verfahren impliziert einen hohen Grad von Liberalität im Entwurf, was von der Architektenschaft hoffentlich erkannt und geschätzt werden möge. Wichtige Regeln für den sommerlichen Wärmeschutz sind in Bild 2-20 nochmals übersichtlich zusammengestellt.

2.3.4 Lüftungstechnische Anforderungen

Die lüftungstechnischen Anforderungen an Gebäude werden z. Z. kontrovers diskutiert. Während man sich früher bei den damals üblichen Undichtheiten zwischen Fensterrahmen und Fensterstock um die notwendige Frischluftzufuhr nicht zu kümmern brauchte, sind Fenster heutiger Machart viel dichter. Der Fugendurchlaßkoeffizient von Fenstern liegt heutzutage im geschlossenen Zustand unter $2 \text{ m}^3/\text{h} \cdot \text{m} \cdot (\text{daPa})^{2/3}$ (vgl. Tabelle 2-17). An den Fugendurchlaßkoeffizienten werden — abhängig von der Geschoßzahl — auch besondere Anforderungen gerichtet (Tabelle 2-18). Dies ist einerseits positiv zu sehen, weil hierdurch unnötige Lüftungswärme- und damit Energieverluste vermieden werden. Andererseits ist aus hygienischen Gründen aber ein gewisser Mindestluftwechsel der Räume sicherzustellen, der im Regelfall für Wohnräume etwa bei Luftwechselzahlen zwischen $0,5 \text{ h}^{-1}$ und $0,8 \text{ h}^{-1}$ liegt. Diese oder höhere Minimal-Lüftungsraten sind auch notwendig, um die in den Räumen anfallende Feuchte und die entstehenden Verunreinigungen abzuführen, die stammen können [33]

— vom Menschen selbst (Gerüche, Kohlendioxid, Wasserdampf usw.)
— vom Rauchen (Kohlenmonoxid, Aldehyde, Partikel usw.)

Tabelle 2-15. Abminderungsfaktoren z von Sonnenschutzvorrichtungen[1] in Verbindung mit Verglasungen, nach DIN 4108 [29]

Zeile	Sonnenschutz-vorrichtung	z	Zeile	Sonnenschutz-vorrichtung	z
1	fehlende Sonnenschutz-vorrichtung	1,0	3.2	Jalousien, Rolläden, Fensterläden, feststehende oder drehbare Lamellen	0,3
2	innenliegend und zwischen den Scheiben liegend		3.3	Vordächer, Loggien[3]	0,3
2.1	Gewebe bzw. Folien[2]	0,4 bis 0,7	3.4	Markisen, oben und seitlich ventiliert[3]	0,4
2.2	Jalousien	0,5	3.5	Markisen, allgemein[3]	0,5
3	außenliegend				
3.1	Jalousien, drehbare Lamellen, hinterlüftet	0,25			

[1] Die Sonnenschutzvorrichtung muß fest installiert sein (z. B. Lamellenstores). Übliche dekorative Vorhänge gelten nicht als Sonnenschutzvorrichtung.

[2] Die Abminderungsfaktoren z können aufgrund der Gewebestruktur, der Farbe und der Reflexionseigenschaften sehr unterschiedlich sein. Im Einzelfall ist der Nachweis in Anlehnung an DIN 67 507 zu führen. Ohne Nachweis darf nur der ungünstigere Grenzwert angewendet werden.

[3] Dabei muß näherungsweise sichergestellt sein, daß keine direkte Besonnung des Fensters erfolgt. Dies ist der Fall, wenn

— bei Südorientierung der Abdeckwinkel $\beta \geqq 50°$ ist,

— bei Ost- und Westorientierung entweder der Abdeckwinkel $\beta \geqq 85°$ oder $\gamma \geqq 115°$ ist.

Zu den jeweiligen Orientierungen gehören Winkelbereiche von $\pm 22,5°$. Bei Zwischenorientierungen ist der Abdeckwinkel $\beta \geqq 80°$ erforderlich.

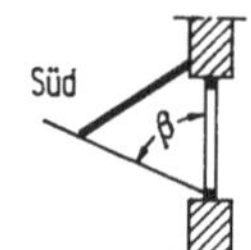

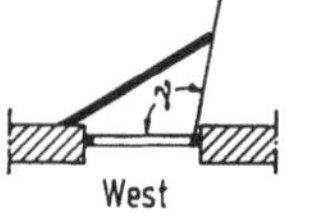

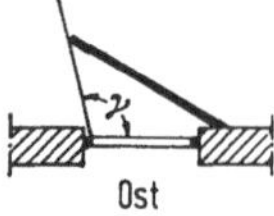

Horizontalschnitt durch Fassade

— von Konsumprodukten (Treibmittel von Sprays, Lösungsmittel von Reinigungsflüssigkeiten usw.)

— von Baustoffen (Formaldehyde von Spanplatten, Radon, Thorium, Asbeste usw.)

— von Verbrennungsanlagen (Kohlenmonoxid, Stickoxide, Partikel usw.).

Reicht die Luftzufuhr über die Fensterfugen im geschlossenen Zustand der Fenster nicht aus, so ist kurzzeitig oder für die Zeit des erhöhten Frischluftbedarfes durch Öffnen

Tabelle 2-16. Beispiele für die Anwendung des $(g \cdot f)$-Verfahrens
g: Gesamtenergiedurchlaßgrad
f: Fensterflächenanteil

Innen-bauart	Maximale $(g \cdot f)$-Werte	
	keine Belüftung	Belüftung
leicht	0,12	0,17
schwer	0,14	0,25

Beispiele

schwere Innenbauart
Belüftung vorhanden (Fenster auf)
maximales $g \cdot f = 0{,}25$

Beispiel 1

60% Fensterfläche, d. h. $f = 0{,}6$ ergibt
$g = 0{,}42$ (Sonnenschutz innen)

Beispiel 2

Sonnenschutz außen, $g = 0{,}25$
Fensterfläche $f = 1{,}00$ (voll verglast)

1. Fenstergröße auf ein vernünftiges Maß reduzieren!
2. Orientierung der hauptsächlichen Fensterflächen nach Süden
3. Vordächer über die hauptsächlichen Fensterflächen auskragen lassen! Sonnenschutz vorsehen!
4. Helle Farbe der Außenoberflächen!
5. Wärmedämmschichten möglichst weit nach außen! Betonplatten, Spanplatten und Holzschalungen innenseitig anordnen!
6. Wärmespeicherfähige Innenbauteile wählen! Wärmedämmende Deckenverkleidungen und Bodenbeläge nur, wenn nötig.
7. Hoher sommerlicher Luftwechsel von Gebäuden in Leichtbauweise (Fenster, Schiebetüren auf!) Kühle Nachtluft ausnutzen!

Bild 2-20. Zusammenstellung wichtiger Regeln für den sommerlichen Wärmeschutz.

der Fenster eine Stoßlüftung [34] bzw. eine Bedarfslüftung [35] vorzunehmen. Dabei muß insbesondere in Ballungsgebieten von einem relativ hohen CO_2-Gehalt der Außenluft ausgegangen werden (Bild 2-21).

Mit dem Öffnen der Fenster wird der Luftaustausch zwischen dem (beheizten) Innenvolumen und der (kalten) Außenatmosphäre erhöht. Der natürliche Luftaustausch kann zwar nicht *fein*dosiert, durch verschiedene Fenster- bzw. Rolladenstellungen aber doch in einem weiten Bereich „grobreguliert" werden. Dies verdeutlicht Tabelle 2-19, in dem der über Fenster erreichbare natürliche Luftwechsel veranschaulicht ist. Man ersieht,

Tabelle 2-17. Fugendurchlaßkoeffizient von Fenstern in Abhängigkeit von ihren Konstruktions-
merkmalen, nach DIN 4108 [28]

Konstruktionsmerkmale	Fugendurchlaß-koeffizient a $m^3/(h·m·daPa^{2/3})$
Holzfenster (auch Doppelfenster) mit Profilen nach DIN 68121 ohne Dichtung	$2,0 \geqq a \geqq 1,0$
alle Fensterkonstruktionen (bei Holzfenstern mit Profilen nach DIN 68121) mit alterungsbeständiger, leicht auswechselbarer, weichfedernder Dichtung	$\leqq 1,0$

Tabelle 2-18. Anforderungen an den Fugendurchlaßkoeffizienten für Fenster und Fenstertüren in
Abhängigkeit von der Gebäudegeschoßzahl und der Beanspruchungsgruppe, nach [56]

Zeile	Geschoßzahl	Fugendurchlaßkoeffizient a in $\dfrac{m^3}{h·m·(daPa)^{2/3}}$ Beanspruchungsgruppe nach DIN 18055[1)][2)]	
		A	B und C
1	Gebäude bis zu 2 Vollgeschossen	2,0	—
2	Gebäude mit mehr als 2 Vollgeschossen	—	1,0

[1)] Beanspruchungsgruppe A: Gebäudehöhe bis 8 m
B: Gebäudehöhe bis 20 m
C: Gebäudehöhe bis 100 m

[2)] Das Normblatt DIN 18055 — Fenster, Fugendurchlässigkeit, Schlagregendichtheit und mechanische Beanspruchung; Anforderungen und Prüfung — Ausgabe Oktober 1981 — ist im Beuth-
Verlag GmbH, Berlin und Köln, erschienen und beim Deutschen Patentamt in München archiv-
mäßig gesichert niedergelegt.

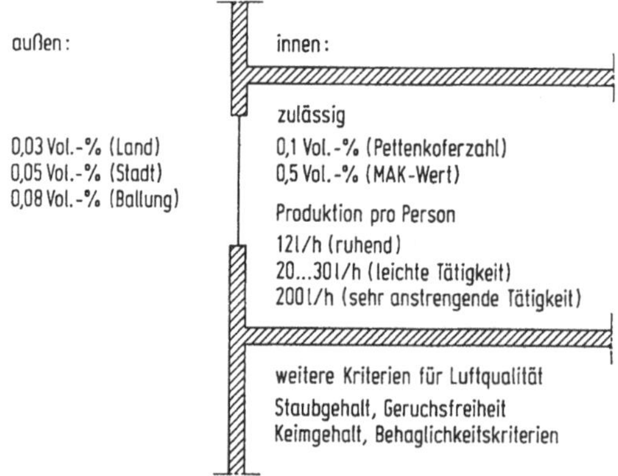

Bild 2-21. Angaben über den Koh-
lensäuregehalt der Außen- und Innenluft, nach [34].

Tabelle 2-19. Luftwechselzahlen, die durch natürliche Lüftung über Fenster erreichbar sind, nach [34]

Fensterstellung	Luftwechselzahl [h^{-1}]
Fenster zu, Türen zu	0 — 0,5
Fenster gekippt, Rolladen zu	0,3 — 1,5
Fenster gekippt, kein Rolladen	0,8 — 4,0
Fenster halb offen	5 — 10
Fenster ganz offen	9 — 15
Fenster und Fenstertüren ganz offen (gegenüberlieg.)	40

daß die Bandbreite vom praktisch dichten Abschluß bis zu einem Wert von 40 h^{-1} bei ganz geöffneten Fenstern und Fenstertüren reicht; ein Wert, der nur mit natürlicher Lüftung zugfrei erreichbar wird, weil bei mechanischer Lüftung und den dort gegebenen (kleineren!) Lüftungsquerschnitten zu große Strömungsgeschwindigkeiten aufträten. Die Schwäche der natürlichen Lüftung liegt in der nur verhältnismäßig groben Regulierfähigkeit und in der fehlenden Wärmerückgewinnungsmöglichkeit.

2.4 Energieeinsparung durch Wärmeschutz

Die Energiekrise hat in den letzten Jahren zu einer außergewöhnlichen Verbesserung des Wärmeschutzes von Gebäuden in der Bundesrepublik Deutschland geführt. In den Jahren 1975/80 ist die thermische Qualität der Bauten stärker verbessert worden als in den 30 vorhergehenden Jahren seit dem zweiten Weltkrieg. Die Tabelle 2-20 zeigt deutlich, daß Verbesserungsmaßnahmen bei Wohnbauten die höchste Bedeutung zukommt.

2.4.1 Analyse des Energieverbrauchs und bauliche Maßnahmen

Analysiert man den Energieverbrauch von Wohnbauten genauer, so zeigt sich — je nach Gebäudeart — eine unterschiedliche Größenordnung der Energieströme. Aus Bild 2-22a erkennt man, daß bei einem größeren kompakten Wohngebäude nur relativ wenig

Tabelle 2-20. Übersicht über den Energieverbrauch in den einzelnen Verbrauchssektoren des Hochbaus

Verbrauchssektor	%
Wohnungsbau	75
Industrie (o. Prozeßwärme)	9
Bürogebäude	6
Handel, Gewerbe	5
Schulen	1,9
Kirchen	1,0
Krankenhäuser	0,8
Öffentliche Bäder	0,4
Sonstige (Theater, Sport usw.)	0,9

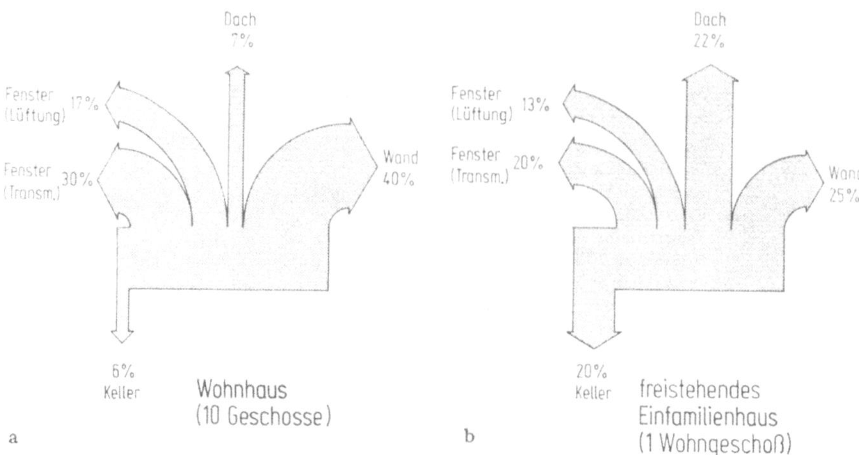

Bild 2-22. Größenordnung der prozentualen Energieströme (a) in einem größeren Wohngebäude und (b) einem freistehenden Eigenheim, nach [36]. Die Gebäude entsprechen durchschnittlichen Bauverhältnissen vor der Energiekrise.

Energie nach unten in die Geosphäre und nach oben durch das Dach in die Atmosphäre abströmt. Die Hauptanteile des Energieflusses liegen in den vertikalen Bauteilen, und zwar in den Fenstern, die mit ca. 47% (17% Lüftungswärmeverluste, 30% Transmissionsverluste) anzusetzen sind, und in den Wänden, welche mit 40% zu Buche schlagen. Demgegenüber nehmen bei einem freistehenden Einfamilienhaus die Energieverluste durch die Kellerdecke und durch das Dach relativ zu und die Wärmeströme durch die Fenster- bzw. Wandflächen relativ ab. Aus dem Vergleich der Bilder 2-22a und 2-22b lassen sich drei Maßnahmen erkennen, mit denen auf *bauliche* Weise Energie einzusparen ist, nämlich:

a) Durch zweckmäßige Wahl der Baukörperform. Dies ist Planungsaufgabe des Architekten. Maßgebend hierfür ist das Verhältnis A/V von wärmetauschender Hüllfläche A zum beheizten Volumen V eines Gebäudes.
b) Durch Verbesserung des Wärmeschutzes der Gebäudehüllteile. Dies erfordert baukonstruktive Leistungen, die durch den k_m-Wert (vgl. Gleichung (2-13)) beschrieben werden.
c) Durch Reduzierung der Lüftungswärmeverluste. Dies erfordert dichtere Fenster und hängt mit den in Abschnitt 2.3.4 behandelten Fragen der lüftungstechnischen Anforderungen zusammen.

Bild 2-23 gibt den Zusammenhang zwischen dem Verhältnis A/V und dem k_m-Wert wieder, wobei sich im schraffierten Bereich der Status quo widerspiegelt. Intuitiv ist früher so gebaut worden, daß entsprechend der schraffierten Verlaufstendenz mit zunehmendem A/V-Verhältnis der k_m-Wert abnahm. Würde man nunmehr, was seit 1975 immer wieder diskutiert wird, auf Grund der Energiekrise den spezifischen Energieverbrauch Q aller Gebäude pro Kubikmeter umbauten Raum und pro Kelvin Temperaturdifferenz ($Q/V \cdot \Delta\vartheta$) auf einen konstanten, für alle Gebäude *gleichen* vorgeschriebenen Wert limitieren, so ergäbe sich ein Anforderungsprofil nach der gestrichelten Kurve,

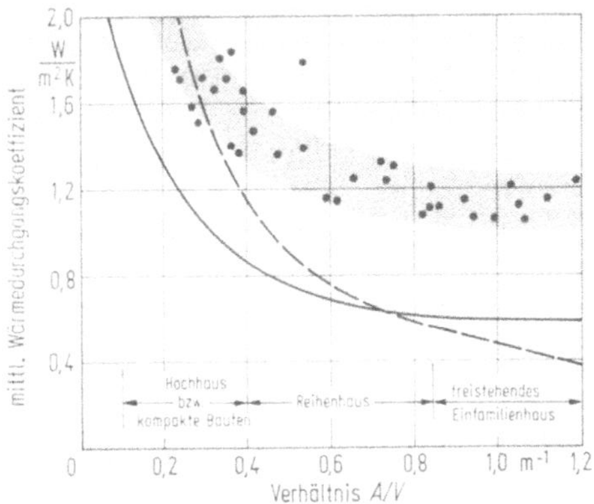

Bild 2-23. Zusammenhang zwischen dem mittleren Wärmedurchgangskoeffizienten (k_m-Wert) und dem A/V-Wert eines Gebäudes (A: Hüllfläche des Gebäudes, V: Gebäudevolumen).
Schraffierter Bereich: Gebäude, die vor 1973 erbaut wurden. Jeder Punkt entspricht einem bestimmten Objekt.
Gestrichelte Kurve: Hyperbolischer Verlauf, der dem Postulat eines konstanten spezifischen Wärmeverbrauches entspräche $\left(Q/V \; \Delta\vartheta = \text{const}\right) = k_\mathrm{m} \cdot \dfrac{A}{V}$
Ausgezogene Kurve: Regelung nach der Wärmeschutzverordnung [56].

$$k_\mathrm{m} = \frac{k_\mathrm{W} A_\mathrm{W} + k_\mathrm{F} A_\mathrm{F} + 0,5 k_\mathrm{K} A_\mathrm{K} + 0,8 k_\mathrm{D} A_\mathrm{D}}{A}$$

die in der Darstellung von Bild 2-23 eine Hyperbel bildet. Durch Vergleich der Hyperbel mit dem schraffierten Bereich erkennt man, daß die Limitierung auf einen konstanten Wert im Bereich großer A/V-Werte bei den Eigenheimen eine verschärfend wirkende Absenkung des k_m-Wertes gegenüber dem Status quo brächte, während bei kleinen A/V-Werten alles beim alten bliebe. Das Postulat nach Gleichbehandlung aller Gebäude mittels eines bestimmten Verbrauchslimits ist somit absurd. Diese Erkenntnis führte in der Wärmeschutzverordnung [56] zu einem praktisch handhabbaren Kompromiß in der Weise, daß, wie die dick ausgezogene Kurve zeigt, auch im Bereich kleiner A/V-Werte eine Absenkung des k_m-Wertes gegenüber früher vorgenommen wurde und daß im Bereich großer A/V-Werte die Absenkung nicht in dem Maße ausfiel, wie es die gestrichelte Kurve erfordert hätte.

2.4.2 Wirtschaftlich optimaler Wärmeschutz

Die Preise für die einzelnen Energieträger sind im Vergleich zu der Zeit vor der Energiekrise erheblich gestiegen. Für die Hauptenergieträger Öl, Kohle, Gas und Strom gibt Tabelle 2-21 einen Preisspiegel aus Vergangenheit, Gegenwart und Zukunft wieder. Während z. B. für einen Liter Öl früher 0,10 DM zu bezahlen waren, sind heutzutage etwa 0,60 DM aufzubringen. Dies bedeutet in energieträgerneutraler Weise, daß der Wärme-

Tabelle 2-21. Energiepreise für die einzelnen Energieträger in der Vergangenheit,
Gegenwart und Zukunft. In der obersten Zeile sind die Energiepreise in energieträgerneutraler Form eingetragen, nach [36, 37]

Energieträger	Energiepreis		
	früher	heute	künftig
neutral [DM/GJ]	4	10—32	50
Koks [Pfg/kg]	8	22—65	100
Öl [Pfg/l]	10	30(—83)	125
Gas [Pfg/m³]	7	20—57	90
Strom [Pfg/kWh]	1,3	4—11	16

preis von 4 auf etwa 25 DM/GJ angestiegen ist. Auf der Basis von Koks (etwa 250 DM/
Tonne) ergibt sich ein Energiepreis von derzeit etwa 12 DM/GJ. Bei elektrischem Strom
(4 Pf/kWh z. B. im Nachtstromtarif und 11 Pf/kWh im Tagbetrieb) müssen zwischen 10
und 32 DM/GJ aufgewendet werden. Preiserhöhungen sind angekündigt und teilweise
auch bereits vollzogen worden. Aller Wahrscheinlichkeit nach wird auch in Zukunft —
bei dem einen Energieträger schneller, beim anderen mit einer gewissen zeitlichen Ver-
zögerung — ein Energiepreis von etwa 50 DM/GJ erreicht werden.

Auf Grund der Energiepreiserhöhungen der letzten Zeit sind die Betriebskosten der
Gebäude in die Höhe geschnellt. Sie werden weiter zunehmen und in Zukunft die Investitionskosten an Bedeutung erreichen. Bauteile dürfen deshalb nicht mehr nur nach
Investitionskosten-, sondern müssen nach Gesamtkostengesichtspunkten ausgewählt werden [39—41]. Dies führt auf den sog. wirtschaftlich optimalen Wärmeschutz [42], über
den umfangreiche Untersuchungen angestellt worden sind [43—45]. Bild 2-24 gibt in
Abhängigkeit vom Energiepreis die — wenn auch etwas kontrovers diskutierte — Größenordnung des wirtschaftlich optimalen Wärmeschutzes für Außenbauteile wieder. Man
erkennt, daß aus wirtschaftlichen Gründen im Wandbereich derzeit Wärmedurchlaßwiderstände von ca. 2,0 m²K/W und im Dachbereich solche von ca. 4,0 m²K/W not-

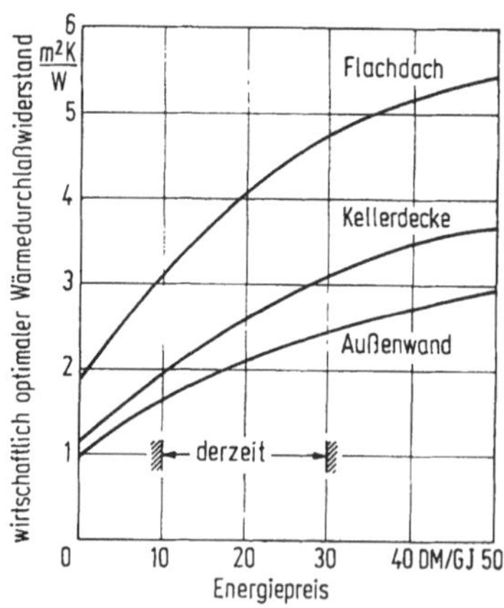

Bild 2-24. Wirtschaftlich optimaler Wärmedurchlaßwiderstand für verschiedene Außenbauteile in
Abhängigkeit vom Energiepreis, modifiziert nach
[43].

wendig sind. Kellerdecken liegen dazwischen. Bei künftig weiter steigenden Energiepreisen (50 DM/GJ) nehmen — mit degressiver Kurvensteigerungstendenz — auch die
wirtschaftlich optimalen Wärmedurchlaßwiderstände zu, wobei sich im Außenwandbereich Werte von ca. 3,0 m²K/W aus Bild 2-24 ablesen lassen. Die derzeitig wirtschaftlichen Dämmwerte liegen somit etwa beim 4fachen des (früher fast ausschließlich praktizierten) Mindestwärmeschutzes von Außenwänden; künftige Erfordernisse werden etwa
dem 6fachen des Mindestdämmwertes entsprechen.

Die wärmetechnische Verbesserung der Außenwände in die oben erwähnte derzeitige
Größenordnung des Dämmwertes hinein kann praktisch bei Altbauten nur durch zusätzliche Wärmedämmschichten erfolgen. Für Neubauten sind auch monolithische Bauarten
entwickelt worden, die

— durch weitere Porosierung der Materialien,
— durch Verwendung von Leichtmörteln,
— durch Verwendung von speziellen Dämmputzen und
— durch Vergrößerung der Wanddicken

annähernd die gleichen Wärmedurchlaßwiderstände erbringen wie gedämmte Konstruktionen. Tabelle 2-22, in der in produktneutraler Weise die Bereiche der Wärmedurchlaßwiderstände und Wärmedurchgangskoeffizienten verschiedener Baustoffe und Bauteile
wiedergegeben sind, veranschaulicht dies. Die Bauindustrie hat innerhalb der letzten
Jahre die thermische Qualität ihrer Produkte verbessert, und zwar sowohl die monolithischen Bauarten wie die mehrschichtigen Konstruktionen.

Tabelle 2-22. Größenordnungsmäßige Zusammenstellung der Wärmedurchlaßwiderstände und
Wärmedurchgangskoeffizienten (k-Werte), die mit verschiedenen Bauteilen praktisch erreichbar
sind [38]

Baustoff bzw. Bauteil	Wärmedurchlaßwiderstand [m²K/W]	Wärmedurchgangskoeffizient [W/m²K]
Monolithisches Mauerwerk früher	0,55 — 1,0	1,4 — 0,8
Monolithisches Mauerwerk, heute (mit Dämmputz und Leichtmörtel)	1,6 — 3,2	0,6 — 0,3
Wärmedämmstoffe	0,6 — 5,0	1,3 — 0,2
Fenster (zwei- und dreifach)	—	3,5 — 1,4

2.4.3 Dämmschichtanordnungen

Bei Verwendung zusätzlicher Wärmedämmschichten in Außenwänden gibt es prinzipiell vier mögliche Dämmschichtanordnungen, nämlich:

— Innerseitige Anordnung (Innendämmung)
— Außenseitige Anordnung (Außendämmung)
— Anordnung zwischen den Wandschalen bei zweischaligen Wänden (Kerndämmung)
— Wärmedämmung innen und außen (Mantelbauart).

Jede der geschilderten Dämmschichtanordnungen besitzt Vor- und Nachteile, die nicht bzw. nicht nur thermisch-energietechnischer Art sein können und deshalb bei den manchmal von Euphorie getragenen Bestrebungen, den Wärmeschutz zu verbessern, vergessen werden. Im folgenden wird an Hand der vier Dämmschichtanordnungen ein Überblick über die jeweils vorhandenen Vor- und Nachteile gegeben. Die Nachteile, die in den nächsten Bildern mit einem Minus-Zeichen (—) gekennzeichnet sind, sollen dabei als problematische Aspekte oder als mit gewissen Schwierigkeiten verbundene Probleme aufgefaßt werden, die zwar nicht unlösbar sind, aber doch warnend vermerkt werden müssen. Umgekehrt stellen die mit Plus-Zeichen (+) versehenen Punkte Vorteile dar, die bei der zu treffenden Entscheidung für oder gegen eine bestimmte Dämmschichtanordnung positiv zu werten sind.

Innendämmung	
—	diffusionstechn. Verhalten
—	Schallübertragung
—	Brandschutz
—	Wohnfläche (Mietverträge)
—	Mieter-beeinträchtigung
—	Kosten (Bäder)
—	Mobiliar
+	bequeme Anbringung
+	rasches Wiederanheizen

Bild 2-25. Schematische Darstellung der Vor- und Nachteile von innenseitiger Dämmschichtanordnung, nach [37].
— Nachteile bzw. problematische Aspekte
+ Vorteile bzw. „Pluspunkte"

Innendämmung

Die Vor- bzw. Nachteile, die im besprochenen Sinne bei innerseitiger Dämmschichtanordnung auftreten, veranschaulicht Bild 2-25. Es ist festzustellen, daß die negativen Auswirkungen zahlenmäßig weit über den positiven dominieren. Es ist unleugbar, daß Innendämmung

— das diffusionstechnische Verhalten einer Außenwand verschlechtert, weil durch die innerseitige Dämmschichtanordnung die Dampfdruckverteilung in der außen (auf der kalten Seite) liegenden Wandschale ungünstiger wird. (Abhilfe: Dampfsperre innen!)
— das schalltechnische Verhalten verschlechtert, wenn mit im akustischen Sinne steifen Dämmstoffen (z. B. Hartschäumen) gearbeitet wird. Durch die Dämmschicht und den oberseitigen Trockenputz entsteht ein resonanzfähiges Feder-Masse-System, das infolge Schallängsleitung in der tragenden Wandschale Schallenergie in den Nachbarraum überträgt und dort — weil ebenfalls innengedämmt — wiederum im Resonanzfrequenzbereich verstärkt abstrahlt. Bei mineralischen Dämmstoffen tritt dieser Effekt prinzipiell ebenfalls auf. Nur liegen die Resonanzfrequenzen hier wegen der

Weichheit des Materials tiefer (in der Regel unter 70 Hz) und stören praktisch nicht mehr. Objektiverweise muß hinzugefügt werden, daß bei höheren Frequenzen durch Innendämmung nicht nur keine Verschlechterung, sondern eine Verbesserung der Schalldämmung erreicht wird, die in der Größenordnung von 10 bis 12 dB(A) pro Oktave liegt;

— das brandtechnische Verhalten beeinträchtigen kann, wobei wiederum — wie vorhin im akustischen Bereich — zwischen organischen und mineralischen Dämmstoffen zu unterscheiden ist (Brennbarkeit, brennendes Abtropfen, Giftgasentwicklung im Brandfall);
— bei nachträglicher Anbringung die Wohnflächen verringert und deshalb unter Umständen Mietvertragsänderungen erfordert;
— die Wärmespeicherfähigkeit im Raum verringert, wodurch der sommerliche Wärmeschutz etwas verschlechtert wird;
— die Wohnungsnutzer während der Durchführung der Dämmarbeiten beeinträchtigt;
— in Bädern mit keramischen Fliesenbelägen nur angebracht werden kann, wenn der Fliesenbelag entfernt wird;
— die Wohnungsabmessungen verändert, so daß z. B. Einbaumöbel nach der Dämm-Maßnahme nicht mehr passen.

Demgegenüber besitzt eine Innendämmung den Vorteil,

— daß die Dämmarbeiten für den Ausführenden relativ bequem sind und evtl. im Do-it-yourself-Verfahren ausgeführt werden können;
— daß durch die innenseitige Abdämmung die Wärmespeicherfähigkeit der (schweren) Wandschale thermisch eliminiert wird. Dies ist bei intermittierender Beheizung positiv, weil der Raum hierdurch rascher aufheizbar wird und nach Abschalten der Heizung auch wieder rascher auskühlt. Bei stationärer Beheizung ist dies unerheblich.

Außendämmung

In Bild 2-26 sind für die Außendämmung die Vor- und Nachteile gegenübergestellt. Es sind folgende Vorteile erkennbar:

— Durch die Außendämmung werden — gewissermaßen wie durch eine „zweite Haut" — alle jene Wärmebrücken unwirksam gemacht, die durch die eingebundenen Zwischenwände und Decken sowie entlang der Fensterlaibung entstehen.
— Bei Außendämmung bleibt die innere Wandschale für die im Sommer erwünschte Wärmespeicherung zur Verfügung.
— Die außenseitige Dämmschicht hält die thermische Beanspruchung bei sommerlicher Besonnung der Wand von der tragenden Schale ab. Die thermischen Spannungen und Verformungen des Tragwerkes werden geringer.

Außenseitige Dämmschichten besitzen aber auch Auswirkungen, die problematisch werden können, nämlich:

— Außenseitige Dämmschichten bedürfen eines wirksamen Wetterschutzes. Eine von Schlagregen durchfeuchtete Dämmschicht verliert nicht nur ihre Dämmwirkung, sondern gefährdet auch die Funktion und den Bestand der ganzen Wand.
— Bei nachträglicher Außendämmung von mehrgeschossigen Bauten fallen Gerüstkosten an.
— Durch Außendämmung der Gebäude wird das städtebauliche Bild verändert, was z. B. bei der Modernisierung historisch wertvoller Bausubstanzen u. U. nicht hinnehmbar ist.

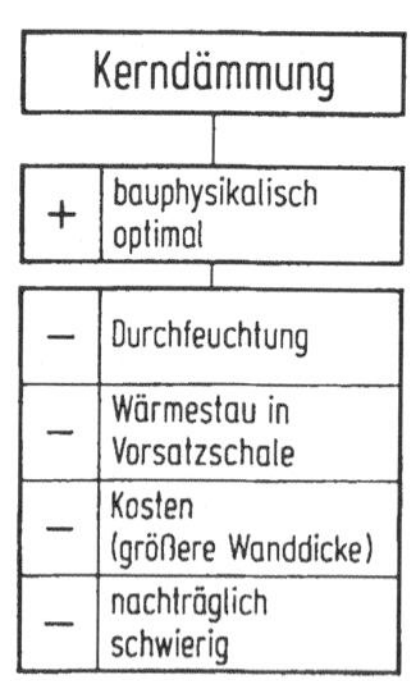

Bild 2-26. Schematische Darstellung der Vor- und Nachteile von außenseitiger Dämmschichtanordnung, nach [37].
— Nachteile bzw. problematische Aspekte
+ Vorteile bzw. „Pluspunkte"

Beispielsweise kann die optische Erhaltenswürdigkeit eines Fachwerkbaues von vornherein ein entscheidendes Argument gegen die Außendämmung (also für die Innendämmung) sein.

Kerndämmung

Auch für die Dämmschichtanordnung im Wandkern lassen sich Vor- und Nachteile anführen (Bild 2-27). Eine Kerndämmung besitzt erhebliche bauphysikalische Vorzüge. Man erreicht mit zweischaligen, gedämmten Wandkonstruktionen hohe Wärme- und Schalldämmwerte sowie ausgezeichnete Ergebnisse bei Brandschutzprüfungen. Trotzdem sind auch hierbei einige (echte und vermeintliche) Schwierigkeiten zu erwähnen, nämlich:

— Die im Kern angebrachte Dämmschicht muß auf Dauer trocken bleiben, auch dann, wenn — bei Verblendmauerwerk — durch die Fugen der Vormauerschale Schlagregen eindringt.
— Zweischalige Wände mit Kerndämmung können insbesondere im süddeutschen Raum, in dem zweischaliges Mauern bislang nicht sehr verbreitet war, teurer sein als einschalige Bauarten.

Bild 2-27. Schematische Darstellung der Vor- und Nachteile von Dämmschichtanordnung im Wandkern, nach [37].
— Nachteile bzw. problematische Aspekte
+ Vorteile bzw. „Pluspunkte"

— Die nachträgliche Verfüllung des Schalenzwischenraumes mit Dämmstoffen ist technisch nicht leicht.

— Der immer wieder zu hörende Einwand, durch Kerndämmung würde ein „Wärmestau" in der Vorsatzschale entstehen, ist praktisch unhaltbar. Es steht fest, daß allein durch die Farbgebung der Außenoberfläche der Vorsatzschale etwa um den Faktor 10 höhere Temperaturveränderungen hervorgerufen werden als durch die (angeblich!) wärmestauende Wirkung einer Kerndämmschicht. — Insbesondere für die Bemessung von Betonsandwich-Wänden ist der Temperaturgradient über die Dicke der Vorsatzschalen von Bedeutung. In der Literatur [57] werden die Temperaturgradienten insbesondere für belüftete Wände recht hoch angegeben; die Ergebnisse neuerer Untersuchungen [58], die sowohl auf Berechnungen als auch auf bestätigenden Messungen beruhen, sind in Tabelle 2-23 wiedergegeben.

Tabelle 2-23. Temperaturgradienten über die Vorsatzschale von Betonsandwich-Wänden
(Farbe: zementgrau) [58]

$\Delta\vartheta$ für Dicke der Vorsatzschale	$\Delta\vartheta$ [K] für		
	$d = 6$ cm	$d = 8$ cm	$d = 10$ cm
Betonsandwichwand	6	9	11
Bel. Betonsandwichwand	9	11	13

Mantelbauart

Die Mantelbetonbauart ist dadurch gekennzeichnet, daß die Wärmedämmung sowohl auf der Außenseite als auch auf der Innenseite der Wand vorhanden ist. Dies wird baupraktisch dadurch erreicht, daß die aus wärmedämmenden Baustoffen hergestellte Schalung, zwischen die der Beton eingebracht wird, am Bau verbleibt („verlorene Schalung"); insbesondere die Bauart mit Schalungsstruhen ist ein typisches Beispiel für die Mantelbetonbauart (Bild 2-28).

In bauphysikalischer, statischer und ausführungstechnischer Hinsicht sind insbesondere für Wohngebäude die Eigenschaften von Wänden in Mantelbauart als befriedigend zu beurteilen. Probleme kann es bei Schalungsstruhen aus „leichten" Baustoffen (Hartschaum, Holzspanbeton) im Hinblick auf den Schallschutz geben, da die beiden wärme-

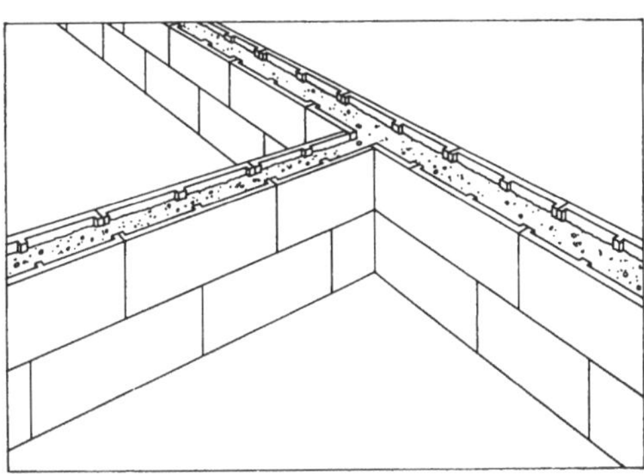

Bild 2-28. Außenwand in Mantelbauart.

dämmenden Schalen mit den aufgebrachten Putzschichten in Resonanz schwingen können. Für Außenwände reicht aber dennoch das erreichbare Luftschallschutzmaß aus;
für Innenwände werden in der Regel Schalungssteine aus Leichtbeton verwendet.

2.4.4 Energietechnisches Verhalten von Fenstern

Das energietechnische Verhalten von Fenstern veranschaulicht Bild 2-29, das den
Energieverbrauch, die Investitions- und die Gesamtkosten für ein-, zwei- und dreifach
verglaste Fenster in Abhängigkeit vom Energiepreis veranschaulicht. Aus Bild 2-29c

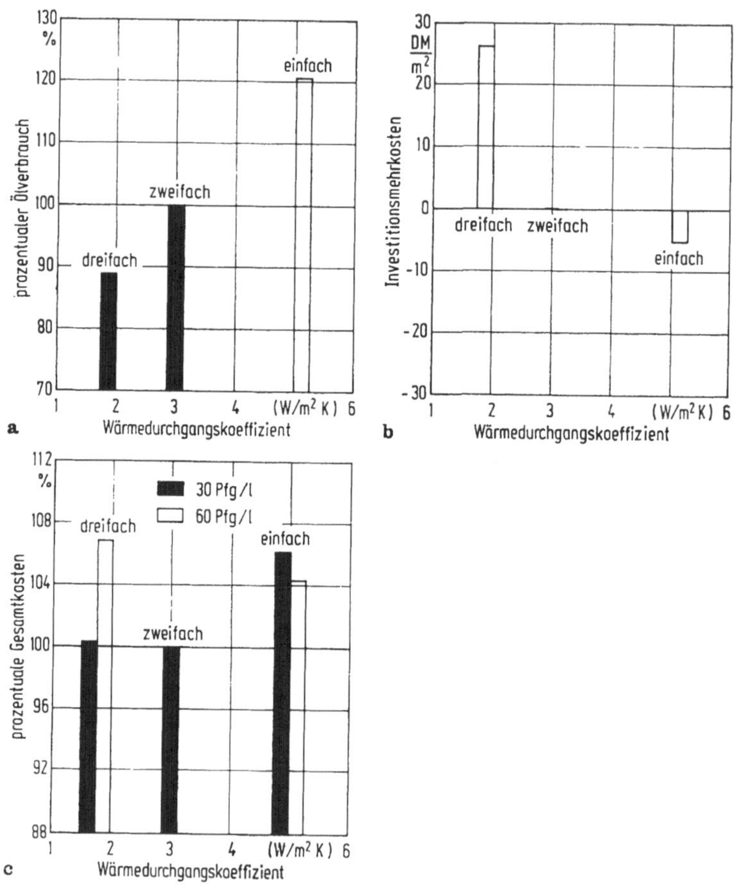

Bild 2-29. a) Energieverbrauch, b) Investitions- und c) Gesamtkosten für eine Wohnung durchschnittlicher Größe innerhalb eines Mehrfamilienhauses in Abhängigkeit von der Fensterverglasung
und vom Energiepreis, modifiziert nach [43].

(Gesamtkostendiagramm) erkennt man, daß bei Energiepreisen von bislang 30 Pf/Liter Öl eine Doppelverglasung richtig war: ein Einfachglas wäre teurer gewesen, weil — wegen der schlechten Wärmedämmung — der Energieverbrauch negativ in der Kostenbilanz durchschlug; ein Dreifachglas wäre ebenfalls zu teuer gewesen, weil sich in der Gesamtkostenbilanz die höheren Investitionskosten bemerkbar gemacht hätten. Bei einem Energiepreis von 60 Pf/Liter Öl hingegen (dunkle Säulen) beginnt die Dreifachverglasung wirtschaftlich zu werden. Als Ausgangspunkt bei der derzeitigen Energiesituation müßte deshalb im Fensterbereich der dem Dreifachglas oder gewissen Sondergläsern entsprechende k-Wert von 1,8 bis 2,0 W/m²K gewählt werden. Diese Werte sind neuerdings mit Doppelverglasungen aus Wärmeschutzgläsern erreichbar, so daß Dreifachgläser überflüssig geworden sind.

Für Fensterverglasungen wäre in Zukunft ein k-Wert unter 1,0 W/m²K anzustreben, wobei nicht etwa Drei- oder Vielfachverglasungen wünschenswert wären, sondern — aus Gründen möglichst einfacher Fenstertechnik — Doppelverglasungen, welche den genannten Zielwert erbringen bzw. unterschreiten. Möglichkeiten hierfür bestehen in

— der Aufbringung von Spezialschichten, die die Infrarot-Strahlungsübertragung im Spalt zwischen den beiden Scheiben bzw. an der Innenoberfläche verringern,

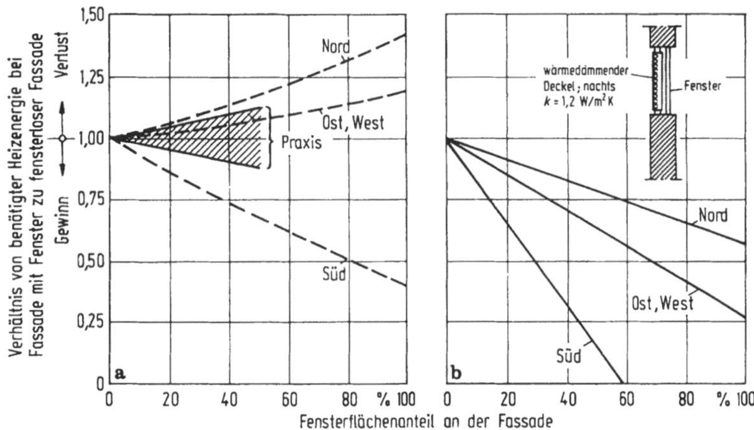

Bild 2-30. Heizleistungsverhältnis in Abhängigkeit vom Fensterflächenanteil und von der Orientierung ohne temporären Wärmeschutz a) und für den Fall, daß nachts ein temporärer Wärmeschutz angebracht wird b), nach [46]. Auf der Ordinate ist das Verhältnis von benötigter Heizleistung bei Fassade mit Fenster zu fensterloser Fassade (Fensterflächenanteil: 0%) aufgetragen.

Zugrunde gelegte Daten
Doppelverglasung der Fenster mit Klarglas
Durchschnittlich kalter Wintertag
Büroraum inmitten eines größeren Gebäudes
(schwere Bauart)
Gestrichelte Kurven: wolkenloser Wintertag
Schraffierter Bereich: Verhältnisse, wie sie in der Praxis im statistischen Sinne zu erwarten sind. Der schraffierte Bereich ist praktisch nutzbar; darüber hinaus treten Überheizungseffekte auf.

— der Verringerung der konvektiven Wärmeübertragung im Spalt zwischen den beiden Scheiben. Dies kann durch dauerhaft dichte Verfüllung mit speziellen Gasen oder durch Teilevakuierung geschehen. Aus praktischen Erfahrungen weiß man, daß die dauerhafte Dichtheit des Spaltes derzeit noch nicht bei allen Produkten erreicht ist.
— der Anordnung eines temporären Wärmeschutzes in der Weise, daß zu gewissen Zeiten (z. B. in kalten Nachtzeiten während des Winters) zusätzliche Dämmschichten am Fenster angebracht werden, die — wenn sie nicht mehr gewünscht werden — auch wieder entfernbar sind (z. B. tagsüber). So ausgerüstet, wird das Fenster zum besten „Sonnenkollektor", den es bei hiesigen Klimaverhältnissen gibt [46 bis 48].

Die Wirtschaftlichkeit einer derartigen „Solartechnik mit baulichen Mitteln" kann keinen Zweifeln unterliegen; sie ist in unseren Breiten wesentlich effektiver als die sog. „aktive" Solartechnik, die, wie schon früher festgestellt wurde [49, 50], so „aktiv" gar nicht ist. Die mit temporären Wärmeschutzmaßnahmen an Festern erreichbaren Energieeinsparungen dokumentiert Bild 2-30.

Die Wirkung eines normalen Fensters als Solarkollektor hat aufgrund umfangreicher Untersuchungen [51] auf den sog. „effektiven" k-Wert des Fensters geführt, welcher die Sonneneinstrahlung und die daraus resultierenden Energiegewinne berücksichtigt. Diese Gewinne werden in der Weise erfaßt, daß vom Fenster-k-Wert ein Abschlag gemacht wird. Wie Bild 2-31 erläutert, geht in den (von der Orientierung abhängigen) Abschlag der Gesamtenergiedurchlaßgrad g ein.

Faustregel (mit Sicherheit)	$k_{eff} = k_F - g$
Norden	$k_{eff} = k_F - 1{,}2g$
Ost, West	$k_{eff} = k_F - 1{,}8g$
Süden	$k_{eff} = k_F - 2{,}4g$

Bild 2-31. Zur Erläuterung des effektiven Wärmedurchgangskoeffizienten von Fenstern mit Angabe von Beispielen. Die im Bild dargestellten Formeln stellen Zahlenwertgleichungen dar, in die k in W/m²K und g einheitenlos einzusetzen sind. Die ganz oben angegebene Faustformel weist erhebliche „Sicherheitszuschläge" auf.

Beispiel
Südfenster, Doppelscheibe mit Holzrahmen

Fall 1: Klarglas $g = 0{,}8$
$k_{eff} = 2{,}5 - 2{,}4 \cdot 0{,}8 = 2{,}5 - 1{,}9 = 0{,}6 \ \mathrm{W/m^2K}$

Fall 2: Sonnenschutzglas $g = 0{,}4$
$k_{eff} = 1{,}6 - 2{,}4 \cdot 0{,}4 = 1{,}6 - 1{,}0 = 0{,}6 \ \mathrm{W/m^2K}$

2.4.5 Energieaufwand für die Baustoffherstellung

In der Diskussion über Energieeinsparungsprobleme wird oftmals behauptet, baulicher Wärmeschutz sei sinnlos, weil die zur Herstellung der Dämmstoffe benötigte Energie größer sei als jene Energie, die sie im Laufe der Nutzung wieder einspielen. Bild 2-32 veranschaulicht die Prozeßkette für die Herstellung von Polystyrol-Hartschaum [52, 53]. Man ersieht, daß zur Erzeugung einer Tonne Hartschaum 51,2 Tonnen Rohöl benötigt werden, die über Naphta, diverse Pyrolysebenzin- und Ethylenfraktionen schließlich in Styrol- bzw. Polystyrol übergehen. Wie Tabelle 2-24 (letzte Zeile) verdeutlicht, in der überblicksmäßig auch noch andere Baustoffe aufgeführt sind, wird in dieser Produktionskette für Polystyrol-Hartschaum 610 kWh/m³ an Energie aufgewendet. Für Kalksandstein werden beispielsweise 357 kWh/m³ benötigt und für Beton, Mörtel oder Putz 439 kWh/m³.

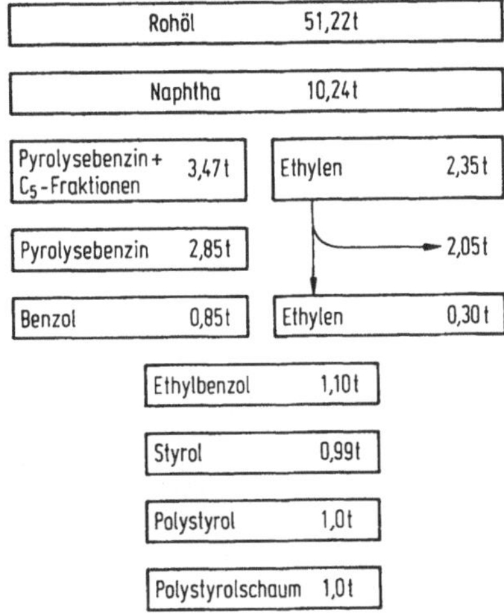

Bild 2-32. Prozeßkette für die Herstellung von Polystyrol-Hartschaum, nach [52]. Zur Erzeugung von einer Tonne Polystyrol-Hartschaum sind 51,2 Tonnen Rohöl erforderlich.

Tabelle 2-24. Energiebedarf für die Herstellung verschiedener Baustoffe, nach [52]

Baustoff	Bedarf [kWh/m³]
Kalksandstein	357
Ziegel	873
Leichtziegel	564
Gasbeton	405
Beton	439
Beton, künstlich gehärtet	797
Polystyrolhartschaum	610

In Tabelle 2-25 sind an Hand eines ungedämmten (Fall I) und gedämmten Kalksandstein-Mauerwerks (Fall II) die jährlichen Transmissionswärmeverluste einander gegenübergestellt, wobei durch ein 5 cm dickes Wärmedämmverbundsystem aus Polystyrol-Hartschaum eine jährliche Energieeinsparung von 72 kWh/m²a erreicht wird. Demgegenüber fällt für die Hartschaumherstellung ein Energiemehraufwand von 30,5 kWh/m² an. Die Wiedererwirtschaftung der für die Produktion verbrauchten Energie tritt somit nach 0,4 Jahren ein. Auch bei anderen gedämmten Baukonstruktionen ergeben sich ähnlich kurze Einspielzeiten.

Tabelle 2-25. Gegenüberstellung von Energieverbrauch zur Herstellung einer gedämmten Mauerwerkskonstruktion und der Energieeinsparung, die durch die Dämmung erreicht wird

Fall	Bauart	$\dfrac{1}{\Lambda}$	k	Verbrauch [kWh/m²a]
I	24 cm KS-Mauerwerk (beidseitig verputzt)	0,55	1,35	109,6
II	24 cm KS-Mauerwerk innen: verputzt außen: 5 cm Wärmedämmverbundsystem	1,98	0,46	37,6

Energieeinsparung   II − I: 72,0 kWh/m²a
Produktionsmehraufwand II − I: 30,5 kWh/m²

Wiedererwirtschaftung: 0,4 Jahre

1. Erhöhte Wärmedämmung der Gebäudehülle

2. Fenster mit Doppelverglasung wählen!

3. Auf Luftdichtheit der Fensterfugen achten!

4. Sonneneinstrahlung durch Südfenster ausnützen!

5. Thermostatventile oder speicherfähige Innenteile

6. Zentrale Nachtabsenkung (Thermostatventile!)

7. Tagesabsenkung in Verbindung mit wärmegedämmten Innenteilen (Leichtbau)

Bild 2-33. Zusammenstellung wichtiger Regeln für die winterliche Energieeinsparung bei Neubauten.

1. Grundsätzlich: Zuerst heiztechnische, dann bauliche Maßnahmen!

2. Wenn beide Maßnahmengruppen finanzierbar, die heiztechnischen und baulichen aufeinander abstimmen!

3. Bauliche Maßnahmen in folgender Reihenfolge:

    3a. Fenster (Doppel, dreifach, dicht)
    3b. Kellerdecke (von unten)
    3c. Speicherdecke (von oben)
    3d. Außenwände

4. Sonneneinstrahlung durch Südfenster ausnützen!

5. Nutzeraufklärung, Information

Bild 2-34. Zusammenstellung wichtiger Regeln für die Energieeinsparung bei Altbauten.

2.4.6 Allgemeine Regeln zur Energieeinsparung

Faßt man die Möglichkeiten der Energieeinsparung im Hochbau zusammen, so ergeben sich für Neubauten die in Bild 2-33 und für Altbauten die in Bild 2-34 zusammengestellten Regeln. Neben den ausreichend besprochenen, bauphysikalischen Regeln 1 bis 4 des Bildes 2-33 sind unter 5 bis 7 — der Vollständigkeit halber — auch heiztechnische Empfehlungen aufgeführt, die mit der Bauphysik primär nichts zu tun haben; sie enthalten regeltechnische Hinweise, welche in Verbindung mit der Wahl von Bauarten wichtig sind [54].

Das Zusammenwirken von heiztechnischen und bautechnischen Maßnahmen wird vor allem bei Altbauten deutlich (Bild 2-34). Man erkennt, daß hierbei (aus Kostengründen) zunächst grundsätzlich heiztechnische Maßnahmen vor den baulichen Vorrang haben. Erst wenn der Investor beide Maßnahmegruppen finanzieren kann, sind bauliche Maßnahmen sinnvoll, die dann natürlich unbedingt mit den heiztechnischen Maßnahmen abzustimmen sind. Unter den baulichen Maßnahmen rangieren Verbesserungen im Wandbereich bei Altbauten an letzter Stelle, weil diese bei der derzeitigen Mietpreisbindung nur schwerlich wieder zu erwirtschaften sind.

Literatur zu 2. Wärmeschutz

1 DIN 4108 Teil 1: Wärmeschutz im Hochbau; Größen und Einheiten. (Aug. 1981)

2 DIN 4108 Teil 5: Wärmeschutz im Hochbau; Berechnungsverfahren. (Aug. 1981)

3 *Gröber; Erk; Grigull, U.:* Die Grundgesetze der Wärmeübertragung. 3. Aufl. Berlin: Springer 1954

4 *Carslaw, H. S.; Jaeger, J. C.:* Conduction of heat in solids. 2. Aufl. Oxford University Press 1959

5 *Heindl, W.:* Der Wärmeschutz einer ebenen Wand bei periodischen Wärmebelastungen. Ziegelindustrie 19 (1966) 685−693; 20 (1967) 2−8; 593−599

6 *Haferland, F.; Heindl, W.; Fuchs, H.:* Ein Verfahren zur Ermittlung des wärmetechnischen Verhaltens ganzer Gebäude bei periodischen Belastungen. (Berichte a. d. Bauforschung, 99). Berlin: Ernst & Sohn 1975

7 *Hauser, G.:* Rechnerische Vorherbestimmung des Wärmeverhaltens großer Bauten. Diss. Universität Stuttgart 1977

8 *Binder, L.:* Über äußere Wärmeleitung und Erwärmung elektrischer Maschinen. Diss. Techn. Hochschule München 1910

9 *Schmidt, E.:* Differenzenverfahren zur Lösung von Differentialgleichungen der nichtstationären Wärmeleitung, Diffusion und Impulsausbreitung. Forsch.-Ing. Band 13, H. 5 (1942).

10 *Gertis, K.:* Der instationäre Wärmedurchgang durch Außenbauteile. Grundlagen und Vorschläge zur Normung. (Berichte aus der Bauforschung, 103). Berlin: Ernst & Sohn 1975

11 *Gertis, K.; Hauser, G.:* Instationäre Berechnungsverfahren für den sommerlichen Wärmeschutz im Hochbau. Eine zusammenfassende Darstellung auf Grund des vorliegenden Schrifttums. (Berichte aus der Bauforschung, 103). Berlin: Ernst & Sohn 1975

12 *Hauser, G.; Gertis, K.:* Kenngrößen des instationären Wärmeschutzes von Außenbauteilen. Eine kritische Überprüfung der Kenngrößen-Eignung für die Neufassung der DIN 4108. (Berichte aus der Bauforschung, 103). Berlin: Ernst & Sohn 1975

13 *Gertis, K.; Erhorn, H.:* Infrarotwirksame Schichten zur Energieeinsparung bei Gebäuden? *Gesundheits-Ingenieur.* 103 (1982), H. 1, S. 20−34.

14 *Gertis, K.:* Die sommerliche Raumerwärmung. Ein Beitrag zur Problematik großer Glasflächen. Ges.-Ing. 91 (1970) 189−197; 227−233

15 DIN 67 507: Lichttransmissionsgrade, Strahlungstransmissionsgrade und Gesamtenergiedurchlaßgrade von Verglasungen. (Entwurf Januar 1978)

16 *Künzel, H.; Gertis, K.:* Thermische Verformung von Außenwänden. Betonstein-Ztg. 35 (1969) 528−535

17 *Gertis, K.:* Wärmeeigenspannungen in homogenen Außenbauteilen unter instationärer Temperatureinwirkung. (Berichte aus der Bauforschung, 87). Berlin: Ernst & Sohn 1973

18 *Wolfseher, U.:* Rechnerische Ermittlung mehrdimensionaler Temperaturfelder unter stationären und instationären Bedingungen. Rechensystem und bauphysikalische Anwendung. Diss. Universität Essen 1978

19 *Künzel, H.; Gertis, K.:* Wärme- und feuchtigkeitstechnische Untersuchungen an vorgefertigten Außenwänden. Betonstein-Ztg. 32 (1966) 667−678

20 *Andersson, A. C.:* Zusätzliche Innendämmung. Wärmebrücken, Feuchteprobleme, Wärmespannungen und Haltbarkeit (schwedisch). Diss. Universität Lund 1979.

21 DIN 4108: Wärmeschutz im Hochbau. (August 1969)

22 DIN 4108: Wärmeschutz im Hochbau. Ergänzende Bestimmungen. Erhöhte wärmeschutztechnische Anforderungen im Hinblick auf den Heizenergieverbrauch; Anforderungen an Fenster und Türen. (Oktober 1974)

23 DIN 4108: Wärmeschutz im Hochbau. Beiblatt. Beispiele und Erläuterungen für einen erhöhten Wärmeschutz; Hinweise auf wirtschaftlich optimalen Wärmeschutz. (September 1974)

24 Gesetz zur Einsparung von Energie in Gebäuden (EnEG). Bundesgesetzblatt 1976, H. 87, S. 1873−1875

25 Verordnung über einen energiesparenden Wärmeschutz bei Gebäuden. BGBl I vom 24. 2. 1982, S. 209

26 *Gertis, K.:* Neuere Vorschriften und Empfehlungen für Energieeinsparung durch erhöhten Wärmeschutz. HLH 26 (1976) 272

27 *Lühr, H. P.; Meyer, H. G.:* Wärmeschutztechnische Eigenschaften von Baustoffen und Bauteilen. Bauphysik 1 (1979) 75−76

28 DIN 4108 Teil 4: Wärmeschutz im Hochbau; Wärme- und feuchtetechnische Rechenwerte. (Dez. 1985)

29 DIN 4108 Teil 2: Wärmeschutz im Hochbau; Wärmedämmung und Wärmespeicherung; Anforderungen und Hinweise für Planung und Ausführung. (Aug. 1981)

30 *Hauser, G.; Gertis, K.:* Der sommerliche Wärmeschutz von Gebäuden (Normungsvorschlag). KI 8 (1980) 71−82.

31 *Gertis, K.:* Wie läßt sich der Einfluß von Glasflächen auf die sommerliche Gebäudeerwärmung in der Normung behandeln? Ziegelind. Internat. 32 (1980) 417−423

32 *Hauser, G.:* Der Einfluß von Glasflächen auf die sommerliche Erwärmung von Gebäuden. VDI-Berichte (1978), Nr. 316, S. 43−47; Glaswelt 31 (1978) 1050−1056

33 *Wanner, H. U.:* Minimale Lüftungsraten in Wohn- und Arbeitsräumen. Schweiz. Ing. und Arch. 98 (1980) 721−722

34 *Gertis, K.; Hauser, G.:* Energieeinsparung durch Stoßlüftung? HLH 30 (1979) 89−93

35 *Hauser, G.:* Einfluß der Lüftungsform auf die Lüftungswärmeverluste von Gebäuden. HLH 30 (1979) 263−266

36 *Gertis, K.:* Heizenergieeinsparung durch bauliche Maßnahmen. Ges.-Ing. 96 (1975) 70−79; Elektrowärme International 33 (1975) 148−152.

37 *Gertis, K.:* Auswirkung zusätzlicher Wärmedämmschichten auf das bauphysikalische Verhalten von Außenwänden. Aachener Bausachverständigentage, S. 44−48. Wiesbaden: Bauverlag 1980.

38 *Gertis, K.; Erhorn, H.:* Superdämmung oder Wärmerückgewinnung? Wo liegen die Grenzen des energiesparenden Wärmeschutzes? Bauphysik 3 (1981) 50−56.

39 *Werner, H.; Gertis, K.:* Zur Wahl von Kalkulationsmethoden bei der Ermittlung der Wirtschaftlichkeit von Energiesparmaßnahmen. Baumasch. u. Bautechn. 26 (1979) 65−72

40 *Gertis, K.:* Kalkulationsmethoden bei der Ermittlung der Wirtschaftlichkeit von Wärmeschutzmaßnahmen. VDI-Berichte, H. 344, S. 3−9; BWK 31 (1979) 347−350

41 *Gertis, K.:* Kosten für die Verbesserung des Wärmeschutzes von Gebäuden. Kosten-Nutzen-Analysen. Bauwirtschaft 32 (1978) 1238−1240; Öl + Gas 25 (1980) 25−29

42 *Gertis, K.:* Was bedeutet wirtschaftlich optimaler Wärmeschutz? WKSB 22 (1977), H. 4, S. 1−4.

43 *Werner, H.; Gertis, K.:* Wirtschaftlich optimaler Wärmeschutz bei Einfamilienhäusern. Kritische Gedanken zu Optimierungsberechnungen. Ges.-Ing. 97 (1976) 27−31; 97−103

44 *Christensen, S.:* Wirtschaftlicher Einsatz von Energie im Wohnungsbau. Modellsimulationen − Planungshilfen. Diss. Universität Stuttgart 1977.

45 *Werner, H.:* Bauphysikalische Einflüsse auf den Heizenergieverbrauch. Anwendung im Wohnungsbau und wirtschaftliche Konsequenzen. Diss. Universität Stuttgart 1979; (Schriftenreihe BB,2). Berlin: Erich Schmidt 1980

46 *Gertis, K.; Hauser, G.:* Heizenergieeinsparung infolge Sonneneinstrahlung durch Fenster. KI 7 (1979) 107−111

47 *Rouvel, L.; Wenzel, B.:* Kenngrößen zur Beurteilung der Energiebilanz von Fenstern während der Heizperiode. HLH 30 (1979) 285−291

48 *Hauser, G.:* Die wärmetechnische Beurteilung von Fenstern unter Berücksichtigung der Sonneneinstrahlung während der Heizperiode. Bauphysik 1 (1979) 12−17

49 *Gertis, K.:* Bauphysikalische Grundlagen der Solarenergienutzung − Passive Maßnahmen. ETA 38 (1980) 140−144

50 *Gertis, K.:* Des fenêtres comme capteurs solaires. Docu-Bulletin 11 (1979), H. 12, S. 9—10; H. 13, S. 3—4.
51 *Gertis, K.; u. a.:* Energetische Beurteilung von Fenstern während der Heizperiode. DAB 12 (1980) 201—201; DBZ 114 (1980) 66—68; Glasforum 30 (1980) 38—41; Glas + Rahmen (1980) 180—186
52 *Turowski, R.:* Verbesserte Gebäudeisolierung mit alternativen Baustoffen. Einfluß auf den Heizenergiebedarf und Primärenergiebilanz. Int. Bericht STE/IB/2/76, Kernforschungsanstalt Jülich.
53 *Wagner, H. J.:* Der Energieaufwand zum Bau und Betrieb ausgewählter Energieversorgungstechnologien. Diss. RWTH Aachen 1978
54 *Gertis, K.:* Wie muß die Heizenergieersparnis in Wohnungen künftig vor sich gehen? Bundesbaublatt 30 (1981) 461—474
55 *Cziesielski, E.:* Wärmebrücken im Hochbau. Bauphysik 7 (1985) 141—149.
56 Verordnung über einen energiesparenden Wärmeschutz bei Gebäuden (Wärmeschutzverordnung — Wärmeschutz V), vom 24. Februar 1982
57 *Utescher, G.:* Der Tragsicherheitsnachweis für dreischichtige Außenwandplatten (Sandwichplatten) aus Stahlbeton. Die Bautechnik 1973, H. 5
58 *Cziesielski, E.; Kötz, D.:* Temperaturbeanspruchung mehrschichtiger Stahlbetonwände. Betonwerk und Fertigteiltechnik, 50 (1984) 28—29
59 BMFT: Bauen und Energiesparen. Verlag TÜV Rheinland, Köln 1979
60 *Mainka, G.-W., Paschen, H.:* Wärmebrückenkatalog. Stuttgart: Teubner 1986
61 *Heindl, W.; u. a.:* Wärmebrücken. Wien: Springer-Verlag 1987

3. Feuchteschutz

Von *Erich Cziesielski* (Abschnitt 3.4) und *Karl Gertis* (Abschnitte 3.1 bis 3.3)

Prinzipiell wirken vier verschiedene Feuchtebeanspruchungen auf Bauwerke ein (Bild 3-1):

— Beanspruchung von außen durch Niederschlag (Regen, Schnee, Hagel) im Zusammenwirken mit Wind (Schlagregen),
— Beanspruchung von innen durch die Wohn- und Nutzungsfeuchte,
— Baufeuchte, die beim Herstellen der Bauteile in diese eingebracht wird (z. B. Anmachwasser des Betons) oder Wasser, das durch Niederschläge während der Bauzeit in das nichtgeschützte Bauteil einzudringen vermag,

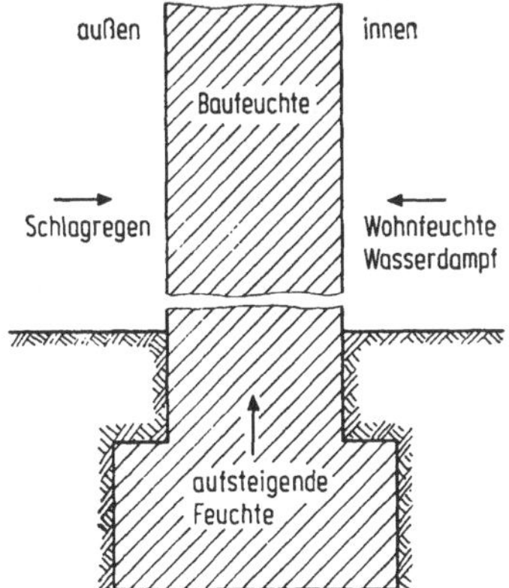

Bild 3-1. Schematische Darstellung verschiedener Feuchteeinwirkungen auf Bauteile.

— bei ungeschützten Bauteilen im Erdreich werden diese durch das im Boden vorhandene Wasser beansprucht (s. Abschnitt 4).

Die Folge von zu hohen Feuchtegehalten in Bauteilen: Schimmel- bzw. Pilzbefall, Minderung des Wärmeschutzes und der Festigkeit sowie Gefährdung der Dauerhaftigkeit (Frost-Tau-Wechsel).

3.1 Mechanismus des Wasserhaushaltes

Die verschiedenen Arten von Feuchtebeanspruchungen wirken im Baumaterial in äußerst komplizierter Weise zusammen [1]. Baustoffe weisen, von gewissen Ausnahmen abgesehen, im allgemeinen innere Hohlräume auf, die vom Makroporenbereich (Porenweiten zwischen Millimetern und einigen hundertstel Millimetern) bis in den Mikrobereich mit Weiten kleiner als ein millionstel Meter reichen. Bild 3-2 veranschaulicht die Porenstruktur eines Leichtbetons an Hand von rasterelektronenmikroskopischen Aufnahmen. Die Form der Poren kann sich — bei ein und demselben Baustoff — grundlegend ändern, je nachdem, ob es sich um Makro- oder Mikroporen handelt. Je nach Baustoff können sich in verschiedenen Abmessungsbereichen unterschiedliche relative Häufigkeiten des Porenvolumenanteils ergeben (Bild 3-3).

Nach bestimmten Gesetzen, die z. T. derzeit noch Gegenstand von Forschungen sind [2—6], wird das Wasser in den Baustoffporen gebunden bzw. transportiert. Die Feuchtebindung erfolgt im hygroskopischen Feuchtebereich durch Wassersorption, indem an den

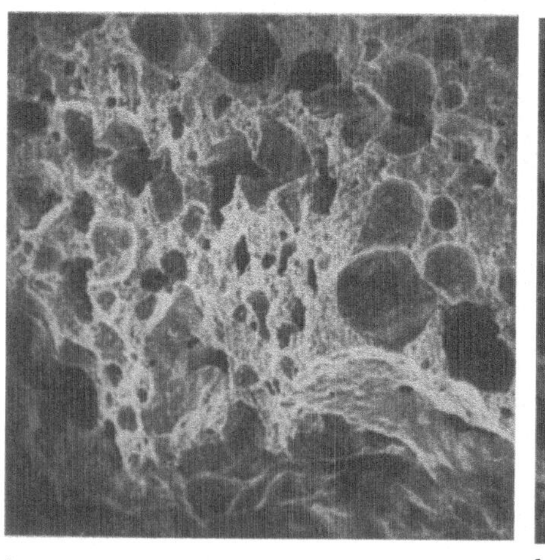

a   b

Bild 3-2. Rasterelektronenmikroskopische Aufnahmen der Porenstruktur eines Leichtbeton, nach [2]. Beide Aufnahmen stammen von der gleichen Probe.
a) Feststoffgerüst mit vorwiegend kugelförmigen Makroporen (dunkle Flecken), in 22facher Vergrößerung.
b) Feststoffgerüst im Mikroporenbereich bei 11 000facher Vergrößerung. Die nadelförmige Struktur ist in diesem Bereich kennzeichnend.

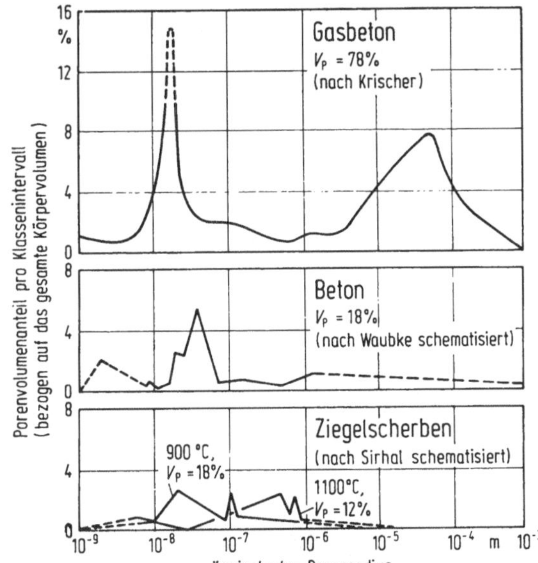

Bild 3-3. Vergleich von Porengrößenverteilungen verschiedener poröser Baustoffe in Abhängigkeit vom äquivalenten Porenradius nach [2].

inneren Oberflächen des Porengefüges Wassermoleküle in mono- oder multimolekularen Schichten angelagert werden. Über diese Art von sorptiver Bindung hinaus kann — namentlich bei größeren Porenweiten — auch ungebundenes Wasser im Baustoff enthalten sein (überhygroskopischer Bereich). Die sorptive Bindung darf nicht mit der chemischen Bindung von Wasser, z. B. als H_2O-Gruppe in den einzelnen Klinkerphasen des Zementsteins [7, 8], verwechselt werden. Das durch Hydratation chemisch gebundene Wasser verbleibt in der Regel im Gefüge und unterliegt keiner Trocknung. Wenn trotzdem, z. B. aufgrund starker Wärmeeinwirkung im Brandfall, eine Dehydratisierung entstünde, würde auch das Feststoffgerüst angegriffen bzw. zerstört werden.

Zur Kennzeichnung der im Baustoff enthaltenen Wassermenge dient der masse- oder volumenbezogene Wassergehalt, der oftmals auch in Prozentwerten angegeben wird. Der massebezogene Wassergehalt eines Stoffes, in % oder Gew.-%, ergibt sich aus der Masse m_f des feuchten Stoffes und der Masse m_t im trockenen Zustand zu

$$u_m = \frac{m_f - m_t}{m_t}. \qquad (3\text{-}1)$$

Aus dem u_m-Wert und der Rohdichte ϱ_R des Stoffes erhält man mit der „Rohdichte" des Wassers ($\varrho_W = 1\,000$ kg/m³) die volumenbezogene Feuchte u_v:

$$u_v = u_m \cdot \frac{\varrho_R}{\varrho_W} \qquad (3\text{-}2)$$

Bei der Diskussion baupraktischer Probleme tritt immer wieder die Frage auf, wie feucht Bauteile sein dürfen. Konkrete Angaben hierzu sind nach den obigen Erläuterungen naturgemäß erst in jenem Stadium möglich, in welchem die Teile ihren anfänglichen

Tabelle 3-1. Praktischer Feuchtegehalt von Bau- und Dämmstoffen [9]

Zeile	Stoffe	Praktischer Feuchtegehalt[1]	
		volumenbezogen[2] u_v %	massebezogen u_m %
1	Ziegel	1,5	—
2	Kalksandsteine	5	—
3	Beton mit geschlossenem Gefüge mit dichten oder porigen Zuschlägen	5	—
4 4.1	Leichtbeton mit haufwerksporigem Gefüge mit dichten Zuschlägen nach DIN 4226 Teil 1	5	—
4.2	Leichtbeton mit haufwerksporigem Gefüge mit porigen Zuschägen nach DIN 4226 Teil 2	4	—
5	Gasbeton	3,5	—
6	Gips, Anhydrit	2	—
7	Gußasphalt, Asphaltmastix	≈ 0	≈ 0
8	Anorganische Stoffe in loser Schüttung; expandiertes Gesteinsglas (z. B. Blähperlit)	—	5
9	Mineralische Faserdämmstoffe aus Glas-, Stein-, Hochofenschlacken- (Hütten-) Fasern	—	5
10	Schaumglas	≈ 0	≈ 0
11	Holz, Sperrholz, Spanplatten, Holzfaserplatten, Holzwolle-Leichtbauplatten, Schilfrohrplatten und -matten, Organische Faserdämmstoffe	—	15
12	Pflanzliche Faserdämmstoffe aus Seegras, Holz-, Torf- und Kokosfasern und sonstigen Fasern	—	15
13	Korkdämmstoffe	—	10
14	Schaumkunststoffe aus Polystyrol, Polyurethan (hart)	—	5

[1] Unter praktischem Feuchtegehalt versteht man den Feuchtegehalt, der bei der Untersuchung genügend ausgetrockneter Bauten, die zum dauernden Aufenthalt von Menschen dienen, in 90% aller Fälle nicht überschritten wurde.

[2] Der volumenbezogene Feuchtegehalt bezieht sich auch bei Lochsteinen, Hohldielen oder sonstigen Bauelementen mit Lufthohlräumen immer auf das Material allein ohne die Hohlräume.

Wassergehalt abgegeben haben, d. h. praktisch ausgetrocknet sind; vorher ist der Wassergehalt — je nach Herstellungs- und Verlegebedingungen — mehr oder weniger hoch und nicht exakt anzugeben. Bauteile trocknen in der Praxis aber nicht völlig aus, sondern nehmen einen gewissen bleibenden Wassergehalt an, der „praktischer Wassergehalt" genannt wird und für einige im Hoch- und Tiefbau verwendete Bau- bzw. Dämmstoffe in Tabelle 3-1 wiedergegeben ist. Dieser praktische Wassergehalt ergibt sich aus einer statistischen Auswertung von Feuchtemessungen an zahlreichen Bauobjekten und schließt somit gewisse praktische Imponderabilien ein; unter dem „praktischen Feuchtegehalt" wird derjenige Wassergehalt verstanden, der bei einer Vielzahl von Proben in 90% aller Untersuchungen nicht überschritten wird (Bild 3-4).

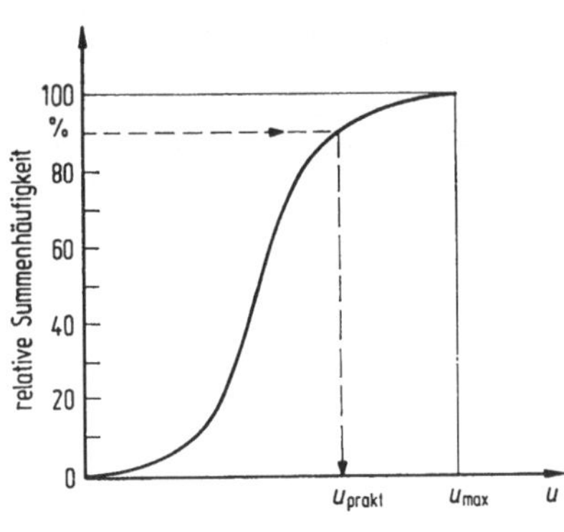

Bild 3-4. Ermittlung des „praktischen Feuchtegehaltes" aus einer Vielzahl von Proben.

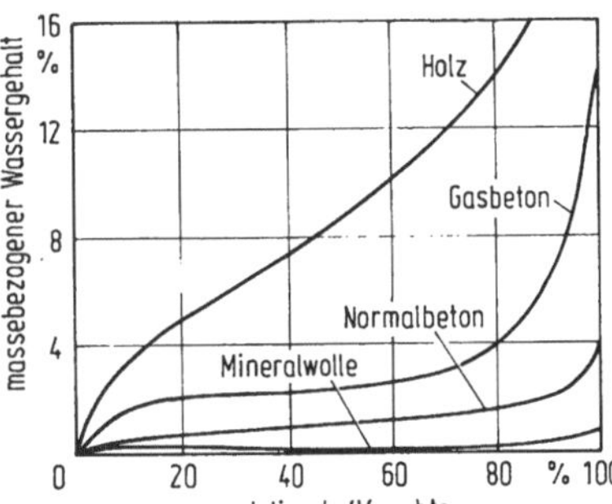

Bild 3-5. Sorptionsisothermen einiger Baustoffe, nach [10—14].

Für diejenigen Baustoffe, von denen der praktische Wassergehalt noch nicht bestimmt wurde, kann man näherungsweise die im Labor ermittelten Sorptionsisothermen heranziehen (Bild 3-5), die den Zusammenhang zwischen der Stoff-Feuchte (Ordinate im Bild) und der relativen Feuchte der umgebenden Luft (Abszisse) wiedergeben. Man kann in erster Näherung davon ausgehen, daß der praktische Wassergehalt der meisten Baustoffe bei jenem Wert liegt, welcher einer relativen Luftfeuchte von 80% entspricht, wobei wegen der erwähnten „unwägbaren" Einflüsse in der Praxis eine gewisse Überschreitung toleriert werden muß.

Das in den Baustoff (sorptiv) gebundene oder ungebundene Wasser kann in Bewegung gesetzt werden; der Baustoff kann Wasser abgeben (Trocknung) oder Feuchte aufnehmen (Befeuchtung). Hierfür kommen, wenn auch eine Reihe anderer Vorgänge denkbar und z. T. nachgewiesen sind [3 bis 6], im Prinzip zwei Transportmechanismen in Frage, nämlich der Wassertransport in flüssiger Form (die sog. „Kapillarleitung") oder im Dampfform (Dampfdiffusion).

3.2 Wassertransport in flüssiger Form

Der Wassertransport in flüssiger Form gehorcht relativ komplizierten Gesetzmäßigkeiten, an deren Erforschung derzeit wissenschaftlich noch gearbeitet wird [4—6]. Wie der Vorgang der Wasserabgabe bzw. Wasseraufnahme von porösen Baustoffen prinzipiell erfolgt, veranschaulicht Bild 3-6, in dem die Verteilungen des Feuchtegehaltes über den Querschnitt eines 20 cm dicken Leichtbetonteils zu verschiedenen Zeitpunkten eines Trocknungs- bzw. Befeuchtungsprozesses wiedergegeben sind. Der Feuchteaustausch erfolgt an beiden Bauteiloberflächen. Man erkennt, daß das Bauteil etwa 90 Tage benötigt, um von einem Anfangsfeuchtegehalt von 30 Vol.-% auszutrocknen (Bild 3-6a); hingegen dauert es nur 4 Tage, bis das Bauteil aus dem Trockenzustand auf 30 Vol.-% befeuchtet wird (Bild 3-6b). Die Aufnahme von flüssigem Wasser geht somit wesentlich rascher vor sich als die Abgabe. Es bilden sich hierbei im Material an gewissen Querschnittsstellen auch ,,Wasserfronten'' aus, bis zu denen die Feuchte zum jeweiligen Zeitpunkt in den Bauteilquerschnitt vorgedrungen ist.

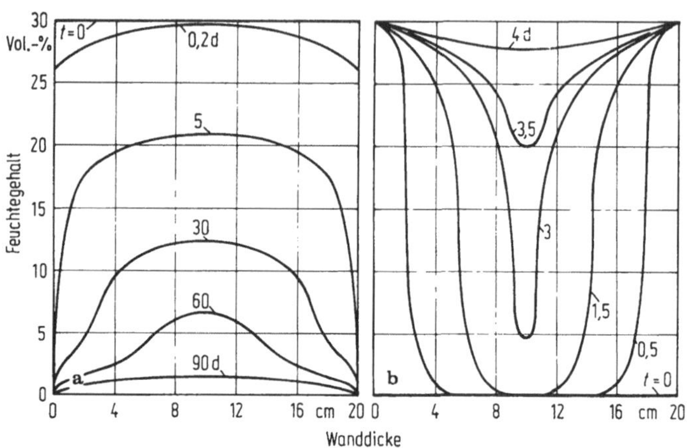

Bild 3-6. Verteilungen des Feuchtegehaltes über den Querschnitt eines 20 cm dicken Leichtbetonbauteils zu verschiedenen Zeitpunkten eines Trocknungs- bzw. Befeuchtungsprozesses, nach [5]. a) Trocknung, b) Befeuchtung.

3.2.1 Wasseraufnahme und Regeneinwirkung

Wenngleich die Wasseraufnahme in die Poren eines Baustoffes somit in relativ komplizierter Weise erfolgt, so kann — gestützt durch experimentelle Untersuchungen [15, 17 bis 19] — davon ausgegangen werden, daß für viele praktische Problemstellungen bei Saug- oder Beregnungsvorgängen die Wasseraufnahme $\dot{m}_W$ proportional zur Quadratwurzel der Saugzeit t vor sich geht:

$$\dot{m}_W = w \cdot \sqrt{t} \left[\frac{kg}{m^2} \right] \tag{3-3}$$

Der Proportionalitätsfaktor w wird *Wasseraufnahmekoeffizient* genannt (Tabelle 3-2). Je höher der Wasseraufnahmekoeffizient ist, um so stärker saugt das Baumaterial. Wasserhemmende oder wassersperrende Anstriche bzw. Beschichtungen besitzen niedrige w-Werte.

Bei Beregnung nehmen Außenbauteile mit hohem Wasseraufnahmekoeffizienten relativ viel Wasser auf und durchfeuchten somit verhältnismäßig schnell. Regenschutz

Tabelle 3-2. Wasseraufnahmekoeffizienten w für verschiedene Baustoffe, Beschichtungen und Anstriche nach [3, 20]

Material	Roh-dichte kg/m^3	w kg/m^{2}h^{0,5}
Baustoffe:		
Vollziegel	1750	25,1
	2175	2,9
Hochlochziegel	1155	8,3
	1165	8,9
Kalksandstein	1635	7,7
	1755	3,0
	1760	5,5
	1795	5,4
	1880	3,2
	1920	3,2
Normalbeton	2290	1,8
	2410	1,1
Bimsbeton	845	2,9
	1085	1,9
Gasbeton	630	4,6
	600	4,2
	530	4,0
	620	6,5
	640	7,7
Gipsbauplatte	900	69
	600	38
Weißkalkputz		7,0
Kalkzementputz		2,0
		4,0
Zementputz		2,0
		3,0
Kunststoffdispersions-beschichtung		0,05
		0,2

Material	w $10^{-3} \cdot$ kg/m^{2}h^{0,5}
Organische Polymere:	
Methylcellulose	114
Polyvinylacetat	3,24
Leinölalkyd	1,14
Polyurethan	1,14
Chlorkautschuk	0,32
Leinölfirnis	
PVK = 0%	6,60
10%	2,88
18%	2,76
25%	2,64
Epoxidharz	
PVK = 0%	0,58
12%	0,46
23%	0,45
30%	0,33
Bitumen	
PVK = 0%	0,012
34%	0,34
46%	0,37
61%	0,53
Oberflächenbehandlung:	
Dispersionsbeschichtungen auf Gasbeton	60−180
Hölzer, Spanplatten, Hartfaserplatten (unbehandelt)	> 15
Kalkzementputz mit Leimfarbe bzw. Tapete	20−24
Zementbeton mit Spachtelputz und Tapete	8−10
Zementbeton mit Dispersionsanstrich	∼ 5
Abwaschbare Tapete auf Innenputz	1−4
Kunstharzbeschichtungen	0,5−2
Bautenschutzanstriche	0,01−7

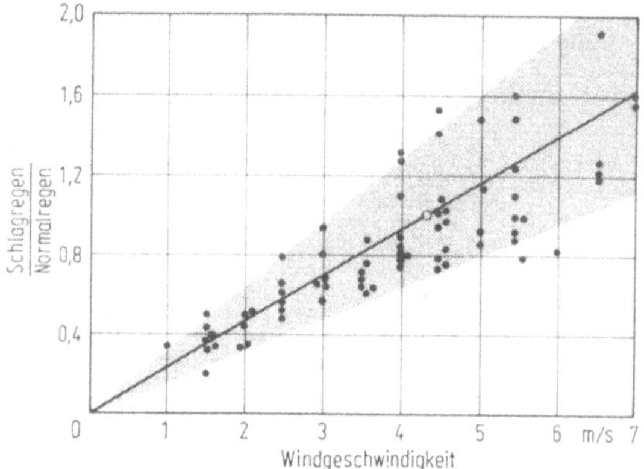

Bild 3-7. Verhältnis von Schlagregen zu Normalregen in Abhängigkeit von der Windgeschwindigkeit, nach [17].

zielt somit auf kleine Wasseraufnahmekoeffizienten der Außenoberfläche ab. Dies gilt vor allem für Baustoffe, die im Außenwandbereich eingesetzt werden. Fassaden werden — je nach Windanströmung und Exponiertheitsgrad — mehr oder weniger stark beregnet, wobei nicht der senkrecht herabfallende „Normalregen" R_N, sondern der sog. „Schlagregen" R_S bestimmend ist. Wie Bild 3-7 zeigt, gibt es zwischen Normalregen und Schlagregen einen Zusammenhang, der von der Windgeschwindigkeit abhängig ist. Näherungsweise gilt die folgende Zahlenwertgleichung (R in mm/h):

$$\frac{R_S}{R_N} = 0{,}25 v_W, \tag{3-4}$$

wobei v_W die Windgeschwindigkeit in m/s darstellt. Die Einwirkung von Regen und Wind auf Fassaden wird in grundlegender Weise in [19] behandelt. Über Schlagregenmessungen an Gebäuden berichten ferner die Arbeiten [20, 21].

Die Regeneinwirkung auf Außenwände wird in Bild 3-8 verdeutlicht. Es handelt sich hierbei um eine nach Westen bzw. Osten orientierte Außenwand aus Leichtbeton, die außenseitig mit einer Kunststoffbeschichtung versehen ist. Der Trocknungsverlauf wird über 5 Jahre verfolgt, wobei im unteren Diagramm der auf die (schlagregenexponierte!) Westwand auftreffende Schlagregen dargestellt ist; die Ostwand empfängt in diesem Zeitraum praktisch keinen Schlagregen. Man erkennt, daß beide Wände zunächst — von einer Anfangsfeuchte von ca. 20 Vol.-% ausgehend — austrocknen, bis nach ca. 2 Jahren die Außenbeschichtung ihre regenabwehrende Wirkung verliert. Der Feuchtegehalt der Westwand nimmt von diesem Zeitpunkt an zu; die nicht von Regen getroffene Ostwand trocknet weiter aus.

3.2.2 Austrocknungsverhalten

Außenbauteile geben ihre Anfangs- bzw. Eigenfeuchte in der Regel innerhalb von 1 bis 3 Jahren ab, wenn sie feuchtetechnisch richtig bezüglich der in Bild 3-1 veranschaulichten Feuchtebeanspruchung bemessen sind. Für Baustoffe mit ausgeprägteren Wasserleiteigenschaften, d. h. mit hohen w-Werten gemäß Tabelle 3-2, gilt hierbei die untere Grenze des Austrocknungszeitraumes, kapillarschwächere Baustoffe benötigen hingegen — vor

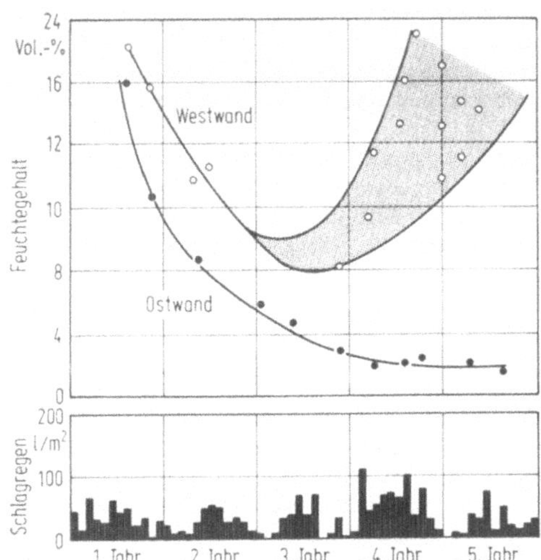

Bild 3-8. Trocknungsverlauf einer nach Westen und Osten orientierten Leichtbetonwand über einen fünfjährigen Zeitraum mit Angabe der Schlagregen-Monatswerte auf der Westwand, nach [17]. Die Außenbeschichtung der Westwand hat nach drei Jahren ihre schlagregenabwehrende Wirkung verloren.

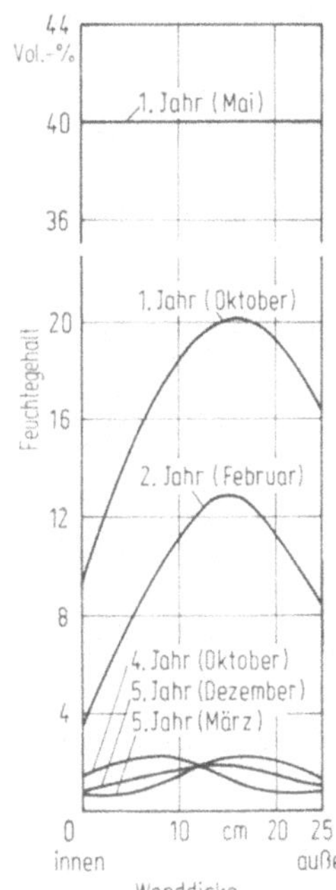

Bild 3-9. Verteilungen des Feuchtegehaltes über den Querschnitt einer Leichtbeton-Außenwand zu verschiedenen Zeitpunkten des Trocknungsprozesses, nach [22]. Die Wand besitzt eine Kunststoffaußen- und Kunststoffinnenbeschichtung.

allem bei schärferer Beanspruchung — einen Zeitraum bis zu ca. 3 Jahren, der als Obergrenze anzusehen ist. Ein Austrocknungszeitraum von mehr als 4 Jahren ist äußerst selten. In der Regel liegt die Austrocknungszeit zwischen 0,5 und 2 Jahren. Der Feuchtegehalt nimmt im Austrocknungszeitraum annähernd exponentiell ab (vgl. Kurve der Ostwand in Bild 3-8).

Jedem Zeitpunkt innerhalb des Austrocknungszeitraumes entspricht eine gewisse Verteilung des Feuchtegehaltes über den Bauteilquerschnitt. Bild 3-9 verdeutlicht dies. Man erkennt, daß der Feuchtegehalt zu beiden Oberflächen hin abnimmt, wobei sich im Wandkern ein etwas asymmetrischer „Feuchteberg" bildet, der mehr und mehr abgetragen wird. Wenn das Bauteil, z. B. durch eine feuchtedichte Außenbekleidung, einseitig abgeschlossen wird (vgl. Bild 3-10), dann kann die Feuchte nur zur Innenseite hin austrocknen. Die Trocknungsmöglichkeit zur Innenseite hin wird häufig — aus einem falsch verstandenen Diffusionsablauf heraus — unterschätzt. Es ist durchaus nicht so, daß Außenbauteile aufgrund von innen eindiffundierender Feuchte quasi vom Raum her stets feuchter werden; im Gegenteil, im überhygroskopischen Feuchtebereich stellt sich meist eine Trocknung nach innen ein. Ist die überhygroskopische Feuchte abgegeben, was in Bild 3-9 den Feuchteverteilungen im 4. und 5. Jahr entspricht, sind die Makroporen des Baustoffes entleert. Die Feuchte wird dann durch Diffusionsvorgänge transportiert, wobei sich je nach Jahreszeit geringfügige Feuchteverschiebungen ergeben. Im Oktober des 4. Jahres stellt sich ein kleiner Feuchteberg im inneren Drittel des Wandquerschnittes ein, weil die den ganzen Sommer über außen vorhandene Sonneneinstrahlung den Berg „hereingedrückt" hat. Im März des 5. Jahres befindet sich der Berg wieder im äußeren Drittel, weil aufgrund der Beheizung über die Wintersaison ein Dampfdruckgefälle nach außen bestand.

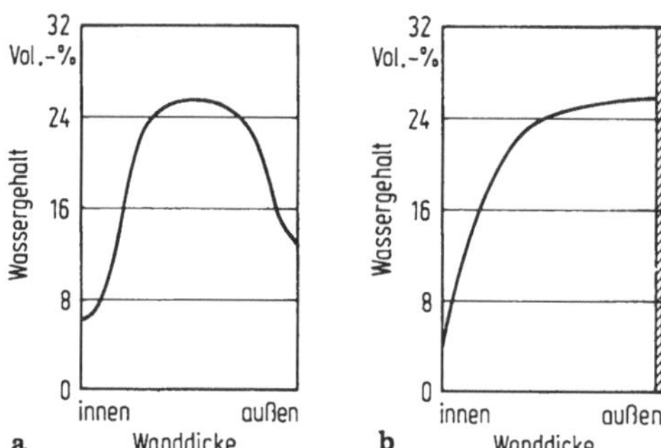

Bild 3-10. Feuchteverteilungen über den Querschnitt einer Leichtbeton-Außenwand während des Austrocknungsprozesses, nach [22].

a) Außenoberfläche mit austrocknungsfähiger Beschichtung.
b) Außenoberfläche mit feuchtedichter Bekleidung. Die Austrocknung ist in diesem Fall nur nach innen möglich.

Diese nuancenartigen Feuchteverlagerungen setzen sich beliebig lange fort. Über den Wandquerschnitt gemittelt bleibt die Feuchte aber konstant, und zwar auf dem Wert des bleibenden, praktischen Feuchtegehaltes gemäß Tabelle 3-1. Aus den im 4. und 5. Jahr vorhandenen Endverteilungen in Bild 3-9 ersieht man, daß der bleibende Feuchtegehalt in diesem Fall ca. 2 Vol.-% beträgt (vgl. den Wert für Gasbeton in Tabelle 3-1).

3.3 Wassertransport in Dampfform (Diffusion)

An den Oberflächen von Bauteilen kann Wasser nicht nur in flüssiger Form, sondern auch als Wasserdampf einwirken. Der Wasserdampf tritt im Bauwesen im allgemeinen nicht als reiner Wasserdampf, sondern als Dampf-Luft-Gemenge in Erscheinung, weil die Umgebungsluft eine bestimmte Menge Wasserdampf aufnehmen kann.

3.3.1 Dampf-Luft-Gemenge

Dampf-Luft-Gemenge gehorchen Gasgesetzen, wobei das allgemeine Gasgesetz, die Daltonsche Beziehung und die Dampfdruckkurve zur Beschreibung der verschiedenen Zustände ausreichen. Die aus der Thermodynamik bekannte allgemeine Gasgleichung verknüpft den Druck p und das spezifische Volumen v eines Gases wie folgt mit dessen absoluter Temperatur T:

$$pv = RT. \tag{3-5}$$

Diese Gasgleichung kann für alle Komponenten des Gasgemenges separat angesetzt werden, also für die Luft

$$p_\mathrm{L} v_\mathrm{L} = R_\mathrm{L} T_\mathrm{L}, \tag{3-6}$$

und für den Dampf

$$p_\mathrm{D} v_\mathrm{D} = R_\mathrm{D} T_\mathrm{D}. \tag{3-7}$$

Die Gaskonstante R beträgt für Luft $R_\mathrm{L} = 0{,}29\ \mathrm{kJ/kgK}$ und für Dampf $R_\mathrm{D} = 0{,}46\ \mathrm{kJ/kgK}$. Der Kehrwert des spezifischen Volumens v führt zu der bekannteren Größe, der Dichte

$$\varrho = \frac{m}{V} = \frac{1}{v}. \tag{3-8}$$

Das Daltonsche Gesetz besagt, daß sich Gase, die — wie im Falle von Wasserdampf und Luft — chemisch nicht miteinander reagieren, so in einem Raum verbreiten, als ob das jeweils andere (Partial-)Gas nicht vorhanden wäre; dies bedeutet, daß die (Partial-)Drücke, unter denen die Partialgase stehen, zusammen den Gesamtdruck p_ges des Dampf-Gas-Gemenges ergeben:

$$p_\mathrm{ges} = p_\mathrm{D} + p_\mathrm{L} \tag{3-9}$$

Das Dampf-Gas-Gemenge ist im vorliegenden Fall die feuchte Luft. Unter üblichen Bedingungen gilt hierfür näherungsweise:

$$p_\mathrm{D} \ll p_\mathrm{ges} \tag{3-10}$$

$$p_\mathrm{D} \ll p_\mathrm{L} \tag{3-11}$$

$$p_\mathrm{L} \approx p_\mathrm{ges}. \tag{3-12}$$

Das dritte hier wichtige Gesetz bringt zum Ausdruck, daß die Luft bei einer bestimmten Temperatur nur eine bestimmte Masse m_D an Wasserdampf aufnehmen kann. Dies bedingt, daß der Partialdruck p_D des Wasserdampfes maximal auch nur einen bestimmten, von der Temperatur ϑ abhängigen Wert, den sog. „Sättigungspartialdruck" p_S annehmen kann. Dieser (maximal mögliche) Sättigungsdruck ist experimentell ermittelt worden und — in Abhängigkeit von der Temperatur — graphisch in Bild 3-11 und tabellarisch in

Tabelle 3-3. Tabellarische Darstellung der Dampfdruckkurve gemäß Bild 3-11 über Wasser und über Eis

Temperatur °C	Wasserdampfsättigungsdruck in Pa									
	,0	,1	,2	,3	,4	,5	,6	,7	,8	,9
30	4244	4269	4294	4319	4344	4369	4394	4419	4445	4469
29	4006	4030	4053	4077	4101	4124	4148	4172	4196	4219
28	3781	3803	3826	3848	3871	3894	3916	3939	3961	3984
27	3566	3588	3609	3631	3652	3674	3695	3717	3793	3759
26	3362	3382	3403	3423	3443	3463	3484	3504	3525	3544
25	3169	3188	3208	3227	3246	3266	3284	3304	3324	3343
24	2985	3003	3021	3040	3059	3077	3095	3114	3132	3151
23	2810	2827	2845	2863	2880	2897	2915	2932	2950	2968
22	2645	2661	2678	2695	2711	2727	2744	2761	2777	2794
21	2487	2504	2518	2535	2551	2566	2582	2598	2613	2629
20	2340	2354	2369	2384	2399	2413	2428	2443	2457	2473
19	2197	2212	2227	2241	2254	2268	2283	2297	2310	2324
18	2065	2079	2091	2105	2119	2132	2145	2158	2172	2185
17	1937	1950	1963	1976	1988	2001	2014	2027	2039	2052
16	1818	1830	1841	1854	1866	1878	1889	1901	1914	1926
15	1706	1717	1729	1739	1750	1762	1773	1784	1795	1806
14	1599	1610	1621	1631	1642	1653	1663	1674	1684	1695
13	1498	1508	1518	1528	1538	1548	1559	1569	1578	1588
12	1403	1413	1422	1431	1441	1451	1460	1470	1479	1488
11	1312	1321	1330	1340	1349	1358	1367	1375	1385	1394
10	1228	1237	1245	1254	1262	1270	1279	1287	1296	1304
9	1148	1156	1163	1171	1179	1187	1195	1203	1211	1218
8	1073	1081	1088	1096	1103	1110	1117	1125	1133	1140
7	1002	1008	1016	1023	1030	1038	1045	1052	1059	1066
6	935	942	949	955	961	968	975	982	988	995
5	872	878	884	890	896	902	907	913	919	925
4	813	819	825	831	837	843	849	854	861	866
3	759	765	770	776	781	787	793	798	803	808
2	705	710	716	721	727	732	737	743	748	753
1	657	662	667	672	677	682	687	691	696	700
0	611	616	621	626	630	635	640	645	648	653
−0	611	605	600	595	592	587	582	577	572	567
−1	562	557	552	547	543	538	534	531	527	522
−2	517	514	509	505	501	496	492	489	484	480
−3	476	472	468	464	461	456	452	448	444	440
−4	437	433	430	426	423	419	415	412	408	405
−5	401	398	395	391	388	385	382	379	375	372
−6	368	365	362	359	356	353	350	347	343	340
−7	337	336	333	330	327	324	321	318	315	312
−8	310	306	304	301	298	296	294	291	288	286
−9	284	281	279	276	274	272	269	267	264	262
−10	260	258	255	253	251	249	246	244	242	239

Tabelle 3.3 (Fortsetzung)

Temperatur °C	Wasserdampfsättigungsdruck in Pa									
	,0	,1	,2	,3	,4	,5	,6	,7	,8	,9
−11	237	235	233	231	229	228	226	224	221	219
−12	217	215	213	211	209	208	206	204	202	200
−13	198	197	195	193	191	190	188	186	184	182
−14	181	180	178	177	175	173	172	170	168	167
−15	165	164	162	161	159	158	157	155	153	152
−16	150	149	148	146	145	144	142	141	139	138
−17	137	136	135	133	132	131	129	128	127	126
−18	125	124	123	122	121	120	118	117	116	115
−19	114	113	112	111	110	109	107	106	105	104
−20	103	102	101	100	99	98	97	96	95	94

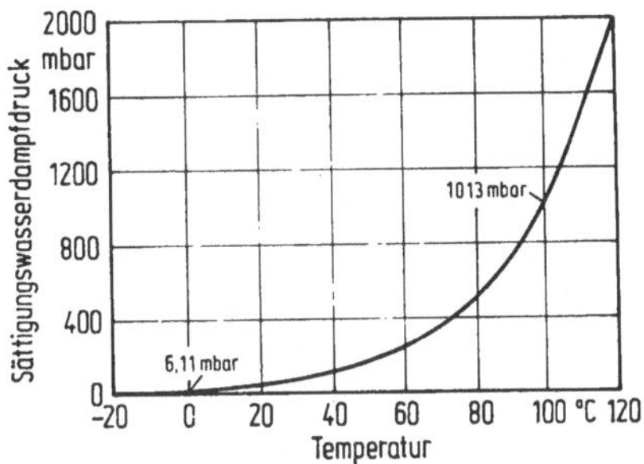

Bild 3-11. Abhängigkeit des Wasserdampfsättigungsdruckes von der Temperatur (Dampfdruck-kurve). Die Dampfdruckkurve setzt sich bei Temperaturen unter 0 °C fort, wobei der Dampfdruck über Eis verschieden von demjenigen über (unterkühltem) Wasser ist; die Abweichungen sind im Rahmen der Zeichengenauigkeit aber nicht darstellbar (vgl. Tabelle 3-3).

Tabelle 3-3 wiedergegeben (Dampfdruckkurve). Für die Dampfdruckkurve existiert eine Reihe von relativ genauen Approximationsformeln, die sich gut für die Handhabung mit Taschenrechnern eignen, z. B.:

$$p_S = f(\vartheta) = A \cdot \exp\left(B\vartheta + C\vartheta^2 + D\vartheta^3\right) \tag{3-13}$$

mit $A = 611$
$B = 7{,}252 \cdot 10^{-2}$
$C = 2{,}881 \cdot 10^{-4}$
$D = 7{,}900 \cdot 10^{-7}$

p_S ergibt sich hierbei in Pa, und ϑ ist in °C einzusetzen. Eine andere Approximation [23] lautet

$$p_S = a \left(b + \frac{\vartheta}{100}\right)^n \tag{3-14}$$

Tabelle 3-4. Taupunkttemperatur ϑ_s der Luft in Abhängigkeit von Temperatur und relativer Feuchte der Luft

Lufttemperatur ϑ °C	Taupunkttemperatur ϑ_s[1]) in °C bei einer relativen Luftfeuchte von													
	30%	35%	40%	45%	50%	55%	60%	65%	70%	75%	80%	85%	90%	95%
30	10,5	12,9	14,9	16,8	18,4	20,0	21,4	22,7	23,9	25,1	26,2	27,2	28,2	29,1
29	9,7	12,0	14,0	15,9	17,5	19,0	20,4	21,7	23,0	24,1	25,2	26,2	27,2	28,1
28	8,8	11,1	13,1	15,0	16,6	18,1	19,5	20,8	22,0	23,2	24,2	25,2	26,2	27,1
27	8,0	10,2	12,2	14,1	15,7	17,2	18,6	19,9	21,1	22,2	23,3	24,3	25,2	26,1
26	7,1	9,4	11,4	13,2	14,8	16,3	17,6	18,9	20,1	21,2	22,3	23,3	24,2	25,1
25	6,2	8,5	10,5	12,2	13,9	15,3	16,7	18,0	19,1	20,3	21,3	22,3	23,2	24,1
24	5,4	7,6	9,6	11,3	12,9	14,4	15,8	17,0	18,2	19,3	20,3	21,3	22,3	23,1
23	4,5	6,7	8,7	10,4	12,0	13,5	14,8	16,1	17,2	18,3	19,4	20,3	21,3	22,2
22	3,6	5,9	7,8	9,5	11,1	12,5	13,9	15,1	16,3	17,4	18,4	19,4	20,3	21,2
21	2,8	5,0	6,9	8,6	10,2	11,6	12,9	14,2	15,3	16,4	17,4	18,4	19,3	20,2
20	1,9	4,1	6,0	7,7	9,3	10,7	12,0	13,2	14,4	15,4-	16,4	17,4	18,3	19,2
19	1,0	3,2	5,1	6,8	8,3	9,8	11,1	12,3	13,4	14,5	15,5	16,4	17,3	18,2
18	0,2	2,3	4,2	5,9	7,4	8,8	10,1	11,3	12,5	13,5	14,5	15,4	16,3	17,2
17	−0,6	1,4	3,3	5,0	6,5	7,9	9,2	10,4	11,5	12,5	13,5	14,5	15,3	16,2
16	−1,4	0,5	2,4	4,1	5,6	7,0	8,2	9,4	10,5	11,6	12,6	13,5	14,4	15,2
15	−2,2	−0,3	1,5	3,2	4,7	6,1	7,3	8,5	9,6	10,6	11,6	12,5	13,4	14,2
14	−2,9	−1,0	0,6	2,3	3,7	5,1	6,4	7,5	8,6	9,6	10,6	11,5	12,4	13,2
13	−3,7	−1,9	−0,1	1,3	2,8	4,2	5,5	6,6	7,7	8,7	9,6	10,5	11,4	12,2
12	−4,5	−2,6	−1,0	0,4	1,9	3,2	4,5	5,7	6,7	7,7	8,7	9,6	10,4	11,2
11	−5,2	−3,4	−1,8	−0,4	1,0	2,3	3,5	4,7	5,8	6,7	7,7	8,6	9,4	10,2
10	−6,0	−4,2	−2,6	−1,2	0,1	1,4	2,6	3,7	4,8	5,8	6,7	7,6	8,4	9,2

[1]) Näherungsweise darf gradlinig interpoliert werden.

mit $a = 288{,}680$
$b = 1{,}098$ im Temperaturbereich von 0 bis 30 °C
$n = 8{,}020$

$a = 4{,}689$
$b = 1{,}486$ im Temperaturbereich von -20 bis 0 °C
$n = 12{,}300$

wobei p_S wiederum in Pa und ϑ in °C zu nehmen sind.

Zur Kennzeichnung des Wasserdampfgehaltes der Luft haben sich die

relative Feuchte φ,

$$\varphi = \frac{p_\mathrm{D}}{p_\mathrm{S}} \tag{3-15}$$

absolute Feuchte c, auch Konzentration genannt,

$$c = \frac{p_\mathrm{D}}{R_\mathrm{D} \cdot T} = \frac{\varphi \cdot p_\mathrm{S}}{R_\mathrm{D} \cdot T} \tag{3-16}$$

und die *Taupunkttemperatur* ϑ_s

eingebürgert, bei der gemäß Gl. (3-13) oder (3-14) Taubildung in einem Dampf-Luft-Gemisch einsetzt. Die Taupunkttemperatur ist also diejenige Temperatur, auf welche man ein Dampf-Luft-Gemisch abkühlen kann, bis sich der in ihm enthaltene Wasserdampf als Nebel oder Tröpfchen niederschlägt (s. Tabelle 3-4, [26]). Das Erreichen der Taupunkttemperatur hat — das wird häufig verwechselt — nichts mit dem Tauwasseranfall im Bauteilinneren zu tun.

3.3.2 Oberflächentauwasser

Wenn sich Oberflächen von Bauteilen unter die Taupunkttemperatur des angrenzenden Dampf-Luft-Gemenges abkühlen, entsteht dort Tauwasser. Dies muß insbesondere im Winter an Innenoberflächen vermieden werden, wobei die Temperatur ϑ_{0i} der Innenoberfläche über der Taupunkttemperatur der Innenluft liegen muß, also:

$$\vartheta_{0i} > \vartheta_\mathrm{S}. \tag{3-17}$$

Hierzu ist ein bestimmter Wärmedurchlaßwiderstand des Außenbauteils erforderlich:

$$\operatorname{erf} \frac{1}{\Lambda} = \frac{\vartheta_\mathrm{Li} - \vartheta_\mathrm{La}}{\alpha_\mathrm{i}(\vartheta_\mathrm{Li} - \vartheta_\mathrm{s})} - \left(\frac{1}{\alpha_\mathrm{i}} + \frac{1}{\alpha_\mathrm{a}} \right)$$

bzw.

$$\operatorname{zul} k = \frac{\alpha_\mathrm{i}(\vartheta_\mathrm{Li} - \vartheta_\mathrm{s})}{\vartheta_\mathrm{Li} - \vartheta_\mathrm{La}}.$$

Die Taupunkttemperatur ϑ_s wird in Abhängigkeit von den klimatischen Randbedingungen der Innenluft aus Tabelle 3—4 entnommen.

3.3.3 Diffusionstechnische Grundlagen

Trennt ein Bauteil zwei Räume verschiedener Wasserdampfkonzentration c, die ihre Ursache in unterschiedlicher Temperatur oder/und in unterschiedlicher relativer Feuchte haben kann, so findet durch das Bauteil hindurch ein Wasserdampftransport statt, der

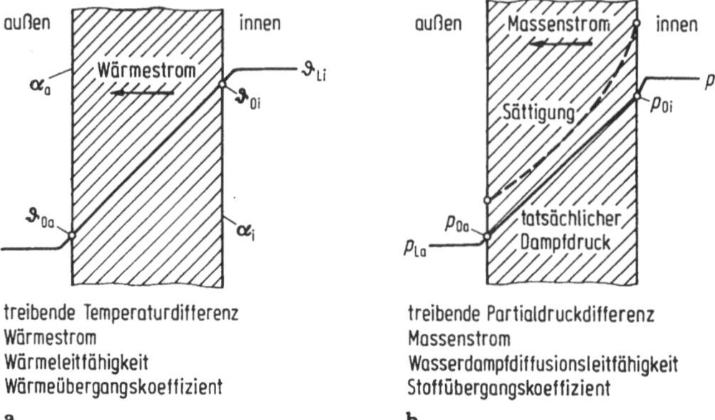

Bild 3-12. Vergleich zwischen der Wärmeleitung und der Wasserdampfdiffusion in einem Bauteil.
a) Wärmeleitung von der (warmen) Innenseite zur (kalten) Außenseite,
b) Wasserdampfdiffusion von der (feuchten) Innenseite zur (trockenen) Außenseite.

konzentrationsausgleichend wirkt. Diese Transportart von Wasser heißt „Wasserdampfdiffusion". Wie aus Bild 3-12 hervorgeht, erfolgt die Diffusion analog zur Wärmeleitung durch das Bauteil, so daß für die Diffusion — mit wenigen Abweichungen — auch die zur Wärmeleitung analogen Gesetze angewandt werden dürfen. Bild 3-12 verdeutlicht, daß hierbei

— der Temperaturdifferenz $\Delta\vartheta$ die Partialdruckdifferenz Δp,
— der Wärmestromdichte q die Massenstromdichte $\dot{m}_D$,
— der Wärmeleitfähigkeit λ die Wasserdampfdiffusionsleitfähigkeit δ
— und dem Wärmeübergangskoeffizienten α der Stoffübergangskoeffizient β

entspricht.

Analog zu dem im Abschnitt 2 (Wärmeschutz) näher behandelten Wärmeleitvorgang ergibt sich somit für die durch ein Bauteil mit der Dicke s hindurchdiffundierende Dampfstromdichte $\dot{m}_D$

$$\dot{m}_D = \frac{p_{Li} - p_{La}}{\dfrac{1}{\beta_i} + \dfrac{s}{\delta} + \dfrac{1}{\beta_a}}, \qquad (3\text{-}18)$$

wobei p_{Li} und p_{La} die Partialdrücke in der Innen- bzw. Außenluft und β_i bzw. β_a die innen bzw. außen vorhandenen Stoffübergangskoeffizienten darstellen.

Nach [24] kann mit guter Näherung davon ausgegangen werden, daß der Zahlenwert der Stoffübergangskoeffizienten β_i, β_a grundsätzlich etwa viermal größer ist als der Zahlenwert der Wärmeübergangskoeffizienten α_i, α_a:

$$\beta \approx 4\alpha \qquad (3\text{-}19)$$

(β in m/h, α in W/(mK)). Dies bedeutet, daß die Stoffübergangswiderstände $1/\beta_i$ und $1/\beta_a$ im Nenner von Gl. (3-18) gegenüber s/δ (Erklärung von δ = Wasserdampfdiffusionsleitfähigkeit s. unten) vernachlässigt werden können:

$$\frac{1}{\beta_i} + \frac{1}{\beta_a} \ll \frac{s}{\delta}. \tag{3-20}$$

Damit werden die Dampfdrücke p_{La} bzw. p_{Li} in der Luft praktisch gleich den Oberflächen-dampfdrücken:

$$p_{Li} \approx p_i \tag{3-21}$$

$$p_{La} \approx p_a. \tag{3-22}$$

Gleichung (3-18) läßt sich somit wie folgt vereinfachen:

$$\dot{m}_D = \frac{\delta}{s} (p_i - p_a). \tag{3-23}$$

Zur praktischen Handhabung der Diffusionsgleichungen haben sich noch einige weitere Begriffe eingebürgert, die eigentlich nicht notwendig wären, wohl aber erleichternd wirken. Man führt hierzu die Wasserdampfdiffusionsleitfähigkeit δ_L der Luft bzw. den Kehrwert, den spezifischen Diffusionswiderstand $1/\delta_L$ der Luft, als Bezugsgröße ein, indem man den Diffusionswiderstand $1/\Delta$ eines Materials M zum Widerstand einer gleich-dicken Luftschicht in Beziehung setzt:

$$\mu_M = \frac{\left(\dfrac{1}{\Delta}\right)_M}{\left(\dfrac{1}{\Delta}\right)_L} = \frac{s_M/\delta_M}{s_L/\delta_L} = \frac{s_M \cdot \delta_L}{s_L \cdot \delta_M} = \frac{\delta_L}{\delta_M} \tag{3-24}$$

Der μ-Wert eines bestimmten Materials heißt „Wasserdampfdiffusionswiderstands-zahl" (Tabelle 3-5 und Tabelle 2-5 im Abschnitt 2. Wärmeschutz). Der μ-Wert der Luft ist per definitionem 1; da ein Baustoff eine geringere Diffusionsleitfähigkeit δ als Luft besitzt, müssen die μ-Werte von Baustoffen zwangsläufig größer als 1 sein. Mit Hilfe des μ-Wertes kann der Diffusionswiderstand $(1/\Delta)_M$ eines Materials wie folgt berechnet werden:

$$\left(\frac{1}{\Delta}\right)_M = \frac{s_M}{\delta_M} = \frac{s_M \cdot \mu_M}{\delta_L} = \frac{1}{\delta_L} (\mu s)_M \tag{3-25}$$

wobei $1/\lambda_L = 1{,}48 \cdot 10^6 \approx 1{,}50 \cdot 10^6$ mhPa/kg ist. Der Ausdruck

$$\mu s = s_d \tag{3-26}$$

heißt „wasserdampfdiffusionsäquivalente Luftschichtdicke" oder kurz „Sperrwert"; er wird in m angegeben.

3.3.4 Tauwasserbildung im Bauteilinneren

Zur Prüfung, ob und wieviel Tauwasser sich im Inneren von Bauteilen niederschlägt. muß zunächst in bekannter Weise die Temperaturverteilung über den Bauteilquerschnitt (Bild 3-12a) und sodann die Verteilung des tatsächlichen Dampfdruckes (ausgezogener

Tabelle 3-5. Diffusionswiderstandszahlen μ von Baustoffen nach [27].
Vgl. hierzu auch Tabelle 2-5 im Abschnitt 2 Wärmeschutz

Stoff	Diffusions-widerstandszahl μ
Kalkzementmörtel	35
Kalk-Gips-Mörtel	10
Ortbeton (Kiesbeton)	50
Beton-Fertigteile	100
Bimsbeton	10
Gas- und Schaumbeton	5
Gipsplatten	8
Asbestzementplatten	50
Holzwolle-Leichtbauplatten Dicke 15 mm	5
Dicke > 15 mm	2
Korkplatten	10
Holz (Eiche, Buche, Fichte, Kiefer, Tanne)	50
Sperrholz	50 bis 200
Poröse Holzfaserplatten	5
harte Holzfaserplatten	70
Holzspanplatten V 20	50
V 100	100
Mineralische und pflanzliche Faserdämmstoffe	1
Schaumkunststoffe:	
Polystyrol-Partikelschaum, je nach Rohdichte	25 bis 70
Polystyrol, extrudiert, je nach Rohdichte	100 bis 300
Polyurethan, je nach Rohdichte	50 bis 100
Bitumenpappe, nackt, nach DIN 52129	2500
Dachpappe nach DIN 52128	50000
Polyvinylchlorid-Folie	50000
Polyäthylen-Folie	100000
Aluminium-Folie mit einem Flächengewicht $\geqq 125$ g/m²	∞
Schaumglas mit Dicke 4 cm	∞

Verlauf, Bild 3-12b) ermittelt werden. Wenn die Temperatur in jeder Querschnittsebene bekannt ist, kann gemäß Gleichung (3-13) oder (3-14) auch sofort die Verteilung des Sättigungsdampfdruckes über den Bauteilquerschnitt gefunden werden (gekrümmte Linie, in Bild 3-12b gestrichelt gezeichnet). *Keine* Tauwasserbildung tritt auf, wenn — wie in Bild 3-12b — die Sättigungslinie im ganzen Querschnittsbereich *über* dem tatsächlichen Dampfdruckverlauf zu liegen kommt. Tauwasserbildung setzt hingegen ein, wenn beide Linienzüge sich berühren (Bild 3-13a). Im diesem Fall ergibt sich der tatsächliche Dampfdruckverlauf, der an keiner Querschnittsstelle *über* der Sättigungslinie liegen kann, nach der „Methode des gespannten Seiles".

Die Anwendung der „Methode des gespannten Seiles" ist für den Bauingenieur bzw. Architekten äußerst simpel. Man denkt sich ein Seil, das mit beiden Händen in den Punkten p_a und p_i (gemäß Bild 3-13a) gespannt wird. Das so gespannte Seil erbringt in jedem Fall (auch bei komplizierteren mehrschichtigen Aufbauten) den tatsächlichen Dampfdruckverlauf. In Bild 3-13a schmiegt sich das Seil im Bereich von Ebene 1 bis Ebene 2 an die Sättigungslinie an. In diesem Bereich erreicht der tatsächliche Dampfdruck den Sättigungsdampfdruck; hier tritt Tauwasserbildung auf.

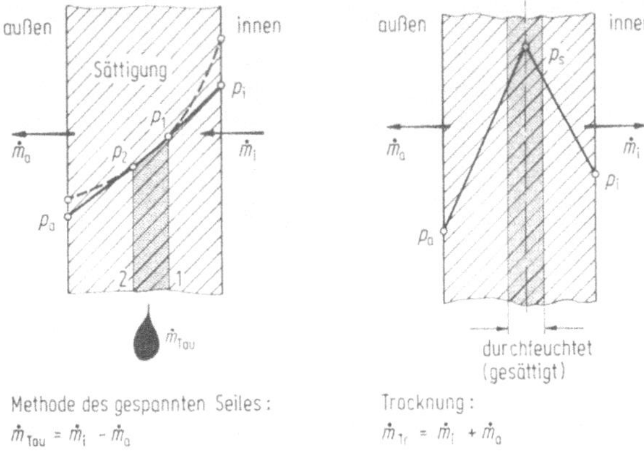

Bild 3-13. Schematische Darstellung der Dampfdruckverteilung über ein Außenbauteil unter Winter- und Sommerbedingungen.

a) Tauwasserbildung im Winter. Der tatsächliche Dampfdruckverlauf im Bauteilquerschnitt ergibt sich dabei dadurch, daß man ein „gespanntes Seil" an die Sättigungskurve anlegt.

b) Austrocknung im Sommer. Die Austrocknung erfolgt von der Tauwasserebene im Inneren nach beiden Seiten.

Die Tauwassermenge erhält man aus der Differenz dessen, was (mit steilerem Gradienten des Dampfdruckes) von innen her eindiffundiert, und dem, was (mit flacherem Gradienten) nach außen abdiffundiert, nämlich:

$$\dot{m}_i = \Delta_i(p_i - p_1) \tag{3-27}$$

$$\dot{m}_a = \Delta_a(p_2 - p_a) \tag{3-28}$$

$$\dot{m}_{Tau} = \dot{m}_i - \dot{m}_a = \Delta_i(p_i - p_1) - \Delta_a(p_2 - p_a) \tag{3-29}$$

Die Wiederaustrocknung durch Diffusion unter Sommerbedingungen ist in Bild 3-13b veranschaulicht. Man geht dabei davon aus, daß im (vom Winter her vorhandenen) Tauwasserbereich der Sättigungsdruck p_s herrscht. Die Trocknung erfolgt nach beiden Seiten, wie folgt:

Zur Innenseite hin

$$\dot{m}_i = \Delta_i(p_s - p_i) \tag{3-30}$$

zur Außenseite hin

$$\dot{m}_a = \Delta_a(p_s - p_a) \tag{3-31}$$

insgesamt

$$\dot{m}_{Tr} = \dot{m}_i + \dot{m}_a = \Delta_i(p_s - p_i) + \Delta_a(p_s - p_a). \tag{3-32}$$

Ein praktisches *Beispiel* soll die Diffusionsberechnung verdeutlichen. Gewählt wird eine dreischichtige Außenwand mit dem in Bild 3-14a dargestellten Aufbau.

Aufbau des Bauteiles

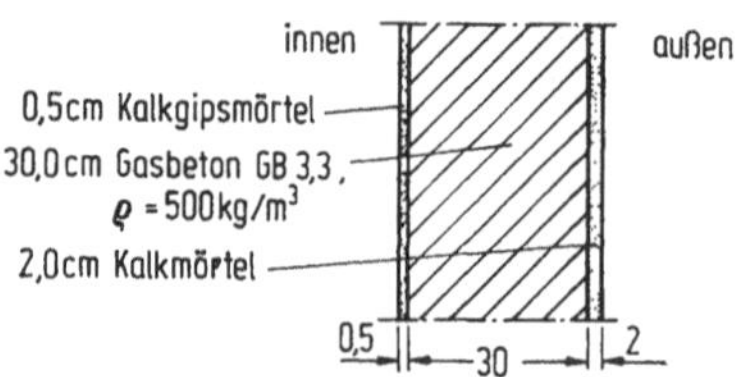

1. Annahmen (s. DIN 4108, Teil 3, Abschnitt 3.2.2)

	Lage : innen				Lage : außen			
①	②	③	④	⑤	⑥	⑦	⑧	⑨
Jahreszeit	ϑ_i in °C	p_{si} in Pa	φ_i in %	p_i ③·④=⑤ in Pa	ϑ_a in °C	p_{sa} in Pa	φ_a in %	p_a ⑦·⑧=⑨ in Pa
Tauperiode	+20	2340	50	1170	−10	260	80	208
Verdunstungsperiode	+12	1404	70	983	+12	1404	70	983

2. Berechnung

①	②	③	④	⑤	⑥	⑦	⑧	⑨
Bauteilaufbau (von innen nach außen)	Dicke s in m	λ_R in W/(m·K)	s/λ_R $1/\alpha$ ②:③=④ in m²·K/W	$\Delta\vartheta$ in K	Grenz-schicht ϑ in °C	p_s in Pa	μ	s_d ⑧·②=⑨ in m
Wärmeübergang , i	—	—	0,130	2,50	+20,00	2340		
					+17,50	2001		
Kalkgipsmörtel	0,005	0,70	0,007	0,13			10/10	0,05
					+17,37	1988		
Gasbeton GB3,3	0,30	0,22	1,364	26,16			5/10	1,50
					−8,79	288		
Kalkmörtel	0,02	0,87	0,023	0,44			15/35	0,70
					−9,23	279		
Wärmeübergang , a	—	—	0,040	0,77				
					−10,00	260		
	$\vartheta_i - \vartheta_a = \Sigma⑤ = 30,00$						$\Sigma s_d = 2,25$	

$$1/k = \Sigma④ = 1{,}564\,m^2\cdot K/W;\ k = 0{,}639\,W/(m^2\cdot K)$$

$$1/\Lambda = \Sigma④ - \frac{1}{\alpha_i} - \frac{1}{\alpha_a} = 1{,}39\,m^2\cdot K/W$$

Bild 3-14 a. Dampfdiffusionstechnische Untersuchung einer Außenwand (Glaser-Diagramm). Wandaufbau und Berechnung des Temperaturverlaufes und des Sättigungsdampfdruckes.

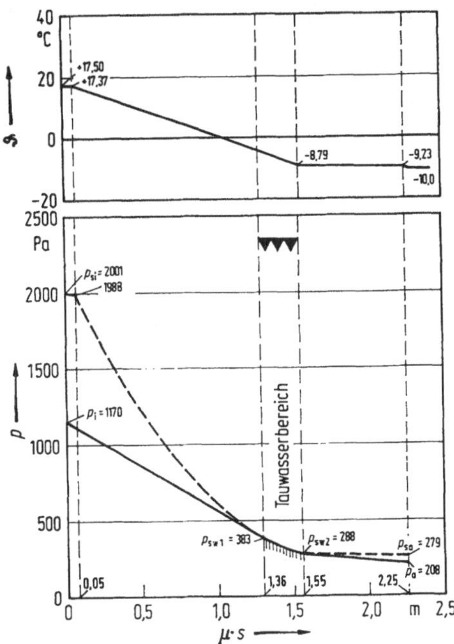

Bild 3-14 b. Dampfdiffusionstechnische Untersuchung einer Außenwand (Glaser-Diagramm).
Glaser-Diagramm für die Tauperiode

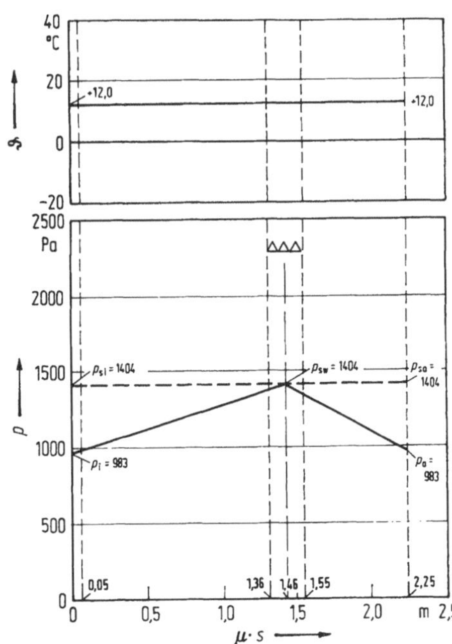

Bild 3-14 c. Dampfdiffusionstechnische Untersuchung einer Außenwand (Glaser-Diagramm).
Glaser-Diagramm für die Verdunstungsperiode

4. Nachweise

4.1 Tauperiode

4.1.1 Diffusionsstromdichte i_i vom Raum in das Bauteil

$$i_i = \frac{p_i - p_{sw1}}{1500 \cdot (\Sigma s_d)_i} = \frac{1170 - 383}{1500 \cdot 1{,}36} = 0{,}39 \qquad\qquad g/(m^2 \cdot h)$$

4.1.2 Diffusionsstromdichte i_a zum Freien

$$i_a = \frac{p_{sw2} - p_a}{1500 \cdot (\Sigma s_d)_a} = \frac{288 - 208}{1500 \cdot (2{,}25 - 1{,}55)} = 0{,}08 \qquad\qquad g/(m^2 \cdot h)$$

4.1.3 Tauwassermasse W_T

$$W_T = (i_i - i_a) \cdot 1440 = (0{,}39 - 0{,}08) \cdot 1440 = 446 \qquad\qquad g/m^2$$

$$\left. \begin{array}{l} W_T = 446\,g/m^2 < 500\,g/m^2 \\[4pt] < \underline{1000\,g/m^2} \end{array} \right\} \text{ vgl. DIN 40108, T.3, Abschnitt 3.2.1} \qquad \text{/ nicht / erfüllt}$$

4.2 Verdunstungsperiode

4.2.1 Diffussionsstromdichte i_i zum Raum

$$i_i = \frac{p_{sw} - p_i}{1500 \cdot (\Sigma s_d)_i} = \frac{1404 - 983}{1500 \cdot 1{,}46} = 0{,}19 \qquad\qquad g/(m^2 \cdot h)$$

4.2.2 Diffusionsstromdichte i_a zum Freien

$$i_a = \frac{p_{sw} - p_a}{1500 \cdot (\Sigma s_d)_a} = \frac{1404 - 983}{1500 \cdot (2{,}25 - 1{,}46)} = 0{,}36 \qquad\qquad g/(m^2 \cdot h)$$

4.2.3 Verdunstende Wassermasse W_V

$$W_V = (i_i + i_a) \cdot 2160 = (0{,}19 + 0{,}36) \cdot 2160 = 1188 \qquad\qquad g/m^2$$

$$W_V = 1188\,g/m^2 > W_T = 446\,g/m^2 \qquad\qquad \text{/ nicht / erfüllt}$$

5. Beurteilung

Die untersuchte Konstruktion erfüllt / nicht / die Anforderungen des Tauwasserschutzes nach DIN 4108, Teil 3, Abschnitt 3.2

Bild 3-14 d. Dampfdiffusionstechnische Untersuchung einer Außenwand (Glaser-Diagramm).
Feuchtebilanz und Beurteilung.

Folgende Vorgehensweise ist unter Verwendung der in den Bildern 3-14a bis 3-14d dargestellten Schemas zweckmäßig:

1. Skizzenhafte Darstellung des zu untersuchenden Bauteiles mit Angabe der Materialien und der Schichtdicken (Bild 3-14a).
2. Wahl der klimatischen Randbedingungen. Nach DIN 4108 Teil 3 [26] gilt für nichtklimatisierte Wohn- und Bürogebäude:

   a) *Tauperiode*
   Außenklima: $\vartheta_{La} = -10\,°C$; $\varphi_{La} = 80\%$
   Innenklima: $\vartheta_{Li} = +20\,°C$; $\varphi_{Li} = 50\%$
   Dauer: $T = 1440$ Stunden (60 Tage)

   b) *Verdunstungsperiode*
   1. Wandbauteile und Decken unter nichtausgebauten Dachräumen
   Außenklima: $\vartheta_{La} = +12\,°C$; $\varphi_{La} = 70\%$
   Innenklima: $\vartheta_{Li} = +12\,°C$; $\varphi_{Li} = 70\%$
   Tauwasserbereich: $\vartheta_S = +12\,°C$; $\varphi = 100\%$
   Dauer: $T = 2160$ Stunden (90 Tage)
   2. Dächer, die Aufenthaltsräume gegen die Außenluft abschließen
   Außenklima: $\vartheta_{La} = +12\,°C$; $\varphi_{La} = 70\%$
   Dachoberfläche: $\vartheta_{0a} = +20\,°C$
   Innenklima: $\vartheta_{Li} = +12\,°C$; $\varphi_{Li} = 70\%$
   Tauwasserbereich: Temperatur entsprechend dem Temperaturgefälle von außen nach innen $\varphi = 100\%$
   Dauer: $T = 2160$ Stunden (90 Tage)
3. Ermittlung des Wärmedurchlaßwiderstandes und des Dampfdurchlaßwiderstandes in der Tabelle des Bildes 3-14a, Spalte 4 und 9 und Verwendung der Materialkennwerte der Tabelle 2-5 im Kapitel 2 Wärmeschutz.
4. Berechnung des Temperaturverlaufes (Spalte 5, Tabelle 1 in Bild 3-14a):

$$\Delta\vartheta = 30 \cdot k \cdot \frac{s_n}{\lambda_n} \quad \text{bzw.} \quad \Delta\vartheta = 30 \cdot k \cdot \frac{1}{\alpha}.$$

5. Ermittlung des Sättigungsdampfdruckes zugehörig zu den jeweiligen Temperaturen entsprechend Tabelle 3-3.
6. Aufzeichnen des berechneten Temperaturverlaufes und Sättigungsdampfdruckes in Abhängigkeit von der äquivalenten Luftschichtdicke $\mu \cdot s$ (Bild 3-14b für die Tauperiode, Bild 3-14c für die Verdunstungsperiode).
7. Ermittlung des Dampfdruckverlaufes — Methode des gespannten Seiles.
8. Berechnung der anfallenden Tauwassermenge W_T entsprechend Bild 3-14d. Nach DIN 4108 ist eine Tauwasserbildung in Bauteilen unschädlich, wenn durch Erhöhung des Feuchtegehaltes der Bau- und Dämmstoffe der Wärmeschutz und die Standsicherheit der Bauteile nicht gefährdet werden. Diese Voraussetzungen sind gewährleistet, wenn folgende Bedingungen erfüllt sind:

— Das während der Tauperiode durch Tauwasserbildung im Innern des Bauteils anfallende Wasser muß während der Verdunstungsperiode wieder an die Umgebung abgeführt werden können ($W_T < W_V$).
— Die Baustoffe, die mit dem ausfallenden Tauwasser in Berührung kommen, dürfen dadurch nicht geschädigt werden (z. B. durch Korrosion, Pilzbefall). Bei Holz und Holzwerkstoffen ist eine Erhöhung des massebezogenen Feuchtegehaltes durch das ausfallende Wasser bei Holz um mehr als 5%, bei Holzwerkstoffen um mehr als 3%

unzulässig (Holzwolle-Leichtbauplatten nach DIN 1101 und Mehrschicht-Leichtbauplatten aus Schaumkunststoffen und Holzwolle nach DIN 1104, Teil 1, sind hiervon ausgenommen). An Grenzflächen zwischen einer nicht wasseraufnahmefähigen Schicht und einer Luftschicht oder einer wasserdurchlässigen Schicht darf diese flächenbezogene Wassermenge 0,5 kg/m², in allen anderen Fällen 1,0 kg/m² nicht überschreiten.

Bei schärferen klimatischen Randbedingungen (z. B. Schwimmbäder, klimatisierte Räume) sind die nach DIN 4108 vorgenommenen Vereinfachungen nicht zulässig. In solchen Fällen kann das o. g. Berechnungsverfahren aber auch angewendet werden, nur sind dann das tatsächliche Innenklima und das vom Standort des Gebäudes vorherrschende Außenklima anzusetzen. [28]

Zur Abschätzung, ob eine ausreichende Feuchtebilanz vorhanden ist ($W_\mathrm{T} < W_\mathrm{V}$), genügt es, bei konstant klimatisierten Räumen mit den Jahresmittelwerten von Außenlufttemperatur (Tabelle 3-6) und einer relativen Luftfeuchtigkeit außen von $\varphi_\mathrm{a} = 85\%$ die Dampfdiffusionsberechnung durchzuführen. Wenn die anfallende Tauwassermenge berechnet werden soll, so ist eine Feuchtebilanz aufzustellen, wobei z. B. für jeden Monat die Tauwasserberechnung durchzuführen ist; in der Regel sind hierfür die Monate November bis Februar von Interesse.

Tabelle 3-6. Monatsmittel und Jahresmittel der Außenlufttemperatur verschiedener Städte in der Bundesrepublik Deutschland [28]

Ort	I °C	II °C	III °C	IV °C	V °C	VI °C	VII °C	VIII °C	IX °C	X °C	XI °C	XII °C	Jahr °C
Aachen	1,9	2,6	4,8	8,0	12,6	15,2	16,9	16,4	13,8	9,6	5,2	2,8	9,2
Braunschweig	0,2	1,1	4,0	7,9	13,2	16,1	17,6	16,6	13,5	8,9	4,2	1,6	8,8
Bremen	1,0	1,7	4,8	7,8	12,8	15,8	17,4	16,6	13,8	9,3	4,7	2,2	8,9
Clausthal	−2,0	−1,5	0,9	4,6	9,8	12,6	14,3	13,5	10,7	6,2	1,7	−1,1	5,8
Hamburg	0,3	1,0	3,5	7,5	13,3	15,4	17,1	16,2	13,6	8,8	4,2	1,6	8,5
Karlsruhe	1,0	2,4	5,6	9,6	14,3	17,4	19,1	18,1	14,5	9,6	5,0	2,2	9,9
München	−2,3	−0,8	2,9	6,9	12,0	15,1	17,0	16,1	12,6	7,6	2,4	−0,9	7,4
Münster	1,3	2,1	4,5	8,2	13,1	15,8	17,3	16,4	13,7	9,2	4,8	2,3	9,1
Regensburg	−2,4	−0,6	3,3	7,6	12,9	15,9	17,6	16,6	13,0	7,5	2,4	−1,0	7,7
Stuttgart	1,0	2,4	5,7	9,6	14,3	17,3	19,1	18,3	14,8	9,9	5,2	2,1	10,0
Holzkirchen Obb.*)	−2,6	−2,0	3,5	6,0	9,6	14,6	15,8	14,5	11,9	7,4	1,4	−0,5	6,6

*) Die Monatsmittel von Holzkirchen (Institut für Bauphysik) wurden aus einem 15jährigen Zeitraum ermittelt.

Wenngleich diffusionstechnische Berechnungen sich bewährt haben, so muß vor einem zu hohen Anspruch an die Aussagen solcher Berechnungen gewarnt werden. Diffusionsvorgänge betreffen nur einen kleinen Ausschnitt aus dem tatsächlichen Ablauf der feuchtetechnischen Geschehnisse in porösen Baustoffen. Der Leser, welcher sich einen umfassenderen Einblick in das Wesen der Feuchtetransportvorgänge verschaffen will, sei auf [1, 3, 5, 6] verwiesen.

3.4 Regenschutz (Witterungsschutz)

3.4.1 Vorbemerkung

Aufgabe des Regenschutzes ist es,

— das direkte Eindringen von Niederschlägen in das Gebäudeinnere zu verhindern und
— den Schutz von Bauteilen vor übermäßiger Feuchtigkeitsaufnahme sicherzustellen (verminderter Wärmeschutz, Frostschäden, Korrosion u. ä.).

Maßnahmen zur Begrenzung der kapillaren Wasseraufnahme von Außenbauteilen können darin bestehen, daß der Regen an der Außenoberfläche des wärmegedämmten Bauteils durch eine wasserdichte oder mit Luftabstand vorgesetzte Schicht am Eindringen abgehalten wird oder daß die Wasseraufnahme durch wasserhemmende Schichten an der Außenwandoberfläche oder im Innern der Konstruktion reduziert bzw. auf einen bestimmten Bereich (z. B. Vormauerschicht) beschränkt wird (Bild 3-15). Andererseits darf die Wasserabgabe (Verdunstung) durch die wasserdichten Außenschichten nicht nachteilig beeinträchtigt werden.

Die Saugfähigkeit der Baustoffe und der Oberflächenschichten (z. B. Außenputz, Beschichtung) wird in diesem Zusammenhang durch den Wasseraufnahmekoeffizienten w beurteilt (s. Tabelle 3-2). Für die Beurteilung der Wasserabgabe in Verdunstungsperioden ist bei wasserhemmenden und wasserabweisenden Oberflächenschichten deren diffusionsäquivalente Luftschichtdicke s_d maßgebend.

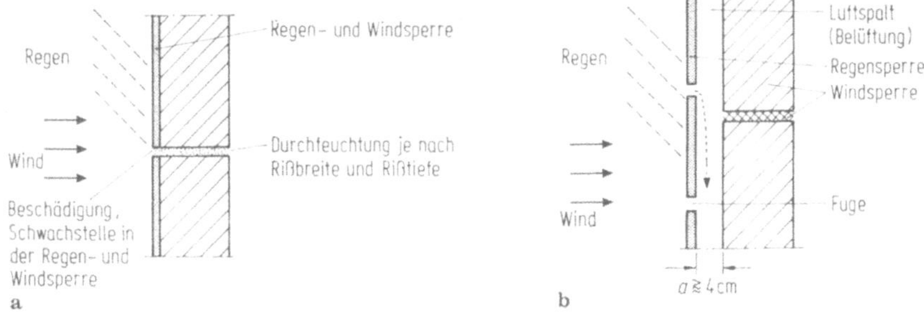

3-15. Methoden des Regenschutzes.
a) Einstufige Dichtung,
b) Zweistufige Dichtung.

3.4.2 Beanspruchungsgruppen

Die Beanspruchung von Gebäuden oder von einzelnen Gebäudeteilen durch Schlagregen wird durch die Beanspruchungsgruppe I, II oder III definiert. Bei der Wahl der Beanspruchunsgruppe sind die regionalen klimatischen Bedingungen (Regen, Wind), die örtliche Lage und die Gebäudeart (z. B. Höhe, Dachausbildung) zu berücksichtigen. Die Beanspruchungsgruppe ist daher im Einzelfall vom Architekten bzw. Bauphysiker unter Berücksichtigung von Bild 3-16 [26] festzulegen. Hierzu dienen folgende Hinweise:

Beanspruchungsgruppe I: Geringe Schlagregenbeanspruchung

Windarme Gebiete mit Jahresniederschlag unter 600 mm sowie besonders geschützte Lagen auch bei größeren Niederschlagsmengen.

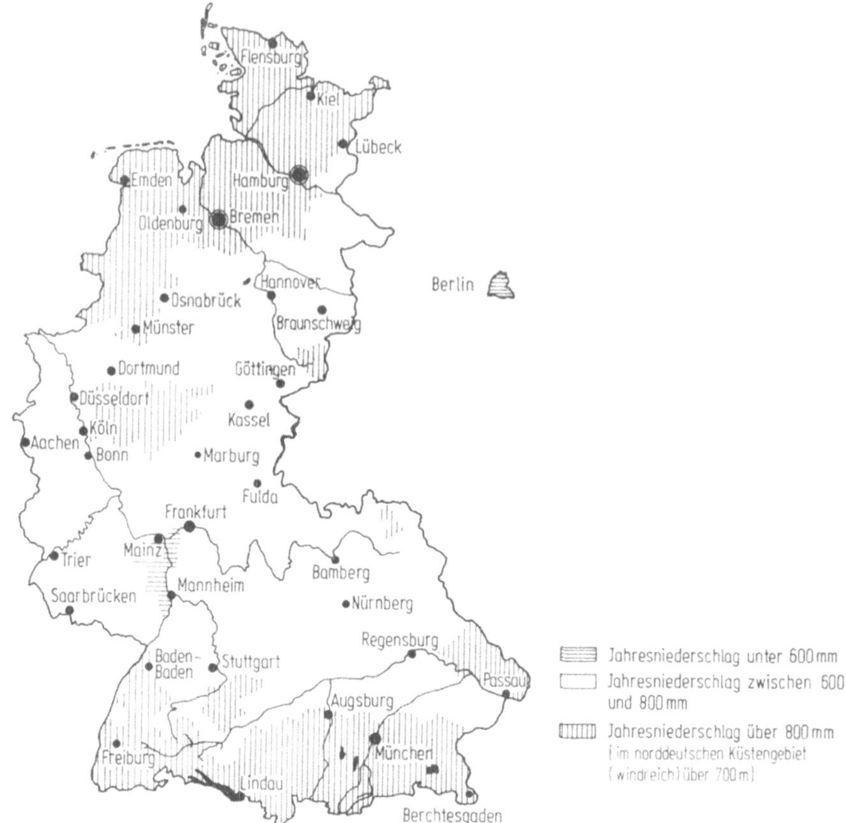

Bild 3-16. Regenkarte zur überschläglichen Ermittlung der durchschnittlichen
Jahresniederschlagsmengen.

Beanspruchungsgruppe II: Mittlere Schlagregenbeanspruchung

Im allgemeinen Gebiete mit Jahresniederschlagsmengen unter 800 mm sowie geschützte
Lagen in Gebieten mit größeren Niederschlagsmengen. Hochhäuser und Häuser in exponierter Lage in Gebieten, die aufgrund der regionalen Regen- und Windverhältnisse einer
geringen Schlagregenbeanspruchung zuzuordnen wären.

Beanspruchungsgruppe III: Starke Schlagregenbeanspruchung

Windreiche Gebiete mit Jahresniederschlagsmengen über 800 mm sowie windreiche
Gebiete auch mit geringeren Niederschlagsmengen (z. B. Küstengebiete, Mittel- und Hoch-
gebirgslagen, Alpenvorland), Hochhäuser und Häuser in exponierter Lage in Gebieten,
die aufgrund der regionalen Regen- und Windverhältnisse einer mittleren Schlagregenbeanspruchung zuzuordnen wären.

3.4.3 Hinweise zur Erfüllung des Regenschutzes

3.4.3.1 Außenwände

Bei Außenwänden braucht nicht in jedem Fall — wie bei Dächern — jegliche Feuchteaufnahme unterbunden zu werden. Eine gewisse Wasseraufnahme kann während der Beregnung nämlich dann zugelassen werden, wenn das Wasser in der darauffolgenden Trockenperiode wieder abgegeben wird und zwischenzeitlich keine nachteiligen Auswirkungen zeitigt.

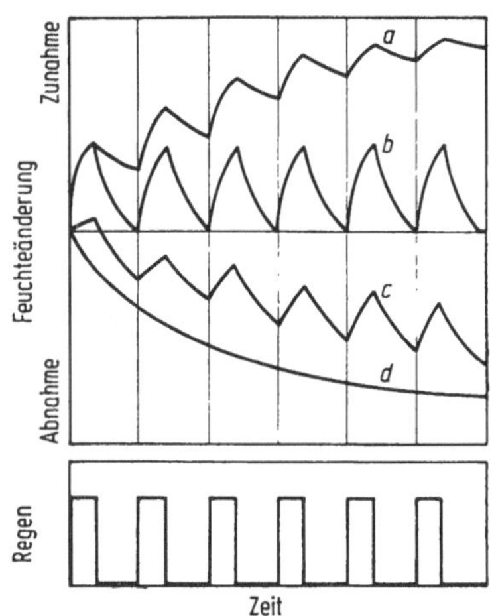

Bild 3-17. Schematische Darstellung der Wasseraufnahme und Wasserabgabe von Außenwänden bei Beregnung.

Fall a
Die Aufnahme in der Regenperiode ist größer als die Abgabe in der Trockenperiode. Die Wand wird im Laufe der Zeit immer feuchter.
Fall b
Wasseraufnahme und Wasserabgabe halten sich die Waage.
Fall c
Die Wasserabgabe überwiegt. Die Wand trocknet im Laufe der Zeit aus.
Fall d
Die Wand nimmt keine Feuchte auf; sie trocknet schneller als im Fall c aus.

Wie die Wasseraufnahme und Wasserabgabe zusammenwirken müssen, veranschaulicht die schematische Darstellung in Bild 3-17. Die Fälle a und b dürfen in der Praxis nicht vorkommen. Fall c führt zu einer — wenn auch verlangsamten — Austrocknung. Fall d wäre optimal. Wie gut man unter praktischen Bedingungen, z. B. mit einem wasserabweisenden Außenputz, tatsächlich den Fall d erreichen kann, zeigt Bild 3-18. Ein üblicher (nicht wasserabweisender) Putz würde hingegen Verhältnisse erbringen, die dem Fall b ziemlich nahe kämen.

Beispiele für die Anwendung genormter Wandbauarten in Abhängigkeit von der Schlagregenbeanspruchung gibt Tabelle 3-7. Bei Außenputzen, Beschichtungen und An—

Tabelle 3-7. Beispiele für die Zuordnung von genormten Wandbauarten und Beanspruchungs-gruppen [26]

Spalte	1	2	3
Zeile	Beanspruchungsgruppe I geringe Schlagregen-beanspruchung	Beanspruchungsgruppe II mittlere Schlagregen-beanspruchung	Beanspruchungsgruppe III starke Schlagregen-beanspruchung
1	Mit Außenputz ohne besondere Anforderung an den Schlagregenschutz nach DIN 18550 Teil 1 (z. Z. noch Entwurf) verputzte — Außenwände aus Mauerwerk, Wandbau-platten, Beton o. ä. — Holzwolle-Leichtbau-platten, ausgeführt nach DIN 1102 (mit Fugenbewehrung) — Mehrschicht-Leicht-bauplatten, ausgeführt nach DIN 1104 Teil 2 (mit ganzflächiger Be-wehrung)	Mit wasserhemmendem Außenputz nach DIN 18550 Teil 1 (z. Z. noch Entwurf) oder einem Kunstharzputz*) ver-putzte — Außenwände aus Mauerwerk, Wandbauplatten, Beton o. ä. — Holzwolle-Leichtbauplatten, ausgeführt nach DIN 1102 (mit Fugenbewehrung) oder Mehrschicht-Leichtbauplatten mit zu verputzenden Holzwolleschichten der Dicken $\geqq$ 15 mm, ausgeführt nach DIN 1104 Teil 2 (mit ganzflächiger Bewehrung) — Mehrschicht-Leichtbauplatten mit zu verputzenden Holzwolleschichten der Dicken $<$ 15 mm, ausgeführt nach DIN 1104 Teil 2 (mit ganzflächiger Bewehrung) unter Verwendung von Werkmörtel nach DIN 18557 (z. Z. noch Entwurf)	Mit wasserabweisendem Außenputz nach DIN 18550 Teil 1 (z. Z. noch Entwurf) oder einem Kunstharzputz*) ver-putzte
2	Einschaliges Sichtmauer-werk nach DIN 1053 Teil 1, 31 cm dick[1])	Einschaliges Sichtmauer-werk nach DIN 1053 Teil 1, 37,5 cm dick[1])	Zweischaliges Verblend-mauerwerk mit Luft-schicht nach DIN 1053 Teil 1[2]); zweischaliges Verblend-mauerwerk ohne Luft-schicht nach DIN 1053 Teil 1 mit Vormauer-steinen
3		Außenwände mit angemör-telten Bekleidungen nach DIN 18515	Außenwände mit ange-mauerten Bekleidungen mit Unterputz nach DIN 18515 und mit wasser-abweisendem Fugen-mörtel[3]); Außenwände mit ange-mörtelten Bekleidungen mit Unterputz nach DIN 18515 und mit wasser-abweisendem Fugen-mörtel[3])

Tabelle 3.7 (Fortsetzung)

Spalte	1	2	3
Zeile	Beanspruchungsgruppe I geringe Schlagregen-beanspruchung	Beanspruchungsgruppe II mittlere Schlagregen-beanspruchung	Beanspruchunsgruppe III starke Schlagregen-beanspruchung
4			Außenwände mit gefüge-dichter Betonaußenschicht nach DIN 1045 und DIN 4219 Teil 1 und Teil 2
5			Wände mit hinterlüfteten Außenwandbekleidungen nach DIN 18515 und mit Bekleidungen nach DIN 18516 Teil 1 und Teil 2[4])
6		Außenwände in Holzbau-art unter Beachtung von DIN 68800 Teil 2 mit 11,5 cm dicker Mauer-werks-Vorsatzschale[5])	Außenwände in Holzbau-art unter Beachtung von DIN 68800 Teil 2 a) mit vorgesetzter Be-kleidung nach DIN 18516 Teil 1 und Teil 2[4]) oder b) mit 11,5 cm dicker Mauerwerks-Vorsatz-schale mit Luft-schicht[5]) [6])

*) Eine Norm ist in Vorbereitung.

[1]) Übernimmt eine zusätzlich vorhandene Wärmedämmschicht den erforderlichen Wärmeschutz allein, so kann das Mauerwerk in die nächsthöhere Beanspruchungsgruppe eingeordnet werden.

[2]) Die Luftschicht muß nach DIN 1053 Teil 1 ausgebildet werden. Eine Verfüllung des Zwischen-raumes als Kerndämmung darf nur nach hierfür vorgesehenen Normen durchgeführt werden oder bedarf eines besonderen Nachweises der Brauchbarkeit, z. B. durch allgemeine bauaufsicht-liche Zulassung.

[3]) Wasserabweisende Fugenmörtel müssen einen Wasseraufnahmekoeffizienten $w \leq 0,5$ kg/$(m^2 \cdot h^{1/2})$ aufweisen, ermittelt nach DIN 52617 (z. Z. noch Entwurf).

[4]) Zur Zeit noch Entwürfe, es gelten z. Z. die ,,Richtlinien für Fassadenbekleidungen mit und ohne Unterkonstruktion".

[5]) Durch konstruktive Maßnahmen (z. B. Abdichtung des Wandfußpunktes, Ablauföffnungen in der Vorsatzschale) ist dafür zu sorgen, daß die hinter der Vorsatzschale auftretende Feuchte von den Holzteilen ferngehalten und abgeleitet wird (über Ausführungsbeispiele ist ein Beiblatt zu DIN 68800 Teil 2 in Vorbereitung).

[6]) Die Luftschicht muß mindestens 4 cm dick sein. Die Vorsatzschale ist unten und oben mit Lüftungsöffnungen zu versehen, die jeweils eine Fläche von mindestens 150 cm² auf etwa 20 m² Wandfläche haben. Bezüglich ausreichender Belüftung für den Tauwasserschutz siehe DIN 68800 Teil 2.

Für den Nachweis des Wärmeschutzes und der Tauwasserbildung an der raumseitigen Ober-fläche dürfen jedoch die Luftschicht und die Vorsatzschale nicht in Ansatz gebracht werden.

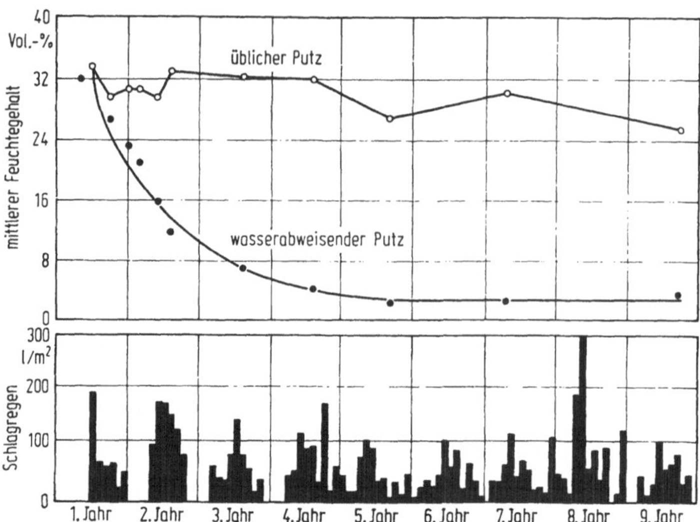

Bild 3-18. Trocknungsverlauf einer nach Westen orientierten Leichtbetonwand mit üblichem und mit wasserabweisendem Putz über einen neunjährigen Zeitraum, nach [15]. Im unteren Diagramm sind die Monatsmittel der aufgetroffenen Schlagregenmenge wiedergegeben.

strichen wird der Regenschutz auf Grund des Wasseraufnahmekoeffizienten w und der diffusionsäquivalenten Luftschichtdicke s_d der Schicht bewertet. Man unterscheidet:

Wasserhemmende Schichten

Schichten gelten bezüglich des Regenschutzes als wasserhemmend, wenn folgende Forderung erfüllt ist:

$$w \leqq 2\ \mathrm{kg/(m^2 \cdot h^{0,5})}$$

Wasserabweisende Schichten

Schichten gelten bezüglich des Regenschutzes als wasserabweisend, wenn folgende Forderungen erfüllt sind:

$$w \cdot s_d \leqq 0,1\ \mathrm{kg/(m \cdot h^{0,5})}$$

$$w \leqq 0,5\ \mathrm{kg/(m^2 \cdot h^{0,5})}$$

$$s_d \leqq 2\ \mathrm{m}$$

Wasserdichte Schichten

Schichten gelten bezüglich des Regenschutzes als wasserdicht, wenn der Wasseraufnahmekoeffizient $w \leqq 0,001\ \mathrm{kg/(m^2 \cdot h^{0,5})}$ ist.

3.4.3.2 Fugen

Der Witterungsschutz der Außenwände muß auch im Bereich der Fugen gewährleistet sein. Die Beanspruchungsmöglichkeiten von Fugenabdichtungen sind vielfältig; eine Übersicht ist in Bild 3-19 dargestellt.

Bild 3-19. Beanspruchung von Fugen.

Beispiele für die Zuordnung vor Fugenabdichtungen hinsichtlich der Schlagregenbeanspruchungsgruppen sind in Tabelle 3-8 dargestellt. Neben den in Tabelle 3-8 aufgeführten Arten der Fugenabdichtungen werden unabhängig von der Bauart der Wände und von den verwendeten Baumaterialien folgende weitere Methoden der Fugenabdichtung im Bereich der Außenwände oberhalb des Erdreiches angewendet:

— Fugenabdichtung mit adhärierenden Dichtstoffen (DIN 18540)
— Fugenabdichtung mit Elastomer-Profilen (vorwiegend im Fensterbau)
— Belüftete Fugen
— Offene Fugen.

Fugenabdichtungen mit adhärierenden Dichtstoffen (Bild 3-20)

Zwischen die die Fuge begrenzenden Bauteile wird eine adhärierende Dichtungsmasse eingebracht. Bei der Verarbeitung der Dichtungsmassen ist darauf zu achten, daß die Bauteile ausreichend fest (sonst Bruch im Bauteil) sowie trocken und parallel zueinander sind; weiterhin darf die Oberflächentemperatur der Bauteile beim Verfugen nicht höher als $\vartheta = 40\,°C$ sein, da sonst die Dichtungsmasse u. U. aus der Fuge herausfließt. Bei Temperaturen $\vartheta < 5\,°C$ lassen sich die meisten Dichtungsmassen nicht mehr verarbeiten (sie „versteifen", vgl. DIN 18540).

Die Eignung der Dichtungsmassen ist nach DIN 18540 Teil 2 (Ausgabe Januar 1980) nachzuweisen (Eigen- und Fremdüberwachung). Hinsichtlich der Verarbeitung der Dichtungsmassen und der konstruktiven Ausbildung von Außenwandfugen s. DIN 18540 Teil 1 und 3. Die Bemessung der erforderlichen Fugenbreite geschieht unter der Berücksichtigung, daß die Dichtungsmassen aufgrund der Bewegungen der angrenzenden Bauteile nicht überdehnt werden (zul $\varepsilon \leqq 25\%$). Nach DIN 18540 Teil 3 sind die in Tabelle 3-9 angegebenen Mindestfugenbreiten am fertigen Bauwerk einzuhalten. Für die Planung sind die in Tabelle 3-10 angegebenen Mindestfugenbreiten zu berücksichtigen (Maßabweichungen sind erfaßt).

Sollen die erforderlichen Mindestfugenbreiten rechnerisch nachgewiesen werden (wenn die nach Tabelle 3-9 angegebenen Werte auf der Baustelle z. B. unterschritten worden

Tabelle 3-8. Beispiele für die Zuordnung von Fugenabdichtungsarten und Beanspruchungsgruppen

Spalte	1	2	3	4
Zeile	Fugenart	Beanspruchungs-gruppe I geringe Schlagregen-beanspruchung	Beanspruchungs-gruppe II mittlere Schlagregen-beanspruchung	Beanspruchungs-gruppe III starke Schlagregen-beanspruchung
1	Vertikal-fugen			Konstruktive Fugen-ausbildung[1])
2				Fugen nach DIN 18540 Teil 1[1])
3	Horizontal-fugen	Offene, schwellen-förmige Fugen, Schwellenhöhe $h \geqq 60$ mm (siehe Skizze unten)	Offene, schwellen-förmige Fugen, Schwellenhöhe $h \geqq 80$ mm (siehe Skizze unten)	Offene, schwellen-förmige Fugen, Schwellenhöhe $h \geqq 100$ mm (siehe Skizze unten)
4				Fugen nach DIN 18540 Teil 1 mit zusätzlichen konstruk-tiven Maßnahmen, z. B. mit Schwelle $h \geqq 50$ mm

[1]) Fugen nach DIN 18540 Teil 1 dürfen nicht bei Bauten im Bergsenkungsgebiet verwendet werden. Bei Setzungsfugen ist die Verwendung nur dann zulässig, wenn die Verformungen bei der Bemessung der Fugenmaße berücksichtigt werden.

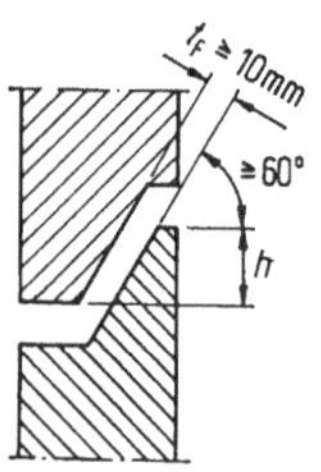

sind), so darf die Gesamtverformung der Dichtungsmasse (Summe aus Dehnung und Stauchung höchstens 25% betragen.

Eine Weiterentwicklung der *Fugenabdichtung* mit Dichtungsmassen ist die *mit Fugenbändern* (Bild 3-21). Die Fugen zwischen den Wänden aus den unterschiedlichsten Baumaterialien werden durch das Überkleben mit Fugenbändern aus Polysulfid, Silikon o. ä. abgedichtet. Hierzu werden auf die Fugenränder Dichtungsmassen aus dem gleichen Material, aus dem die Fugenbänder bestehen, aufgespritzt; anschließend werden in die Dichtungsmassen die Fugenbänder — meist leicht schlaufenförmig — eingedrückt. Einer der Gründe, weswegen diese Art der Abdichtung weniger schadensanfällig ist, ist, daß

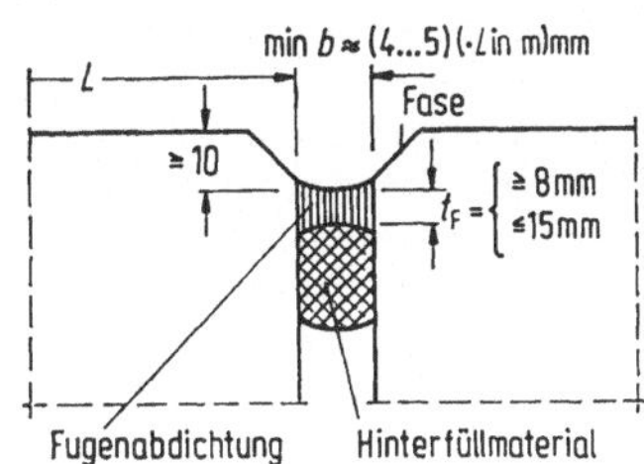

Bild 3-20. Fugenabdichtung mit einer adhärierenden Dichtungsmasse.

Tabelle 3-9. Mindestfugenbreiten bei fertigen Bauten nach DIN 18 540 Teil 3

Vorhandener Fugenabstand	Erforderliche Mindest-fugenbreite	Dicke der Fugendichtungsmasse in mm	
in m	b in mm	t_F[1]	Zul. Abw.
bis 2	10	8	±2
bis 3,5	15	10	±2
bis 5	20	12	±2
bis 6,5	25	15	±3
bis 8	30	15	±3

[1] Die angegebenen Werte gelten für den Endzustand, dabei ist auch der Volumenschwund der Fugendichtungsmasse zu berücksichtigen.

Tabelle 3-10. Richtwerte bei der Planung für die Mindestfugenbreiten nach DIN 18 540 Teil 1

Fugenabstand m	Fugenbreite b ±5
bis 2	15
über 2 bis 3,5	20
über 3,5 bis 5	25
über 5 bis 6,5	30
über 6,5 bis 8	35

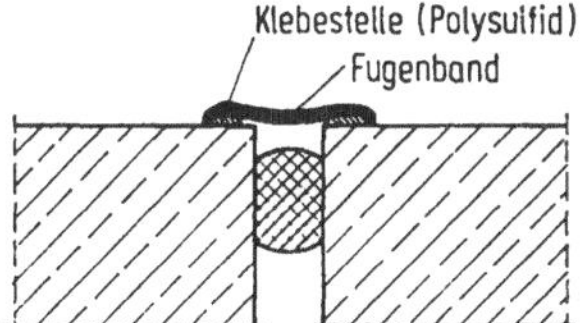

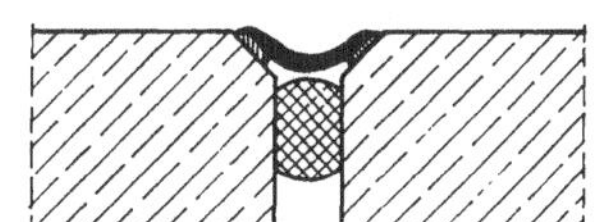

Bild 3-21. Fugenabdichtung mit einem Fugenband.

bei den auftretenden Fugenbewegungen aufgrund der schlaufenförmigen Verlegung der Bänder weder das Fugenband noch die Verklebung des Fugenbandes sonderlich auf Zug bzw. Abscheren beansprucht werden.

Im Bereich von Setzungsfugen oder z. B. im Bereich von Horizontalfugen, wo unterschiedliche Materialein aneinandergrenzen, werden die Bandabdichtungen auf Schub beansprucht. Die Ermittlung der zulässigen Schubverformungen kann aufgrund von Laborversuchen an Fugenbändern aus Polysulfid entsprechend Bild 3-22 wie folgt ermittelt werden:

$$\gamma = \frac{\Delta l}{b} \leqq \text{zul } \gamma$$

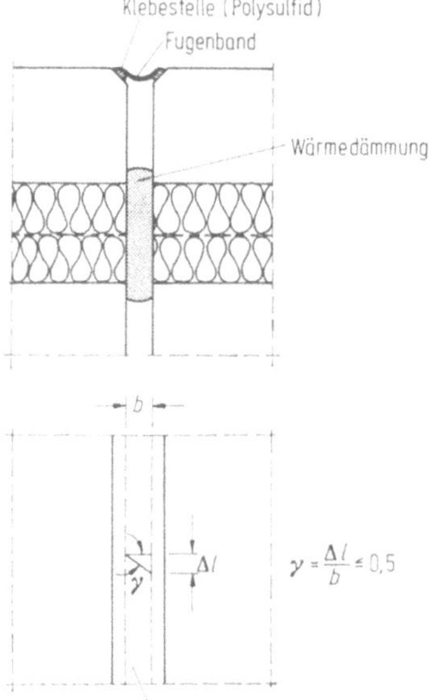

Bild 3-22. Zulässige Schubverzerrung eines Polysulfid-Fugenbandes.

Es bedeuten:

γ Schubverzerrung
Δl maximale Relativbewegung zwischen den Bauteilen [mm]
b minimale Fugenbreite zwischen den abzudichtenden Bauteilen
zul γ zulässige Schubverzerrung der Fugenbänder (zul $\gamma = 0,5$ für Polysulfid-Fugenbänder).

Belüftete Fugen (Bild 3-23)

Die abdichtende Wirkung der vertikalen Fuge beruht auf dem Prinzip des Druckausgleiches: Die Regensperre verhindert den direkten Einfall des Schlagregens in das Rauminnere. Eine Druckdifferenz zwischen dem Raum hinter bzw. in der Ebene (Bild 3-24) der Regensperre (Druckausgleichsraum) und der Außenluft wird durch eine Verbindung im Bereich der Horizontalfuge verhindert. Ohne Druckdifferenz kann der Regen nicht um die Regensperre zum Rauminneren getrieben werden. Einzelne Regentropfen, die die

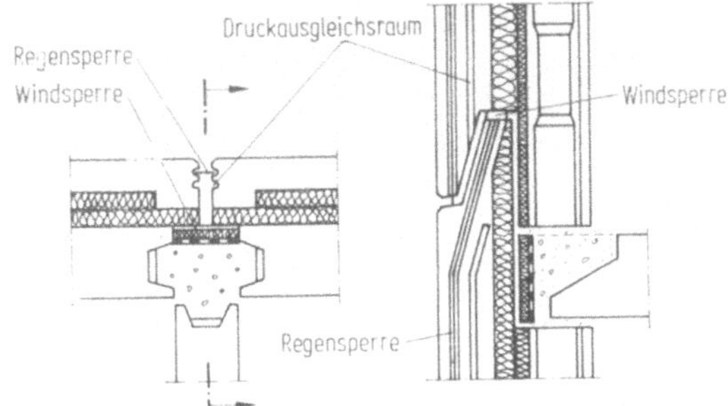

Bild 3-23. Belüftete Fuge, bei der die für die Funktionstüchtigkeit der Fuge notwendige Profilierung direkt in dem Beton vorgenommen ist.

Regensperre z. B. infolge ihrer kinetischen Energie umlaufen, werden im Druckausgleichsraum senkrecht nach unten abgelenkt. Im Bereich der meist überlappt ausgebildeten Horizontalfuge können die Regentropfen ungehindert nach außen abfließen. Hinsichtlich der erforderlichen Schwellenhöhe s. Tabelle 3-8, Spalte 4 (DIN 4108). Bild 3-23 zeigt eine belüftete Fuge in einer vorgefertigten Außenwand aus Beton, bei der die für die Funktion der Fuge notwendigen Profilierungen direkt in den Beton vorgenommen wurden.

In Bild 3-24 ist ebenfalls für eine Betonsandwich-Wand eine belüftete Fugenkonstruktion dargestellt, bei der die Formgebung der Wandseitenränder jedoch durch einbetonierte Kunststoffprofile erreicht wird. Die Kunststoffprofile werden bei der Herstellung der Wandtafeln im Betonwerk einbetoniert. Lediglich die Schlagregensperre in der Vertikalfuge und das Schwellenprofil in der Horizontalfuge werden auf der Baustelle eingebracht

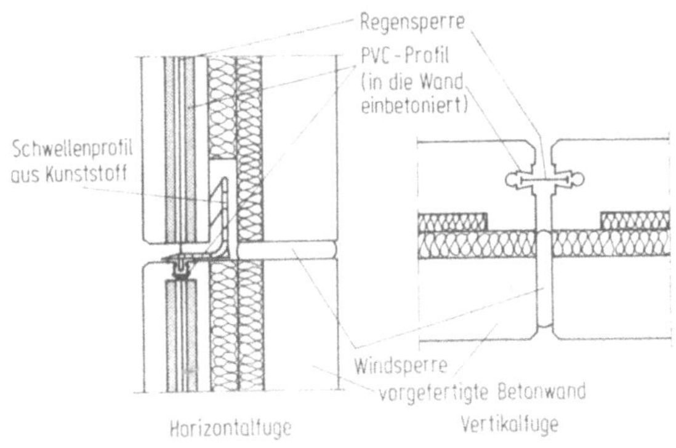

Bild 3-24. Belüftete Fuge mit einbetoniertem Fugenprofil (System Eurofit).

Das Prinzip der belüfteten Fuge wird auch bei Fensterkonstruktionen verwendet (Bild 3-25).

Offene Fugen

Offene Fugen (Bild 3-26) werden insbesondere im Bereich hinterlüfteter Wandbekleidungen vorgesehen. Diese Art der Fugenausbildung ist nur dann zugelassen, wenn

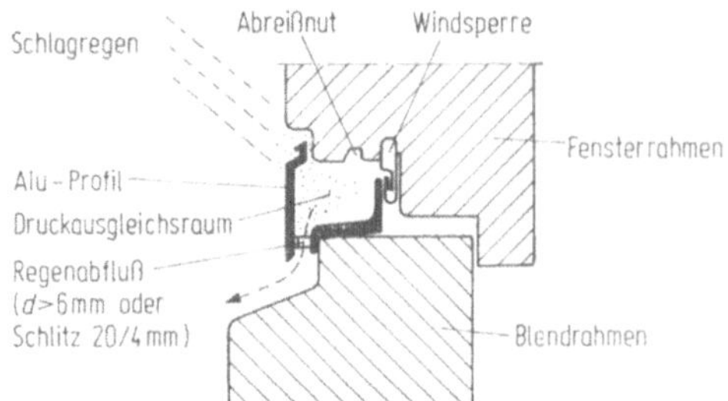

Bild 3-25. Belüftete Horizontalfuge zwischen Fensterrahmen und Blendrahmen.

das hinter die Außenwandbekleidung eindringende Wasser keine schädigenden Einflüsse auf die Außenwandbekleidung, die sie stützende Unterkonstruktion, die Wärmedämmung oder benachbarte Bauteile ausübt.

Es ist zu beachten, daß nur hydrophobierte Mineralfaserdämmstoffe verwendet werden, da bei diesem — wie zahlreiche Versuche und Praxisbeobachtungen es gezeigt haben, nur die äußeren 2 bis 5 mm an der Oberfläche durchfeuchtet werden. Weiterhin ist zu beachten, daß das eindringende Regenwasser sich bei Vorhandensein von zementgebundenen Vorsatzschalen mit freiem Kalk anreichert; beim Abfließen aus dem Belüftungsspalt und Auftreffen auf Aluminiumfensterrahmen oder Glasscheiben kann das kalkhaltige Wasser zur Korrosionsschäden führen. Es ist deswegen im Einzelfall sorgfältig zu prüfen, ob hinter die Vorsatzschale eindringendes Wasser zu Schäden führen kann. Insbesondere bei zementgebundenen Vorsatzschalen ist es zweckmäßig, die Fugen entweder mit einer Regensperre abzudichten oder bei kleinformatigen (schieferartigen) Außenwandbekleidungen diese mit Überdeckung im Stoßbereich auszuführen.

Bei offenen Fugen soll die Fugenbreite im Hinblick auf den Witterungsschutz nicht größer als 10 mm sein; der Abstand der Außenwandbekleidung zur Wärmedämmung sollte 40 mm betragen. Der Einfluß der Dicke der Außenwandbekleidung ($d = 4$ bis 50 mm) auf die Menge des in den Belüftungsspalt eindringenden Niederschlages ist von zu vernachlässigender Größenordnung.

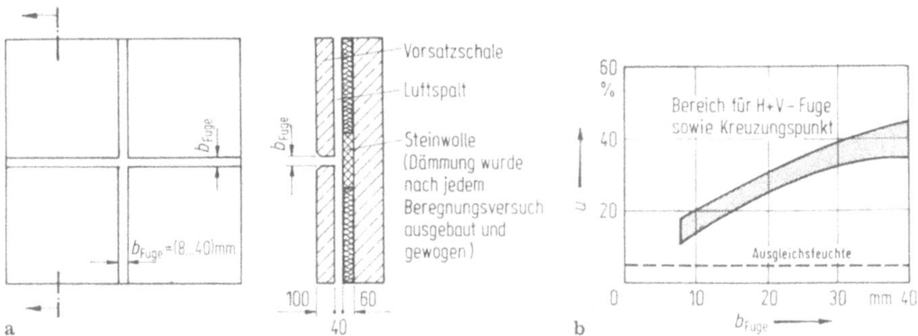

Bild 3-26. Feuchtigkeitszunahme der Wärmedämmung einer belüfteten Außenwand mit offenen Fugen.

a) Prüfkörper; b) Feuchtezunahme.
Versuchsbedingungen: Windgeschwindigkeit 15 m/s, Wassermenge 200 l/h, Versuchsdauer 60 min.

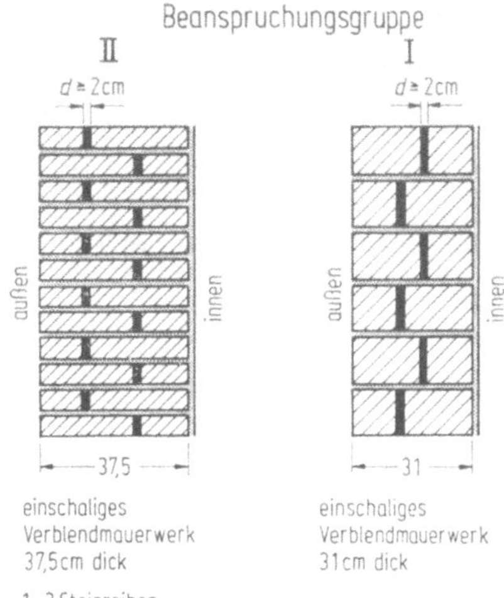

Bild 3-27. Einschaliges Verblendmauerwerk.

Fugen im Verblendmauerwerk

Bei einem Verblendmauerwerk stellen die Fugen die Schwachstellen bezüglich des Witterungsschutzes dar. Während sich ein Verblendmauerwerk mit Luftschicht nach DIN 1053 Teil 1 bewährt hat, treten beim einschaligen Verblendmauerwerk (Bild 3-27) und beim zweischaligen Verblendmauerwerk ohne Luftschicht (Bild 3-28) des öfteren Probleme auf, weil die handwerkliche Ausführung der 2 cm dicken vertikalen Mörtelschale zwischen den Steinen schwierig ist. — Eine Vielzahl von Durchfeuchtungsschäden sollte Anlaß sein, die zwar nach DIN 1053 und DIN 4108 Teil 3 zugelassenen Mauer-

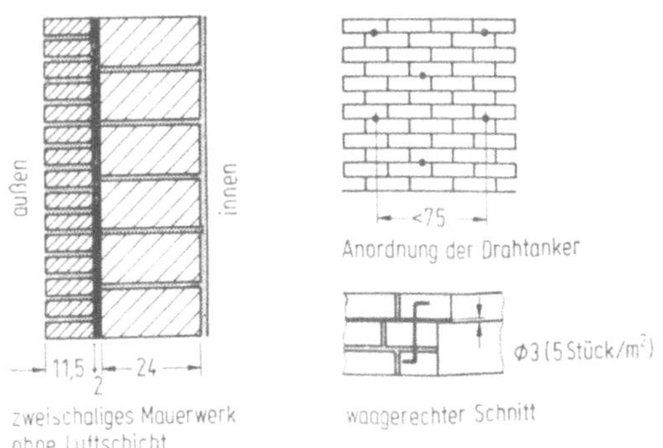

Bild 3-28. Zweischaliges Verblendmauerwerk ohne Luftschicht.

werkskonstruktionen entsprechend den Bildern 3-27 und 3-28 zu überdenken und sie im Hinblick auf die ausführungstechnisch bedingten Schwierigkeiten nicht auszuführen; statt dessen sind Mauerwerkswände mit Luftschichten zu bevorzugen.

Fugen in anderen Klimaten

In Klimagebieten mit täglich auftretenden starken Temperaturschwankungen (z. B. Naher Osten) gewinnt das Problem der Fugenabdichtung an Bedeutung und Problematik:

1. Die adhärierenden Dichtungsmassen lassen sich schwieriger als in unseren Breiten zwischen den aufgewärmten Wandrändern einbringen: Es besteht die Gefahr des Ausfließens der Dichtungsmassen. Die auftretenden schroffen Temperaturwechsel im Tag-Nachtwechsel beanspruchen die Dichtungsmassen — speziell im noch nicht erhärteten Zustand — in besonders hohem Maße.

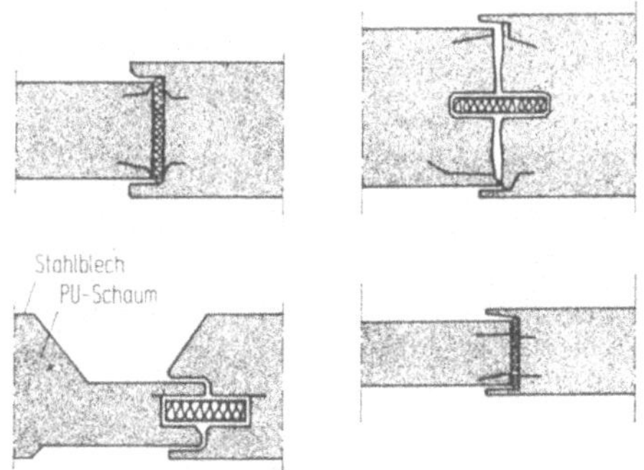

Bild 3-29. Dichte Metallfassade gegenüber Sandstürmen.

2. Bei belüfteten Fugenkonstruktionen ist neben der Regendichtigkeit die Dichtigkeit bei Sandstürmen von Interesse. Untersucht wurden u. a. Fugenkonstruktionen entsprechend Bild 3-24 und 3-29. Die Fugenkonstruktionen waren bis zu einem maximalen Staudruck von 10 N/mm² dicht gegenüber der labormäßigen „Sandsturmbeanspruchung". Undichtigkeiten traten nur auf, wenn die Windsperre nicht ordnungsgemäß eingebracht wurde oder völlig fehlte. — Bei mehreren ausgeführten Bauten und Siedlungen im arabischen Raum wurde die Funktionstüchtigkeit und die Zweckmäßigkeit der untersuchten belüfteten Fugenkonstruktionen unter Beweis gestellt.

Literatur zu 3. Feuchteschutz

1 *Kießl, K.; Gertis, K.:* Feuchtetransport in Baustoffen: Eine Literaturauswertung zur rechnerischen Erfassung hygrischer Transportphänomene Schriftenreihe des DAfStB, H. 258. Verlag Ernst & Sohn, Berlin (1976).

2 *Gertis, K.; Werner, H.:* Die Problematik der Porenanalyse von Baustoffen: Kritische Ansätze zur hygrischen Interpretation des Porengefüges. (Schriftenreihe des DAfStB, 258). Berlin: Ernst & Sohn 1976

3 *Klopfer, H.:* Wassertransport durch Diffusion in Feststoffen. Wiesbaden: Bauverlag 1974

4 *Wolfseher, U.; Gertis, K.:* Isothermer Gastransport in porösen Stoffen aus gaskinetischer Sicht. (Schriftenreihe des DAfStB, 258). Berlin: Ernst & Sohn 1976

5 *Kießl, K.; Gertis, K.:* Isothermer Feuchtetransport in porösen Baustoffen: Eine makroskopische Betrachtung der instatio-

nären Transportvorgänge. (Schriftenreihe des DAfStB, 258). Berlin: Ernst & Sohn 1976

6 *Kießl, K.; Gertis, K.:* Nichtisothermer Feuchtetransport in dickwandigen Betonteilen von Reaktordruckbehältern. (Schriftenreihe des DAfStB, 280). S. 3—19. (1977)

7 Verein Deutscher Zementwerke: Zement-Taschenbuch. Wiesbaden: Bauverlag 1976

8 *Knoblauch, H.:* Bauchemie. Düsseldorf: Werner 1978

9 DIN 4108 Teil 4: Wärmeschutz im Hochbau; Wärme- und feuchteschutztechnische Kennwerte (12.1985)

10 *Loughborough:* Wood-liquid relations. U.S. Dept. Agric. Techn. Bull. (1931), Nr. 248, S. 8.

11 *Pidgeon, L. M.; Maass, O.:* The adsorption of water by wood. Americ. Soc. Mech. Eng. 59 (1937) 563—572.

12 *Johansson, C. H.; Person, G.:* Feuchtesorption von Baumaterialien (schwedisch). Byggmästar. 17 (1946).

13 *Krischer, O.; Wissmann, W.; Kast, W.:* Feuchtigkeitseinwirkungen auf Baustoffe aus der umgebenden Luft. Ges.-Ing. 79 (1958) 129—147

14 *Tveit, A.:* Measurements of moisture sorption and moisture permeability of porous materials. Rap. 45. NBI, Oslo (1965).

15 *Künzel, H.:* Gasbeton. Wärme- und Feuchtigkeitsverhalten. Wiesbaden: Bauverlag 1971

16 DIN 4710: Klimadaten. (Entwurf 1979).

17 Ohne Verfasser: Meßergebnisse der Außenstelle Holzkirchen des Instituts für Bauphysik. Bislang unveröffentlicht.

18 *Schwarz, B.:* Die kapillare Wasseraufnahme von Baustoffen. Ges.-Ing. 93 (1972) 206 bis 211

19 *Frank, W.:* Einwirkung von Regen und Wind auf Gebäudefassaden. (Berichte aus der Bauforschung, H. 86). Berlin: Ernst & Sohn 1973

20 *Schwarz, B.:* Die Schlagregenbeanspruchung von Gebäuden. (Berichte aus der Bauforschung, 86). Berlin: Ernst & Sohn 1973

21 *Schwarz, B.:* Witterungsbeanspruchung von Hochhausfassaden. HLH 24 (1973) 376—384.

22 *Gertis, K.:* Hygrische Eigenspannungen und Verformungen von Gasbeton-Außenbauteilen. Bautechnik 52 (1975) 329—337

23 DIN 4108 Teil 5: Wärmeschutz im Hochbau; Berechnungsverfahren. (August 1981)

24 *Werner, H.; Gertis, K.:* Energetische Kopplung von Feuchte- und Wärmeübertragung an Außenflächen. (Schriftenreihe des DAfStB, 258). Berlin: Ernst & Sohn 1976

25 *Gösele, K.; Schüle, W.:* Schall, Wärme, Feuchte. 4. Auflage. Wiesbaden: Bauverlag 1976

26 DIN 4108 Teil 3: Wärmeschutz im Hochbau; Klimabedingter Feuchteschutz; Anforderungen und Hinweise für Planung und Ausführung. (August 1981)

27 DIN 4108 Teil 2: Wärmeschutz im Hochbau; Wärmedämmung und Wärmespeicherung; Anforderungen und Hinweise für die Planung und Ausführung. (August 1981)

28 *Jenisch, R.:* Berechnung der Feuchtigkeitskondensation in Außenbauteilen und die Austrocknung abhängig vom Außenklima. Gesundheitsingenieur 92 (1971), H. 9 und 10

29 *Cziesielski, E.:* Außenwände — Witterungsschutz im Fugenbereich — Fassadenverschmutzung. Beitrag in Aachener Bausachverständigentage 1983 herausgegeben von E. Schild. Wiesbaden und Berlin: Bauverlag 1983.

4. Abdichtung von Bauwerken

Von *Erich Cziesielski*

4.1 Aufgabe von Abdichtungen

Abdichtungen haben die Aufgabe, Bauwerke vor den schädigenden Einflüssen der Bodenfeuchtigkeit zu schützen. Schädigende Einflüsse sind:

— Durchfeuchtung von Umschließungsflächen und dadurch bedingte Nutzungseinschränkung der Räume,

— Eindringen der Bodenfeuchte in das Bauwerk (Überfluten),
— verringerter Wärmeschutz durchfeuchteter Bauteile,
— verringerte Festigkeit mancher Baustoffe im feuchten Zustand,
— bei aggressivem Wasser Korrosion von Baustoffen.

Abdichtungsmaßnahmen erfordern in Planung und Ausführung besondere Sorgfalt, da Schäden — wenn überhaupt — nur schwer zu beheben sind: nach Fertigstellung eines Bauwerkes ist die Abdichtung in der Regel nicht mehr — oder nur unter erschwerten Umständen — zugänglich.

Bauwerksabdichtungen sind dadurch gekennzeichnet, daß sie in der Regel nicht gewartet noch nachgebessert werden können, so daß sie für die Lebensdauer des abzudichtenden Bauwerkes funktionsfähig sein müssen.

4.2 Abdichtungsmaterialien

4.2.1 Übersicht

Eine Übersicht der gebräuchlichsten Abdichtungsmaterialien ist in Tabelle 4-1 enthalten; die Darstellung der Abdichtungen in Plänen soll entsprechend Bild 4-1 erfolgen. Nur bei Kenntnis der Eigenschaften der einzelnen Abdichtungsmaterialien lassen sich Planungs- und Ausführungsregeln für die Konstruktion von Abdichtungen angeben.

Tabelle 4-1. Übersicht gebräuchlicher Abdichtungsmaterialien

bitum. Klebeabdichtungen	Kunststoffabdichtungen	Metallabdichtungen	mineralische Abdichtungen
—bit. Klebemassen und Deckenaufstrichmasse	—PIB	—Kupfer	—Beton
—nackte Bahnen	—PVC	—Aluminium	—Sperrputz
—Dachbahnen			—Dichtungsschlämme
—Dichtungsbahnen			—Bentonit
—Schweißbahnen			

(Abdichtung)

4.2.2 Bituminöse Abdichtungen

4.2.2.1 Bitumenherstellung

Bitumen fällt als Rückstand bei der fraktionierten Destillation des Erdöls an. Das Prinzip der Herstellung zeigt Bild 4-2 [2]. Das Erdöl wird erhitzt; die leicht siedenden Bestandteile werden abgespalten und kondensieren. Es werden je nach Art der Destillation unterschieden:

1. *Destillationsbitumen.* Gewinnung weichen bis mittelharten Bitumens bei der Destillation.

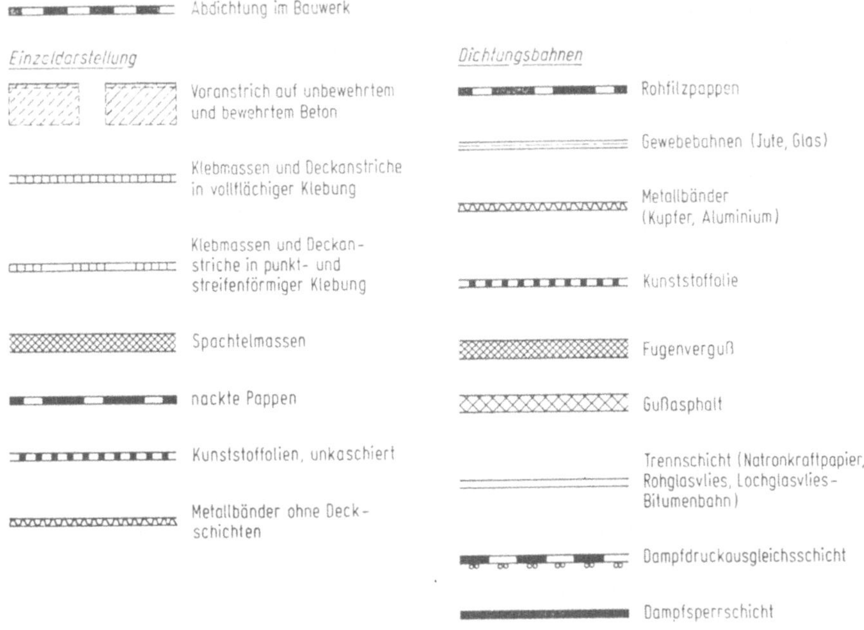

Bild 4-1. Allgemeine Darstellung von Abdichtungen.

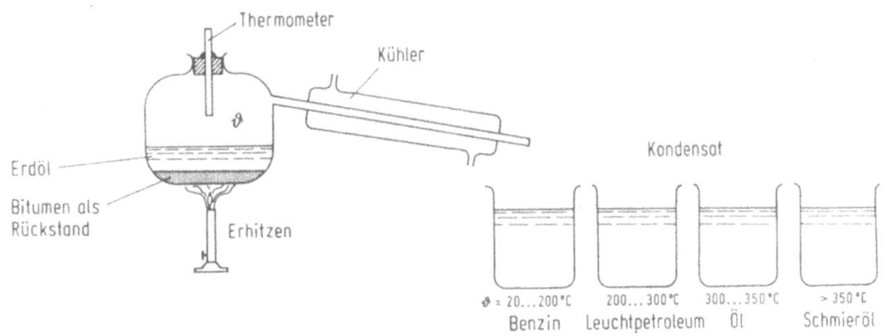

Bild 4-2. Prinzip der Herstellung von Bitumen bei der Destillation von Erdöl.

2. *Hochvakuumbitumen.* Gewinnung besonders harten Bitumens durch Destillation bei Unterdruck.
3. *Geblasenes Bitumen.* Durch Einblasen von Luft in das noch heiße Bitumen werden besonders plastische und elastische Eigenschaften erzielt.
4. *Verschnittbitumen.* Destillationsbitumen dessen Zähigkeit durch Verschnittmittel — z. B. Öle u. ä. — herabgesetzt wird (dünnflüssiges, kalt zu verarbeitendes Bitumen).

Die wichtigsten Eigenschaften des Bitumens sind:

a) Wasserunlöslich und weitgehend wasserdicht,
b) Große Wasserdampfdichtigkeit,
c) Weitgehend chemikalienbeständig,
d) Nicht lösungsmittelbeständig,
e) Gute Klebfähigkeit,
f) Thermoplastisch (unter Wärmeeinfluß verformbar).

4.2.2.2 Beurteilungskriterien und Kennwerte des Bitumens

Für die Berechnung und Ausführung bituminöser Abdichtungen werden Materialkennwerte benötigt. — Aus ausführungstechnischer Sicht werden zur Wahl eines geeigneten Bitumens in der Regel folgende Kennwerte angewendet:

a) Erweichungspunkt des Bitumens (EP nach RuK),
b) Eindringtiefe (Penetration),
c) Penetrationsindex PI des Bitumens,
d) Brechpunkt.

Erweichungspunkt nach der Ring-und-Kugel-Methode

Der Erweichungspunkt nach der Ring-und-Kugel-Methode (EP nach RuK) gibt Aus-
kunft über das Verhalten des Bitumens bei Temperaturbeanspruchung (Standfestigkeit
des Bitumens). Bei der Bestimmung des EP nach dem RuK-Verfahren entsprechend
DIN 52011 (Bild 4-3) wird die Temperatur gemessen, bei der eine Kugel (*1*), die auf
einem mit Bitumen (*3*) gefüllten Ring (*2*) aufgelegt wird, die Grundplatte (*4*) berührt.

Der Erweichungspunkt dient z. B. zur Beurteilung, welches Bitumen bei geneigten
Dächern (Sheds o. ä.) verwendet werden soll (vgl. „Bezeichnung des Bitumens").

Penetration (DIN 52010)

Zur Beurteilung der mechanischen Belastbarkeit und Härte (Verletzbarkeit) einer
Abdichtung dient die Penetrationszahl. Hierzu wird die Eindringtiefe (Penetration) einer
mit 1 N belasteten Nadel bei $\vartheta = +25\,°C$ in $t = 5\,s$ bestimmt (Bild 4-4). Der Penetrationszahl entspricht die Eindringtiefe in 1/10 mm.

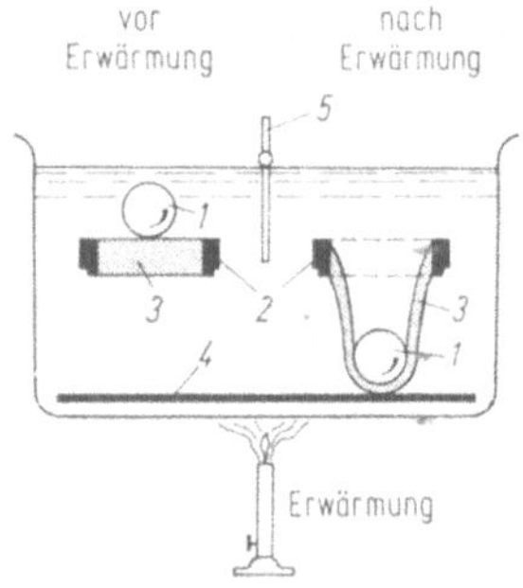

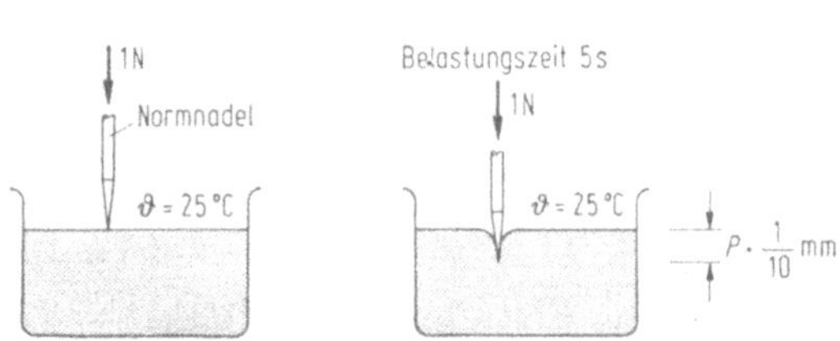

Bild 4-3. Bestimmung des Erweichungspunktes nach der Ring-
und-Kugel-Methode. (*1* Kugel,
2 Ring, *3* Bitumen, *4* Grundplatte, *5* Thermometer).

Bild 4-4. Bestimmung der Penetrationszahl.

Penetrationsindex PI

Der Penetrationsindex PI ist ein Maß für die Viskosität und Temperaturstabilität des Bitumens. Trägt man den Logarithmus der Penetration P in Abhängigkeit von der Temperatur T auf, so erhöht man eine Gerade:

$$\lg P = A \cdot T + K$$

Die Neigung A der Geraden ist ein Maß für die Temperaturempfindlichkeit des Bitumens und hängt definitionsgemäß mit dem Penetrationsindex PI wie folgt zusammen:

$$\text{PI} = \frac{20 - 500A}{1 + 50A}$$

Die unnötig komplizierte Beziehung für PI beruht darauf, daß für ein bestimmtes gebräuchliches mexikanisches Bitumen PI = 0 sein sollte. — Der Penetrationsindex PI unterschiedlicher Bitumensorten ist in Versuchsreihen ermittelt worden (s. Tabelle 4-2).

Tabelle 4-2. Mittlere Kennwerte verschiedener Bitumenarten

Bitumen	Penetration bei 25 °C $\left[\frac{1}{10}\,\text{mm}\right]$	Erweichungspunkt nach R + K [°C]	Penetrationsindex
B 45	43	57	+0,1
B 25	25	63	+0,1
B 15	15	70	+0,3
85/25	25	85	+3,3
85/40	40	85	+4,4
100/25	28	103	+5,5
100/40	43	103	+6,6
105/15	15	105	+4,5
115/15	15	115	+5,3

Bezeichnung des Bitumens

Die Kennzeichnung (Bezeichnung) des Bitumens erfolgt durch Angabe der Penetration und gegebenenfalls durch die Angabe des Erweichungspunktes.

Destillationsbitumen wird durch Voranstellen des Buchstabens B und der Penetrationszahl gekennzeichnet (z. B. B 15, B 25, ..., B 200).

Geblasenes Bitumen wird durch zwei Zahlen gekennzeichnet: Die erste Zahl entspricht dem EP nach RuK, die zweite Zahl entspricht der Penetrationszahl. Eine Bezeichnung durch den Buchstaben „B" entfällt (z. B. Bitumen 115/15).

Eine Zusammenstellung der hauptsächlich in der Bundesrepublik Deutschland gebräuchlichen Bitumensorten enthält Tabelle 4-2 [1].

4.2.2.3 Viskoelastisches Verhalten von Bitumen

Bitumen ist im physikalischen Sinne kein fester Körper: es schmilzt z. B. nicht, sondern es erweicht. Bitumen verhält sich wie eine unterkühlte Flüssigkeit, die allerdings nicht dem idealen Newtonschen Fließgesetz

$$\tau = \eta \cdot v/h \tag{4-1}$$

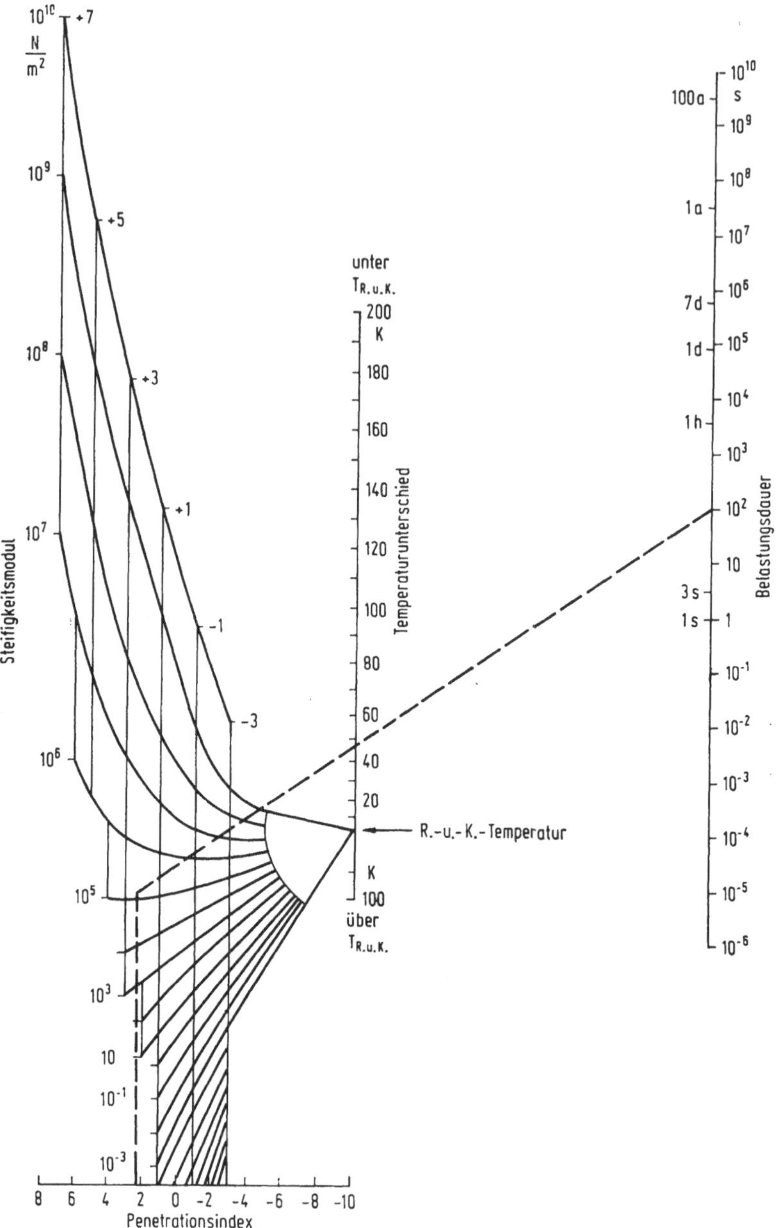

Bild 4-5. Nomogramm zur Bestimmung des Steifigkeitsmoduls S von Bitumen [2].

gehorcht. In Gl. (4-1) bedeuten:

τ Schubspannung [N/m²]
η Viskosität [N s/m²]
v Gleitgeschwindigkeit [m/s]
h Dicke der Bitumenschicht [m].

Bitumen verhält sich wie eine strukturviskose Flüssigkeit; das bedeutet u. a., daß sich erst nach relativ langen Belastungszeiten die echte (Newtonsche) Viskosität einstellt; bei kürzeren Belastungszeiten stellt sich eine scheinbare Viskosität η^* ein.

Die Berechnung von Abdichtungen hat zur Aufgabe, zu klären, welche Beanspruchungen und welche Verformungen in der bituminösen Abdichtung auftreten.

Zur rechnerischen Erfassung von bituminösen Abdichtungen ist die Kenntnis der Steifigkeiten notwendig. Van der Poel konnte nachweisen, daß Bitumen einen Elastizitätsmodul aufweist, der allerdings keine Konstante ist: $E = E$ (Belastungszeit t, Beanspruchungstemperatur T und Penetrationsindex PI). Zur Kennzeichnung des Verformungsverhaltens führte van der Poel den Begriff der Steifigkeit S ein:

$$S \triangleq E_{\mathrm{Bit}} \quad (t,\ T,\ \mathrm{PI})$$

$$S = \frac{\sigma}{\varepsilon(t,\ T)}; \qquad \begin{array}{l} \sigma \text{ Spannung} \\ \varepsilon \text{ Dehnung} \end{array}$$

Der Zusammenhang zwischen der scheinbaren Viskosität η^* und der Steifigkeit S ist in Gl. (4-2) angegeben [1]:

$$\eta^* = \frac{1}{3} \cdot S \cdot t \tag{4-2}$$

Es bedeuten:

S Steifigkeit des Bitumens [N/m²]
t Belastungsdauer [s].

Die Bestimmung der Steifigkeit S unterschiedlicher Bitumensorten in Abhängigkeit von der Belastungsdauer, dem Erweichungspunkt nach RuK sowie dem Penetrationsindex PI zeigt Bild 4-5; für PI $> +2$ und lange Belastungszeiten müssen die Angaben des van-der-Poelschen Diagrammes extrapoliert werden [1]: hierzu vgl. die Bilder 4-6 bis 4-8.

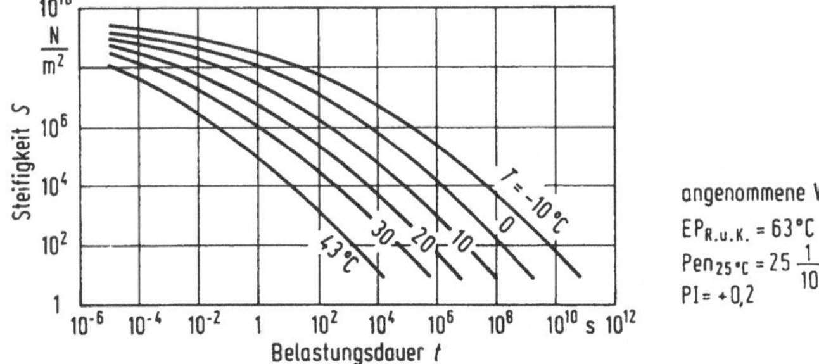

Bild 4-6. S/t-Diagramm für Bitumen B 25 [2].

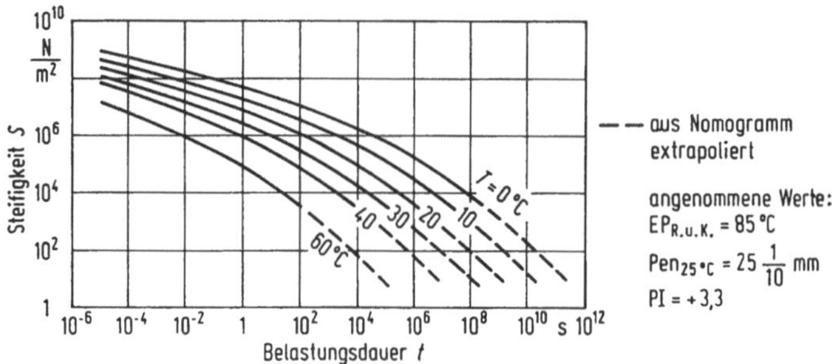

Bild 4-7. S/t-Diagramm für Bitumen 85/25 [2].

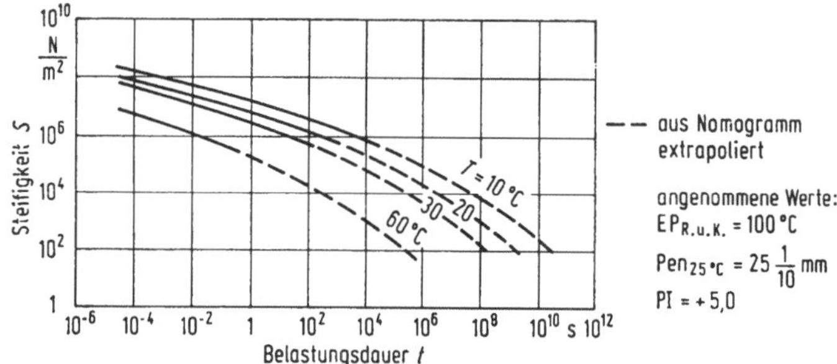

Bild 4-8. S/t-Diagramm für Bitumen 100/25 [2].

Das van-der-Poelsche Nomogramm ermöglicht es, die Steifigkeit des Bitumens zu ermitteln — die dem zeit- und temperaturabhängigen Elastizitätsmodul entspricht — und damit Verformungs- und Festigkeitsberechnungen unter Zugrundelegung der Elastizitätstheorie durchzuführen.

4.2.2.4 Berechnung bituminöser Bauwerksabdichtungen

4.2.2.4.1 Gleitwiderstand einer Bitumenschicht

Für viskose und strukturviskose Flüssigkeiten gilt:

$$\tau = \eta^* \cdot v/h \tag{4-3}$$

Es bedeuten:

η^* scheinbare Viskosität $[N\,s/m^2]$
v Gleitgeschwindigkeit $[m/s]$
h Dicke der Bitumenschicht $[m]$.

Der Zusammenhang zwischen η^* und S ist in Gl. (4-2) angegeben.

Die Gleitgeschwindigkeit v kann näherungsweise aus dem Verschiebungsweg s und der Belastungsdauer ermittelt werden:

$$v = s/t \tag{4-4}$$

Daraus folgt für den Verschiebungsweg s unter Berücksichtigung von (4-2) und (4-3):

$$s = v \cdot t = \frac{\tau \cdot h \cdot t}{\eta^*} = \frac{3 \cdot \tau \cdot h}{S} \tag{4-5}$$

Beispiel: Das Erdreich seitlich des in Bild 4-9 dargestellten Bauwerks wird einseitig angeschüttet. Der Verschiebeweg s in Abhängigkeit von der Zeit, der Bitumenart in der „Gleitschicht" und der Temperatur ist zu berechnen.

$$\tau = E_h/l = 30/10 \cdot \text{kN/m}^2 = 3 \ \text{kN/m}^2$$

Nach Gl. (4-5) gilt:

$$s = \frac{3 \cdot \tau \cdot h}{S} = \frac{9 \cdot 10^4}{S/(\text{N/m}^2)} \ \text{mm}$$

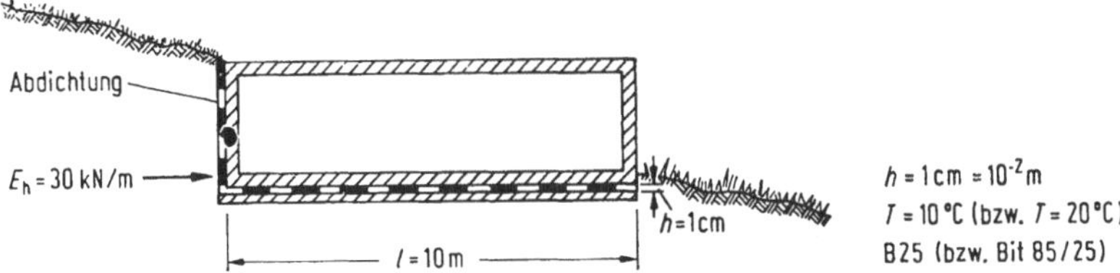

Bild 4-9. Gleitweg eines Baukörpers bei einseitiger Erdanschüttung.

Die Ergebnisse sind für die unterschiedlichen Parameter in Tabelle 4-3 angegeben, wobei die „fehlenden" Ergebnisse für den Gleitweg s in der Tabelle anzeigen, daß ein Abgleiten stattfindet (rechn. $s > 1$ m). Durch den einseitig wirkenden Erddruck können beträchtliche Gleitwege entstehen, die durch folgende Maßnahmen verringert werden können:

— Bitumen mit hoher Steifezahl S
— Abdichtung mit geringer Schichtdicke h und
— insbesondere Anordnung von Widerlagern

Folgerung: Bituminöse Abdichtungen sollen *nicht* durch langfristig wirkende Kräfte in ihrer Ebene beansprucht werden; wirksam sollen die Kräfte durch Widerlager (z. B. durch Telleranker entsprechend Bild 4-63 o. ä.) aufgenommen werden.

Tabelle 4-3. Gleitwege des in Bild 4-9 dargestellten Bauwerkes bei einseitiger Erdanschüttung

| Belastungsdauer t der einseitig wirkenden Last | | Steifigkeit S [N/m²] | | | | Gleitweg s [mm] | | | |
| | | B 25 | | Bit. 85/25 | | B 25 | | Bit. 85/25 | |
Tage	s	$T=20\,°$C	$T=10\,°$C	$T=20\,°$C	$T=10\,°$C	$T=20\,°$C	$T=10\,°$C	$T=20\,°$C	$T=10\,°$C
$\frac{1}{24}$	3600	$8 \cdot 10^4$	$1 \cdot 10^6$	$9 \cdot 10^5$	$7 \cdot 10^6$	1,1	$9 \cdot 10^{-2}$	0,1	$1,3 \cdot 10^{-2}$
1	$8,6 \cdot 10^4$	$1 \cdot 10^3$	$3 \cdot 10^4$	$1 \cdot 10^5$	$8 \cdot 10^5$	90,0	3,0	0,9	$1,1 \cdot 10^{-1}$
100	$8,6 \cdot 10^6$	$1 \cdot 10^1$	$2 \cdot 10^2$	$1 \cdot 10^3$	$2 \cdot 10^4$	—	$4,5 \cdot 10^2$	90,0	$4,5 \cdot 10^0$
365	$3,15 \cdot 10^7$	$2 \cdot 10^0$	$8 \cdot 10^1$	$2 \cdot 10^2$	$5 \cdot 10^3$	—	—	—	$1,8 \cdot 10^1$
3650	$3,15 \cdot 10^8$	$5 \cdot 10^{-1}$	$2 \cdot 10^0$	$5 \cdot 10^1$	$8 \cdot 10^2$	—	—	—	$1,1 \cdot 10^2$

4.2.2.4.2 Gleiten einer Auflast auf einer geneigten Abdichtung

Der Fließweg einer Auflast auf der Abdichtung unter Berücksichtigung des Eigengewichtes der Abdichtung beträgt nach [1]:

$$s = \frac{3 \cdot h \cdot \sin \alpha}{S} \, (K_{\mathrm{Aufl}} + 0,5 K_{\mathrm{Bit}}) \tag{4-6}$$

Es bedeuten:

s Gleitweg in der betrachteten Bitumenschicht [m]
h Dicke der betrachteten Bitumenschicht [m]; bei mehrlagigen Abdichtungen: res $s = \sum s$ bilden.
α Neigung der Abdichtung
K_{Aufl} auf der Abdichtung ruhende Auflast [N/m²]
K_{Bit} Eigengewicht der Abdichtung [N/m²].

Beispiel: Es ist die Gefahr des Abgleitens einer senkrechten Wandabdichtung (Bild 4-10) zu untersuchen, die 6 Wochen zeitweise besonnt wird [1].
Annahmen:

a) Aufbau der Abdichtung:
   Lochbahn, darauf 2 Lagen FSK-Bahnen je 5 mm dick
b) Verklebung mit Bitumen 85/25
c) Wirksame Dicke der Klebepunkte zwischen Wand und Lochbahn $h = 2$ mm
d) Gewicht der Abdichtung: $G \approx 180$ N/m²
       K_{Bit} wird vernachlässigt

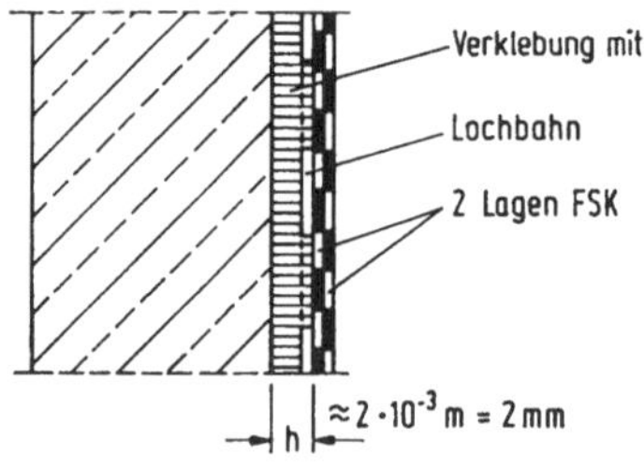

Bild 4-10. Gleitweg (Abrutschen) einer Wandabdichtung unter dem Einwirken der Sonneneinstrahlung.

e) Klebefläche
   Je m² etwa 144 Löcher mit einer kreisförmigen Klebefläche von ca. 3,5 cm Durchmesser

$$A = 144 \cdot \pi \cdot (0{,}035/2)^2 = 1{,}385 \cdot 10^{-1} \, \mathrm{m}^2$$

f) Temperaturannahmen und Belastungszeiten:

   Belastungszeit: 42 Tage
   täglich 5 Stunden mit 35 °C; $t_{35} = 42 \cdot 5 \cdot 3600 = 7{,}6 \cdot 10^5$ s
   täglich 19 Stunden mit 15 °C; $t_{15} = 42 \cdot 19 \cdot 3600 = 2{,}88 \cdot 10^6$ s

g) Bitumensteifigkeit (vgl. Bild 4-7):

$$S_{35°} \approx 8 \cdot 10^2 \, \mathrm{N/m}^2$$

$$S_{15°} \approx 2 \cdot 10^4 \, \mathrm{N/m}^2$$

h) Rechengang (vgl. Gl. (4-6) mit $\alpha = 90°$):

$$K_{\text{Aufl}} = G/A = 180/(1{,}385 \cdot 10^{-1}) = 1{,}3 \cdot 10^3 \text{ N/m}^2$$

$$s = s_{35} + s_{15} = K_{\text{Aufl}} \cdot 3 \cdot h \left(\frac{1}{S_{35}} + \frac{1}{S_{15}} \right) = 10^{-2} \text{ m} \triangleq 10 \text{ mm}$$

Bei Verwendung von Bitumen 100/25 verringert sich die Gleitung:

$$s = 1{,}3 \cdot 10^3 \cdot 3 \cdot 2 \cdot 10^{-3} \left(\frac{1}{10^4} + \frac{1}{10^5} \right) = 8{,}6 \cdot 10^{-4} \text{ m} \triangleq 0{,}9 \text{ mm}.$$

Hieraus folgt, daß man im ersten Fall entweder zusätzliche mechanische Befestigungsmittel vorsehen müßte oder die Zeit, während der die Abdichtung frei hängt, verkürzen müßte. Eine weitere Möglichkeit zur Reduzierung des Gleitweges bestünde in einer Verringerung der Temperatur auf der Abdichtung (Verschattung).

4.2.2.4.3 Verhalten einer Abdichtung über sich langsam bewegenden Fugen (Setzungsfugen)

Die Rißfreiheit einer bituminösen Abdichtung über einer sich langsam bewegenden Fuge wird nach [1] erhalten bleiben, wenn die der Fuge nächstliegende Abdichtungsbahn die auftretende Zugkraft Z aufnehmen kann:

$$Z_{5\text{cm}} = \frac{1}{6} \frac{S \cdot \Delta l^2}{h \cdot \varepsilon_{\text{Bruch}}} \cdot 5 \cdot 10^{-2} \text{ [N]} \tag{4-7}$$

oder

$$Z_{5\text{cm}} = \frac{1}{6} \frac{S \cdot t \cdot v \cdot \Delta l}{h \cdot \varepsilon_{\text{Bruch}}} \cdot 5 \cdot 10^{-2} \text{ [N]} \tag{4-8}$$

Es bedeuten:

$Z_{5\text{cm}}$ Zugkraft in der Trägerlage auf 5 cm Streifenbreite bei Beanspruchungsgeschwindigkeit v [N]

$\varepsilon_{\text{Bruch}}$ Bruchdehnung der Trägerlage bei Beanspruchungsgeschwindigkeit [m/m]

Δl Änderung der Fugenbreite [m]

v Bewegungsgeschwindigkeit der Fugenränder [m/s]

4.2.2.4.4 Verhalten einer Abdichtung über plötzlich entstehenden Rissen (insbesondere Schwindrissen)

Die Beanspruchung der Trägerbahn durch Rißbildung im Beton beträgt nach [1]

$$Z_{5\text{cm}} = \frac{5}{6} \frac{S \cdot \Delta l^2}{h} \cdot 10^{-2} \text{ [N]} \tag{4-9}$$

Die Bedeutung der Bezeichnungen entsprechen Abschnitt 4.2.2.4.3. Eine in [1] durchgeführte Berechnung zeigt in guter Übereinstimmung mit der Praxis, daß bituminöse Abdichtungen durch Schwind- bzw. Temperaturrisse im Beton keine Schäden erleiden.

4.2.2.4.5 Druckbelastbarkeit einer Abdichtung
(bei unbehindertem Abfließen des Bitumens)

Die zulässige Druckbeanspruchung von bituminösen Abdichtungsbahnen ist in DIN
18195 angegeben (vgl. Tabelle 4-13 bis 4-17). Wird die dort angegebene zulässige Pres-
sung überschritten — z. B. unter Stützen — so besteht die Möglichkeit, durch eine örtliche Verstärkung der Abdichtungsbahnen die zulässige Beanspruchung zu erhöhen.

Bei einer örtlichen Druckbeanspruchung wird Bitumen zu den nicht — oder weniger —
beanspruchten Stellen abfließen, d. h., die Dicke der Bitumenschicht verringert sich um
$\Delta h = h_0 - h$ (Bild 4-11). — Beim Abfließen des Bitumens übt dieses aufgrund der entstehenden Schubspannungen Zugspannungen auf die in der Bitumenschicht vorhandenen
Einlagen aus.

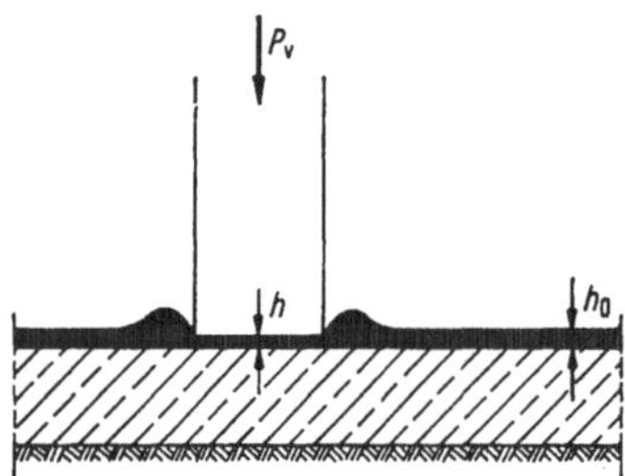

Bild 4-11. Zusammendrückung einer bituminösen Abdichtung.

Für eine kreisförmige Belastungsfläche (R) folgt nach [1] für die Zusammendrückung:

$$\frac{1}{h^2} - \frac{1}{h_0^2} = \frac{4 \cdot P_v}{\pi \cdot S \cdot R^4} \left[\frac{1}{m^2}\right] \tag{4-10}$$

Es bedeuten:

h Verbleibende Bitumenschichtdicke [m]
h_0 Bitumenschichtdicke im Ausgangszustand [m]
R Radius der Belastungsfläche [m]
P_v Gesamtauflast [N]
S Bitumensteifigkeit [N/m²].

Die zulässige Auflast bei vorgegebenem Dichtungsaufbau folgt damit zu:

$$\text{zul } P_v = \frac{\pi}{4} \cdot S \cdot R^4 \left(\frac{1}{h^2} - \frac{1}{h_0^2}\right) \text{ [N]} \tag{4-11}$$

Für rechteckförmige Belastungsflächen folgt nach [1]:

$$\text{zul } P_v = \frac{S}{3} \frac{\Delta h}{h_0^3} \cdot a^4 \cdot f\left(\frac{b}{a}\right) \text{ [N]} \tag{4-12}$$

a, b Abmessungen der belasteten Fläche [m]
$f\left(\dfrac{b}{a}\right)$ Beiwert (s. Tabelle 4-4).

Tabelle 4-4. Formfaktor $f(b/a)$ in Abhängigkeit
vom Verhältnis (b/a) (Länge a, Breite b) einer
rechteckigen Platte ($a > b$)

b/a	$f(b/a)$	b/a	$f(b/a)$
1,00	0,42	0,50	$7,1 \times 10^{-2}$
0,95	0,37	0,45	$5,3 \times 10^{-2}$
0,90	0,32	0,40	$3,9 \times 10^{-2}$
0,85	0,28	0,35	$2,7 \times 10^{-2}$
0,80	0,24	0,30	$1,8 \times 10^{-2}$
0,75	0,20	0,25	$1,1 \times 10^{-2}$
0,70	0,17	0,20	$5,8 \times 10^{-3}$
0,65	0,14	0,15	$2,6 \times 10^{-3}$
0,60	0,11	0,10	$8,0 \times 10^{-4}$
0,55	0,09	0,05	$1,1 \times 10^{-4}$
		0	0

Die bei der Belastung P_v auftretende Zugbeanspruchung der Trägerbahn (bezogen auf eine Prüfstreifenbreite von 5 cm) beträgt:

$$Z_{5cm} = 8,4 \cdot p_v \cdot h_{ges} \ [\text{N}] \tag{4-13}$$

Z_{5cm} Erforderliche Mindestzugfestigkeit der Einlage bei einer Beanspruchungsgeschwindigkeit v [N]

p_v flächenbezogene Belastung [N/mm^2]

h_{ges} Gesamtdicke sämtlicher Bitumenschichten [mm].

Es ist zu berücksichtigen, daß die erforderliche Mindestzugfestigkeit Z_{5cm} der Trägerbahn für die jeweils auftretende Beanspruchungsgeschwindigkeit gilt; diese Geschwindigkeit ist in der Natur sehr gering. Versuche im Labor haben gezeigt, daß die Zugfestigkeiten der unterschiedlichen Dichtungsbahnen von der Belastungsgeschwindigkeit in hohem Maße abhängig sind [1]. Aus diesem Grund sind bei rechnerischen Nachweisen die vorhandene Zugfestigkeit einer Dichtungsbahn bei einer Prüfgeschwindigkeit $v_{Prüf}$ zu ermitteln. Nach [1] gilt:

$$v_{Prüf} = \frac{\Delta h}{t \cdot h_0} \cdot 6 \cdot 10^3 \ [\text{mm/min}] \tag{4-14}$$

Die Abmessungen der Prüfkörper betragen $l = 200$ mm und $b = 50$ mm.

Rechnerische Untersuchungen zeigen, daß man in Sonderfällen bituminöse Abdichtungen bis zu 2,5 MN/m^2 beanspruchen kann (zul p nach DIN 4031 $= 0,5$ MN/m^2; nach DIN 18195 Teil 6 max $p = 1,5$ MN/m^2).

4.2.2.5 Bitumenemulsionen

Bitumen und Wasser lassen sich nicht ineinander lösen. Eine homogen erscheinende Vermischung gelingt durch Emulgierung: Heißes Bitumen wird in heißem Wasser gerührt, wobei sich das Bitumen tröpfchenförmig im Wasser verteilt. Um diese nicht beständige Emulsion zu stabilisieren (sie zerfließt sonst in ihre Einzelbestandteile), werden grenzflächenaktive Stoffe beigefügt, die das Zusammenfließen der Bitumenteilchen verhindern (Salze von Fettsäuren bzw. Amine).

Beim Aufstreichen der Bitumenemulsion auf das Bauteil erfolgt eine Filmbildung (Schutzschicht aus Bitumen) durch Verdunsten des Wassers bzw. Eindringen des Wassers in das Bauwerk. Die Verarbeitung von Bitumenemulsionen ist leicht möglich durch Streichen, Spritzen und auch durch Spachteln. Sie haften auch auf mattfeuchten Stellen. Die Durchtrocknung und Filmbildung wird jedoch bei feuchtem Untergrund, hoher Luftfeuchte und zu dicken Beschichtungen verzögert.

Bitumenemulsionen sind vor Frost zu schützen.

4.2.2.6 Bitumenlösung

In geeigneten Lösungsmitteln (Benzol, Lackbenzine) wird Bitumen gelöst. Die Verarbeitung kann auch mit Füllstoffen geschehen.

Zum besseren Eindringen der Bitumenlösung in die Poren der zu schützenden Baustoffe ist es empfehlenswert, zuerst einen ungefüllten Bitumen-Grundanstrich aufzubringen. Anschließend werden gefüllte Bitumenanstriche aufgebracht, die eine hohe Schutzwirkung erzeugen. Die Verarbeitung kann im kalten Zustand erfolgen.

4.2.2.7 Dichtungsbahnen

Aufgrund seiner strukturviskosen Eigenschaften kann Bitumen nur Kräfte aufnehmen, die senkrecht zur Beschichtungsebene wirken. Um Beanspruchungen aus der Unterkonstruktion — z. B. infolge Rißbildungen im Beton o. ä. — zumindest im geringen Maße aufnehmen zu können, werden Bitumenschichten durch Trägereinlagen „bewehrt". Für solche, in der Regel fabrikmäßig hergestellte Abdichtungen, werden heute fast ausschließlich Dach- und Dichtungsbahnen verwendet. Der Aufbau solcher Bahnen ist folgender (Bild 4-12): Soweit erforderlich, werden die Trägerlagen mit Bitumen vor-

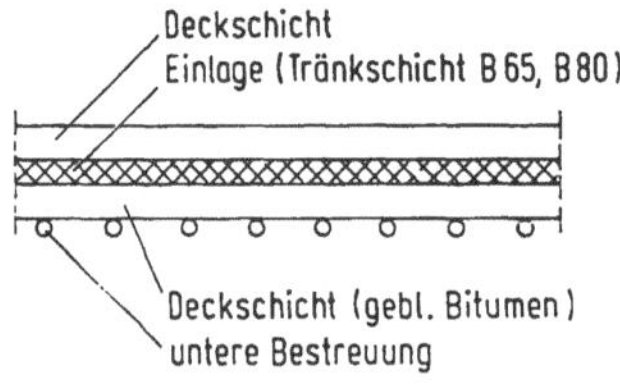

Bild 4-12. Prinzipieller Aufbau einer Dach- bzw. Dichtungsbahn.

getränkt (Wollfilzpappe, Jutegewebe) und anschließend beidseitig mit Deckschichten versehen. Als Trägerlagen werden verwendet:

— Rohfilzpappen mit einem Flächengewicht von 500 g/m²
— Jutegewebe mit einem Flächengewicht von 300 g/m²
— Glasvliese mit 50 und 60 g/m²
— Glasgewebe mit 200 g/m²
— Metallfolien, z. B. aus Kupfer oder Aluminium, mit Dicken von 0,1 bzw. 0,2 mm
— Kunststoffvliese, Kunststoffgewebe oder Kunststoffolien.

Einen Überblick über genormte bituminöse Bahnen gibt Tabelle 4-5 [6].

Tabelle 4-5. Genormte bituminöse Bahnen [6]

	Kurz-bezeichnung	DIN	Dicke mind. mm	Flächen-bezogene Masse kg/m²	Lösliches mind. kg/m²	Bruch-widerstand längs/quer N	Dehnung mind. längs/quer %
Glasvlies-Bitumen-Dachbahnen							
Glasvlies 50 g/m²	V 11	52143		2400	1100	250/200	2/2
Glasvlies 60 g/m²	V 13	52143		2800	1300	400/300	2/2
Bitumen-Dachdichtungsbahnen							
Jutegewebe 300 g/m²	J 300 DD	52130		3200	1600	600/500	3,5/5
Glasgewebe 200 g/m²	G 200 DD	52130		3600	1600	700/700	2/2
Dichtungsbahnen für Bauwerksabdichtungen							
Rohfilzpappe 500 g/m²	R 500 D	18190/1	3,5	4500		300/250	2/2
Jutegewebe 300 g/m²	J 300 D	18190/2	3,0	4300		600/500	5/5
Glasgewebe 220 g/m²	G 200 D	18190/3	3,0	4300		800/—	2/2
Metallband Al 0,2 mm	Al 0,2 D	18190/4	3,0	4300		500/500	5/5
Metallband Cu 0,1 mm	Cu 0,1 D	18190/4	3,0	4500		500/500	5/5
PETP-Folie PETP 0,03 mm	PETP 0,03 D	18190/5	2,5	3500		250/—	15/15
Bitumen-Schweißbahnen							
Jutegewebe 300 g/m²	J 300 S 4	52131	4,0	4800		600/500	3,5/5
Jutegewebe 300 g/m²	J 300 S 5	52131	5,0	6200		600/500	3,5/5
Glasvlies 60 g/m²	V 60 S 4	52131	4,0	4500		400/300	2,2
Glasgewebe 200 g/m²	G 200 S 4	52131	4,0	4800		700/700	2,2
Glasgewebe 200 g/m²	G 200 S 5	52131	5,0	6200		700/700	2,2

4.2.3 Kunststoff-Dichtungsbahnen

4.2.3.1 Übersicht

Kunststoffe sind Stoffe, deren wesentliche Bestandteile aus der Verbindung (Polymerisation) vieler gleicher Moleküle (Monomere) zu Großmolekülen (makromolekulare Verbindungen) entstehen.

Die für Abdichtungszwecke nach DIN 18195 Teil 2 als geeignet angesehenen Kunststoff-Dichtungsbahnen sind in Tabelle 4-6 aufgeführt.

Tabelle 4-6. Kunststoff-Dichtungsbahnen

	Bahn	Nach
1	Polyisobutylen- (PIB-) Bahn	DIN 16935
2	PVC weich (Polyvinylchlorid weich)-Bahn bitumenbeständig	DIN 16937
3	PVC weich (Polyvinylchlorid weich)-Bahn, nicht bitumenbeständig	DIN 16938
4	Ethylencopolymerisat-Bitumen- (ECB-) Bahn	DIN 16729 (z. Z. Entwurf)

Anmerkung: Sollen Kunststoffdichtungsbahnen vollflächig mit Bitumen verklebt werden, so ist gegebenenfalls durch eine entsprechende Untersuchung die Verträglichkeit der verwendeten Stoffe untereinander zu überprüfen.

4.2.3.2 Ausführung von Abdichtungen mit Kunststoffbahnen

4.2.3.2.1 Aufbau

Im Gegensatz zu bituminösen Abdichtungen werden Abdichtungen mit Kunststoff-Dichtungsbahnen nur einlagig ausgeführt.

Bei den mehrlagigen bituminösen Abdichtungen werden die Längs- und Querstöße der einzelnen Bahnen gegeneinander versetzt angeordnet. Kunststoffabdichtungen weisen wegen der einlagigen Ausführung von vornherein nicht die gleiche Sicherheit auf, weswegen besondere Schutzmaßnahmen erforderlich sind: Zum einen müssen sämtliche Nähte, die auf der Baustelle ausgeführt werden, mehrfach geprüft und nachbehandelt werden (s. Abschnitt 4.2.3.2.2) und zum anderen sind beiderseits der Dichtungsbahnen — in der Regel bituminöse — Schutzschichten anzuordnen, die eine Perforation der Dichtungsbahnen, z. B. durch vorstehende Kieskörner, verhindern sollen.

Bei der Verklebung von Kunststoff-Dichtungsbahnen in Bitumen ist darauf zu achten, daß die Bahnen nicht zu stramm (z. B. gespannt) verlegt werden, um Zwängungsspannungen beim Erkalten zu vermeiden. An den Stoßstellen (Nähten) sind die Überlappungs-

bereiche frei von Bitumen zu halten, falls die Bahnen miteinander verschweißt werden
sollen. Bei lose verlegten Kunststoff-Dichtungsbahnen ist ein Faltenwurf zu vermeiden,
um ein Knicken und damit eine Überdehnung der Bahnen auszuschließen.

4.2.3.2.2 Ausbildung und Prüfung der Naht- und Stoßverbindungen

Nach DIN 18195 dürfen für die Herstellung der Naht- und Stoßverbindungen in Abhängigkeit von den Werkstoffen die in Tabelle 4-7 aufgeführten Verfahren angewendet
werden. — Beim Quellschweißen werden die Verbindungsflächen durch ein Lösungsmittel
angelöst und unmittelbar danach durch Druck miteinander verbunden. Bituminöse Heiß-
aufstriche sollten erst ca. 24 Stunden nach dem Quellschweißen auf die Bahnen aufgebracht werden, damit das Quellmittel (in der Regel ein Spezialbenzin), ohne Dampf-
blasen zu hinterlassen, sich verflüchtigen kann. Beim Warmgasschweißen werden die
Verbindungsflächen durch warme Luft plastifiziert und anschließend durch Druck verbunden. Beim Heizelementschweißen werden die Verbindungsflächen durch einen Heiz-
keil plastifiziert und anschließend durch Druck verbunden.

Die fertiggestellten Nähte und Stöße sind nach DIN 18195 Teil 3 zu prüfen und nach-
zubehandeln.

Tabelle 4-7. Verfahren zur Naht- und Stoßverbindung
von Kunststoff-Dichtungsbahnen [3]

Verfahren	Werkstoff der Kunststoff-Dichtungsbahnen[a]		
	PIB	PVC weich	ECB
Quellschweißen	×	×	
Warmgasschweißen		×	×
Heizelementschweißen		×	×
Verkleben mit Bitumen	×		×

[a]) Kurzzeichen nach DIN 7728 Teil 1

4.2.3.2.3 Trennlagen bei PIB-Bahnen

PIB-Bahnen enthalten mineralische Füllstoffe; beim direkten Aufbringen von Beton
auf die Bahnen entsteht ein Haftverbund zwischen der Bahn und dem Beton.

Ohne Vorhandensein einer Trennlage beiderseits der PIB-Dichtungsbahnen würden
die Dehnungen des Betons — z. B. infolge Schwinden — unmittelbar in die Dichtungsbahn übertragen werden, so daß diese rißgefährdet ist (Bild 4-13).

4.2.4 Wasserundurchlässiger Beton

4.2.4.1 Baustoff

Unter einem wasserundurchlässigen Beton wird ein Beton verstanden, in dem Wasser
so langsam hindurchtransportiert wird, daß die durch das Bauteil durchgedrungene
Wassermenge auf der dem Wasser abgewandten Seite wieder verdunsten kann. — Im

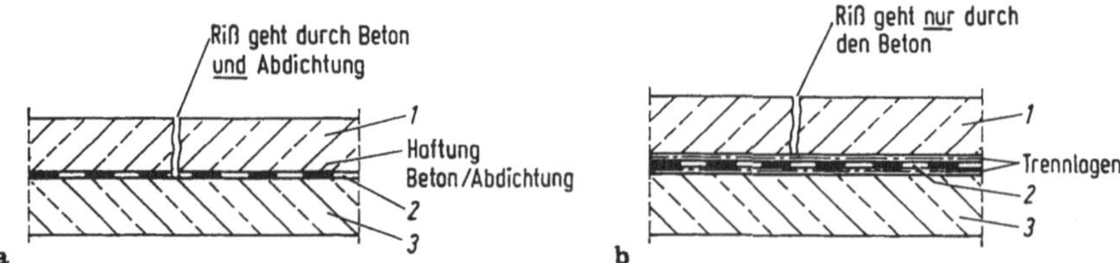

Bild 4-13. Trennlagen/Schutzschichten beiderseits von PIB-Dichtungsbahnen.
a) Schutzbeton direkt auf Abdichtung, b) Trennlage zwischen Schutzbeton und Abdichtung.
(*1* Schutzbeton, *2* PIB-Abdichtung, *3* Dichtungsträger).

Gegensatz dazu wird unter einem wasserdichten Bauteil ein Bauteil verstanden, in dem das Wasser weder einzudringen noch durchzudringen vermag.

Der Vorteil, Bauwerke aus wasserundurchlässigem Beton zu errichten, liegt darin, daß gegenüber den bituminösen Abdichtungen und Kunststoffabdichtungen

— die Konstruktion des Bauwerkes vereinfacht wird (erforderliche Mindesteinpressung, max. Spannung, erf. Schutzschichten bei bituminösen Abdichtungen, Nahtausbildung bei Kunststoffabdichtungen),
— der Bauablauf durch den Wegfall eines Gewerkes beschleunigt wird und daß
— die Möglichkeit einer Nachbesserung von „undichten" Stellen gegeben ist (innenseitiges Verpressen von Fehlstellen).

Tabelle 4-8. Grenzwerte zur Beurteilung des Angriffsgrades von Wässern vorwiegend natürlicher Zusammensetzung nach DIN 4030

	Untersuchung	Angriffsgrade		
		schwach angreifend	stark angreifend	sehr stark angreifend
1	pH-Wert	6,5 bis 5,5	5,5 bis 4,5	unter 4,5
2	kalklösende Kohlensäure (CO_2) in mg/l best. mit dem Marmorversuch nach Heyer	15 bis 30	30 bis 60	über 60
3	Ammonium (NH_4^+) in mg/l	15 bis 30	30 bis 60	über 60
4	Magnesium (Mg^{2+}) in mg/l	100 bis 300	300 bis 1 500	über 1 500
5	Sulfat (SO_4^{2-}) in mg/l	200 bis 600	600 bis 3 000	über 3 000

Darüber hinaus entfällt weitgehend die Witterungsabhängigkeit bei der Herstellung, die bei der Ausführung von z. B. bituminösen Abdichtungen besteht.

Aufgrund dessen, daß durch den wasserundurchlässigen Beton in sehr begrenztem Umfang Wasser durchtreten kann, ist die Anwendung wasserundurchlässiger Betone als wasserdruckhaltende Dichtung zu vermeiden bei

— elektrischen Betriebsräumen,
— dynamisch erregten Bauteilen (Rißgefahr),
— Lagerräumen, die zur Aufbewahrung feuchtigkeitsempfindlicher Güter dienen (z. B. Papierlager o. ä.),
— Bauteilen mit einer wasserdichten Oberfläche auf der dem Wasser abgewandten Seite (z. B. bei Sohlen mit wasserdichtem PVC-Fußbodenbelag) und bei
— Vorhandensein von aggressivem Grundwasser (Korrosion des Betonstahls) entsprechend Tabelle 4-8 (vgl. hierzu [18]).

Beton ist von Natur aus ein poröser Baustoff, der aus einer Mischung von Zuschlägen (ca. 70 Vol.-%), Bindemittel und Wasser besteht. Die Wasserundurchlässigkeit des Betons

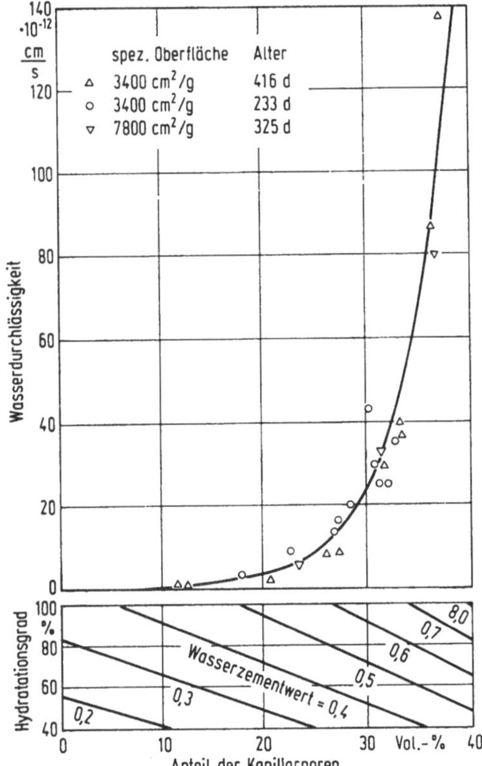

Bild 4-14. Wasserdurchlässigkeit von Zementstein in Abhängigkeit von Kapillarporosität und Wasserzementwert [19].

wird im wesentlichen von der Dichtigkeit des Zementsteines beeinflußt, wenn man unterstellt, daß die Zuschläge in der Regel wasserdicht sind. Je geringer der Wasserzementwert des Betons ist, um so höher ist seine Dichtigkeit, da weniger Überschußwasser im Beton vorhanden ist, das bei Verdunsten die für den Wassertransport maßgeblichen Kapillarporen im Zementstein hinterläßt (Bild 4-14). Die Verringerung der Kapillarporen und damit die Erhöhung der Wasserundurchlässigkeit ist durch folgende Maßnahmen erreichbar:

1. Zusammensetzung des Betons nach einer stetigen Sieblinie (am besten Sieblinie B) sowie Verdichtung und Nachbehandlung des Betons (feucht halten), so daß ein hoher Hydratationsgrad schneller erreicht werden kann (s. Bild 4-14).
2. Reduzierung des Wasserzementwertes (s. Bild 4-15).
3. Einsatz von Betondichtungsmitteln im Zusammenwirken mit den Maßnahmen nach 1. und 2.

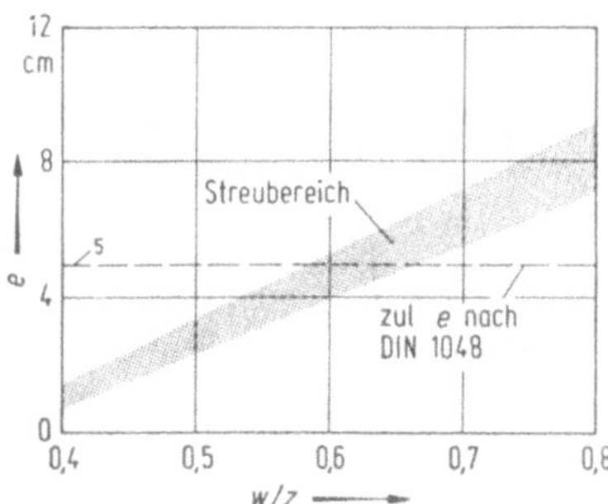

Bild 4-15. Wassereindringtiefe e in Abhängigkeit vom W/Z-Wert; Prüfung nach DIN 1048 [5].

Die Betondichtungsmittel sind zulassungspflichtige Baustoffe und unterliegen der Prüfzeichenpflicht. Sie wirken durch folgende Mechanismen einzeln oder gemeinsam:

— Herabsetzung der Oberflächenspannung des Anmachwassers und dadurch verbesserte Verarbeitungsfähigkeit des Betons; dadurch geringerer w/z-Wert bzw. geringerer Kapillarporenraum.
— Verstopfung der Kapillarporen durch feinverteilte Stoffe, die bei Wasserzutritt quellen und damit wassersperrend wirken.
— Hydrophobieren der Kapillarwandungen.

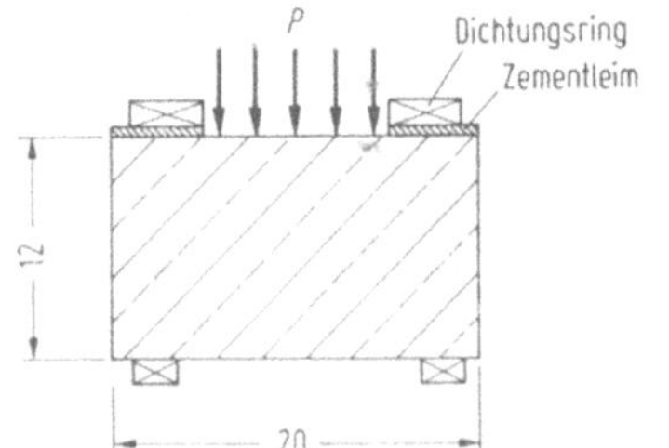

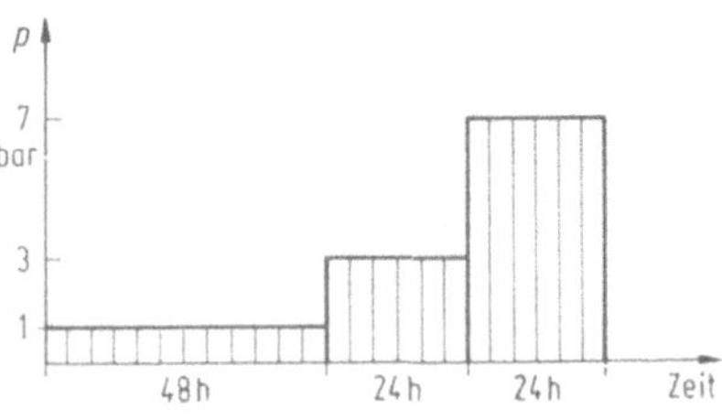

Bild 4-16. Wasserundurchlässigkeitsprüfung nach DIN 1048.

Nach heutiger Erkenntnis wird die Wasserundurchlässigkeit des Betons im wesentlichen durch die geeignete Zusammensetzung des Betons und dessen gute Nachbehandlung auch ohne Betondichtungsmittel erreicht.

Die Prüfung der Wasserundurchlässigkeit geschieht nach DIN 1048 (s. Bild 4-16).

4.2.4.2 Problem der Rißbildung infolge Hydratationswärme

4.2.4.2.1 Übersicht

Für ein wasserundurchlässiges Bauwerk ist es notwendig, daß der Beton frei von durchgehenden Rissen bleibt. Risse im Beton entstehen im wesentlichen durch ungleichmäßiges und behindertes Schwinden, Setzen, äußere Lasten und Temperaturspannungen.

Für die Konstruktion wasserundurchlässiger Bauwerke ist es erforderlich, daß das statische System übersichtlich ist und daß zwangauslösende Verbindungen vermieden werden.

Wasserdruckhaltende Bauwerke sind von anderen Bauteilen zu trennen, äußere Temperatureinflüsse und Temperatureinflüsse aus der Hydratationswärme, insbesondere bei dicken Betonplatten, sind zu mindern (Wärmedämmung, Kühlung des Betons u. ä.).

4.2.4.2.2 Hydratationsbedingte Temperaturen

Die bei der Hydratation des Zementes freiwerdende Wärme verursacht einen Temperaturanstieg im Bauteil. Dieser Temperaturanstieg hängt im wesentlichen von folgenden Parametern ab:

— dem Betonalter,
— der Bauteildicke,
— der Zementart,
— der Zementmenge (mindestens 350 kg/m³ für einen wasserundurchlässigen Beton nach DIN 1045 Abschnitt 6.5.7.2),
— der Einbringtemperatur des Betons gegenüber der Luft- und Erdbodentemperatur,
— der anstehenden Erdbodenart und
— der Art der Nachbehandlung des Betons (Wärmedämmung, Betoninnenkühlung, Dauer der Feuchtlagerung).

In Bild 4-17 wird der Einfluß des Betonalters, der Bauteildicke und der Zementart auf den Temperaturanstieg im Bauteilkern gezeigt: Es ist ersichtlich, daß mit zunehmender Bauteildicke die freiwerdende Wärme langsamer abgeführt wird (im Extremfall liegt der adiabatische Fall für $d \to \infty$ vor), so daß dann der Temperaturanstieg im Betonkern am größten wird. Die Bauteilfläche (Länge und Breite) hat nahezu keinen Einfluß auf die entstehenden Temperaturen.

Die Größe der Spannungen im Betonquerschnitt ist direkt dem Temperaturgradienten zwischen den Plattenrändern und dem Kern proportional.

Im Bild 4-18 ist die Temperatur in einer Fundamentplatte in Abhängigkeit von der Zeit und in Abhängigkeit von der Höhenlage im Bereich der Fundamentplatte dargestellt. Es ist ersichtlich, daß in den Randbereichen eine deutliche Temperaturabsenkung, bezogen auf das Platteninnere, stattfindet, weil dort ein Wärmeaustausch mit der umgebenden Außenluft bzw. mit dem Erdreich stattfindet. Im Innern der Fundamentplatte, wo die entstehende Wärmemenge nicht so schnell abgeführt wird, kommt es damit zwangsläufig zu einer Temperaturerhöhung. Der Temperaturgradient zwischen Kern und Platten-

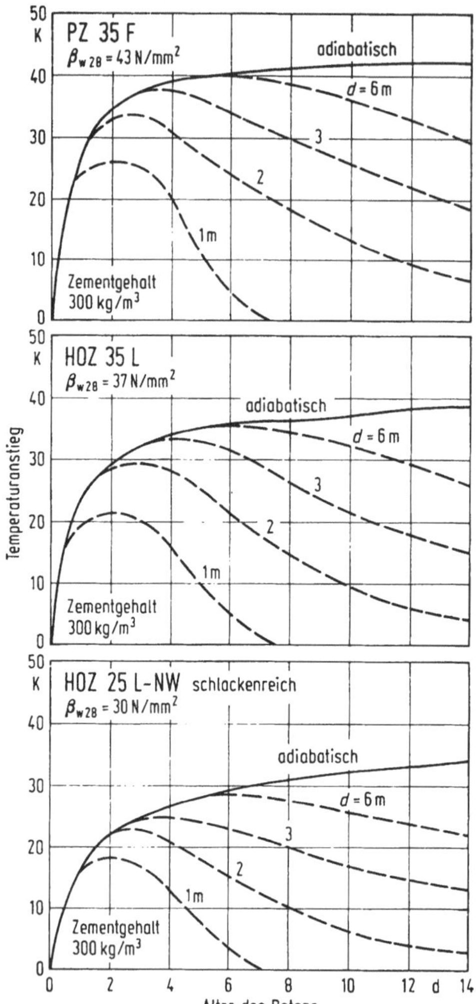

Bild 4-17. Verlauf des Temperaturanstieges im Kern von Bauteilen unterschiedlicher Dicke d [24].

oberseite läßt sich wirkungsvoll durch eine auf der Fundamentplatte angeordnete Wärmedämmung verringern. In Bild 4-19 ist die Temperaturdifferenz zwischen Kern und Betonoberfläche in Abhängigkeit von der Zeit für eine Platte ohne und mit einer wärmedämmenden Abdeckung angegeben: Wenn die Wärmedämmung 24 h nach dem Betonieren verlegt wird, sinkt die maximale Temperaturdifferenz zwischen Kern und Oberfläche von 30 K (ohne Wärmedämmung) auf 10 K. — Die Temperaturdifferenz $\Delta\vartheta$ kann noch stärker verringert werden, wenn die Wärmedämmung zeitlich früher verlegt wird ($\Delta\vartheta = 8$ K bei Verlegung der Dämmung 9 h nach dem Betonieren).

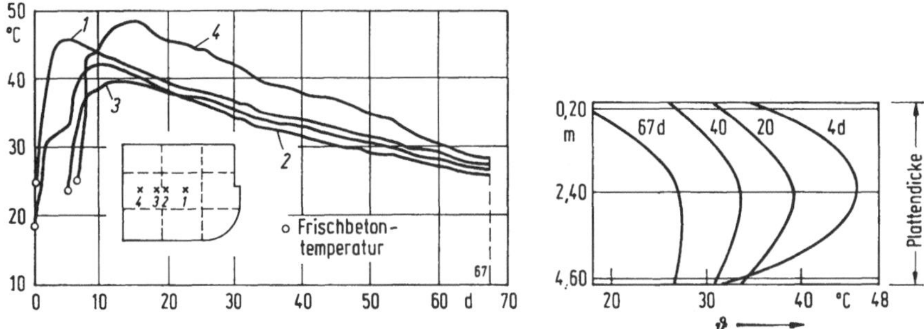

Bild 4-18. Temperaturverteilung in einer Betonplatte in Abhängigkeit von der Zeit

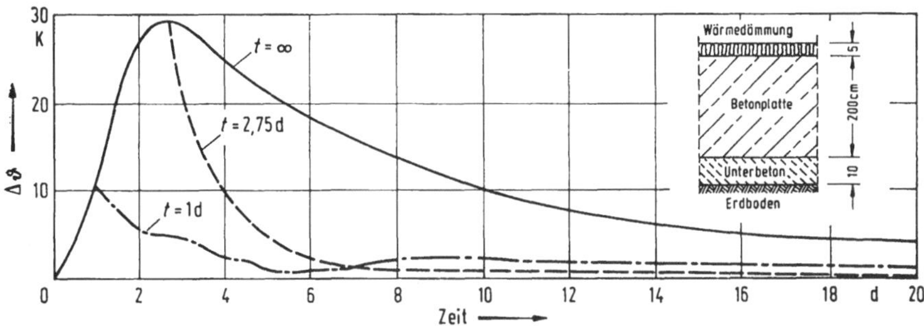

Bild 4-19. Temperaturdifferenz zwischen Kern und Plattenoberfläche in Abhängigkeit von der Zeit für oberseitig gedämmte Platten nach $t = 1$ d, $t = 2,75$ d und $t = \infty$ (ohne Wärmedämmung)

4.2.4.2.3 Hydratationsbedingte Eigenspannungen

Wie im Abschnitt 4.2.4.2.2 dargestellt, wird beim Erstarren und Erhärten des Betons Wärme frei, die zu einem Temperaturanstieg im Beton führt.

Aufgrund des im Querschnitt veränderlichen Temperaturgradienten $(\vartheta_m - \vartheta_a)$ bzw. $(\vartheta_i - \vartheta_m)$ sowie aufgrund des ungleichförmigen Schwindens $\Delta\Delta\varepsilon_s$ (s. Bild 4-20) stellt sich im Betonquerschnitt ein Eigenspannungszustand ein.

Wenn die Längenänderung des Bauteils infolge des Temperaturanstiegs ϑ_m (s. Bild 4-19) oder der mittleren Schwinddehnung ε_s durch Reibung oder durch eine kraftschlüssige Verbindung mit einem anderen Bauteil verhindert wird, entstehen Zwängungsspannungen.

Eigenspannungen sind dadurch gekennzeichnet, daß

— die Summe der Spannungen über dem Querschnitt gleich Null ist,
— sie sich nicht zu Schnittkräften zusammenfassen lassen, weil die Spannungen sich über dem Querschnitt aufheben,
— sie keine Auflagerkräfte verursachen und
— sie unabhängig von den Lagerungsbedingungen sind.

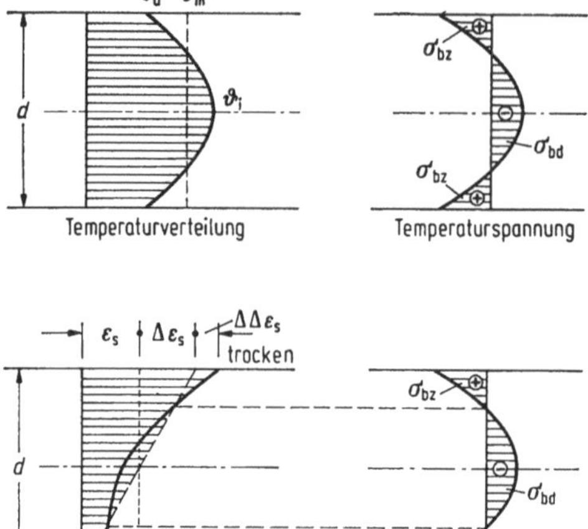

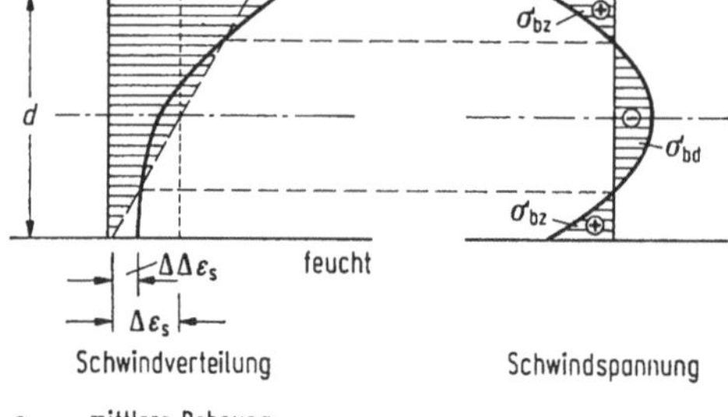

ε_s mittlere Dehnung
$\Delta\varepsilon_s$ Krümmung
$\Delta\Delta\varepsilon_s$ ungleichförmige Längenänderung erzeugt Eigenspannungen

Bild 4-20. Eigenspannungen in einem Betonquerschnitt.

Die im Bild 4-20 dargestellten Zugspannungen können näherungsweise für den Lastfall ungleichmäßige Temperaturverteilung über die Plattendicke mit den dort gewählten Bezeichnungen wie folgt berechnet werden [20]:

$$\max \sigma_{bz} \approx \frac{2}{3} \max \Delta\vartheta \cdot \alpha_t \cdot \frac{E_b}{1+\varphi}$$

Für Bauteile mit einer Dicke von 0,5 bis 3,0 m und ohne obere Wärmedämmung gilt näherungsweise:

$$\max \Delta\vartheta \leq 10 \cdot d + 3 \ [\text{K}]$$

$$d = \text{Bauteildicke} \ [\text{m}].$$

$$\max \sigma_{bz} = \frac{2 \cdot E_b \cdot 10^{-5}}{3(1+\varphi)} (10 \cdot d + 3)$$

Der Zeitpunkt $t_{\max}$, zu dem $\max \Delta\vartheta$ eintritt, kann näherungsweise abgeschätzt werden zu (Gleichung nicht dimensionsrein):

$$d \leq t_{\max} \leq d + 2 \ [t_{\max} \ \text{in Tagen}, \ d \ \text{in m}]$$

Für die Kriechzahl φ gilt ebenfalls näherungsweise

$$\varphi = 0,12 \cdot t_{\max} \leq 1 \ (t_{\max} \ \text{in Tagen}).$$

Wenn die berechnete maximale Biegezugspannung die zum Zeitpunkt t vorhandene Biegezugfestigkeit des Betons überschreitet, so muß mit Rissen gerechnet werden. Diese Risse gehen nicht durch das ganze Bauteil, sondern erstrecken sich nur auf den Bereich der Zugspannungen, also die Randbereiche des Bauteiles und werden daher als Schalenrisse bezeichnet. In der Regel schließen sich solche Risse wieder, wenn das Bauteil abkühlt, weil dann eine weitgehend gleichmäßige Temperatur über den gesamten Querschnitt vorhanden ist. Allerdings stellen die Schalenrisse Schwachstellen im Querschnitt dar und können aufgrund ihrer Kerbwirkung der Ausgangspunkt für durchgehende Risse sein [7].

4.2.4.2.4 Zwängungsspannungen

Zwängungsspannungen entstehen, wenn die Verformungen von Bauteilen, z. B. durch entsprechende Lagerungsbedingungen, behindert oder ausgeschlossen werden; solche Verformungen, die Zwängungsspannungen verursachen, entstehen z. B. durch unterschiedliche Temperaturbeanspruchungen o. ä.

Zwängungsspannungen sind durch folgende Merkmale gekennzeichnet:

— Zwängungsspannungen treten nur bei statisch unbestimmten Konstruktionen auf,
— Zwängungsspannungen führen die Verträglichkeit der aufgezwungenen Verformungen zwischen unterschiedlichen Bauteilen herbei,
— Zwängungsspannungen lassen sich — im Gegensatz zu Eigenspannungen — zu Schnittkräften zusammenfassen,
— Durch Zwängungen bedingte Auflagerkräfte stehen für sich im Gleichgewicht (da keine äußeren Kräfte wirken),
— Zwängungsspannungen werden durch Kriecheinflüsse oder Rißbildungen abgebaut.

Im Bereich von Fundamentplatten ist eine Dehnungsbehinderung infolge der Reibung zwischen Unterbeton und Bodenplatte vorhanden, die beim Erwärmen der Bodenplatte zu Druck- und beim Abkühlen zu Zugspannungen führt. Berechnungen zeigen, daß bei Anordnung von Gleitschichten, die Zwängungsspannungen vernachlässigt werden können. Als Gleitschicht zwischen dem Unterbeton und der Fundamentplatte können z. B. angeordnet werden:

— eine nackte Bitumenbahn R 333 N (Schutzschicht) und darauf 2 PE-Folien oder
— eine Bitumenschweißbahn mit 5 cm Überlappung lose verlegt.

Im Übergangsbereich vom Fundament zur Wand entstehen weitere Zwängungsspannungen, wenn die Wand auf das bereits abgekühlte bzw. geschwundene Fundament betoniert wird. Kühlt nämlich der Wandbeton ab oder schwindet er, so will er sich verkürzen; durch den Haftverbund zwischen Wand und Fundament wird die Verformung, die sich einstellen will, jedoch behindert und es entstehen Zwängungsspannungen, die zu durchgehenden Spaltrissen führen können (s. Bild 4-21). Hierbei ist zu berücksichtigen, daß während des Erwärmungsvorganges die Wand sich ausdehnen will, wodurch Druckspannungen entstehen. — Diese Druckspannungen sind immer geringer als die während der Abkühlung und die durch das Schwinden entstehenden Zugspannungen, da der E-Modul des Betons während der Abkühlung größer als der E-Modul während der Erwärmung ist. Die Spaltrisse beginnen in der Regel etwas über dem Fundament und verlaufen etwa bis zu 1/3 unterhalb der Wandhöhe (Bild 4-21); sie treten in nahezu gleichmäßigen Abständen a auf, wobei a in der Regel zwischen 3,0 m und 6,0 m schwankt (genauerer Nachweis s. [20]).

Die weitgehende Rißfreiheit im oberen Drittel der Wandhöhe liegt darin begründet, daß die Wandkrone sich gegenüber dem Wandfuß „freier" verformen kann. — Der weit-

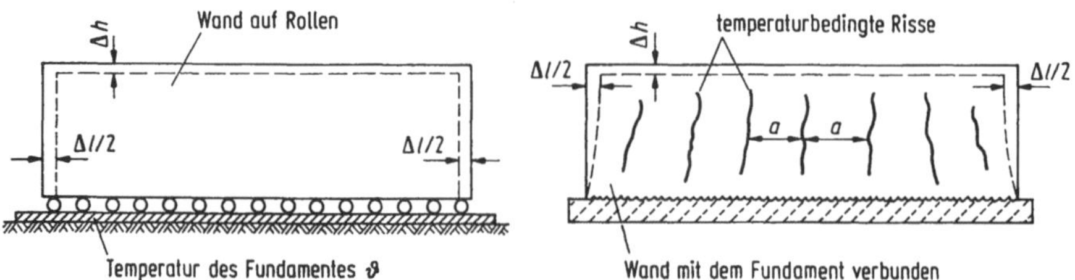

Bild 4-21. Zwängungsspannungen und Spaltrisse infolge eines Temperaturunterschiedes zwischen Fundament und Wand [7].

gehend regelmäßige Rißabstand kann dadurch erklärt werden, daß am Wandende die Zugspannung Null ist; durch die behinderte Längsdehnung der Wand wird die Zugspannung in Wandlängsrichtung soweit ansteigen, bis die Zugfestigkeit des Wandbetons erreicht ist: es entsteht dann der erste Riß. Von dem Erstriß aus bauen sich Zugspannungen wieder auf und es wiederholt sich der Vorgang, so daß sich der weitgehend gleichmäßige Rißabstand durch das jeweilige Überschreiten der Betonzugfestigkeit einstellen wird [7].

Zur Verringerung der Rißgefahr sowie zur Vermeidung von Durchfeuchtungsschäden aufgrund der durch die Zwängungsspannungen entstehenden Risse werden in der Baupraxis folgende Maßnahmen ergriffen:

a) Betontechnologische Maßnahmen zur Verringerung der Hydratationswärme
b) Anordnen von Fugen in Abständen von a (wenn kein genauerer Nachweis entsprechend [20] geführt wird, dann $a \approx 4{,}0$ m), s. Bild 4-22.
c) Anstelle der Fugenanordnung wird auch empfohlen, den Beton reißen zu lassen und die entstehenden Risse später durch Injizieren abzudichten (s. Abschnitt 4.2.4.2.7). Es ist aber anzumerken, daß das Zulassen von Rissen eine nicht anzustrebende Lösung sein sollte — vielmehr ist das Verpressen von Rissen auf diejenigen Fälle zu beschränken, bei denen trotz aller Vorsichtsmaßnahmen ungewollte Risse entstehen. Untersuchungen haben ergeben, daß im Regelfall Fugenausbildungen wirtschaftlicher sind im Vergleich zu Rißinjektionen.

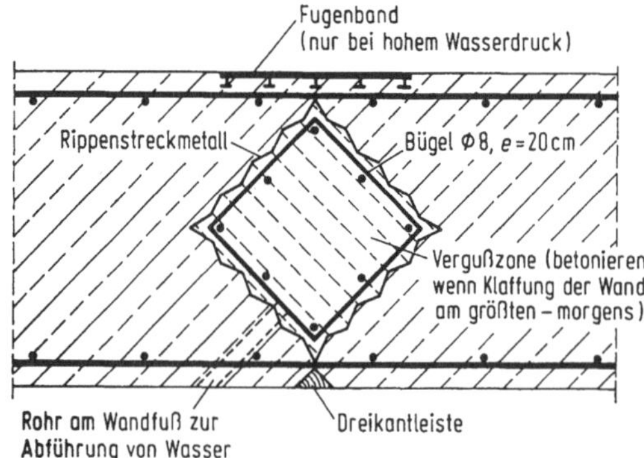

Bild 4-22. Arbeitsfuge in einer Wand zur Vermeidung unkontrollierter Spaltrisse.

4.2.4.2.5 Feuchtetransport durch Bauteile aus wasserundurchlässigem Beton

Die Problematik der Wassertransportvorgänge in porösen Baustoffen ist noch nicht eindeutig geklärt. Für baupraktische Konstruktionsaufgaben kann bei Bauteilen aus wasserundurchlässigen Beton der Gesamtfeuchtetransport (makroskopische Feuchtigkeit) näherungsweise nach [21] wie folgt ermittelt werden:

$$Q = \frac{1}{d} \cdot [\text{FC} \cdot \Delta c + \text{FT} \cdot \Delta\vartheta + \text{FP} \cdot \Delta h]\left[\frac{g}{m^2d}\right] \qquad (4\text{-}15)$$

$$Q' = Q \cdot A \ [\text{g/d}]$$

Es bedeuten:

FC   Hygrischer Feuchteleitkoeffizient, der von der Theorie der kapillaren Flüssigkeitsbewegung in porösen Stoffen ausgeht.

$$\text{FC}_{\text{Beton}} = 10^{-6} \ m^2/h \ \triangleq \ 24 \ \text{g/md} \ [21]$$

Δc Wassergehaltsdifferenz an den Bauteiloberflächen in m^3 Wasser pro m^3 Beton
    $c \approx 22$ Vol.-% für gesättigten Beton
    $c \approx \ 5$ Vol.-% für Beton in der Ausgleichsfeuchte.

FT   Thermischer Feuchteleitkoeffizient, der von einem temperaturbedingten Feuchtetransport in flüssigem und in dampfförmigem Zustand unter Berücksichtigung von Sorptionsvorgängen ausgeht und primär vom Feuchtegehalt des Baustoffes abhängt.

$$10^{-10} \ \frac{m^2}{hK} \leqq \text{FT} \leqq 10^{-8} \ \frac{m^2}{hK} \ [21]$$

Für eine überschlägliche Berechnung des Gesamtfeuchtetransportes kann FT wie folgt angenommen werden:

$$\text{FT} = 10^{-8} \ \frac{m^2}{hK} \ \triangleq \ 0{,}24 \ \frac{g}{mdK} \ \text{bei temperaturbedingten Feuchtigkeitsanreicherungen}$$

$$\text{FT} = 10^{-12} \ \frac{m^2}{hK} \ \approx 0 \, \text{g/(mdK) bei temperaturbedingten Austrocknungen}$$

$\Delta\vartheta$ Temperaturdifferenz zwischen den Bauteiloberflächen [K]

FP   Gesamtdruckbezogener Feuchteleitkoeffizient, der die Transportintensität durch ein poröses Material infolge eines Gesamtdruckgradienten beschreibt. Auch wenn ein „kompakter" Wassertransport durch die Poren eines wasserundurchlässigen Betons nicht stattfinden wird, kann näherungsweise von der materialspezifischen Durchlässigkeit des Darcyschen Gesetzes ausgegangen werden [21]

$$\text{FP} \approx 10^{-10} \ \text{cm/s} \ \triangleq \ 0{,}1 \ \frac{g}{m^2d}$$

Δh Gesamtdruckunterschied [m Wassersäule]
d Bauteildicke [m]
A Bauteiloberflächen, die vom Grundwasser berührt werden [m^2].

Anhand der Gleichung für Q kann die durch einen Bauteil aus wasserundurchlässigem Beton transportierte Feuchtigkeitsmenge größenordnungsmäßig ermittelt werden. Diese Feuchtigkeitsmenge muß von der inneren Bauteiloberfläche an die Luft wieder abgegeben werden können (Verdunstungsvorgang). Die Feuchtigkeit Q_v, die von der Luft aufgenommen werden kann, folgt zu:

$$Q_v = n \cdot m_s \cdot \frac{(100 - \varphi)}{100} \cdot V \cdot 24 \quad [\text{g/d}] \qquad (4\text{-}16)$$

Es bedeuten

Q_v von der Luft aufnehmbare Feuchtigkeitsmenge [g/d]
n Luftwechselzahl [l/h]
       $n = 0,2$ bei üblichen Kellerfenstern. Keller wird nicht belüftet
       $n = 0,5$ für Wohnräume
m_s max. Wassergehalt der Luft [g/m³] (s. Bild 4-23)
φ relative Luftfeuchtigkeit [%]
V Raumvolumen [m³]

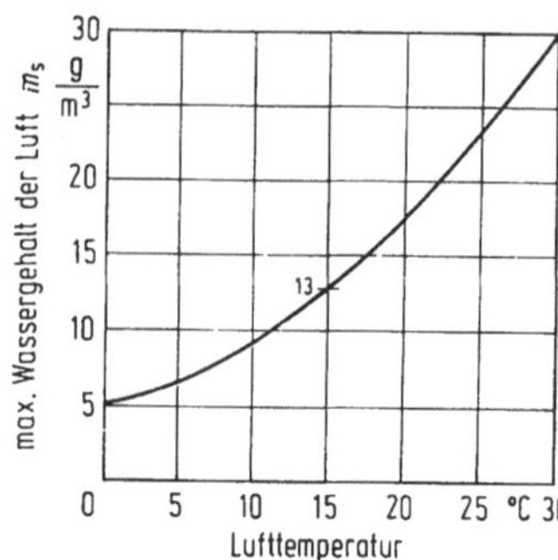

Bild 4-23. Sättigungsgehalt der Luft an Wasserdampf in Abhängigkeit von der Temperatur.

Zusammenfassend ist festzustellen, daß der Nachweis einer hinreichenden Feuchtebilanz erfüllt ist, wenn

$$Q_v \geqq 1,5 \cdot Q'.$$

Hierbei wird vorausgesetzt, daß die Abgabe der durch das Bauteil transportierten Feuchtigkeit an die Raumluft nicht durch eine dampfdichte Schicht — wie zum Beispiel einem PVC-Fußbodenbelag — behindert wird. — Bei Bauteilen aus wasserundurchlässigem Beton ist konstruktiv sicherzustellen, daß die — wenn auch in geringen Mengen —

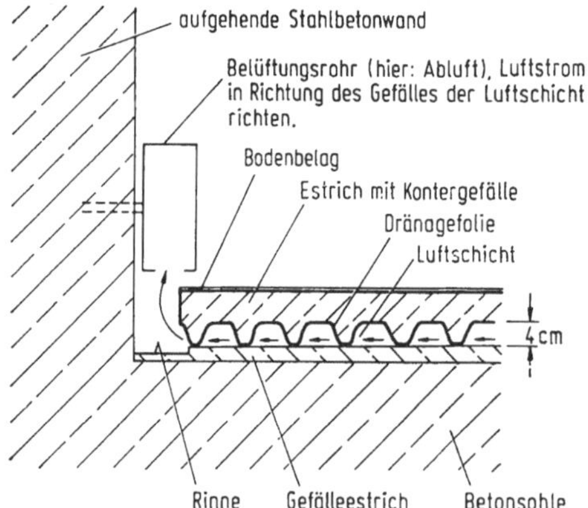

Bild 4-24. Belüfteter Fußbodenaufbau.

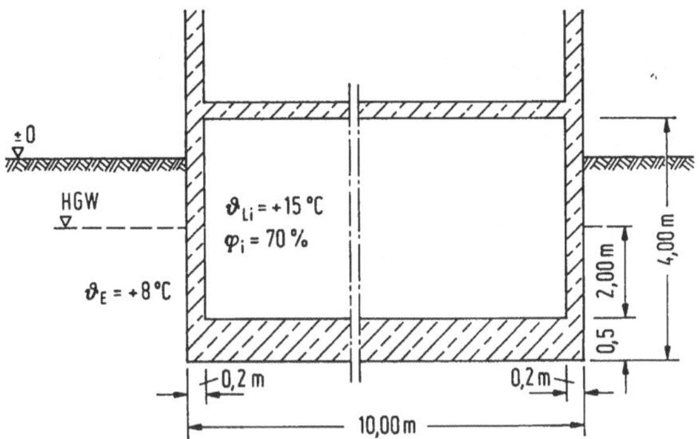

Bild 4-25. Keller aus wasserundurchlässigem Beton (s. Bemessungsbeispiel).

transportierte Feuchtigkeit an die den Bauteil umgebende Luft abgegeben werden kann; gegebenenfalls sind aufgeständerte Fußbodenkonstruktionen vorzusehen (Bild 4-24; [25]).

Beispiel

Für die in Bild 4-25 dargestellte Konstruktion ist zu prüfen, ob die durch den wasserundurchlässigen Beton hindurchtretende Grundwassermenge durch die Kellerlüftung abgeführt werden kann (verdunsten kann).

In das Gebäudeinnere transportierte Feuchtigkeitsmenge

$$Q = \frac{1}{d}\,(\text{FC} \cdot \Delta c + \text{FT} \cdot \Delta\vartheta + \text{FP} \cdot \Delta h) \quad [\text{g/m}^2\text{d}]$$

$$d_{\text{Wand}} = 0,20\,\text{m}; \quad d_{\text{Boden}} = 0,50\,\text{m}$$

$$\text{FC} = 24\,\text{g/(m} \cdot \text{d)}$$

$$\Delta c = 0,22 - 0,05 = 0,17\,\text{m}^3\,\text{H}_2\text{O/m}^3\,\text{Beton}$$

$$\text{FT} = 0,24\,\text{g/(m} \cdot \text{d} \cdot \text{K)}\ \text{für}\ \Delta\vartheta > 0$$

$$\text{FT} = 0\ \text{für}\ \Delta\vartheta < 0$$

$$\Delta\vartheta = 8° - (+15°) = -7\,\text{K}$$

$$\text{FP} = 0,1\,\text{g/(m}^2 \cdot \text{d)}$$

$$\Delta h_{\text{Wand}} = 2,0\,\text{m}; \quad \Delta h_{\text{Boden}} = 2,50\,\text{m}$$

$$Q_{\text{Wand}} = \frac{1}{0,2}\,(24 \cdot 0,17 + 0 \cdot (-7) + 0,1 \cdot 2) = 21,4\,\text{g/(m}^2 \cdot \text{d)}$$

$$Q_{\text{Boden}} = \frac{1}{0,5}\,(24 \cdot 0,17 + 0 + 0,1 \cdot 2,5) = 8,7\,\text{g/(m}^2 \cdot \text{d)}$$

$$Q' = Q_{\text{Wand}} \cdot A_{\text{Wand}} + Q_{\text{Boden}} \cdot A_{\text{Boden}} \quad [\text{g/d}]$$
$$= 21,4(2 \cdot 2,0 \cdot 1) + 8,7(9,60 \cdot 1) = 169\,\text{g/d}$$

Verdunstungsmenge

$$Q_\mathrm{v} = n \cdot m_\mathrm{s} \cdot \frac{100 - \varphi}{100} \cdot V \cdot 24 \ [\mathrm{g/d}]$$

$$n = 0{,}2\ \frac{1}{\mathrm{h}};\ \text{Keller ohne Zwangsbelüftung}$$

$$m_\mathrm{s} = 13\ \mathrm{g/m^2}\ (\text{s. Bild 4-23 für } \vartheta_\mathrm{Li} = +15°\mathrm{C})$$

$$V = 9{,}60 \cdot 4{,}00 \cdot 1{,}00 = 38{,}40\ \mathrm{m^3}$$

$$Q_\mathrm{v} = 0{,}2 \cdot 13 \cdot \frac{100 - 70}{100} \cdot 38{,}4 \cdot 24 = 719\ \mathrm{g/d}$$

Feuchtebilanz

$$Q_\mathrm{v} \overset{!}{>} 1{,}5 \cdot Q'$$

$$719\ \mathrm{g/d} > 1{,}5 \cdot 169 = 254\ \mathrm{g/d}.$$

Ergebnis: Die durch die Kelleraußenbauteile durchtretende Wassermenge kann durch die in den Kellerräumen vorhandene Lüftung ($n = 0.2$ 1/h) mit Sicherheit abgeführt werden (verdunsten), sofern die Abgabe dieser Feuchtigkeit an die Luft nicht durch eine dampfdichte Schicht behindert wird.

4.2.4.2.6 Ausführungstechnische und konstruktive Maßnahmen

Es wird empfohlen, bei der Bemessung und konstruktiven Durchbildung von Bauteilen aus wasserundurchlässigen Beton folgende Empfehlungen zu beachten:

— Die Mindestdicke der Bauteile aus wasserundurchlässigem Beton soll 20 cm betragen. Die Betondruckzone soll mindestens 15 cm dick sein.

— Die Betonüberdeckung soll minimal $c = 2{,}5$ cm, besser $c = 3{,}0$ cm, für Beton B 25 betragen. (Nach den „Zusätzlichen Technischen Vorschriften für Kunstbauten" (1980) [22], Abschnitt 6.3.5, soll bei erdberührten Bauteilen die Betonüberdeckung mindestens 5 cm betragen).

— Die Ermittlung des erforderlichen Bewehrungsprozentsatzes zur Beschränkung der Rißbreiten sollte mit dem Falkner-Diagramm [20] (Bild 4-26) geschehen.
Unabhängig von der statisch erforderlichen Bewehrung ist nach [22] mindestens eine Bewehrung vorzusehen, die Bild 4-27 entspricht bzw. pro Begrenzungsfläche muß jede Bewehrungsrichtung einen Stahlquerschnitt von 0,06% des Betonquerschnittes, jedoch mindestens $\varnothing$ 10 mm, $e = 20$ cm, oder Betonstahlmatten gleichen Querschnittes erhalten.

— Zur Einführung von Ver- und Entsorgungsleitungen in das Bauwerk sind Mantelrohre einzubetonieren (Bild 4-28). Flanschrohre mit Mittelkranz, die an die Leitungen starr befestigt werden, sind wegen möglicher Setzungen oder anderer Bauwerksbewegungen zu vermeiden.

— Schalungsanker im Wandbereich müssen wasserundurchlässig sein. Es bieten sich Gewindestähle mit verlorener Kupplungsmutter an.

— Beim Betonieren ist darauf zu achten, daß die Fallhöhe aus dem Trichter geringer als 10 bis 20 cm ist, um Entmischungsvorgängen entgegenzuwirken. Bei weicher Betonkonsistenz (K 3) sollte das Größtkorn einen Durchmesser von 8 mm nicht überschreiten.

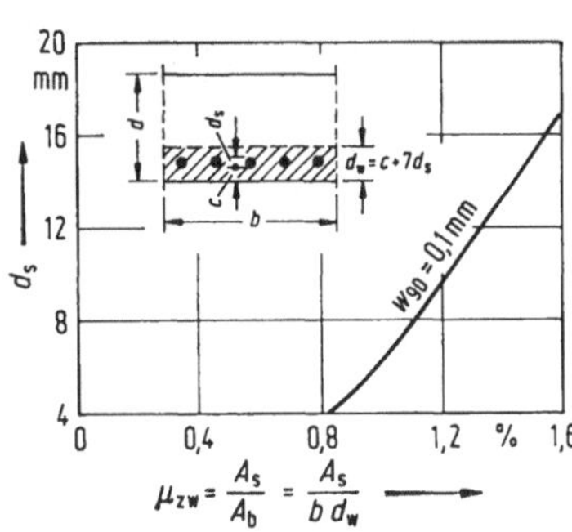

Bild 4-26. Erforderlicher Bewehrungsgehalt zur Beschränkung der Rißbreiten (Falkner-Diagramm). Gültig für B 25 und günstige Verbundlage I. — Bei Lage II wird ein Zuschlag von 30% empfohlen.

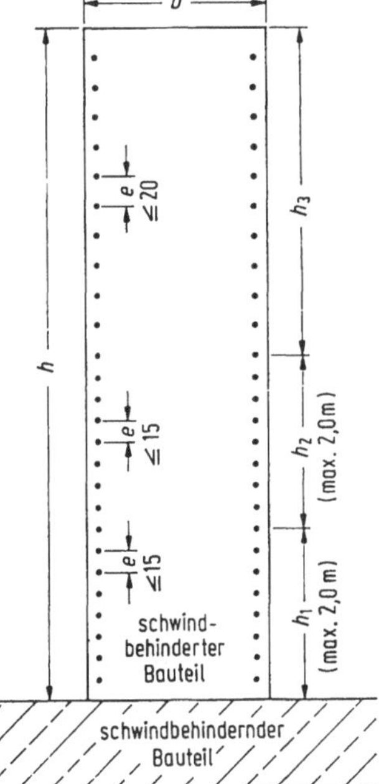

Bewehrungsbereiche h_1, h_2, h_3
für Wandhöhe h

$h \leq 2,0\,m$　　　　　$h_1 = h$

$2,0\,m < h < 4,0\,m:\ h_1 = 2,0\,m$
　　　　　　　　　　　$h_2 = h - 2,0\,m$

$h \geq 4,0\,m$　　　　$h_1 = h_2 = 2,0\,m$
　　　　　　　　　　　$h_3 = h - 4,0\,m$

Bewehrung je Wandseite im Bereich

h_1:
$b \leq 50\,cm:\ \Phi\,12,\ e \leq 15\,cm$
$b > 50\,cm:\ \Phi\,16,\ e \leq 15\,cm$

h_2:
$b \leq 50\,cm:\ \Phi\,10,\ e \leq 15\,cm$
$b > 50\,cm:\ \Phi\,12,\ e \leq 15\,cm$

h_3:
$\left. \begin{array}{l} b \leq 50\,cm \\ b > 50\,cm \end{array} \right\}\ \Phi\,10,\ e \leq 20\,cm$

Mindestbewehrung: $\Phi\,10,\ e = 20\,cm$ kreuzweis
bzw. 0,06 % von A_b je Seite

Bild 4-27. Schwindbewehrung am Übergang Fundament — Wand [22].

— Durch eine Nachverdichtung des Betons bis zu einem Betonalter von ca. 1,5 bis 4 Stunden kann die Wasserdurchlässigkeit und die Rißsicherheit im Gebrauchszustand verbessert werden.

— Die Austrocknungsmöglichkeit an der dem Druckwasser abgewandten Seite eines Bauteiles muß stets gegeben sein, so daß das durchdringende Wasser wieder austrocknen kann (siehe auch Bild 4-24 und Bild 4-29).

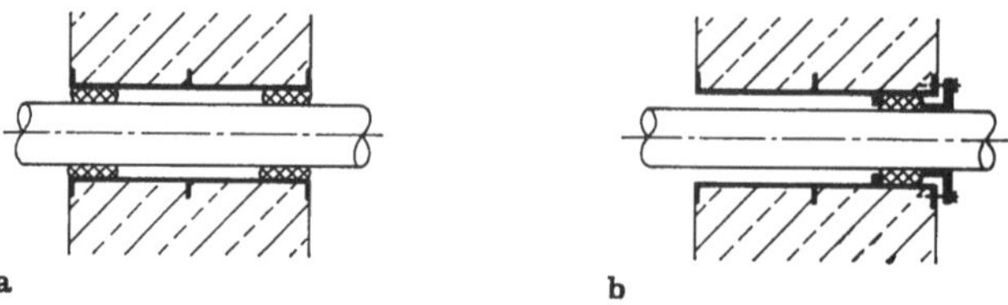

Bild 4-28. Rohrdurchführungen in Bauteilen aus wasserundurchlässigem Beton. a) Mit verstemmter Buchse, b) mit Stopfbuchse.

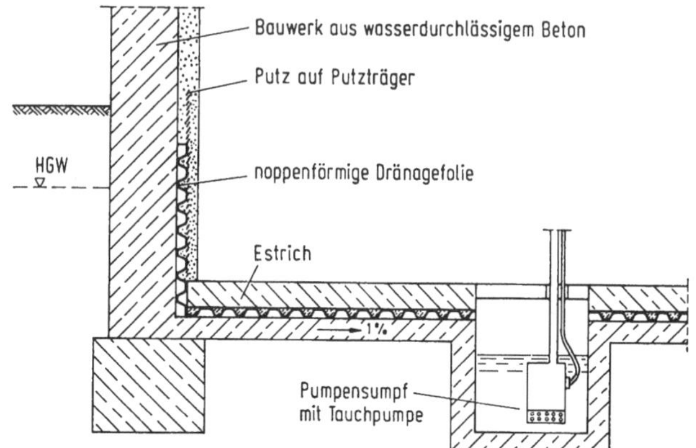

Bild 4-29. Bauwerk mit innenseitiger Dränage für Leckwasser.

— Mauerwerksinnenwände, die auf einer wasserundurchlässigen Betonsohle aufstehen, müssen eine horizontale Abdichtung (kapillarbrechende Schicht) erhalten.
— In der Regel werden Anordnungen von Fugen sowie — grundsätzlich — betontechnologische Maßnahmen ergriffen, um wasserundurchlässige Bauwerke aus Beton zu errichten. In Bild 4-22 ist die Ausbildung einer Arbeitsfuge in einer Wand dargestellt, die in der Regel nach frühestens drei Wochen ausbetoniert wird; vor dem Ausbetonieren sollte die Fuge mit Preßluft „trocken" geblasen werden, damit eine besondere Kraftschlüssigkeit erreicht wird. In Bild 4-30 ist eine mögliche Fugenausbildung im Bereich einer Fundamentplatte dargestellt. Bei größeren und dickeren Fundamentplatten sollten mehrere Betonierabschnitte (ohne Vergußzonen) so angeordnet werden, daß die einzelnen Abschnitte schachbrettartig betoniert werden können.
— Die Fugenausbildung am Übergang von der Fundamentplatte zur Wand kann entsprechend Bild 4-31 ausgeführt werden. Die Verwendung von außenliegenden Fugenbändern (Bild 4-31 b) hat gegenüber mittig angeordneten Fugenbändern (Bild 4-31 a) wirtschaftliche Vorteile, da eine Halterungskonstruktion entfallen kann. Außenliegende Fugenbänder werden jedoch konträr beurteilt (zum Beispiel in [23]), da sie beim Ausschalen unter Umständen herausgerissen werden können und weil bei horizontal verlegten Fugenbändern die Umhüllung der Nockenstreifen mit Beton durch auf der Nockenunterseite eingeschlossene Luftblasen beim Verdichten oder durch

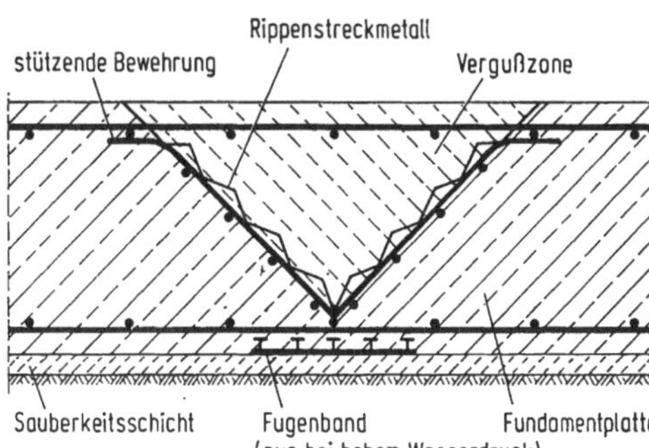

Bild 4-30. Fuge in einer Fundamentplatte.

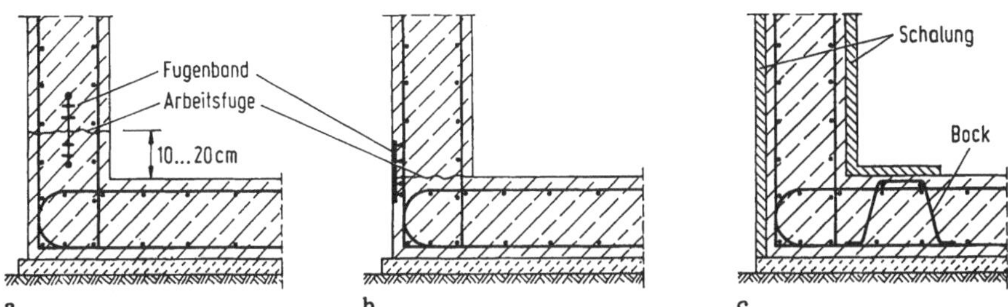

Bild 4-31. Übergang Fundamentplatte — Wand aus wasserundurchlässigem Beton.

a) Arbeitsfuge 10—20 cm über OK-Fuge, damit das Fugenband oberhalb der Bewehrung in der Fundamentplatte liegt. Das Fugenband muß seitlich gut gehalten werden, damit es beim Betonieren nicht gefaltet wird.

b) Außenliegendes Fugenband.

c) Gleichzeitiges Betonieren von Wand und Platte. Massive Unterstützungsböcke für Deckschalung und obere Bewehrung.

Ablagerungen von Schmutz und Grobkorn auf der Nockenoberseite mangelhaft sein kann. Es wird deswegen empfohlen, daß bei Vorhandensein von hohem Wasserdruck, zwei Fugenbänder — in der Mitte und außen — angeordnet werden.

Wenn dampfdichte Wand- bzw. Fußbodenbeläge ausgeführt werden sollen, bietet es sich an, diese z. B. auf einem aufgeständerten Fußboden zu verlegen (s. Bild 4-24 und Bild 4-29), damit durch eine Belüftung des Raumes zwischen dem Fundament und dem Bodenbelag die — wenn auch geringe — Feuchtigkeit abgeführt werden kann [25].

Zusammenfassung

Zusammenfassend werden sämtliche Nachweise aufgeführt, die zweckmäßigerweise bei der Konstruktion von Bauwerken aus wasserundurchlässigem Beton zu führen sind:

— Prüfung der Aggressivität des Grundwassers
— Übliche Bemessung nach DIN 1045
— Rissebeschränkungsnachweis nach DIN 1045
— Ermittlung eines erforderlichen Bewehrungsgehalts zur Beschränkung der Rißbreiten nach Falkner (s. Bild 4-26 bzw. nach [23], Bild 4-27)

— Nachweis der Eigenspannungen (Schalenrisse)
— Nachweis der Zwängungsspannungen (Spaltrisse)
— Ermittlung der in das Gebäude transportierten Feuchtigkeitsmenge
— Nachweis der Austrocknung der in das Gebäude transportierten Feuchtigkeit
— Auftriebssicherung des Bauwerkes.

4.2.4.2.7 Nachträgliches Abdichten von Rissen in Bauteilen aus wasserundurchlässigem Beton

Im Gegensatz zu mit Außenhautabdichtungen auf bituminöser oder auf Kunststoffbasis versehenen Bauwerken lassen sich Leckagen in Bauteilen aus wasserundurchlässigem Beton leichter orten, weil das Wasser unmittelbar durch den Riß oder die Fehlstelle austritt. Das nachträgliche Schließen dieser Risse bzw. Fehlstellen geschieht durch Verpressen, wobei zur Zeit im wesentlichen folgende Stoffe als Verpreßmittel verwendet werden [10]:

a) Zementsuspension,
b) Epoxidharz,
c) Modifiziertes Polyurethan (Polythixon),
d) Acrylamid (AM-9).

Zementsuspensionen werden hauptsächlich für das Schließen von größeren Fehlstellen (Kiesnester o. ä.) verwendet, während sie in feine Risse nicht einzudringen vermögen.

Mit Epoxidharzen liegen die meisten Erfahrungen vor, sie eignen sich dazu, Fehlstellen kraftschlüssig zu schließen und erfüllen auch die Aufgaben des Korrosionsschutzes. Voraussetzung ist, daß das Epoxidharz dünnflüssig und feuchtigkeitsunempfindlich ist; weiterhin ist es erforderlich, daß aus den Rissen im Beton kein Wasser austritt und daß die abzudichtenden Stellen nahezu trocken sind. Da insbesondere die letzte Forderung schwer einzuhalten ist (langlaufende Wasserhaltung), werden Epoxidharze für Abdichtungsaufgaben in letzter Zeit seltener eingesetzt [10].

Modifizierte Polyurethane eignen sich für die Abdichtung von Fehlstellen in hohem Maße, weil sie sich je nach Größe der Fehlstelle (Kiesnest bzw. Riß) in ihrer Viskosität und ihrem Erhärtungsverlauf einstellen lassen. Polythixon ist nicht mit Wasser mischbar und härtet unter Wasser aus. Im ausgehärteten Zustand besitzt Polythixon gummiartige Eigenschaften.

Auch das für Abdichtungsaufgaben verwendete Acrylamid weist im ausgehärteten Zustand gummielastische Eigenschaften auf. Es wird in wässeriger Lösung verarbeitet, wobei durch Zugabe eines Katalysators der Beginn der Erhärtung (Polymerisation) in weiten Grenzen beeinflußt werden kann. Damit ist das Mittel auch für die Abdichtung größerer Undichtigkeiten (Wassereinbrüche) geeignet. — Zu beachten ist aber, daß das Acrylamid — auch im ausgehärteten Zustand — gesundheitsschädlich sein kann (Schutzmaßnahmen erforderlich), und daß es beim Erhärten schwindet, so daß bei nicht ständig durchfeuchteten Bauteilen Undichtigkeiten auftreten können; in Bauteilen, die austrocknen können, ist als Abdichtungsmittel Polythixon zu bevorzugen.

Das Einbringen der Abdichtungsmittel in die Risse und Fehlstellen geschieht je nach Rißbreite: Auf trockenem Beton werden bis zu Rißbreiten von etwa 0,6 mm Stahlplatten mit einem schnellerhärtenden Epoxidharzkleber aufgeklebt; in den Stahlplatten sind Verpreßröhrchen im Abstand von ca. 20 cm eingelassen, durch die das Abdichtungsmittel unter einem Überdruck eingepreßt wird.

Bei Rißbreiten über 0,6 mm und bei nassem Beton werden in die Risse direkt Verpreß-röhrchen (sogenannte „Packer") ca. 3 bis 5 cm tief in Bohrungen eingesetzt. Das Auspressen geschieht fortlaufend, bis am benachbarten Packer das Verpreßmittel heraustritt. — Fehlstellen werden ebenfalls durch Packer abgedichtet, wobei Einbohrtiefe und Abstand der Packer von der Größe der Undichtigkeiten abhängig sind.

Im Hinblick darauf, daß sich Undichtigkeiten im Beton unter Umständen erst nach längeren Zeiträumen einstellen — wenn z. B. der Grundwasserspiegel nach dem Abstellen der Grundwasserhaltung wieder angestiegen ist —, besteht auch die Möglichkeit, von vornherein Leckagen unwirksam zu machen. Hierzu werden Dränagefolien auf der Bauwerksinnenseite angeordnet. Die Dränage besteht aus einer noppenförmigen Kunststoff-Folie (Bild 4-29), die so an dem Bauwerk angebracht wird, daß in den Räumen zwischen dem Bauwerk und der Folie das durchsickernde Wasser in einem Pumpensumpf gefaßt werden kann (Bild 4-29) und Bild 4-32).

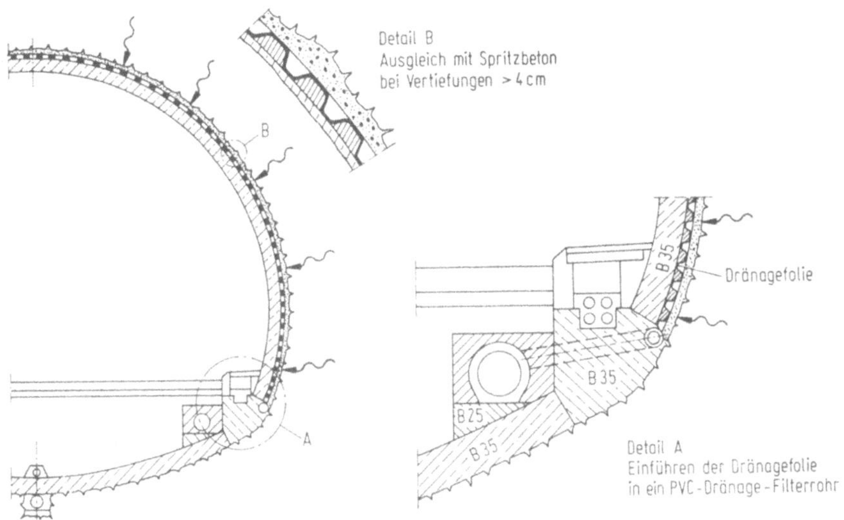

Bild 4-32. Tunnel mit Dränagesystem [11].

4.2.5 Sperrputze und Dichtschlämmen

Sowohl die Sperrputze als auch die Dichtschlämmen bestehen aus Normenzement, Quarzsand und chemischen Zusatzstoffen. Das Gemisch reagiert mit dem vorhandenen freien Kalk und bildet mit diesem eine wasserunlösliche, wasserundurchlässige Verbindung.

Der Vorteil der Sperrputze und Dichtschlämmen ist darin zu sehen, daß sie leicht verarbeitbar sind, auf mineralischen Untergründen haften und frostbeständig sind.

Der Nachteil der Materialien ist in der Regel darin zu sehen, daß sie empfindlich gegenüber Bauwerksbewegungen sind (Setzungen, Durchbiegungen u. ä.).

4.2.6 Bentonit

Bentonit ist ein Ton, dessen Name 1890 von einem amerikanischen Geologen nach dem bedeutendsten Fundort dieses Tones in der Nähe von Fort Benton (Wyoming, USA) geprägt wurde. — Der Bentonit besitzt die Eigenschaft, das 5- bis 7fache seines Gewichtes an Wasser zu binden, wodurch sich sein Volumen auf das ca. 12- bis 15fache vergrößert. Durch eine begrenzte Auflast bzw. durch den seitlichen Erdwiderstand schwillt der Bentonit bei Wasseraufnahme so lange, bis Anpreßdruck und Schwelldruck im Gleichgewicht stehen (Bild 4-33 und Bild 4-34) [12]. Der Quellvorgang ist reversibel, d. h., das Wasser kann wiederholt abgegeben und wieder aufgenommen werden. Die abdichtende Wirkung der Betonitschicht zwischen dem Bauwerk und dem Erdreich beruht auf dem Quellvermögen und der damit verbundenen geringen Wasserdurchlässigkeit des Tonminerals. Als Maßzahl für die Durchlässigkeit wird der Durchlässigkeitsbeiwert k nach Darcy gewählt

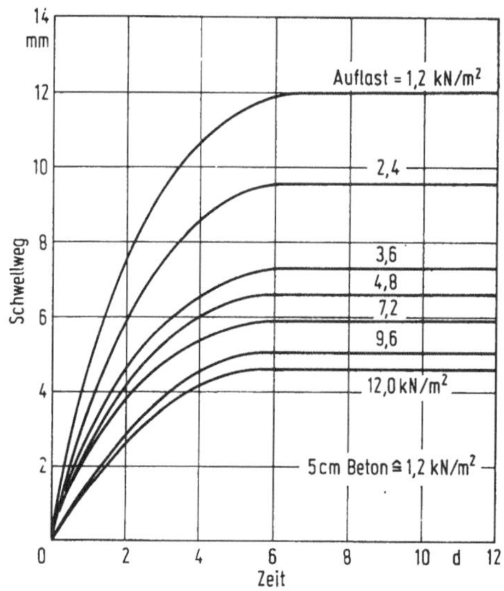

Bild 4-33. Schwellweg von Bentonit (Volclay-Panels) in Abhängigkeit von der Zeit [12].

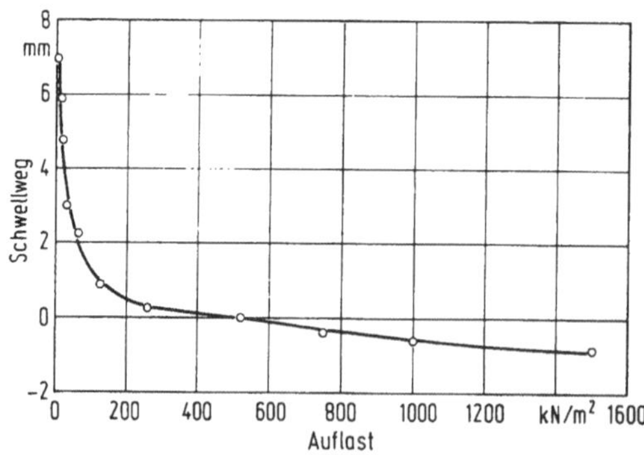

Bild 4-34. Schwellweg von Bentonit in Abhängigkeit von der Auflast [12].

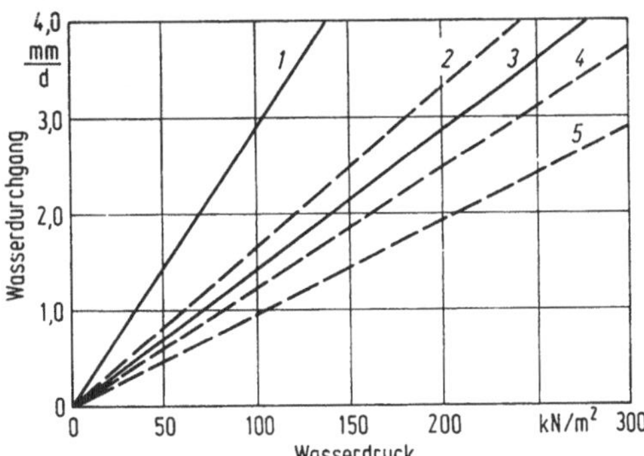

Bild 4-35. Wasserdurchgang durch eine Abdichtung aus einer Lage Bentonit (Volclay-Panel) und Stahlbeton [12].

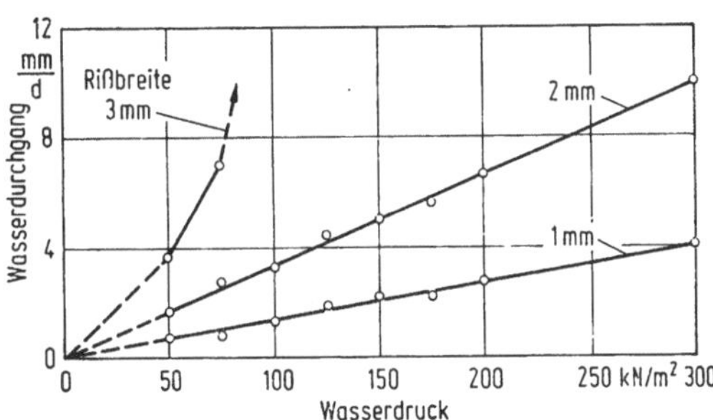

Bild 4-36. Wasserdurchgang durch das Bentonit (Volclay-Panel) in Abhängigkeit von der Rißbreite des Betons.

Der k-Wert ist u. a. abhängig von dem Anpreßdruck, der Zeit, der Salzkonzentration [val/l] und dem Elektrolyt im Wasser sowie dem Umstand, ob der Bentonit vorgequollen ist oder nicht. Es kann im Mittel von einem k-Wert des Bentonits von $2 \cdot 10^{-11}$ m/s ausgegangen werden. Im Vergleich dazu weist ein wasserundurchlässiger Beton einen k-Wert von ca. 10^{-9} m/s auf; d. h., daß in abdichtungstechnischer Hinsicht eine 5 cm dicke Bentonitschicht einer 50 bis 100 cm dicken Betonschicht entspricht. Im Bild 4-35 ist der Wasserdurchgang in Abhängigkeit vom anstehenden Wasserdruck aufgetragen. Es ist leicht, nachzuweisen, daß die durchdringende Feuchtigkeit an der Luftseite verdunsten kann, wenn nur eine ausreichende Belüftung im Keller vorhanden ist (Luftwechselzahl $n \geqq 1{,}0\,\mathrm{h^{-1}}$).

Im Rahmen von Zulassungsversuchen [12] wurde nachgewiesen, daß die abdichtende Wirkung des Bentonits auch im Bereich von Überlappungsstößen, Arbeitsfugen und Betonrissen bis zu 2 mm Breite (Bild 4-36) gewährleistet ist. — Weiterhin konnte nachgewiesen werden [13], daß die abdichtende Wirkung des Bentonits auch bei hohen Temperaturen ($\vartheta \approx 100\,°\mathrm{C}$) erhalten bleibt, Temperaturen, bei denen bituminöse Abdichtungen und Kunststoffabdichtungen versagen.

Erfahrungen mit Abdichtungssystemen auf der Basis von Bentonit bestehen in den USA seit 1964. Seit 1977 ist das Volclay-Abdichtungssystem auch auf dem deutschen Markt vertreten [11]. Das Abdichtungssystem besteht aus $1{,}22 \times 1{,}22$ m großen Wellpappen, die mit Bentonit gefüllt sind (Bild 4-37). Die Wellpappen dienen als Flächenabdichtung und werden mit 4 cm Überlappung verlegt. — Für die Abdichtung von Dehnungsfugen, Rohrdurchlässen u. ä. werden Stangen mit unterschiedlichen Querschnittsabmessungen in

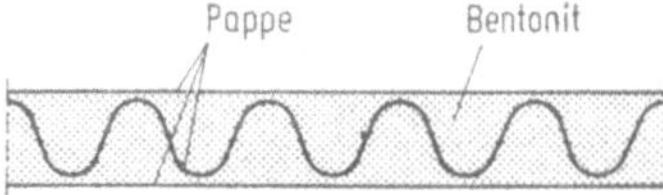

Bild 4-37. Aufbau eines Volclay-Panels mit Bentonit-Füllung [11].

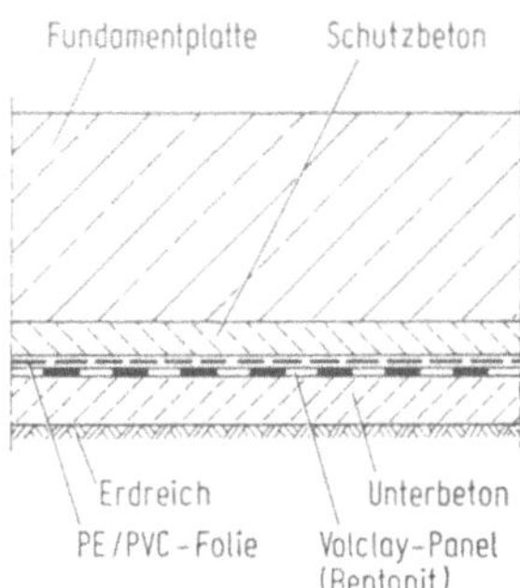

Bild 4-38. Abdichtung einer Fundamentplatte [11].

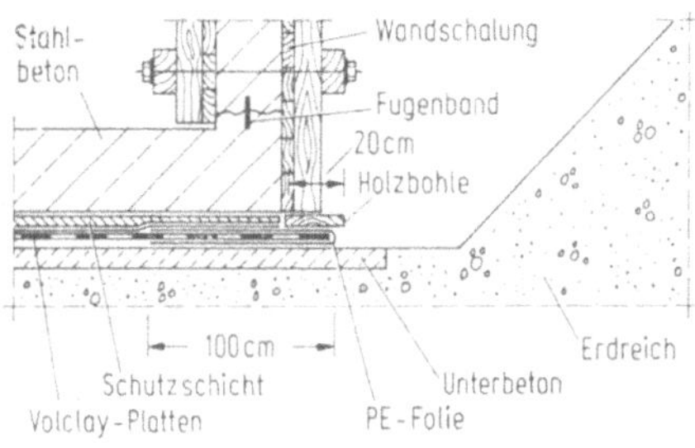

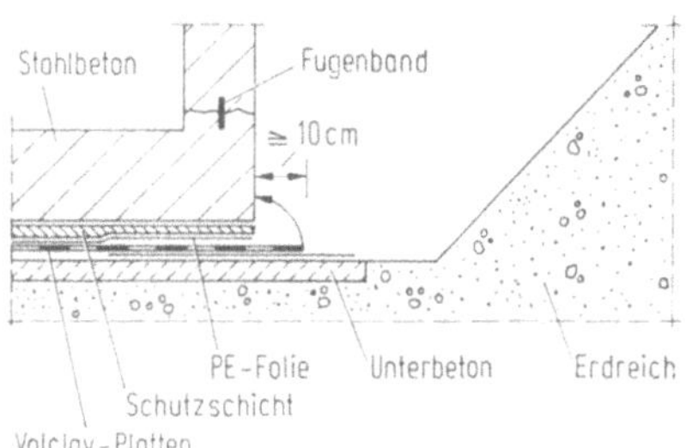

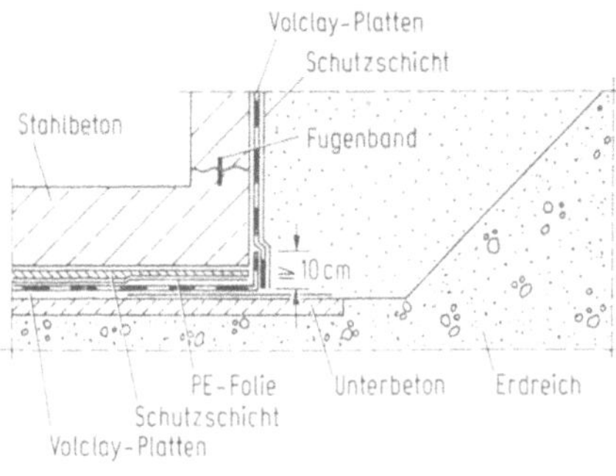

Bild 4-39. Arbeitsablauf bei der Herstellung einer Abdichtung mit Volclay-Panels [11].

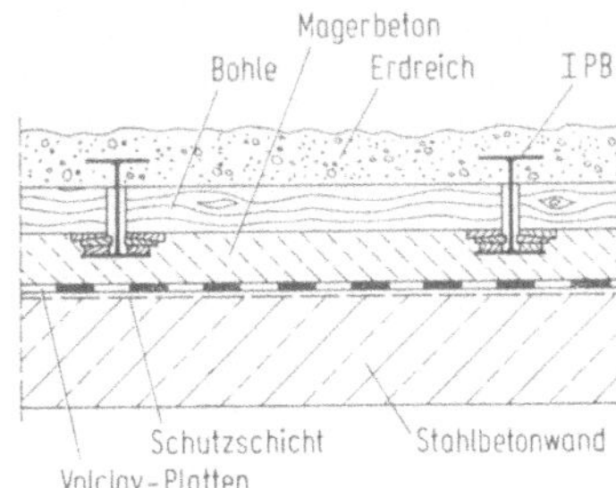

Bild 4-40. Abdichtung einer Trägerbohlenwand mit Holzverbau [11].

Papp- und Gelatineumhüllungen geliefert. Einige Details sind in den Bildern 4-38 bis 4-40 dargestellt. Es ist zu beachten, daß die Volclay-Platten während der Bauzeit gegen Zutritt von Oberflächenwasser und mechanischen Beschädigungen geschützt werden müssen. Als Schutzschichten können PU-Schichten aufgespritzt werden oder PVC- bzw. PE-Folien und Schutzbeton gewählt werden. Die Verwendung des Volclay-Abdichtungssystems ist in einer Zulassung des Instituts für Bautechnik geregelt; allgemeine Bemessungskriterien können [26] entnommen werden.

4.2.7 Trennschichten

Die lose zu verlegenden Trennschichten haben die Aufgabe, einen Verbund zwischen der Abdichtung und den angrenzenden Bauteilschichten zu verhindern, um die Übertragung von Bewegungen zwischen den Schichten auszuschließen. Werden vollflächig auf einem Beton aufgeklebte Abdichtungen, z. B. durch eine Rißbildung im Beton, auf Zug

Tabelle 4-9. Trennschichten nach DIN 18195 Teil 2

	1	2
		Flächengewicht g/m²
a	Ölpapier	mind. 50
b	Rohglasvlies nach DIN 52141	60 bis 100
c	Vliese aus Chemiefasern	mind. 150
d	Lochglasvlies-Bitumenbahn, einseitig grob besandet[1]	mind. 150
e	Polyethylen- (PE-) Folie	140 bis 180

[1] Lochanzahl: 120 bis 140 Stück/m²,
Lochdurchmesser: 16 bis 20 mm,
Lochanordnung: in Bahnenlängsrichtung versetzt,
Lochabstände: in Bahnenlängsrichtung 90 bis 120 mm,
                     untereinander 70 bis 100 mm

beansprucht, so reißen in der Regel die Abdichtungen ebenfalls (vgl. Bild 4-13). Nach DIN 18195 Teil 2 können die in Tabelle 4-9 aufgeführten Stoffe für Trennschichten verwendet werden.

4.2.8 Schutzschichten

Schutzschichten haben die Aufgabe, die Bauwerksabdichtung dauerhaft vor schädigenden Einflüssen statischer, dynamischer und thermischer Art zu schützen. Im Gegensatz zu den Schutzschichten dienen *Schutzmaßnahmen* dazu, die Bauwerksabdichtung vorübergehend (während der Bauzeit) zu schützen.

Bewegungen und Verformungen der Schutzschichten dürfen die Abdichtung nicht beschädigen. Erforderlichenfalls sind zwischen Schutzschicht und Abdichtung Trennschichten anzuordnen. Schutzschichten werden nach den für ihre Herstellung verwendeten Stoffen unterschieden in

— feste Schutzschichten (Mauerwerk, Ortbeton, Mörtel, Platten)
— weiche Schutzschichten (Gußasphalt, bituminöse Dichtungsbahnen).

Die Art der Schutzschicht ist in Abhängigkeit von der zu erwartenden Beanspruchung und den örtlichen Gegebenheiten auszuwählen; sie ist unabhängig von der Art der Wasserbeanspruchung. Hinsichtlich der Ausführung der Schutzschichten vgl. DIN 18195 Teil 10. Insbesondere ist zu beachten, daß das Verfüllen der Baugrube nur mit nichtbindigen Böden (Feinkies, Sand) erfolgen darf (s. DIN 18300 Abs. 3.08), wobei Bauschutt, Steine o. ä. nicht zum Verfüllen verwendet werden dürfen. Wenn ausnahmsweise bindiger Boden zum Verfüllen verwendet wird, darf er nicht in nassem Zustand oder bei feuchter Witterung eingebracht werden. Der Boden ist in höchstens 30 cm hohen Schichten einzubringen und mit leichtem Gerät zu verdichten. — Als Schutzschichten haben sich u. a. auch Dränplatten aus Polystyrol bewährt.

Bei der Ausbildung von festen Schutzschichten aus Mauerwerk (z. B. als Wandrücklage für bituminöse Abdichtungen — vgl. Bild 4-67) erfüllt die Schutzschicht auch die Aufgabe der Schalung. Da das Mauerwerk in engen Abständen gefugt sein muß, ist dessen Standsicherheit durch Absteifungen im Abstand von $a \leq 2{,}0$ m sicherzustellen; durch horizontale Bohlen zwischen den Absteifungen ist eine flächenhafte Stützung der Wandrücklage zu gewährleisten. Wenn die Stützkonstruktionen zu früh entfernt werden, kann u. U. Niederschlag zwischen die Abdichtung und der Wandrücklage eindringen und es kann bei Frost die Wandrücklage „abgedrückt" werden.

4.3 Beanspruchung der Bauwerke durch Bodenfeuchtigkeit und Brauchwasser

4.3.1 Wasserkreislauf

Während des Kreislaufes des Wassers in der Natur werden die Bauwerke durch dieses Wasser beansprucht (Bild 4-41). Gegen die unterschiedlichen Arten der Beanspruchung durch das Wasser sind geeignete Schutzmaßnahmen zu ergreifen.

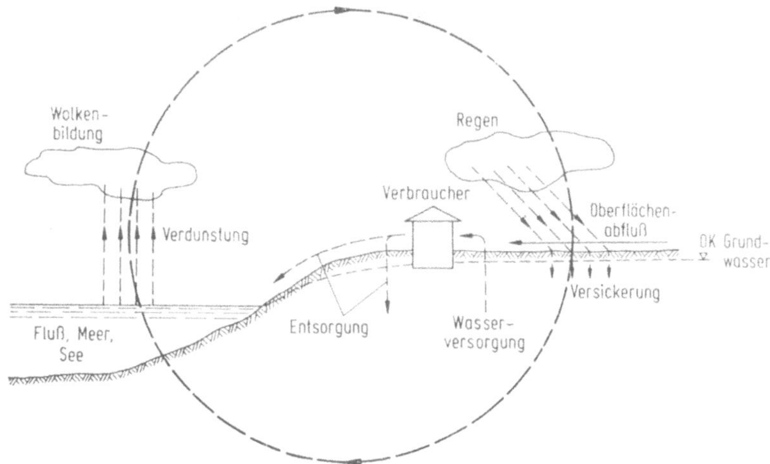

Bild 4-41. Wasserkreislauf in der Natur.

4.3.2 Wasser im Erdreich

Die Niederschläge (Regen, Hagel, Schnee) führen zu einem Zufluß an Wasser im Erdreich. Die Verteilung des Wassers im Erdreich ist im wesentlichen von der Bodenschichtung
abhängig. In Bild 4-42 sind die wesentlichen Arten des im Boden auftretenden Wassers
dargestellt [17].

Sickerwasser ist der auf dem Wege zum Grundwasser durch den Boden sich befindende
Niederschlag. Das Sickerwasser unterliegt der Schwerkraft. Es füllt die groben Poren des
Erdreichs in lose zusammenhängendem Verband. Bei gut entwässernden Böden bleibt das
Sickerwasser nur kurze Zeit (wenige Tage) im Boden; in schlecht entwässernden Böden

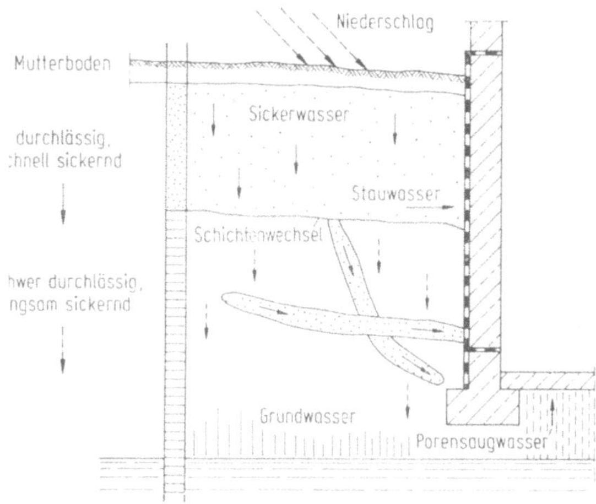

Bild 4-42. Wasserzufluß an ein
Bauwerk [14].

füllt das Sickerwasser den Porenraum und führt zu einer Vernachlässigung des Bodens. Sickerwasser befindet sich in nichtbindigen Böden.

Stauwasser: Trifft das Sickerwasser auf eine weniger wasserdurchlässige Schicht, so wird es gestaut, und der Porenraum in der wasserdurchlässigen Schicht füllt sich mit Wasser — dem Stauwasser. Dieses Wasser steht im zusammenhängenden Verband und übt einen *hydrostatischen Druck* auf Bauteile aus, die sich im Stauwasser befinden.

Schichtenwasser: Ist ein wenig wasserdurchlässiger Boden von gut durchlässigen Bodenschichten durchsetzt (z. B. Kiesadern im Lehmboden), so fließt das Sickerwasser vornehmlich in diesen Schichten ab. Treffen diese Schichten auf ein Bauwerk, so wird das Schichtenwasser angestaut und es bildet sich Stauwasser, das mit einem Druck auf das Bauwerk einwirkt.

Das unter Druck stehende Schichten- oder Stauwasser beansprucht ein Bauwerk in hohem Maße; seinem Auftreten ist rechtzeitig Beachtung zu schenken. — Häufiger Schadensfall: Nach dem Ausheben der Baugrube in wenig wasserdurchlässigem Boden (z. B. Lehm), wird der Raum zwischen Bauwerk und gewachsenem, wenig durchlässigem Boden mit lockerem Boden (Bauschutt, Mutterboden, Kies) verfüllt. In dem Verfüllraum stauen sich die Niederschläge und dringen bei unzureichender Abdichtung des Gebäudes in dieses ein (Bild 4-43).

Grundwasser. Grundwasser füllt im Gegensatz zum Sickerwasser die Poren und Hohlräume zwischen den Bodenteilchen völlig aus.

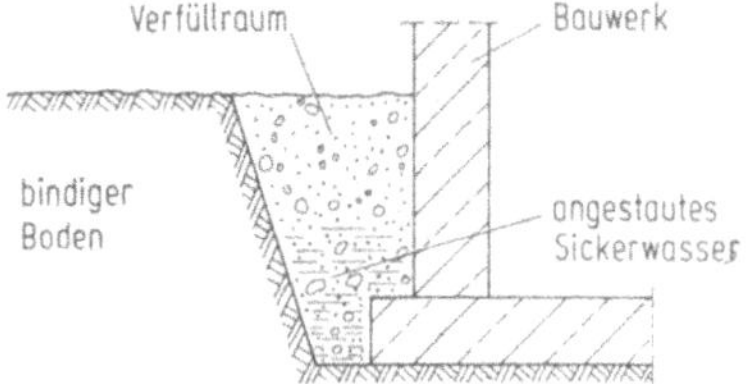

Bild 4-43. Beanspruchung eines Bauwerks durch Stauwasser mit einem hydrostatischen Druck.

Tabelle 4-10. Bodenkennwerte [14]

	Bodenart nach DIN 4023	Korngröße mm	Kap. Steighöhe cm	$k_f \triangleq$ Durchlässigkeit cm/s
	Steine Blöcke	> 60	0	durchlässig
Kies	Grobkies Mittelkies Feinkies	20—60 6—20 2—6	∼0 ∼0 5	durchlässig durchlässig $> 1 \times 10^{-2}$
Sand	Grobsand Mittelsand Feinsand	0,6—2 0,2—0,6 0,06—0,2	10 25 50—100	10^{-2} bis $1,5 \times 10^{-3}$ $1,5 \times 10^{-3}$ bis $1,5 \times 10^{-4}$ $1,5 \times 10^{-4}$ bis $5,5 \times 10^{-6}$
	Schluff	0,002—0,06	200—1 000	$5,5 \times 10^{-6}$ bis 10^{-7}
	Ton	< 0,002	> 1 000	10^{-7} bis 10^{-9}

Porensaugwasser. Über dem freien Grundwasserspiegel wird je nach Art und Größe der Poren Wasser entgegen der Schwerkraft infolge der Kapillaraktivität des Bodens transportiert. Um das Porensaugwasser vom Bauwerk abzuhalten, wird in der Regel unterhalb der Kellersohle eine ca. 15 cm dicke kapillarbrechende Bodenschicht (Mittel- oder Grobkies) angeordnet (s. Tabelle 4-10).

4.4 Schutz des Bauwerks gegen Bodenfeuchtigkeit (Sickerwasser)

4.4.1 Beanspruchung des Bauwerks

Abdichtungsmaßnahmen gegen Bodenfeuchtigkeit dürfen nach DIN 18195 Teil 4 nur für Bauwerke in *nichtbindigen* Böden ausgeführt werden. Nichtbindige Böden sind für Niederschläge so durchlässig, daß das anfallende Wasser bis zum Grundwasser frei versickern kann und nicht angestaut wird. Die Abdichtung muß demnach das Bauwerk gegen im Boden vorhandenes, kapillar gebundenes Wasser schützen. Weiterhin haben die Abdichtungsmaßnahmen die durch Kapillarkräfte in den Bauteilen mögliche Wasserbewegung zu unterbinden, um Feuchteschäden zu vermeiden. In Bild 4-44 ist die mög-

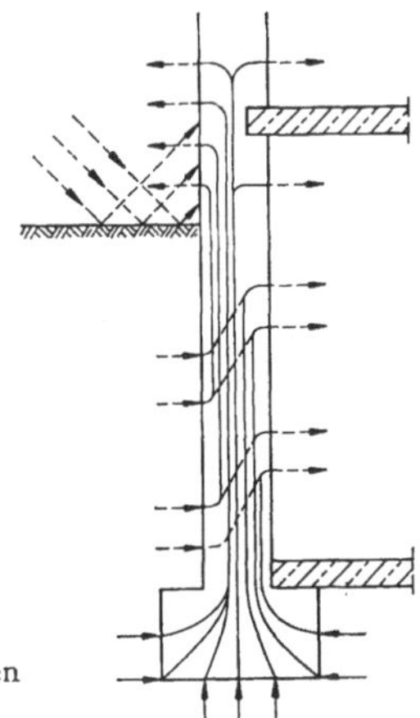

Bild 4-44. Wasserbewegung in einer nicht abgedichteten Mauerwerkswand.

liche Feuchtebewegung in einer ungeschützten Wand dargestellt; hieraus können die erforderlichen Stellen für Abdichtungsmaßnahmen abgeleitet werden:

— Waagerechte Schutzschicht über dem Fundament
— Waagerechte Schutzschicht unterhalb der Kellerdecke
— Schutz der Kellersohle
— Senkrechte Schutzschicht.

Auf den dichten Anschluß zwischen der vertikalen und den horizontalen Abdichtungen ist zu achten.

4.4.2 Horizontale Abdichtung in den Kellerwänden

4.4.2.1 Abdichtung über dem Fundament

Die waagerechte Abdichtung über dem Fundament soll das Aufsteigen von Wasser in der Wand infolge Kapillarwirkung unterbinden. Die Abdichtung soll nach DIN 18195 Teil 4 ca. 10 cm über OK Kellerfußboden angeordnet werden. Durch die Höhenlage soll erreicht werden, daß — für den Fall, daß der Kellerfußboden gleichzeitig mit den Fundamenten hergestellt wird — Wasser, das auf dem Kellerfußboden angestaut wird und in das Mauerwerk eindringt, nicht über die horizontale Abdichtung aufsteigen kann (Bild 4-45).

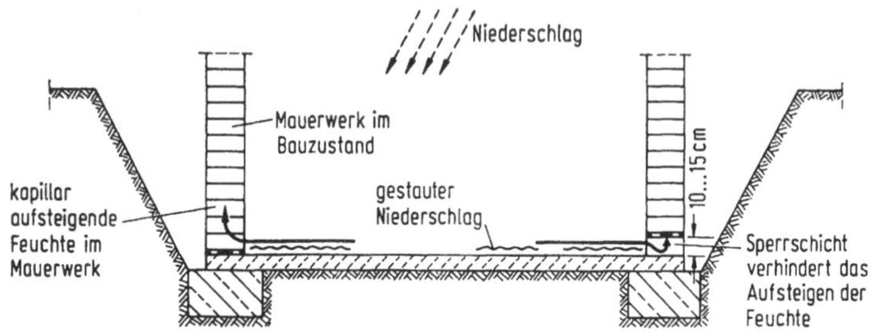

Bild 4-45. Aufsteigende Feuchtigkeit in einer Wand in Abhängigkeit von der Lage der horizontalen Abdichtung über dem Fundament.

Da der Anschluß der horizontalen Sperrschicht mit der vertikalen Sperrschicht außen aber auch mit der raumseitigen hochgezogenen Sperrschicht des Kellerfußbodens Schwierigkeiten bereitet, besteht folgende Lösung, um die Sperrschicht in Höhe des Fundamentes auszuführen:

— Horizontale Sperrschicht ca. 5—10 cm über OK Fundament auf glatt abgezogenem Zementmörtel mit mindestens 15 cm seitlichem Überstand (zum Anarbeiten der vertikalen Sperrschicht bzw. der Kellerbodenabdichtung anordnen (Bild 4-46)
— während der Bauarbeiten sind die seitlich überstehenden Sperrschichten zu schützen (abdecken mit Bohlen)

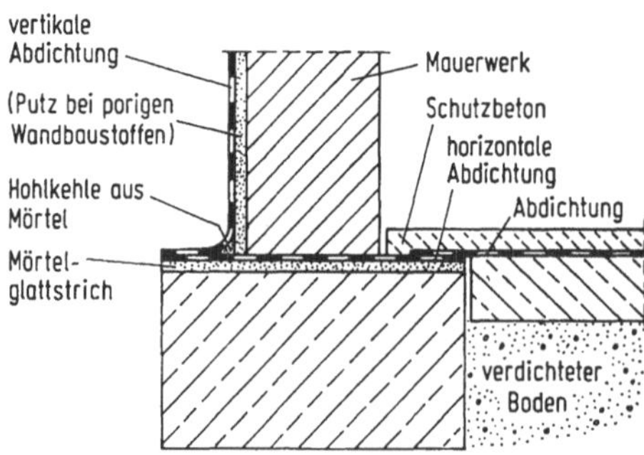

Bild 4-46. Abdichtung direkt über dem Fundament.

— das Betonieren der Kellersohle soll erst erfolgen, wenn die Kellerdecke bereits betoniert ist, um anstauendes Wasser auf der Kellersohle zu verhindern. Wenn die Kellersohle gleichzeitig mit den Fundamenten geschüttet werden soll (Bauablauf, Arbeitsebene für Maurerarbeiten u. ä.), dann ist die Sohle mit einem von den Wänden wegführendem Gefälle auszuführen; das abfließende Wasser ist in einem Sickerschacht zu fassen.

Die waagerechten Abdichtungen müssen mindestens aus einer Lage Bitumendach- oder Dichtungsbahnen bestehen. Besser ist es jedoch, wenn die waagerechte Abdichtung zweilagig ausgeführt wird, um eine größere Sicherheit gegenüber Durchfeuchtungen infolge mechanischer Beschädigungen der Abdichtung oder gegenüber Durchfeuchtungen im Bereich der Bahnenstöße zu erreichen. Die Abdichtungsbahnen dürfen weder aufgeklebt noch — bei mehrlagiger Verlegung — miteinander verklebt werden (Gleitgefahr).

Bei Gebäuden, die einseitig durch Erddruck beansprucht werden (z. B. Häuser am Hang), ist ein Abgleiten durch Nocken (stufenförmige Führung der horizontalen Abdichtung) zu verhindern. Die Abdichtung darf dabei nicht unterbrochen werden.

Obige Ausführungen gelten sinngemäß insbesondere auch dann, wenn die Kellerwände aus Beton ausgeführt werden. In diesem Fall ist zu prüfen, ob die Anfängerbewehrung aus den Fundamenten in die Wände ragen muß (meistens besteht aus statischer Sicht keine Notwendigkeit, da die Wände gelenkig und nicht biegesteif mit den Fundamenten verbunden werden). Wenn — insbesondere bei Plattengründungen — die Bewehrungsführung die Anordnung horizontaler Sperrschichten jedoch unterbindet, dann ist entweder das Kellerbauwerk aus wasserundurchlässigem Beton auszuführen oder es ist eine durchgehende Außenhautabdichtung vorzusehen (s. Abdichtungsmaßnahmen gegen drückendes Wasser).

4.4.2.2 Abdichtung im Bereich der Kellerdecke

Sperrschichten im Bereich der Kellerdecken (Bild 4-47), erfüllen folgende Aufgaben:

— Schutz gegen aufsteigende Feuchte in den Außenwänden über OK Kellerdecke: die senkrechten Sperrschichten der Kelleraußenwände können unter Umständen beschädigt werden (zusätzliche Sicherheit).
— Schutz vor aufsteigender Feuchte in den Außenwänden bei beschädigter Spritzwasserabdichtung (Abdichtung auf ca. 30 cm Höhe über OK Erdreich).

Bei Innenwänden kann unter Umständen auf die obere Abdichtung verzichtet werden, wenn die bei Kellerüberschwemmungen in den Wänden aufsteigende Feuchtigkeit (Kapillarkräfte) als nicht schädlich angesehen werden kann. Die Abdichtung unterhalb der Kellerdecke ist durch eine mindestens 5 cm dicke Überdeckung (1 Stein) vor mechanischen Beschädigungen — insbesondere beim Bewehren der Kellerdecke — zu schützen (s. Bild 4-47).

4.4.2.3 Kellerfußboden

Aufgabe der Abdichtung unterhalb des Kellerfußbodens ist der Schutz gegen aufsteigendes Porensaugwasser und die geringe durch den Beton kapillar geleitete Feuchtigkeit.

Auf die Sperrschicht kann verzichtet werden, wenn eine gewisse Kellerfeuchtigkeit unbedenklich bzw. erwünscht ist (Wirtschaftskeller). In diesem Fall ist unterhalb der Kellersohle (Ziegelschicht, Beton) eine ca. 15 cm dicke Kiesschüttung gegen die aufsteigende Kapillarfeuchtigkeit vorzusehen.

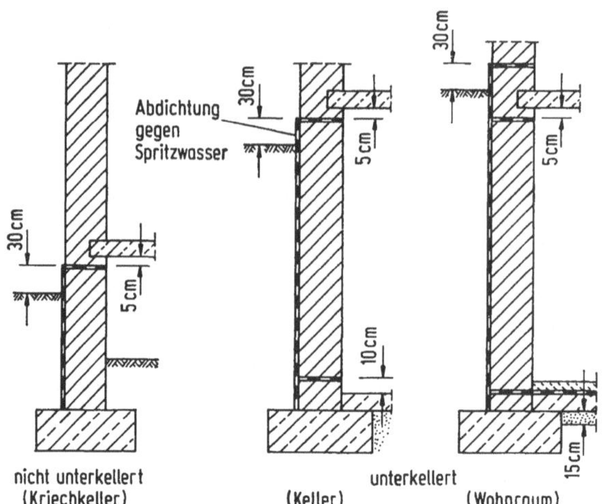

Bild 4-47. Abdichtung im Bereich der Kellerdecke.

Muß der Keller trocken gehalten werden (Hobbykeller), ist eine Abdichtung vorzusehen, die dicht mit den horizontalen Sperrschichten in den Wänden verbunden sein muß. Dies setzt voraus, daß die Sperrschichten in den Wänden in gleicher Höhe wie die Abdichtung in der Kellersohle angeordnet sind (in der Regel über OK Fundament — vgl. Bild 4-46).

Zur Abdichtung des Kellerfußbodens können bituminöse Bahnen, Kunststoff-Dichtungsbahnen und heißflüssig zu verarbeitende Spachtelmassen verwendet werden (s. DIN 18195 Teil 4).

4.4.3 Abdichtung der Außenwandflächen

Die Abdichtungen der Außenwandflächen müssen über ihre gesamte Länge an die waagerechten Abdichtungen herangeführt werden, so daß keine Feuchtigkeitsbrücken (Putzbrücken) entstehen können. Zur Abdichtung werden in der Regel bituminöse Aufstriche (heiß oder kalt) bzw. bituminöse Dichtungsbahnen, Spachtelmassen, Kunststoff-Dichtungsbahnen sowie zugelassene Dichtungsschlämme oder Sperrputze verwendet.

Oberhalb der Geländeoberfläche (Spritzwasserschutz) kann die Abdichtung auch aus Klinkern bestehen.

Die in der Regel verwendeten bituminösen Aufstriche im Erdreich besitzen keine Zugfestigkeit und deswegen auch nicht die gleiche Schutzwirkung wie z. B. bahnenartige Hautabdichtungen. Die Abdichtungswirkung der Aufstriche kann deswegen unter Umständen zeitlich beschränkt sein, wenn mit Baukörperbewegungen gerechnet werden muß; im Hinblick darauf, daß diese Art der Abdichtungsmaßnahmen aber nur für Gebäude in nichtbindigen Böden angewendet werden dürfen, ist die Gefahr von Setzungen weitgehend ausgeschlossen; weiterhin sind die Schwindverformungen der Wände zum Zeitpunkt des Aufbringens der Aufstriche in der Regel ebenfalls weitgehend abgeschlossen, so daß auch dadurch in der Regel keine besondere Gefährdung besteht. — Die bituminösen Aufstriche sind auf ebenen Wänden aufzubringen: Mauerwerk ist voll und bündig zu verfugen, Beton ist zu entgraten, Kiesnester sind zu schließen. Porige Baustoffe sind zu putzen, wobei der Putz nur abgerieben und nicht geglättet werden soll, um die Haftverankerung des Aufstriches nicht zu beeinträchtigen.

Die bituminösen Aufstriche bestehen aus einem kaltflüssigen Voranstrich (0,2 bis 0,3 kg/m²) und zwei heiß bzw. drei kalt zu verarbeitenden Deckaufstrichen. Bei kalt zu verarbeitenden Deckaufstrichen ist die Anzahl der erforderlichen Anstriche größer, weil die Festkörpermenge des Bitumens geringer ist im Vergleich zu den heiß zu verarbeitenden Aufstrichen. — Bei Heißaufstrichen muß der Untergrund trocken sein, um eine Blasenbildung zu vermeiden.

Mit Lösungsmitteln versetzte Spachtelmassen dürfen nur auf trockenem Untergrund verarbeitet werden, während emulgierte Spachtelmassen auch auf feuchten Untergründen aufgebracht werden können.

Die Baugruben im Bereich der abgedichteten Wandflächen dürfen erst verfüllt werden, wenn die Abdichtung trocken bzw. erhärtet ist. Beim Verfüllen darf die Abdichtung nicht beschädigt werden (kein Bauschutt, kein Splitt oder Geröll; zum Verfüllen nur rolligen Boden lagenweise einbringen und leicht verdichten).

Die Abdichtung der Wände ist ca. 30 cm über OK Erdreich als Spritzwasserschutz zu führen und — soweit erforderlich — gegen mechanische Beschädigungen zu schützen. Bei wenig wasserdurchlässigen Bodenflächen (Beton, Gußasphalt) ist darauf zu achten, daß die Flächen ein vom Gebäude wegweisendes Gefälle besitzen ($i \geq 2\%$), um Pfützenbildungen zu vermeiden (Setzen des in die Baugrube eingebrachten Verfüllbodens beachten). — Soweit möglich, ist im Bereich der Erdoberfläche gegen das Gebäude ein besonders versickerungsfähiges Material vorzusehen (Bild 4-48).

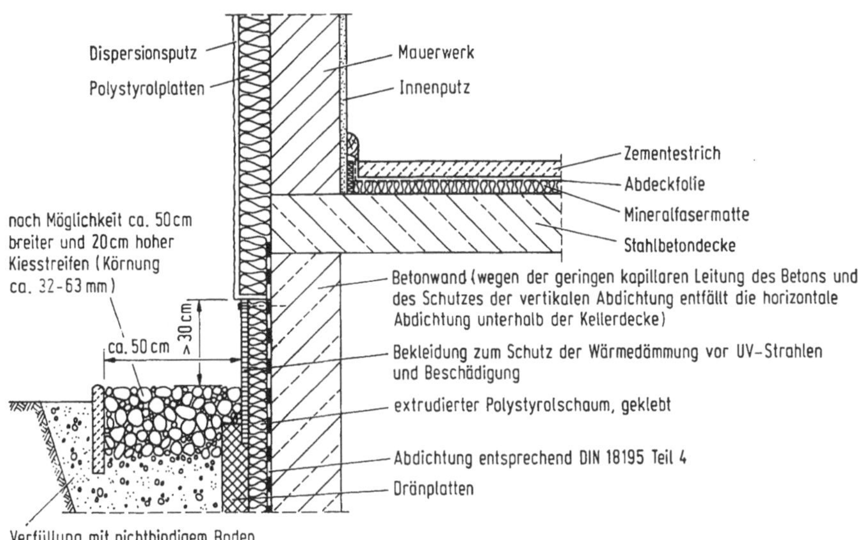

Bild 4-48. Abdichtung im Bereich der Geländeoberfläche.

4.5 Dränagen

4.5.1 Begriffsbestimmung und Aufgabe

Unter einem Drän wird ein unterirdischer Leitungsstrang sowie eine Flächenentwässerung zur Abführung des im Boden im Bereich baulicher Anlagen sich befindlichen Wassers verstanden.

Bei Bauten in Hanglage, die stauend in den unterirdischen Wasserstrom hinein gebaut werden (Bild 4-49) und besonders bei Bauwerken, die im Bereich bindiger Böden gegründet werden und bei denen das Auftreten von Schichtwasser oder Stauwasser auftreten kann (Bild 4-50), sind hohe Beanspruchungen der Abdichtung aus dem im Boden vorhandenen Wasser zu erwarten. Aber auch aus einem ursprünglichen Sickerwasser kann ein stauendes Wasser entstehen, das einen hydrostatischen Druck auf die Abdichtung ausübt (Bild 4-51). Um zu verhindern, daß dieses angestaute Wasser einen hydrostatischen Druck auf

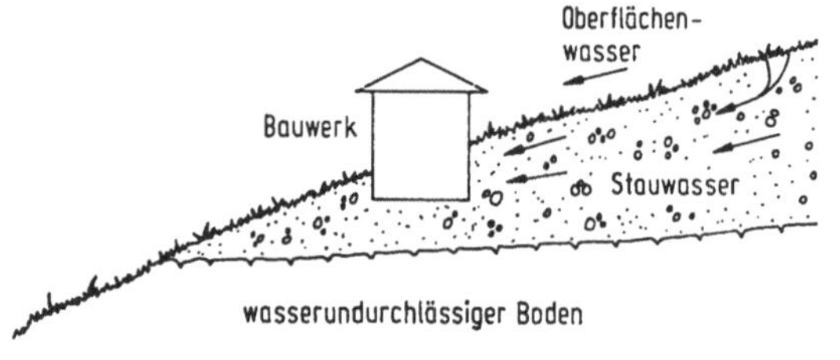

Bild 4-49. Stauwasser im Bereich eines Gebäudes in Hanglage.

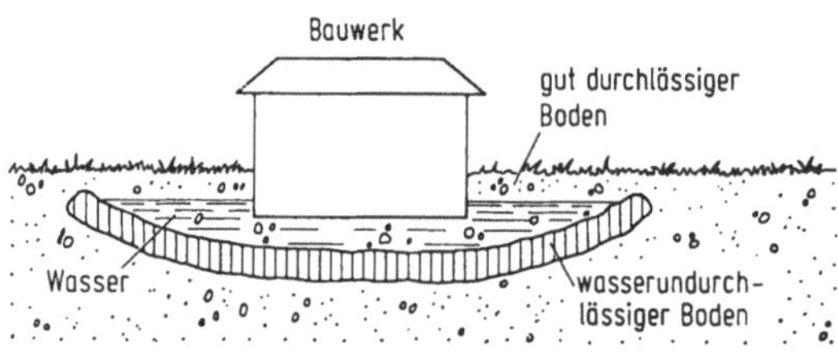

Bild 4-50. Schicht- sowie Stauwasser.

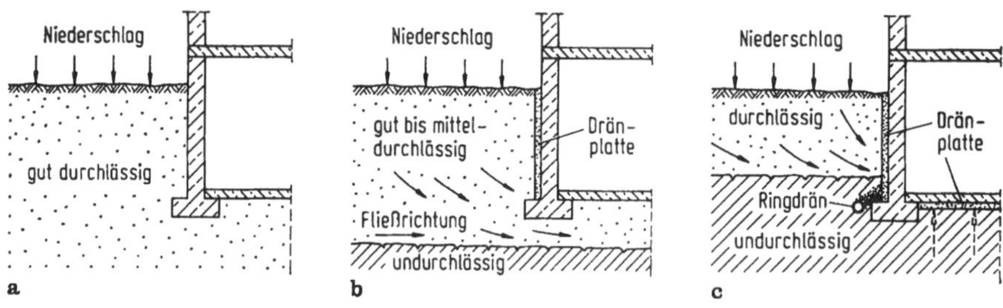

Bild 4-51. Erfordernis von Dränagen im Bereich sickerfähiger Bodenschichten [14].
a) Bauten in mächtigen Schichten gut wasserdurchlässigen Bodens,
b) „umgelenktes" Sickerwasser erfordert u. U. eine Dränage,
c) angestautes Sickerwasser.

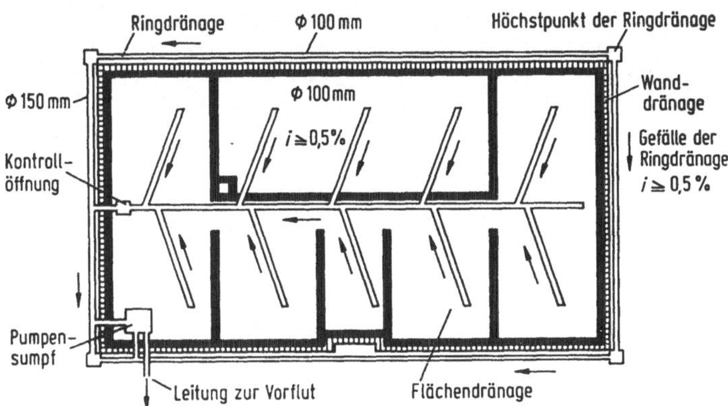

Bild 4-52. Prinzip der Anordnung von Dränagen.

das Bauwerk ausübt, werden Dränagen rund um das Gebäude und gegebenenfalls unter dem Gebäude angeordnet, die das anfallende Wasser ableiten, bevor es als Stauwasser auf das Bauwerk wirkt. — Dränagen sind also im Bereich der Gebäude derart anzuordnen, daß eine Stauwirkung des im Boden vorhandenen Wassers vermieden wird. — Das Prinzip einer Dränage im Bereich baulicher Anlagen ist in Bild 4-52 dargestellt: Das in die Wand- bzw. horizontale Flächendränage fließende Wasser wird in die Ringdränage geleitet, die in einen Pumpensumpf entwässert. Vom Pumpensumpf wird das Wasser in einen Vorfluter geleitet oder über einen Schacht zum Versickern gebracht.

Um die Notwendigkeit der Anlage einer Dränage zu prüfen, ist die Art und Beschaffenheit des Baugrundes zu untersuchen (Probebohrungen, Schürfgruben) und das Vorhandensein von wasserstauenden bzw. wasserführenden Schichten zu klären. Es ist die Fließrichtung, die abzuführende Wassermenge, höchster Wasserstand sowie die chemische Beschaffenheit des Wassers zu untersuchen (Gefahr der Verockerung von Dränagen).

4.5.2 Konstruktive Ausbildung von Dränagen

4.5.2.1 Überschlägliche Bemessung der Dränagen

Das anfallende Wasser Q_{anf} muß durch die Wand-, Flächen- und Ringdränage ($Q_{\text{Drän}}$) angeführt werden. Es muß gelten

$$Q_{\text{anf}} \leqq \frac{Q_{\text{Drän}}}{\gamma}.$$

γ Sicherheitsbeiwert (z. B. $\gamma = 1,5$)

Nach [14] kann näherungsweise mit einem Wasseranfall je 1 000 m² Gelände (Einzugsfläche) von

$$q = 1,25 \left[\frac{1}{\text{s} \cdot 1\,000\ \text{m}^2} \right]$$

gerechnet werden. Wenn die Ermittlung des Einzugsgebietes schwierig ist, kann das anfallende Wasser auch durch Beobachtung an der ausgehobenen Baugrube abgeschätzt werden. Näherungsweise gilt mit den Bezeichnungen des Bildes 4-53:

$$Q_{\mathrm{anf}} = \sum_{i=1}^{n} v_i \cdot A_i = \sum_{i=1}^{n} k_i \cdot i_i \cdot A_i$$

Es bedeuten:

k_i　Bodendurchlässigkeit der Schicht i [m/s]
i_i　hydraulisches Gefälle [m/m]
A_i　Fläche der Bodenschicht, durch die das Wasser zuläuft.

Mit dieser Gleichung kann auch Schichtenwasser erfaßt werden.

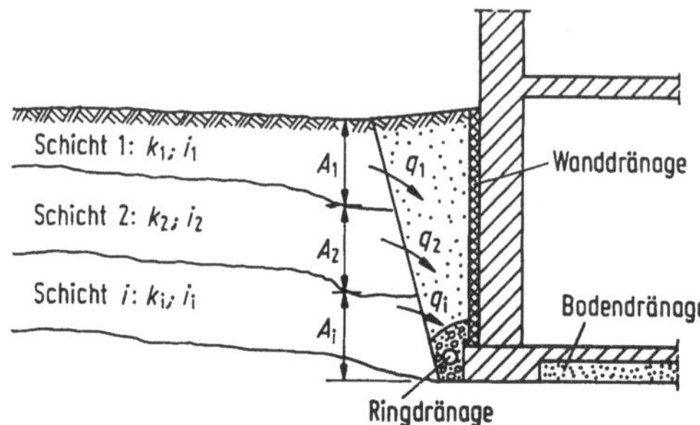

Bild 4-53. Ermittlung des in der Dränage abzuleitenden Wassers.

Das auf ein Bau- und Bodenwerk zufließende Wasser (Q_{anf}) muß durch die Wanddränage in die Ringdränage geleitet werden. Das in der Ringdränage anfallende Wasser wird entweder einem Vorfluter zugeleitet, oder es wird in tiefer liegenden, gut wasserdurchlässigen Bodenschichten zum Versickern gebracht.

Wenn von der Wanddränage die Durchlässigkeit (k-Wert) bekannt ist, kann die Menge des fortgeleiteten Wassers ermittelt werden:

$$Q_{\mathrm{Drän}} \ [\mathrm{m}^3/\mathrm{s}] = A_{\mathrm{Drän}} \cdot k_{\mathrm{Drän}} \cdot i \left[\mathrm{m}^2 \cdot \frac{\mathrm{m}}{\mathrm{s}} \right]$$

Das von der Wanddränage der Ringdränage zugeleitete Wasser ist von dieser aufzunehmen und dem Pumpensumpf zuzuleiten (s. Bild 4-52).

Tabelle 4-11. Maximaler Wasserabfluß in einem Rohr DN 100
in Abhängigkeit vom Gefälle

i [%]	DN 100 Q [l/s]	v [m/s]
0,5	3,56	0,45
1,0	5,04	0,64
2,0	7,12	0,91

Für die Ringdränage werden zumeist Rohre verwendet, die in einem Gefälle von 0,5 bis maximal 2% vom Höchstpunkt zum Pumpensumpf hin verlaufen. Der Durchmesser der Rohre beträgt 100 bis 150 mm; die abführbare Wassermenge ist in Tabelle 4-11 angegeben.

Berechnungen haben ergeben, daß die meisten verwendeten Wanddränagen sowie die dazugehörigen Ringdränagen mit einem Durchmesser von 100 bis 150 mm bei weitem ausreichend sind, um das anfallende Wasser im Bereich von Hochbauten mit ausreichender Sicherheit abzuführen; eine gesonderte Bemessung der Dränagen erfolgt deswegen nur in Ausnahmefällen bei flächenmäßig stark ausgedehnten Bauwerken.

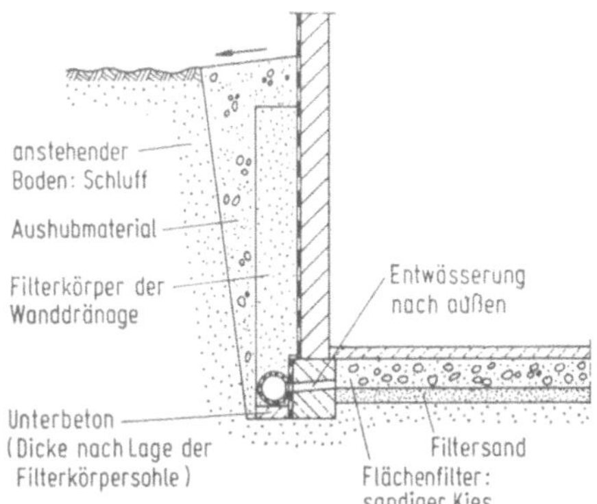

Bild 4-54. Wanddränage.

4.5.2.2 Wanddränagen

Wanddränagen haben die Aufgabe, das auf die Wandflächen von Bauwerken zufließende Wasser in die Ringdränage zu leiten, ohne daß das zufließende Wasser vor der Wand anstaut und auf diese einen hydrostatischen Druck ausübt (Bild 4-54). — Als Wanddränagen kommen z. B. zur Ausführung:

— Sandschüttungen mit einem filterstabilen Kornaufbau (s. DIN 4095); diese Lösung ist in hohem Maße unpraktikabel
— Grobporige Bauplatten aus Polystyrol
— Hohlziegel, durch deren Löcher das Wasser abfließt
— Wellasbestzementplatten
— Noppenförmig profilierte Kunststoffbahnen mit vorgesetzten textilen Vliesen. Bei dieser Art der Wanddränage übernimmt die Kunststoffbahn die Abdichtung des Bauwerkes; das Vlies verhindert, daß das in die Dränage dringende Wasser die feinen Bodenanteile einspült und daß somit die Dränage versandet.

Die Abdichtung des Bauwerkes hinter der Dränage könnte so ausgeführt werden, als ob nur Sickerwasser die Abdichtung beansprucht. Da aber davon ausgegangen werden muß, daß die Dränagen im Laufe der Zeit zumindest bereichsweise durch ausgespülte Feinstteile des Bodens zugesetzt werden, wird empfohlen, die Wände durch hautförmige Abdichtungen gegen nichtdrückendes Wasser zu sichern (mäßige Beanspruchung; nur bei Böden mit hohen Feinstanteilen hohe Beanspruchung nach DIN 18195 Teil 5).

4.5.2.3 Ringdränage

Die Ringdränage wird rings um das Gebäude in Höhe der Fundamente angeordnet (Bild 4-52); sie hat die Aufgabe, das von der Wanddränage zufließende Wasser zum Pumpensumpf zu leiten. Es muß sichergestellt sein, daß das zufließende Wasser ohne Stauwirkung in die Ringdränage, die aus geschlitzten Rohren unterschiedlichen Materials besteht, fließen kann und daß die Rohre nicht versanden. Dazu werden die Dränrohre entweder mit filterstabilen Kiesschichten umgeben oder mit ebenfalls filterstabilen Umhüllungen aus textilem Gewebe oder Stroh ummantelt.

Das Mindestgefälle des Ringdräns soll $i = 0,5\%$ betragen, da bei zu geringem Gefälle die Gefahr der Sedimentation und der Rohrverstopfung von eingespülten Bodenfeinstteilen besteht. — Die Ringdränage soll in ihrer Höhenlage zwischen dem unteren Rand der Wanddränage und der Unterkante des Fundamentes liegen: Liegt die Ringdränage höher als der untere Rand der Wanddränage, so ist der freie Zufluß vom Wand- in den Ringdrän unterbunden; liegt der Ringdrän tiefer als die Unterkante des Fundaments, so kann es bei starkem Wasseranfall zu einer Unterspülung des Fundamentes kommen.

Die Rohre für die Ringdränagen werden üblicherweise aus folgenden Materialien hergestellt:

— Kunststoff-Filterrohre mit gelochten bzw. geschlitzten Wandungen und Filterummantelungen
— Tondränrohre, rund oder vieleckig, $l = 333$ mm
— Steinzeugrohre, Wandung gelocht, $l = (1\,000 \text{ bis } 1\,500)$ mm
— Betonfilterrohre.

4.5.2.4 Flächendränage unter der Kellersohle

Flächendränagen unter der Kellersohle haben die Aufgabe, das anfallende Wasser abzuleiten (Bild 4-52 und Bild 4-55). Hierzu werden in der Regel ca. 20 cm dicke Kiesschichten unterhalb der Kellersohle vorgesehen, die das anfallende Wasser zu einem Rohrdrän leiten. Die Rohrdräne sind mindestens 15 bis 20 cm mit filterstabilem Kies zu ummanteln; der Abstand der Rohrdräne soll kleiner als 3,50 m sein (NW $\geq$ 100 mm). Die Rohrdräne sind in die Ringdränage zu entwässern, wozu der Rohrdrän durch das Fundament geführt werden muß. Auch Flächenfilter unter der Kellersohle sollen in den Ringdränen entwässern (Bild 4-56).

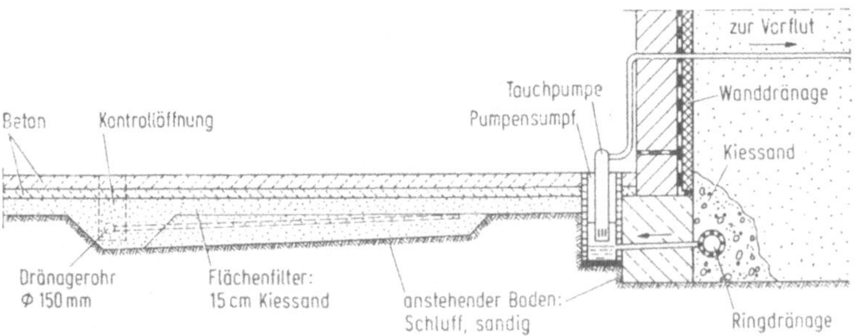

Bild 4-55. Flächendränage unter einem Gebäude (vgl. Bild 4-52).

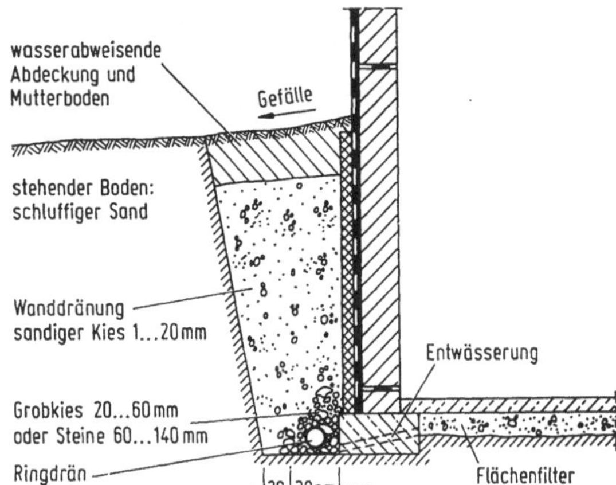

Bild 4-56. Entwässerung eines Flächenfilters in einer Ringdränage.

4.5.2.5 Kontroll- und Reinigungsschächte

Da die Ringdränagen im Laufe der Zeit versanden oder auch verockern können (Festsetzen von gallertartigem, verfestigtem Eisenschlamm an den Rohrwandungen), müssen Kontroll- und Reinigungsschächte an den Stellen angebracht werden, an denen ein Richtungswechsel (Knick) im Ringdrän vorhanden ist. Im Kontroll- bzw. Reinigungsschacht münden die Rohre des Ringdräns; am Boden des Schachtes unterhalb der einmündenden Rohre der Ringdränage befindet sich ein Sandfang, der in regelmäßigen Abständen dahingehend überprüft wird, ob zuviel Sand im Ringdrän transportiert wird. Mindestens einmal jährlich sollten von den Schächten aus die Ringdränagen sauber gespült werden.

4.5.2.6 Vorfluter, Versickerungsbrunnen

Das in der Ringdränage gesammelte Wasser wird von einem Pumpensumpf entweder in einem Vorfluter (Bach, Graben, See o. ä.) geleitet oder über einen Sickerschacht dem Grundwasser zugeführt.

Die Einleitung des Wassers in einem Vorfluter setzt das Vorhandensein eines solchen in unmittelbarer Nähe voraus; des weiteren sollte sichergestellt sein, daß das Wasser in freiem Gefälle auch bei höchstem Wasserstand im Vorfluter in diesen eingeleitet werden

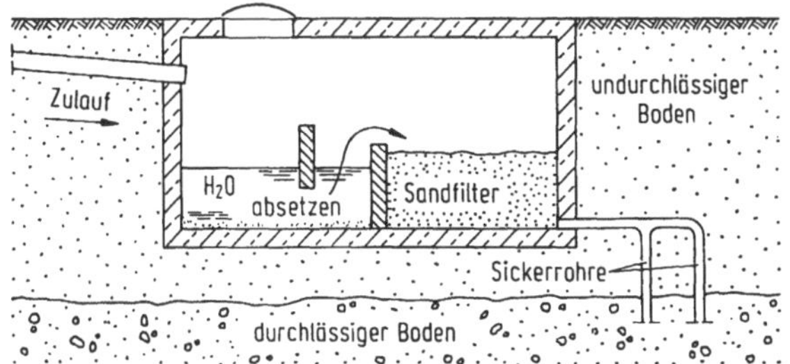

Bild 4-57. Versickerungsanlage für anfallendes Wasser.

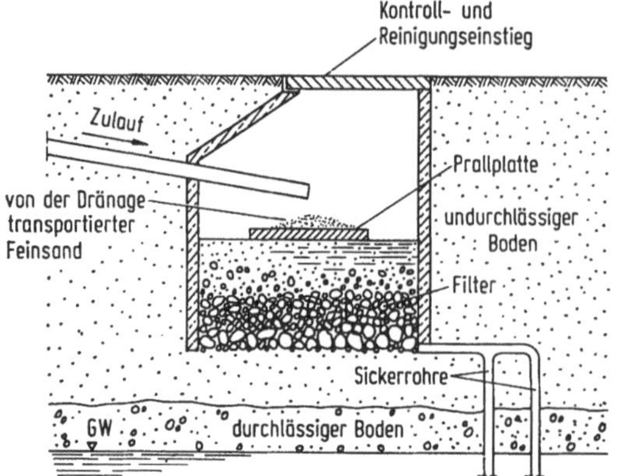

Bild 4-58. Einfache Versickerungsanlage für geringe anfallende Wassermengen.

kann. — Die Dräne sind, falls notwendig, z. B. durch Rückstauklappen, gegen Stau aus dem Vorfluter zu sichern.

An Schmutz- und Mischwasserkanäle dürfen Dräne in der Regel nicht angeschlossen werden.

Das Dränwasser kann auch dem Grundwasser durch Sickerschächte zugeleitet werden (Bild 4-57 und 4-58).

4.6. Abdichtungen gegen nichtdrückendes Wasser

4.6.1 Beanspruchung der Abdichtung

Die Abdichtung soll gegen nichtdrückendes Wasser, d. h. Wasser in tropfbar-flüssiger Form, beständig sein: Nichtdrückendes Wasser in Form von Niederschlags-, Sicker- oder Brauchwasser ist dadurch gekennzeichnet, daß es auf die Abdichtung *keinen* oder nur einen *geringfügigen*, zeitlich begrenzten hydrostatischen Druck ausübt.

Nach der Größe der auf die Abdichtung einwirkenden Beanspruchungen werden „mäßig" und „hoch beanspruchte" Abdichtungen unterschieden. Abdichtungen sind nach DIN 18195 Teil 5 mäßig beansprucht, wenn

— die auf die Abdichtung einwirkenden Verkehrslasten ruhend nach DIN 1055 Teil 3 sind und die Abdichtung nicht unter befahrenen Flächen liegt,
— die Temperaturschwankung an der Abdichtung nicht mehr als 40 K beträgt,
— die Wasserbeanspruchung gering ist und nicht ständig wirkt.

Zum Anwendungsbereich der mäßig beanspruchten Abdichtung gehören in der Regel Abdichtungen von Naßräumen im Bereich von Wohnungen, von überdachten Balkonen oder von Kelleraußenwänden — insbesondere dann, wenn vor den Kellerwänden eine Dränage angeordnet ist.

Abdichtungen sind hoch beansprucht, wenn eine oder mehrere der o. g. Bedingungen überschritten werden. Dies ist z. B. bei befahrbaren Decken, Decken im Freien, Parkhäusern sowie Naßräumen in öffentlichen Gebäuden der Fall.

4.6.2 Anforderungen an die Abdichtung und bauliche Erfordernisse

1. Die Abdichtungen sind mit Gefälle auszuführen ($i \geq 2\%$), damit sich das Wasser auf ihnen nicht staut.
2. Bei Bewegungen des Baukörpers (Schwinden, Bewegungen aus $\Delta\vartheta$, Setzungen) darf die Abdichtung nicht ihre Schutzfunktion verlieren. Die Größe der zu erwartenden Bewegungen sind z. B. der statischen Berechnung zu entnehmen und mit der von der Abdichtung aufnehmbaren Verformung zu vergleichen.
3. Risse im Bauwerk dürfen zum Zeitpunkt ihres Auftretens nicht breiter als 0,5 mm sein und dürfen sich nicht weiter als 2,0 mm breit öffnen. — Der Versatz der Rißkanten in der Ebene darf nicht größer als 1 mm sein.
4. Werden die unter 3. genannten Rißabmessungen überschritten, so sind durch konstruktive Maßnahmen (mehr Bewehrung, engere Fugenteilung, Wärmedämmung) den entstehenden Bauwerksbewegungen entgegenzuwirken.
5. Die Abdichtung darf nur senkrecht zur Fläche beansprucht werden. Abdichtungen in den Schrägen sind durch Widerlager, Anker u. ä. am Gleiten zu hindern (s. Abschnitt 4.2.2.4.1).
6. Dämmschichten, auf die die Abdichtungen aufgebracht werden, müssen für die jeweilige Nutzung geeignet sein. In den Dämmstoffnormen werden in der Regel keine Anforderungen an die Druckfestigkeit gestellt, vielmehr werden Mindestwerte der Druckspannung bei einer Stauchung von 10% bezogen auf die ursprüngliche Dicke des Dämmaterials festgelegt (vgl. z. B. Tabelle 4-12). Bei den zähelastischen Dämmstoffen sind diese Grenzwerte zu hoch; es sind mit ca. um die Hälfte verringerten Spannungen zu rechnen. — Bei den sprödharten Dämmstoffen ist bei der Bemessung mit einer dreifachen Sicherheit gegen Bruch zu rechnen.

Tabelle 4-12. Mindestwerte für die Druckspannung bei 10% Stauchung für Anwendungstypen genormter Dämmstoffe

Dämmstoff	Nach DIN	Typkurzzeichen	$\sigma_{D,10\%}$ [N/mm²]
Kork	18161, T. 1	WD	0,10
Kork	18161, T. 1	WDS	0,20
Schaumkunststoff	18164, T. 1	W[1])	0,10
Schaumkunststoff	18164, T. 1	WD	0,10
Schaumkunststoff	18164, T. 1	WS	0,15
Schaumglas	18174	WDS	0,50[2])
Schaumglas	18174	WDH	0,70[2])

[1]) gilt nicht für Polystyrol-Partikelschaum
[2]) Bruchspannung

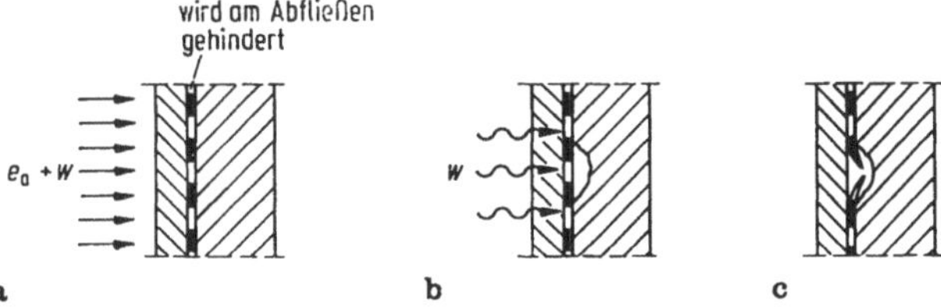

Bild 4-59. Gefahr der Beschädigung von Abdichtungen über Hohlstellen im Tragwerk.

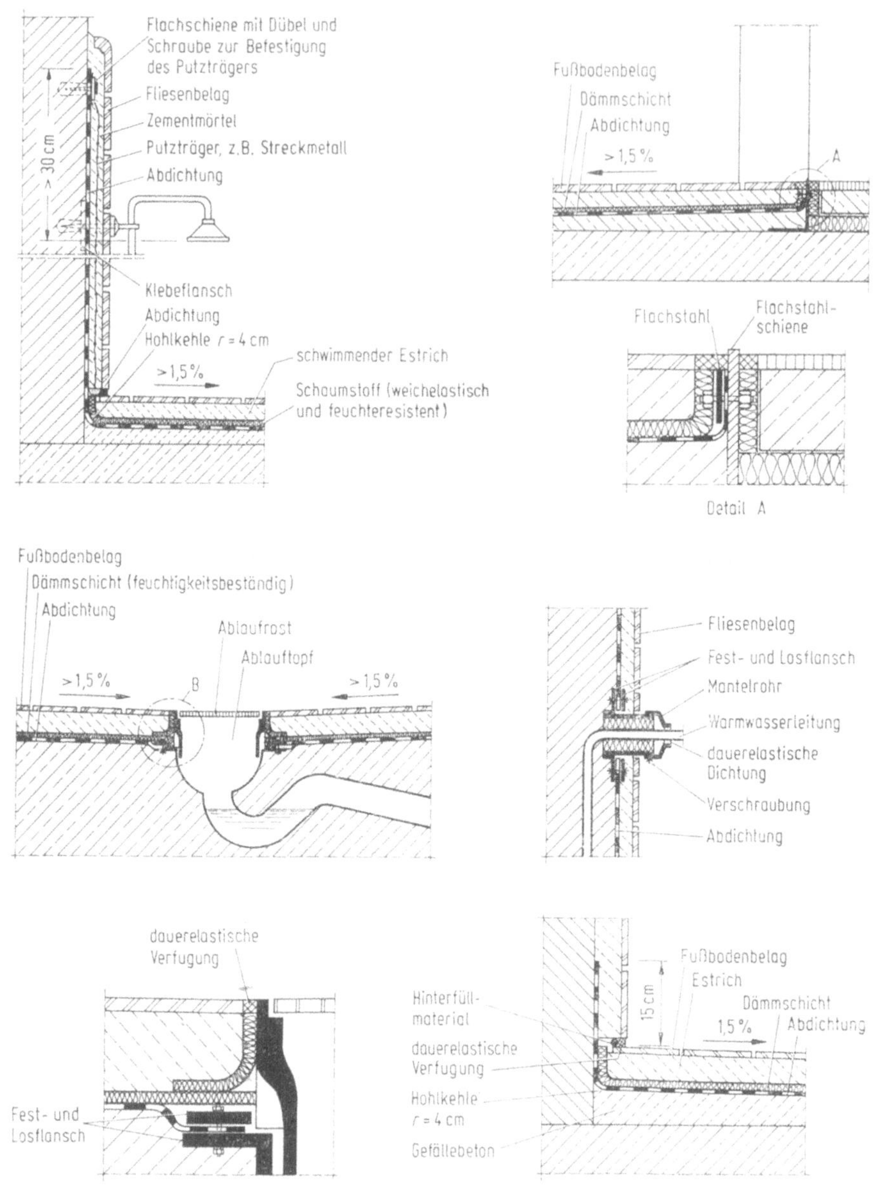

Bild 4-60. Abdichtung im Badbereich.

7. Die Abdichtung muß *hohlraumfrei* zwischen den festen Bauteilen des Gebäudes angeordnet werden, damit sie nicht abfließt (Bild 4-59a) bzw. bei geringfügigen Beanspruchungen durch den Wasserdruck zerstört wird (Bild 4-59b und c).

8. Entwässerungseinläufe, die die Abdichtung durchdringen, müssen sowohl die Oberfläche des Bauwerkes als auch die Abdichtungsebene entwässern.

4.6.3 Ausführung der Abdichtung

4.6.3.1 Feuchtigkeitsschutz in Bädern (mäßig beanspruchte Abdichtung)

Die Abdichtung von Bädern geschieht in den Bereichen, in denen mit Wasseranfall zu rechnen ist: Dies sind der Fußboden und der Duschbereich. Die Abdichtung der Wandflächen an den Duschen ist mindestens 30 cm über die oberste Wasserentnahmestelle hochzuführen. — Die Abdichtung des Fußbodens ist 15 cm über die Oberfläche des Fußbodens hochzuziehen. Bild 4-60 zeigt einige Details der Abdichtung im Badbereich. Als Abdichtungsmaterialien können z. B. Materialien nach DIN 18195 Teil 5 verwendet werden:

— 2 Lagen nackter Bitumenbahnen oder Glasvlies-Bitumendachbahnen
— 1 Lage Bitumen-Dichtungsbahn oder -Schweißbahn mit Gewebe- oder Metallbandeinlage.

4.6.3.2 Abdichtung eines Parkdecks (hoch beanspruchte Abdichtung)

Der Aufbau von befahrbaren, abgedichteten Decken ist in den Bildern 4-61 und 4-62 dargestellt. — Im Bereich von Gefällstrecken werden die in Richtung der Abdichtung wirkenden Kräfte am zweckmäßigsten durch Telleranker aufgenommen (Bild 4-63). Ein solcher besteht aus einem Festflansch, der an dem Bolzen wasserdicht angeschweißt ist; auf dem Festflansch wird die Abdichtung aufgeklebt, die mit dem Losflansch gegen den Festflansch gepreßt wird. Der Bolzen überträgt die Kraft — gegebenenfalls einschließlich der Beschleunigungskräfte anfahrender oder bremsender Kraftfahrzeuge — vom Fahrbahnbelag in die Unterkonstruktion; die Bemessung des Bolzens kann unter Verwendung von Bild 4-64 erfolgen [16]. Der Einbau des Tellerankers erfolgt so, daß der

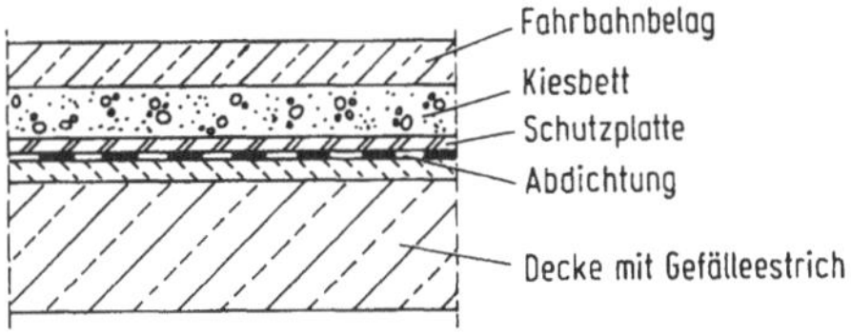

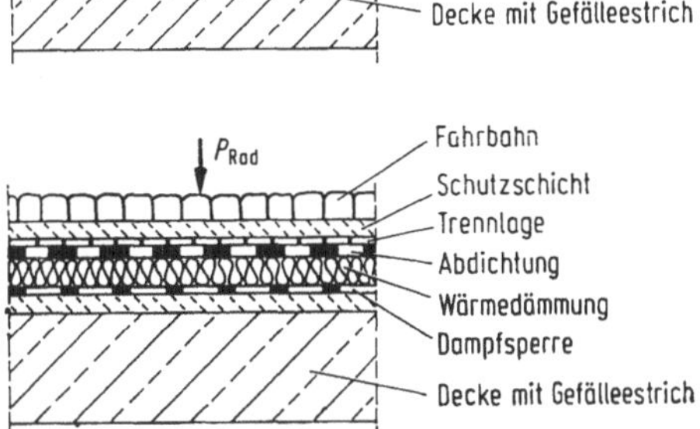

Bild 4-61. Parkdeckabdichtung ohne Wärmedämmung [15].

Bild 4-62. Parkdeckabdichtung mit Wärmedämmung [15].

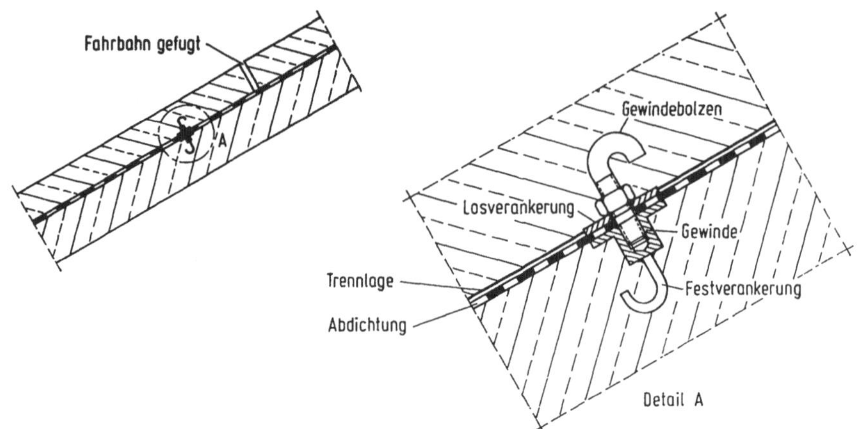

Bild 4-63. Abdichtung von Rampen mit Tellerankern.

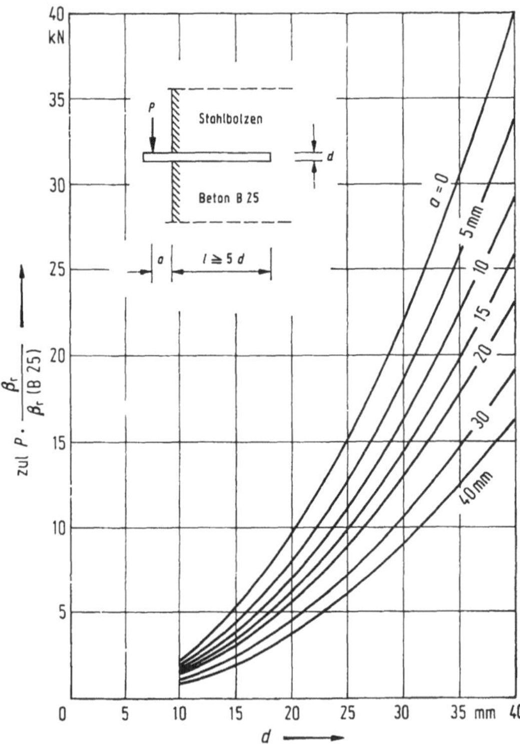

Bild 4-64. Tragfähigkeit von Bolzen unter dem Einwirken einer Querkraft.

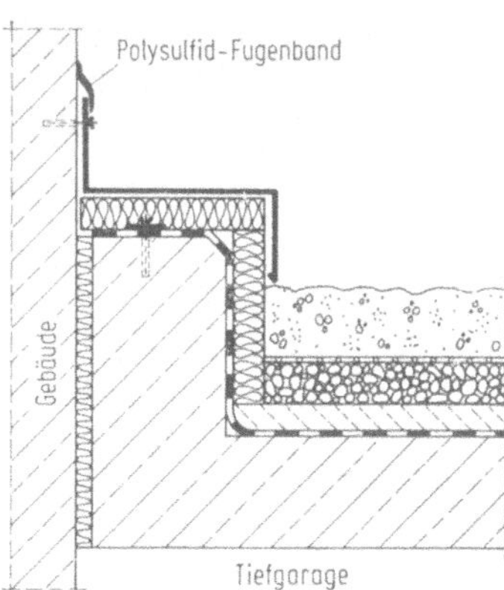

Bild 4-65. Fugenabdichtung zwischen Tiefgarage und Gebäude, die aus der wasserführenden Ebene herausgehoben ist.

Festflansch grundsätzlich in dem zuerst erstellten Bauteil angeordnet wird, weil anderenfalls z. B. bei Aufdrehen des Festflansches die Abdichtung beschädigt werden würde. Hinsichtlich der konstruktiven Durchbildung der Telleranker vgl. DIN 18195 Teil 9.

Der Anschluß einer abgedichteten Tiefgarage an ein Gebäude ist im Bild 4-65 dargestellt. Die Fugenabdichtung zwischen der Tiefgarage und dem Gebäude ist aus der wasserführenden Ebene herausgehoben, wodurch die Sicherheit gegenüber Durchfeuchtungen erheblich gesteigert ist; das Andichten der Abdichtung durch Hochführen der Deckenabdichtung an dem Gebäude ist problematisch und äußerst schadensanfällig (Setzen, Deckenverformungen), während die Abdichtung mit dem Polysulfid-Fugenband weitgehend problemlos ist (weitgehend zwängungsfreier Anschluß; Anschluß leicht zugänglich).

. Der Schutz von Abdichtungen, die über Oberkante Erdreich geführt werden müssen, geschieht im Bereich von befahrbaren Wegen durch Schrammborde (Bild 4-66), sonst durch plattenförmige Schutzschichten.

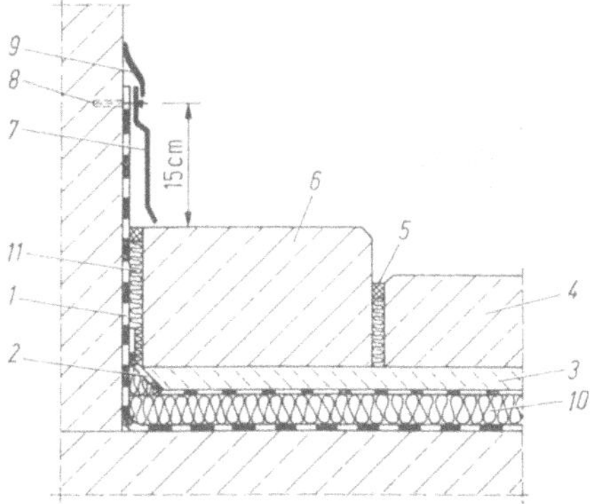

Bild 4-66. Schrammbord als Schutz der Abdichtung.

1 Dampfsperre; *2* Abdichtung; *3* Schutzbeton; *4* Fahrbahnbelag; *5* Fugenabdichtung; *6* Schrammbord; *7* Alu-Abdeckblech; *8* Schraube mit Dübel $e \leqq 15$ cm; *9* Fugenabdichtungsband; *10* Wärmedämmung; *11* elastische Fugeneinlage

4.7 Abdichtung gegen von außen drückendes Wasser

4.7.1 Abdichtungsprinzipien

Wasserdruckhaltende Abdichtungen müssen Bauwerke gegen von außen drückendes Wasser schützen und gegen natürliche oder durch Lösungen aus der Umgebung entstandene aggressive Wasser unempfindlich sein. Nach der Art und Lage der Abdichtung werden unterschieden:

— Außenhautabdichtungen (Bild 4-67)
— Innenhautabdichtungen (Bild 4-68)
— Wasserundurchlässige Bauwerke (s. Abschnitt 4.2.4).

Außenhautabdichtungen, die um das Gebäude eine geschlossene Schutzschicht bilden, stellen für Neubauten den Regelfall dar. — Innenhautabdichtungen werden im Sanierungsfall für Gebäude verwendet oder auch für Behälterabdichtungen.

4.7.2 Anforderungen an die Grundwasserabdichtung und bauliche Erfordernisse

1. Die Abdichtung darf durch die Bewegungen des Bauwerks nicht beschädigt werden (Schwinden, Setzen, Temperaturbewegungen). Risse im Bauwerk dürfen nach DIN 18195 Teil 6 zum Zeitpunkt ihres Entstehens (zum Zeitpunkt des Abdichtens) nicht

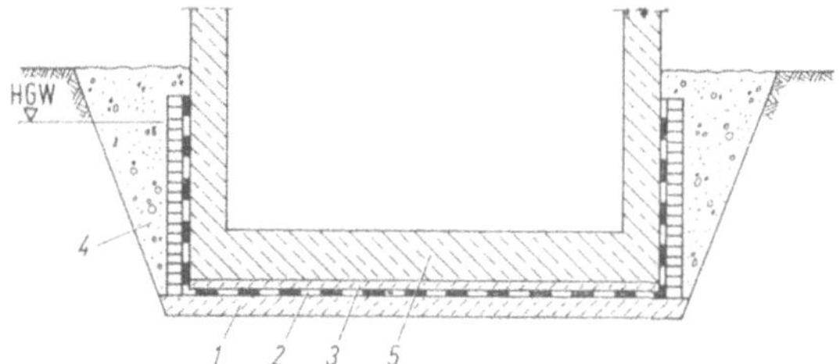

Bild 4-67. Außenhautabdichtung, Regelfall für Neubauten.
1 Unterbeton (gegebenenfalls Sauberkeitsschicht und Unterbeton); *2* Abdichtung; *3* Schutzbeton; *4* Wandrücklage; *5* Bauwerk

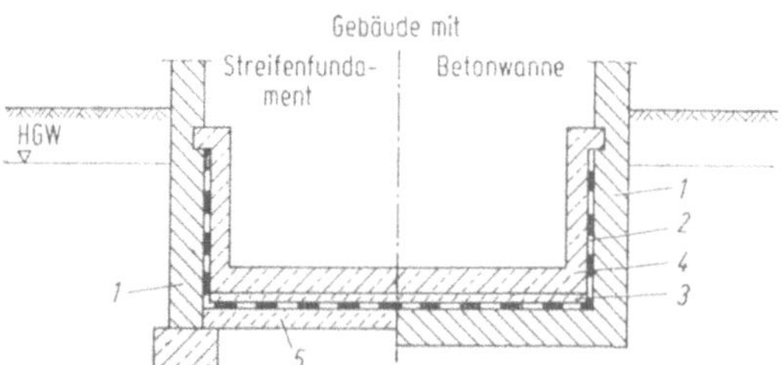

Bild 4-68. Innenhautabdichtung, Regelfall für Behälterabdichtungen und nachträgliche Abdichtungen in Gebäuden.
(*1* Vorhandenes Bauwerk, *2* Sohlenabdichtung/Wandabdichtung, *3* Schutzbeton, *4* Innentrog zur Aufnahme des Wasserdruckes (gegen Auftrieb gesichert), *5* Sohlenunterlage (8 bis 10 cm Beton)).

breiter als 0,5 mm sein und dürfen durch weitere Bewegungen nicht breiter als 5 mm werden. Der Versatz der Rißufer in Richtung der Abdichtungsebene muß geringer als 2 mm sein.

2. Die Abdichtung ist bei nichtbindigen Böden 300 mm über den höchsten Grundwasserspiegel zu führen; bei bindigen Böden 300 mm über Oberkante Erdreich (Begründung: Kapillarwirkung).

3. Die Abdichtung kann keine *planmäßigen* Kräfte in ihrer Ebene aufnehmen, sie ist also statisch als reibungslos anzusehen.
Nichtplanmäßige Kräfte in Richtung der Abdichtungsebene entstehen z. B. durch das Schwinden einer Fundamentplatte, die auf der Abdichtung liegt. Planmäßige Kräfte in der Abdichtungsebene, z. B. bei Bauwerken mit Gefälle oder bei einseitiger Baugrubenverfüllung, sind durch Verankerungen, Nocken oder sonstige konstruktive Maßnahmen von der Abdichtung fernzuhalten (s. Bilder 4-63 und 4-64).

4. Die zulässige Druckbeanspruchung senkrecht zur Abdichtung ist in DIN 18195 Teil 6 in Abhängigkeit von der Art der Abdichtung festgelegt. Die Anzahl der erforderlichen Lagen ist ebenfalls in DIN 18195 Teil 6 in Abhängigkeit von der Eintauchtiefe des Gebäudes im Grundwasser, der Art der Abdichtungsmaterialien sowie deren Verarbeitung festgelegt (s. Tabellen 4-13 bis 4-19).

5. Die Ermittlung der maximalen Druckspannungen unterhalb der Fundamentplatte geschieht nach DIN 4018 entweder nach dem

— Spannungstrapezverfahren,
— Bettungsmodulverfahren oder
— Steifemodulverfahren.

Tabelle 4-13. Abdichtungen mit 500er nackten bituminösen Bahnen

Eintauchtiefe	Zul. Druck-belastung	Bürstenstreich- oder Gießverfahren	Gieß- und Einwalzverfahren
m	max. MN/m²	Lagenanzahl, mindestens	
bis 4	0,6	3	3
über 4 bis 9		4	3
über 9		5	4

Tabelle 4-14. Abdichtungen mit 500er nackten bituminösen Bahnen und einer Lage Metallband

Eintauchtiefe	Zul. Druck-belastung	Bürstenstreich- oder Gießverfahren	Gieß- und Einwalzverfahren
m	max. MN/m²	Lagenanzahl, mindestens	
bis 4	1,0	3	3
über 4 bis 9		3	3
über 9		4	3

Tabelle 4-15. Abdichtungen mit 500er nackten bituminösen Bahnen und zwei Lagen Metallband

Eintauchtiefe	Zul. Druck-belastung	Bürstenstreich- oder Gießverfahren	Gieß- und Einwalzverfahren
m	max. MN/m²	Lagenanzahl, mindestens	
bis 4	1,5	4	4
über 4 bis 9		4	4
über 9		5	4

Tabelle 4-16. Abdichtungen mit Bitumenschweißbahnen

Eintauchtiefe m	Zul. Druckbelastung max. MN/m²	Lagenanzahl, min. und Art der Einlage der Bitumen-Schweißbahnen
bis 4	bei Einlagen aus Jutegewebe: 1,0 Glasgewebe: 0,8	2 — Gewebeeinlage
über 4 bis 9		3 — Gewebeeinlage
		1 — Gewebeeinlage + 1 — Kupferbandeinlage
über 9		2 — Gewebeeinlage + 1 — Kupferbandeinlage

Es sind die Lastfälle „Vollast mit Grundwasserabsenkung" sowie „Vollast mit Auftrieb" zu untersuchen. Die Gesamtlast, die auf die Abdichtung wirkt, hängt nur vom Eigengewicht der Bauwerks und der Verkehrslast, nicht aber vom Auftrieb ab. Da der Auftrieb jedoch gleichförmig auf die Fundamentplatte wirkt, übt er auf die Verteilung der Sohlpressung und damit auf die Größe der Biegemomente in der Platte einen Einfluß aus (vgl. Bild 4-69).

Bei größeren Eintauchtiefen des Bauwerks in das Grundwasser wird der Auftrieb immer größer, so daß die Gefahr des Aufschwimmens gegeben ist. Die Gefahr des Aufschwimmens besteht vor allem während der Bauausführung, da man bestrebt ist, die Wasserhaltung so früh wie möglich abzustellen. Es muß rechnerisch nachgewiesen werden, daß der Sicherheitsfaktor gegen Aufschwimmen η_a gemäß DIN 1054

$$\eta_a = \frac{Q_{\text{Auflast}}}{Q_{\text{Auftrieb}}} \geqq 1,1$$

ist. — Sollte z. B. aus witterungsbedingten Gründen der Baufortschritt unterbrochen werden und dennoch die Wasserhaltung abgeschaltet werden müssen ohne daß die erforderliche Auflast des Gebäudes erreicht worden ist, so besteht die Möglichkeit, das Bauwerk (Keller) bereichsweise zu fluten, um eine künstliche Auflast zu erzeugen. Bei später ausreichender Gebäudeauflast wird das Wasser abgepumpt. — Wenn mit

Tabelle 4-17. Abdichtungen mit bituminösen Dichtungsbahnen

Eintauchtiefe m	Zul. Druckbelastung max. MN/m²	Lagenanzahl, min. und Art der Einlage der bituminösen Dichtungsbahnen
bis 4	bei Einlagen aus Glasgewebe: 0,8 bei allen anderen Einlagen: 1,0	2 — Gewebeeinlage oder Kupferbandeinlage oder PETP-Einlage
über 4 bis 9		2 — Gewebeeinlage + 1 — PETP-Einlage
		3 — Gewebeeinlage
		1 — Gewebeeinlage + 1 — Kupferbandeinlage
über 9		2 — Gewebeeinlage + 1 — Kupferbandeinlage
		2 — PETP-Einlage + 1 — Kupferbandeinlage

Tabelle 4-18. Abdichtungen mit PIB-Bahnen (DIN 16935)

Eintauchtiefe m	Zul. Druckbelastung max. MN/m²	PIB-Bahnen, Mindestdicke mm
bis 4	0,6	1,5
über 4 bis 9		2,0
über 9		2,0

Tabelle 4-19. Abdichtungen mit PVC-weich-Bahnen (DIN 16937)

Eintauchtiefe m	Zul. Druckbelastung max. MN/m²	PVC-weich-Bahnen, Mindestdicke mm
bis 4	1,0	1,5
über 4 bis 9		1,5
über 9		2,0

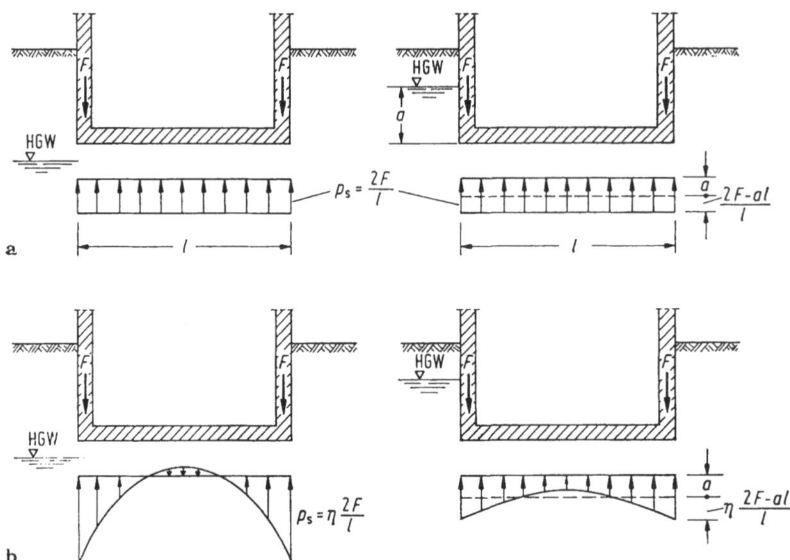

Bild 4-69. Sohlpressung.
a) Spannungstrapezverfahren, b) Bettungsmodulverfahren.

Frost im gefluteten Bauwerk gerechnet werden muß, sollten Schwimmkörper entlang der Bauwerkswandungen angeordnet werden (Eisdruck).

6. Bei statisch unbestimmten Konstruktionen ist der Einfluß der Zusammendrückbarkeit der Abdichtung zu verfolgen (s. Abschnitt 4.2.2.4.5).

7. Die Temperatur an der Abdichtung muß um mindestens 30 K unter dem EP R.u.K. der Abdichtungsmaterialien bleiben (s. Abschnitt 4.2.2.2).

8. Gegen die Abdichtung muß hohlraumfrei gemauert oder betoniert werden (s. Bild 4-59). Wandrücklagen aus Mauerwerk müssen geputzt werden. — Wird die tragende Außenwand des Bauwerkes in Mauerwerk ausgeführt und nachträglich vor die fertige Abdichtung gestellt, so ist sie durch eine ca. 6 cm breite Fuge, die schichtenweise beim Mauern mit Zementmörtel verfüllt wird, von der Abdichtung zu trennen (Bild 4-70).

9. Bituminöse Abdichtungen mit Trägerbahnen aus Wollfilzpappen oder Jutegewebe müssen zwischen festen Bauteilen eingepreßt sein, wobei der Mindesteinpreßdruck

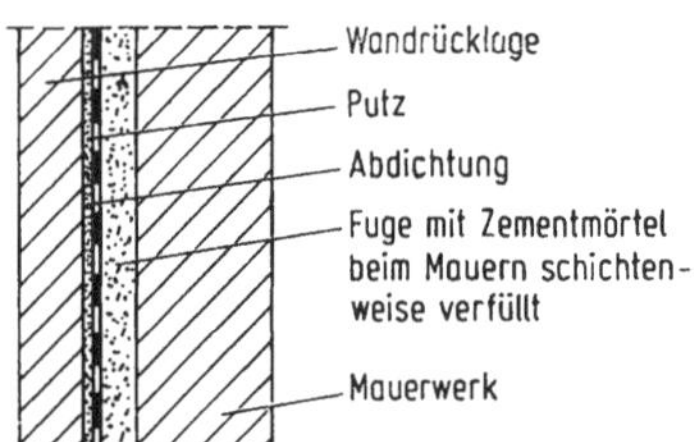

Bild 4-70. Hohlraumfreie Anordnung der Abdichtung.

10 kN/m² betragen soll. — Der Grund für diese Forderung ist der, daß bituminöse Dichtungsbahnen unter dem Wirken eines hydrostatischen Druckes und auch eines Wasserdampfdruckgefälles Wasser bzw. Wasserdampf in geringem Umfang durchlassen, wobei die Trägerlagen aufgrund ihrer Hygroskopizität Feuchtigkeit aufnehmen. Durch die Wasseraufnahme quellen die organischen Trägerlagen, verlieren an Festigkeit und verrotten schließlich. Durch ein Zusammendrücken/Zusammenpressen der Bahnen wird die Wasseraufnahme weitgehend ausgeschlossen (Bild 4-71), weil die Porosität der Trägerlagen durch das Zusammenpressen verringert wird. Wird die Wasseraufnahmefähigkeit der Bahnen verringert, so verringert sich auch die Fäulnisgefahr. — In der Fachwelt wird zur Zeit darüber kontrovers diskutiert, ob bei der Ermittlung des erforderlichen Mindesteinpreßdruckes von 10 kN/m² auch der hydrostatische Druck des anstehenden Grundwassers mitberücksichtigt werden darf oder nicht: Neuere Versuche [1] zeigen, daß es gerechtfertigt ist, dann den hydrostatischen Druck in Ansatz zu bringen, wenn ein lückenloser Deckaufstrich auf der Abdichtung vorhanden ist, weil dieser dem Wasserdurchtritt einen hinreichenden Widerstand entgegensetzt.

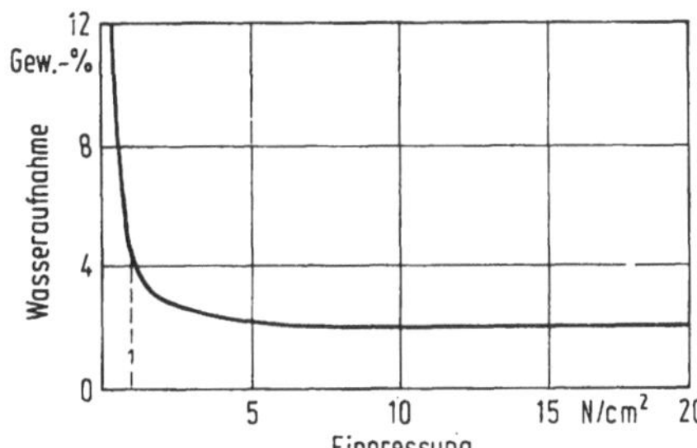

Bild 4-71. Wasseraufnahme einer Wollfilzpappe in Abhängigkeit von Einpreßdruck [17].

4.7.3 Ausführung der Abdichtung mit Materialien auf Bitumen- und Kunststoffbasis

Nach Ermittlung des höchsten Grundwasserspiegels (Wasserwirtschaftsamt, Messung und Feststellung, ob das Grundwasser nicht unter Umständen korrosiv ist, wird zunächst die erforderliche Grundwasserabsenkung geplant und ausgeführt. Danach erfolgt das Ausheben der Baugrube. Auf einer Sauberkeitsschicht/Unterbeton (8 bis 10 cm Magerbeton) wird die Abdichtung aufgebracht. Die Abdichtung ist vor dem Beginn des Bewehrens der Fundamentplatte vor mechanischen Verletzungen zu bewahren; dies geschieht in der Regel durch eine ca. 5 cm dicke Schutzbetonschicht (s. Abschnitt 4.2.8). Der Übergang von der Fundamentplatte zu den Wänden erfolgt in Abhängigkeit von den örtlichen Verhältnissen und vom Bauablauf z. B. mit einem rückläufigen Stoß (Bilder 4-72 und 4-73) bzw. mit einem Kehlstoß (Bild 4-74). In der Regel wird der äußere nachträgliche Einbau der Abdichtung angestrebt (rückläufiger Stoß), weil die Wände vor dem Aufbringen der Abdichtung auf Hohlräume und Kiesnester überprüft werden können. —
Die Wandrücklage soll die hohlraumfreie Einpressung der Abdichtung sicherstellen. Dazu ist es erforderlich, daß sie glatt und eben ausgeführt wird, daß sie beweglich auf dem Fundament aufsteht (s. Bild 4-75), damit sie durch den Erddruck gegen die Abdichtung bzw. das Bauwerk gepreßt wird. Die Wandrücklagen sollten in Abständen von ca. 5 m

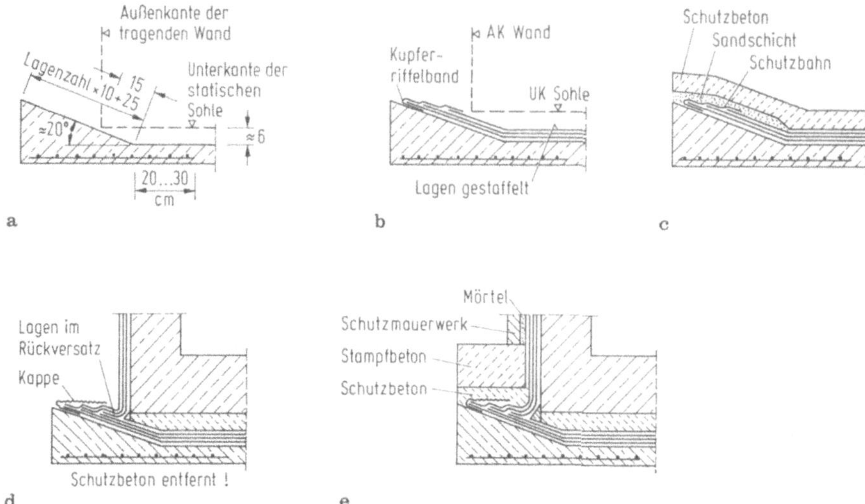

Bild 4-72. Rückläufiger Stoß bei einer bituminösen Abdichtung [2].

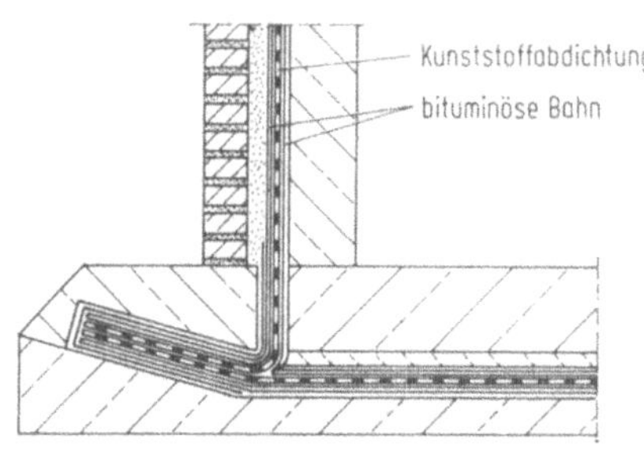

Bild 4-73. Rückläufiger Stoß bei einer Kunst-
stoff-Abdichtung [4].

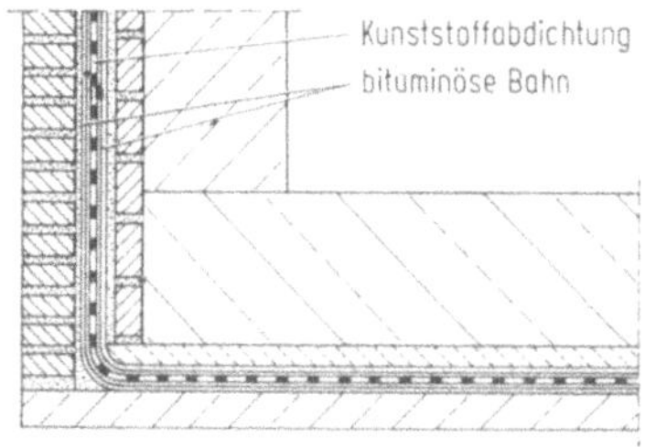

Bild 4-74. Kehlstoß bei einer Kunststoff-Abdich-
tung [4].

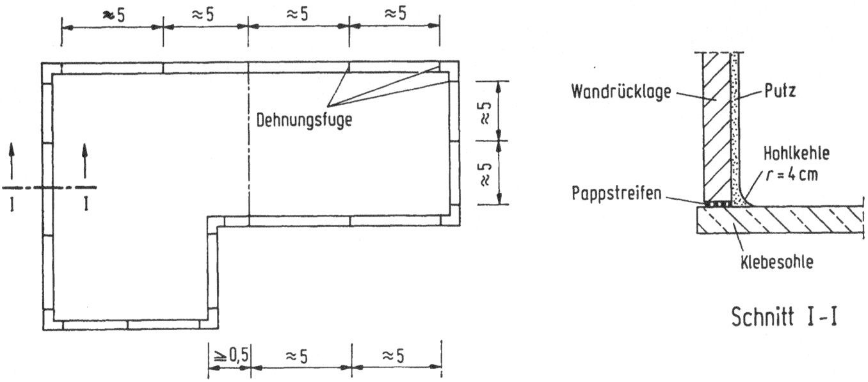

Bild 4-75. Ausbildung der Wandrücklagen.

gefugt sein, damit sie in sämtlichen Bereichen gegen den Baukörper gedrückt werden. Die Wandrücklagen aus Mauerwerk müssen gegebenenfalls den Schalungsdruck des Betons aufnehmen; aus diesem Grund sind sie im Abstand von ca. 2 m wirksam auszusteifen.

Beim Einbau der Wandbewehrungen vor der Abdichtung ist darauf zu achten, daß die Abdichtung nicht mechanisch beschädigt wird. — Der Abstand der Bewehrung von der Abdichtung muß mindestens 5 cm betragen, wobei notwendige Abstandhalter sich nicht in die Abdichtung eindrücken dürfen. Bituminöse Abdichtungen sind vor dem Einbau der Bewehrung mit einem Anstrich aus Zementmilch zu versehen, um mechanische Beschädigungen der Abdichtung beim Einbau der Bewehrung (vor dem Einbau der innenseitigen Wandschalung) erkennen zu können. — Bei einlagigen Kunststoffabdichtungen wird empfohlen, vor die Abdichtung eine massive Schutzschicht aus Mauerwerk vorzusehen (Bild 4-74).

(Zur Bemessung und Konstruktion von Bauwerken aus wasserundurchlässigem Beton s. Abschnitt 4.2.4).

Literatur zu 4. Abdichtung

1 *Braun, E.;* u. a.: Die Berechnung bituminöser Bauwerksabdichtungen. Arbeitsgemeinschaft der Bitumen-Industrie e. V. 1976

2 *Kakrow, H.:* Lehrbrief Bauwerksabdichtung. Herausgegeben vom Hauptverband der Deutschen Bauindustrie e. V. Frankfurt/M. 1975

3 DIN 18195. Bauwerksabdichtungen (1983)

4 *Jungnickel, H.:* Abdichtungs- und Bedachungstechnik mit Kunststoffbahnen. Köln-Braunsfeld: Rudolf Müller 1969

5 *Bonzel, J.:* Der Einfluß des Zements, des W/Z-Wertes, des Alters und der Lagerung auf die Wasserundurchlässigkeit des Betons.

Betontechnische Berichte des Forsch.-Inst. d. Zementind., Düsseldorf 1966

6 *Zimmermann, G.:* Hautförmige Flachdachabdichtungen. Deutsches Architektenblatt, 1980, Heft 4

7 *Wischers, G.:* Betontechnische und konstruktive Maßnahmen gegen Temperaturrisse in massigen Bauteilen (Fortschritte des Betonbaues, 7). Beton-Verlag 1964

8 *Leonhardt, F.:* Das Bewehren von Stahlbetontragwerken. In: Beton-Kalender 1979, Teil II. Berlin: Ernst & Sohn, S. 643

9 *König, G.; Liphardt, S.:* Hochhäuser aus Stahlbeton. In: Beton-Kalender 1981, Teil II. Berlin: Ernst & Sohn, S. 717

10 *Kern, E.:* Dichten von Rissen und sonstigen, Fehlstellen bei wasserundurchlässigem Beton (VDI-Bericht 295, Abdichtungen im Tiefbau) 1977

11 Nach Unterlagen der Fa. Hücker & Rasbach GmbH., Hafenstraße, 6093 Flörsheim/M.

12 *Simons, H.; Meseck, H.:* Untersuchung der bautechnischen Eigenschaften des Volclay-Abdichtungssystems. Lehrstuhl für Grundbau und Bodenmechanik der TU Braunschweig, 1980

13 *Cziesielski, E.; Ruhnau, R.:* Modellversuch und Detailuntersuchungen für einen drucklosen Langzeitwärmespeicher. 1981

14 *Muth, W.:* Abdichtung und Dränung am Bau. DBZ 1/71, S. 305 ff.

15 *Kakrow, H.:* Bituminöse Abdichtungen von befahrbaren Kellerdecken. (VDI-Bericht Nr. 305) 1978

16 *Cziesielski, E.; Friedmann, M.:* Tragfähigkeit geschweißter Verbindungen im Betonfertigteilbau. Deutscher Ausschuß für Stahlbeton, H. 346, 1986

17 *Lufsky, K.:* Bauwerksabdichtung. Stuttgart: Teubner 1975

18 *Locher, F. W.; Rechenberg, W.; Sprung, S.:* Beton nach 20jähriger Einwirkung von kalklösender Kohlensäure. Beton, Heft 5, 1984

19 *Wischers, G.; Krumm, E.:* Zur Wirksamkeit von Betondichtungsmitteln. Beton-

technische Berichte 1975, Beton Verlag GmbH

20 *Cziesielski, E.; Friedmann, M.:* Gründungsbauwerke aus wasserundurchlässigem Beton. Die Bautechnik, 1985, H. 4

21 *Kießl, K.; Gertis, K.:* Feuchtetransport in Baustoffen. Eine Literaturauswertung zur rechnerischen Erfassung hygrischer Transportphänomene. (Forschungsberichte aus dem Fachbereich Bauwesen der Universität Essen — Gesamthochschule, Heft 13) 1980

22 ZTV-K 80; Zusätzliche Technische Vorschriften für Kunstbauten. Ausgabe 1980. Verkehrsblatt-Verlag, 46 Dortmund, Postfach 748, Bestell-Nr. 3069

23 *Grube, H.:* Wasserundurchlässige Bauwerke aus Beton. Bauphysik für die Praxis, Otto Elsner Verlagsgesellschaft; 1982

24 *Basalla, A.:* Wärmeentwicklung im Beton. Zement-Taschenbuch 1964/5, Bauverlag GmbH

25 *Cziesielski, E.; Friedmann, M.:* Keller aus wasserundurchlässigem Beton. Durchfeuchtung der Fußbodenkonstruktion. — In: Bauschädensammlung Bd. 6. Stuttgart, Forum-Verlag 1986

26 *Ruhnau, R.:* Bemessungskriterien für die Anwendung von Natriumbentoniten als Bauwerksabdichtung. Dissertation an der TU Berlin, Fachbereich für Bauingenieur- und Vermessungswesen; 1985.

5. Schallschutz

Von *Karl Gertis*

5.1 Schutzfunktionen und Normungshintergrund*

Der Schall- und Lärmschutz hat Bedeutung für das Wohlbefinden der Menschen. Viele Menschen fühlen sich durch Lärm, d. h. durch subjektiv als störend empfundenen Schall, belästigt. Bild 5-1, in dem der prozentuale Anteil von Belästigungen und Beschwerden über verschiedene Lärmursachen dargestellt ist, zeigt, daß die meisten Klagen über von außen einwirkenden Lärm (Verkehr, Gewerbe und Industrie) entstehen. Dies hat verschiedene Gründe: Der Verkehr hat in Deutschland zugenommen, die Bebauung ist dichter geworden, gewerbliche Betriebe sind von den eigentlichen Industriebereichen in ländliche Gebiete übergesiedelt, um leichter Arbeitskräfte zu gewinnen. Demgegenüber

---

*) DIN 4109 (Schallschutz im Hochbau) wird gegenwärtig vollkommen überarbeitet. Ein erster Entwurf (1979) ist zurückgezogen worden und durch eine zweite Fassung (1984) ersetzt worden. Auch dieser zweite Entwurf wird in Fachkreisen kontrovers diskutiert, so daß die endgültige Fassung der Norm abzuwarten ist.

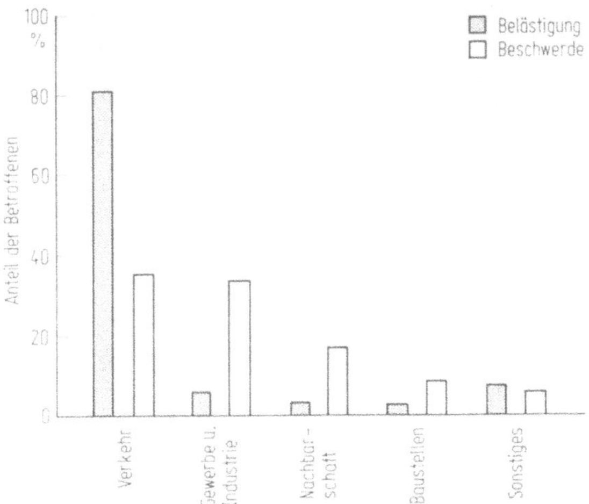

Bild 5-1. Prozentualer Anteil von Belästigungen und Beschwerden über verschiedene
Lärmursachen, nach [1].

ist das Umweltbewußtsein der Bevölkerung gegenüber Lärmeinwirkung wesentlich sensibler geworden. Das Verlangen und Recht auf Ruhe wurden in höchstrichterlichen Grundsatzentscheidungen manifestiert [2].

Neben den in der Stadtbauphysik und der bei der Aufstellung von großräumigen Bauleitplänen, Flächennutzungs- und Bebauungsplänen zu berücksichtigenden Lärmeinwirkungen ist auch der Schallschutz in Gebäuden selbst wichtig. Wohnungen müssen dem Menschen zur Entspannung und zum Ausruhen dienen; sie müssen den eigenen häuslichen Bereich gegenüber den Nachbarn akustisch abschirmen. Auch in Schulen, Krankenanstalten, Beherbergungsstätten und Bürobauten ist der Schallschutz von Bedeutung, um eine zweckentsprechende Nutzung der Räume zu ermöglichen.

Vor diesem Hintergrund erwachsen für einen qualifizierten Schallschutz folgende Ziele:

1. Schutz der Aufenthaltsräume für Menschen vor Schallübertragung aus benachbarten Räumen
2. Schutz vor Lärm aus haustechnischen Anlagen und Einrichtungen
3. Schutz vor Außenlärm.

Darlegungen über den baulichen Schallschutz sind anders zu sehen und aufzubauen als beispielsweise Wärmeschutz-Darstellungen, weil zumindest bislang im Schallschutz Verallgemeinerungen durch eine geschlossene Theorie nicht im gleichen Umfange möglich sind. Für die Praxis war es deshalb besonders wichtig, Grundlagen, Anforderungen und Kataloge schallschutztechnisch klassifizierter Bauteile zu erarbeiten, weil nur auf diesem Wege die andernfalls in jedem Einzelfalle erforderlichen bauakustischen Messungen und die damit verbundenen Kosten vermieden werden können [3]. Dies führte zu einer gründlichen Neubearbeitung der maßgeblichen akustischen Regelwerke DIN 4109 [4—9] und DIN 18005 [10—11], die in Verbindung mit schalltechnischen Meßnormen [12—16] und bauakustischen Prüfnormen [17—20] sowie diversen VDI-Richtlinien und der TA-Lärm [21] ein umfassendes Kompendium ergeben.

Im Rahmen der vorliegenden Abhandlung sollen die Grundlagen und Effekte der Schallübertragung im Bau dargelegt werden, um die Regelwerke gemäß dem zitierten Bearbeitungsstand und deren Hintergrund verständlich zu machen; weitere bauphysikalische Details s. [23—25].

5.2 Grundbegriffe

Unter Schall versteht man mechanische Schwingungen und deren Ausbreitung in elastischen Medien im hörbaren Frequenzbereich von ca. 16 Hz bis 20 kHz. Pflanzen sich diese Schwingungen in Luft fort, so spricht man von „Luftschall"; bei Schwingungen von festen Körpern, z. B. Mauerwerk oder Skelett-Bauteilen, spricht man von „Körperschall" (z. B. auch durch Treten erzeugter „Trittschall").

Die Frequenz f ist die Anzahl der Schwingungen pro Sekunde. Sie hängt mit der Fortpflanzungsgeschwindigkeit (Schallgeschwindigkeit) c der Wellen und der Wellenlänge λ der Schwingung wie folgt zusammen:

$$c = f \cdot \lambda. \tag{5-1}$$

Eine Schallschwingung mit einem rein sinusförmigen Zeitverlauf nennt man „Ton". Geräusche ergeben sich aus mehreren — meist sehr vielen — Teiltönen, deren Frequenzen nicht in einfachen Zahlenverhältnissen zueinander stehen. In der Bauakustik interessiert meist der Frequenzbereich von 100 Hz bis 3200 Hz. Man kann diesen Bereich zerlegen in Oktav- oder Terzintervalle (Terz = Drittel-Oktave). Die Zerlegung geschieht meßtechnisch durch Oktav- bzw. Terzfilter.

Die Stärke des Schalls kann durch die Schallintensität J erfaßt werden, die dem Quadrat des Wechseldruckes p proportional ist:

$$J \sim p^2 \tag{5-2}$$

Der Wechseldruck p darf nicht mit dem (barometrischen) Gesamtdruck der Luft oder dem Partialdruck in Wasserdampf-Luft-Gemengen verwechselt werden. Der Wechseldruck ist vielmehr eine dynamische Druckschwankung, die sich mit Schallgeschwindigkeit vom Sender zum Empfänger fortpflanzt und in das Ohr dringt, wo sie sich über einen komplizierten, bisher noch nicht völlig erforschten Mechanismus über die Cochlea frequenzabhängig dem Hörnerv überträgt. Der kleinste bei 1 000 Hz gerade mit dem Gehörsinn noch wahrnehmbare Wechseldruck p_0 beträgt:

$$\begin{aligned} p_0 &= 2 \cdot 10^{-7} \text{ mbar} \\ &= 2 \cdot 10^{-5} \text{ N/m}^2 \\ &= 20\,\mu\text{Pa} \end{aligned} \tag{5-3}$$

Ihm entspricht eine noch wahrnehmbare Schwellintensität J_0 von

$$\begin{aligned} J_0 &= 10^{-16} \text{ W/cm}^2 \\ &= 10^{-4} \text{ pW/cm}^2 \\ &= 1 \text{ pW/m}^2 \end{aligned} \tag{5-4}$$

Da die vom menschlichen Ohr empfundenen Schallintensitäten sich über mehrere Zehnerpotenzen unterscheiden können, hat sich ein logarithmisches Maß für die Schallstärke, der Schallpegel L, eingebürgert, wobei als Bezugswert die Schwellintensität J_0 gewählt wird:

$$L = \lg J/J_0 \tag{5-5}$$

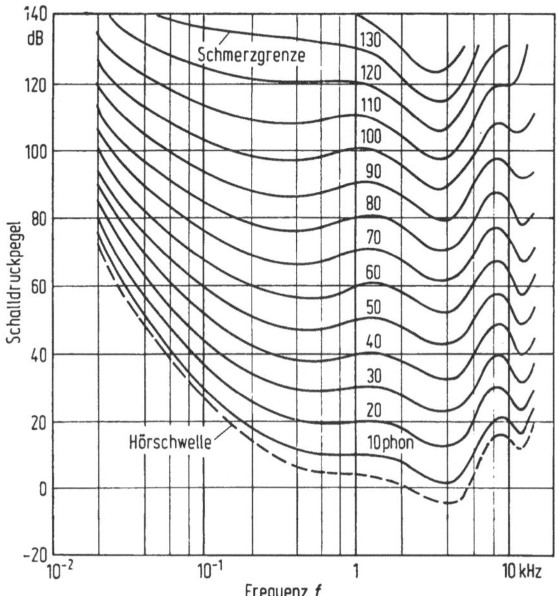

Bild 5-2. Normalkurven gleichen Lautstärkepegels in Abhängigkeit von der Frequenz, nach [13].
Bei 1 000 Hz ist definitionsgemäß der Lautstärkepegel in Phon gleich dem Schallpegel in Dezibel
(dB).

Nach dem Erfinder und Physiologen Graham Bell besitzt der Schallpegel die Einheit
Bel bzw. gemäß

$$L = 10 \lg J/J_0 \quad \text{dB} \tag{5-6}$$

ein Zehntel dieser Einheit, das Dezibel (dB). Mit Gl. (5-2) folgt aus (5-6):

$$L = 20 \lg p/p_0. \tag{5-7}$$

Auch wenn zwei Töne den gleichen Schallpegel L aufweisen, kann das menschliche
Ohr diese als verschieden laut empfinden. Tiefe Töne werden — bei gleicher Pegelstärke
— weniger laut empfunden. Dies bedingte, daß noch ein Maß für die Lautstärke eingeführt
wurde, nämlich das Phon. Gemäß Bild 5-2 ist die Lautstärke eines 1 000-Hz-Tones in
Phon definitionsgemäß gleich groß wie der Schallpegel in dB; um gleich laut zu wirken,
muß ein tiefer Ton stärker sein; beispielsweise müßte ein 60-Hz-Ton einen Pegel von
60 dB aufweisen, um 40 Phon laut empfunden zu werden. Die Kurven in Bild 5-2 zeigen
einen relativ komplizierten Verlauf, der durch den Schallübertragungsmechanismus im
menschlichen Ohr bestimmt ist. Bei etwa 4 kHz weisen sie eine „Beule" nach unten auf;
hier hört man besonders empfindlich.

Die menschliche Sprache spielt sich frequenz- und pegelmäßig in einem gewissen
Bereich ab (Bild 5-3). Musik setzt ein etwas größeres Hörfeld voraus. Das Hörfeld wird
nach unten durch die gerade noch hörbare Schwelle (vgl. die Schwellintensität gemäß
Gl. (5-4)) und nach oben durch die Gefühl- bzw. Schmerzschwelle begrenzt. Ein Ton über
ca. 130 Phon bzw. ein Schallpegel über 130 dB erzeugt im allgemeinen Schmerzen. Dies

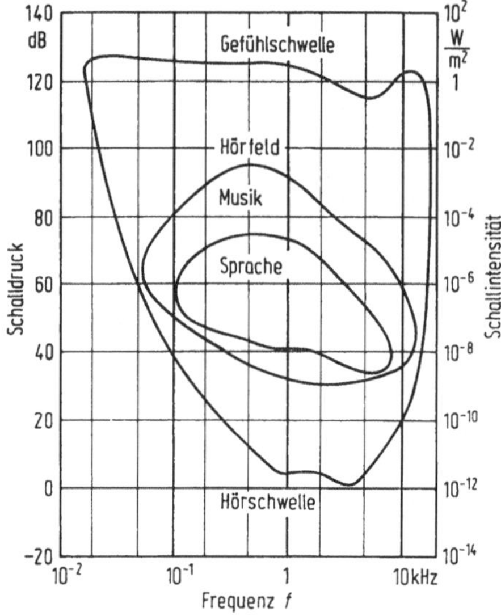

Bild 5-3. Hörfeld des Menschen in Abhängigkeit von der Frequenz.

besagt jedoch nicht, daß nicht auch schon niedrigere Pegel von z. B. 90 dB, vor allem bei längeren Expositionszeiten, gehörschädigend wirken können. Im allgemeinen muß man sich durch Gehörschutzeinrichtungen gegen solche Schalleinwirkungen schützen.

Wollte man die Lautstärkeempfindung des Menschen messen, so müßten die relativ komplizierten Kurven von Bild 5-2 mit Meßgeräten elektronisch simuliert werden. Man hat näherungsweise verschiedene (vereinfachte) Simulationen als *Bewertungskurven* eingeführt [14]. Die wichtigste ist die sog. A-Frequenzbewertung, die in Bild 5-4 wiedergegeben wird. Die A-Werte können von einem Schallpegelmesser direkt in dB(A) abgelesen werden. Man kann Geräusche also einigermaßen — nicht aber völlig — gehörrichtig mit dem A-Schallpegel angeben. Tabelle 5-1 vermittelt einen zusammenfassenden Überblick über die A-Pegel einiger Geräusche.

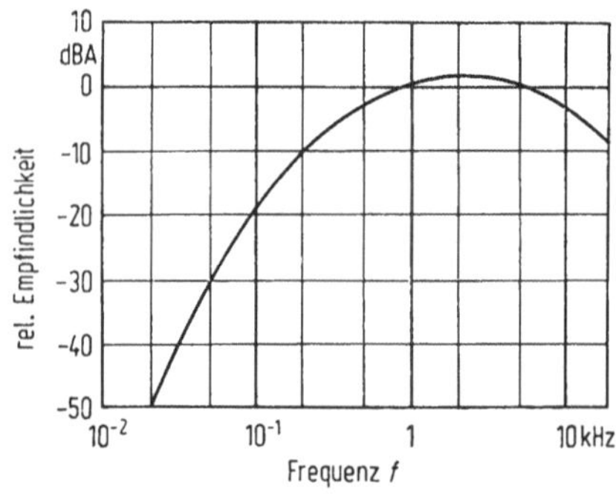

Bild 5-4. A-Bewertungskurve für Schallpegel, gemäß [14].
Beispiel: Ein 100-Hz-Ton mit einem Schallpegel von 70 dB wird nach der A-Bewertung um 19 dB vermindert; d. h.: 70 dB $\triangle$ 51 dB (A).

Tabelle 5-1. Zusammenstellung der A-Geräuschpegel einiger Geräusche

	Schallintensitätsverhältnis	Schallintensität in dB(A)		Geräuschart
Schmerzbereich	100 000 000 000 000	140		Düsenmotor
	10 000 000 000 000	130		Niethammer
				— Gefühlsschwelle — —
	1 000 000 000 000	120		Propellermaschine
Schädigungs-Bereich	100 000 000 000	110		Bohrmaschine
	10 000 000 000	100		Metallverarbeitungsbetrieb
	1 000 000 000	90		Schweres Fahrzeug
Belästigungs-Bereich	100 000 000	80		Starker Straßenverkehr
	10 000 000	70		Personenwagen
	1 000 000	60		Normales Gespräch
Sicherer Bereich	100 000	50		Leise Radiomusik
	10 000	40		
	1 000	30		Flüstern
	100	20		Blätterrauschen
	10	10		
	1	0		— Hörschwelle — — —

Hörschwelle (bei 1000 Hz)
Schwellintensität $\cdot 10^{-12}\,\mathrm{W/m^2}$ = $1\,\mathrm{pW/m^2}$
Schwelldruck $\cdot 2 \cdot 10^{-7}\,\mathrm{mbar}$ = $20\,\mathrm{\mu Pa}$

5.3 Schallabsorption und schallschluckende Bekleidungen

Wird in einem Raum Schall erzeugt (z. B. durch eine Werkzeugmaschine, Bild 5-5), dann breiten sich die Schallwellen von der Schallquelle weg nach allen Seiten aus und treffen auf die Raumumschließungsflächen. Je nach dem Reflexionsverhalten der Begrenzungsflächen wird dort ein Teil der Schallenergie reflektiert bzw. absorbiert, d. h. in Wärmeenergie verwandelt. Der im Raum vorhandene Schallpegel rührt deshalb nicht nur vom direkt von der Schallquelle emittierten Schall (Direktschall) her, sondern auch von dem an den Begrenzungen reflektierten Anteil, der im allgemeinen diffus reflektiert wird (diffuses Schallfeld). Der diffuse Beitrag zum Schallpegel im Raum kann stärker sein als der Direktschall. Gelingt es, die Reflexion, z. B. durch schallschluckende Bekleidungen, zu verringern, so wird damit auch der Schallpegel im Raum gesenkt.

Der absorbierte (geschluckte) Anteil J_a der Schallintensität bzw. der reflektierte Anteil J_r wird durch den auf Sabine zurückgehenden Schallabsorptionsgrad α, wie folgt, erfaßt:

$$J_\mathrm{a} = \alpha \cdot J \tag{5-8}$$

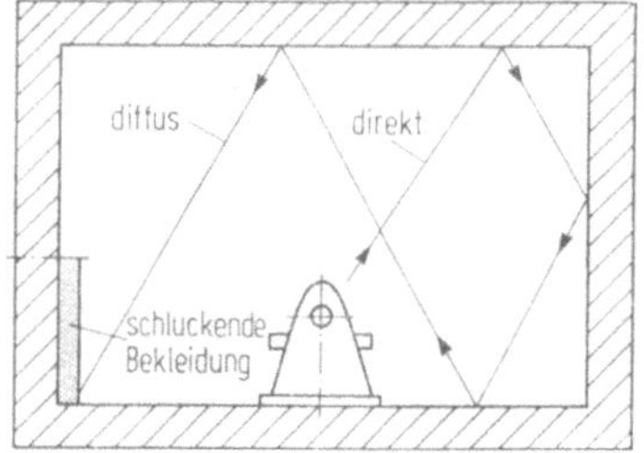

Bild 5-5. Schematische Darstellung der Ausbreitung des Schalls in einem Maschinenraum und der Reflexion der Schallwellen an den Raumumschließungsflächen.

bzw.

$$\alpha = \frac{J_a}{J} = \frac{J - J_r}{J} \tag{5-9}$$

Entsprechend den unterschiedlichen Ausbreitwegen des Direkt- und Diffus-Schalles gemäß Bild 5-5 besitzt der in das Ohr dringende Schall in der Regel auch verschiedene Laufzeiten. Das Ohr trennt Schallereignisse ab ca. 0,05 s relativ gut. Werden die Laufzeiten zu lang oder die Laufwegunterschiede zu groß, dann wirkt der Raum zu „hallig" und man muß die Nachhallzeit verkürzen. Die Nachhallzeit t ist definitionsgemäß jene Zeit, die nach dem Abschalten einer Schallquelle verstreicht, bis der ursprüngliche Pegel um 60 dB abgesunken ist. Sie ist frequenzunabhängig und ergibt sich aus dem Volumen V [m^3] und der (äquivalenten) Schallabsorptionsfläche A [m^2] eines Raumes, wie folgt in Sekunden:

$$t = 0{,}163 \, \frac{V}{A}. \tag{5-10}$$

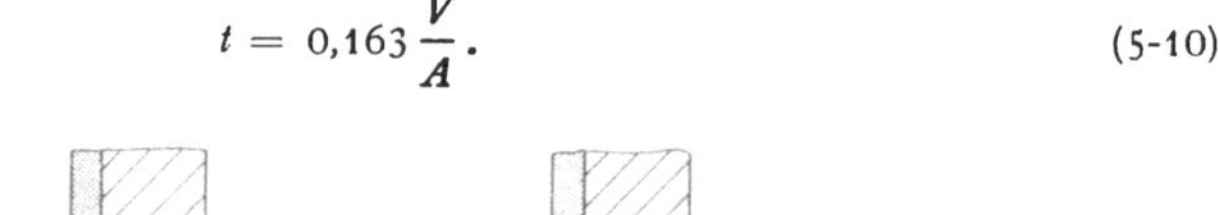

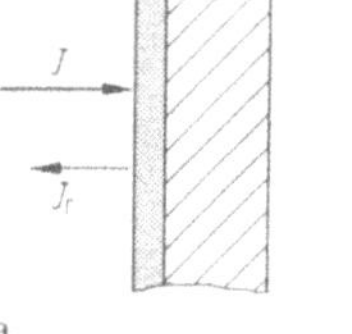

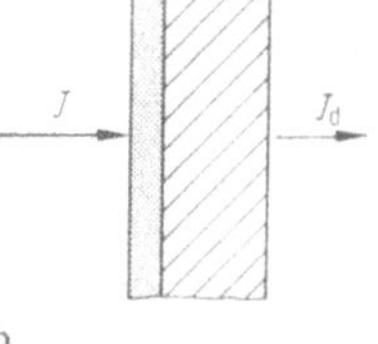

a   b

Bild 5-6. Zum Unterschied zwischen Schalldämpfung (Schallabsorption) und Schalldämmung.
a) Wieviel Schall wird in den eigenen Raum zurückreflektiert? (Reflektierter Anteil J_r der Schallintensität).
b) Wieviel Schall gelangt in den Nachbarraum? (Durchgelassener Anteil J_d der Schallintensität).

Die Schallabsorptionsfläche A erhält man aus den einzelnen Teilflächen S_1, S_2 usw. der Raumumschließung, welche den Schallabsorptionsgrad α_1, α_2 usw. besitzen:

$$A = \alpha_1 S_1 + \alpha_2 S_2 + \cdots \tag{5-11}$$

Für die durch absorbierende Bekleidungen erreichte Pegelminderung gilt:

$$\Delta L = 10 \lg \frac{A_{\text{nachher}}}{A_{\text{vorher}}}. \tag{5-12}$$

Tabelle 5-2. Ungefähre Richtwerte für die Nachhallzeiten von Räumen bei Übertragung von Sprache oder Musik

Raumvolumen m³	Nachhallzeit s	
	Sprache	Musik
bis 300	0,5	1
bis 1 000	0,7	1,3
bis 5 000	1,0	1,6

Zur Übertragung von Sprache und Musik ist eine gewisse Nachhallzeit — abhängig vom Volumen des Raumes — erwünscht. Tabelle 5-2 vermittelt hierzu Richtwerte. Näheres über die Beeinflussung der Hörsamkeit von Vortragsräumen, Theater- und Konzertsälen kann aus [26] bis [28] entnommen werden.

Für Zwecke der Lärmbekämpfung und zur Nachhallregulierung in Zuhörerräumen stehen prinzipiell drei verschiedene Absorberarten zur Verfügung, nämlich:

1. *Poröse Materialien.* Materialien, die nach außen offenporig sind oder feine Kanäle mit bis zu 90% Porenvolumenanteil besitzen, eignen sich gut als schallschluckende Stoffe. Tabelle 5-3 gibt einen Überblick über die Schallabsorptionsgrade einiger Bekleidungsmaterialien. Der Schallabsorptionsgrad nimmt mit der Frequenz zu (vgl. Bild 5-7, Kurve a). Die Dicke der Schallschluckstoffe bzw. ihr Abstand von dem schallharten Raumbegrenzungsteil sollte so gewählt werden, daß für die interessierenden Frequenzen ca. ein Viertel der Wellenlänge λ (vgl. Gl. (5-1)) innerhalb des Absorbermaterials zu liegen kommt.

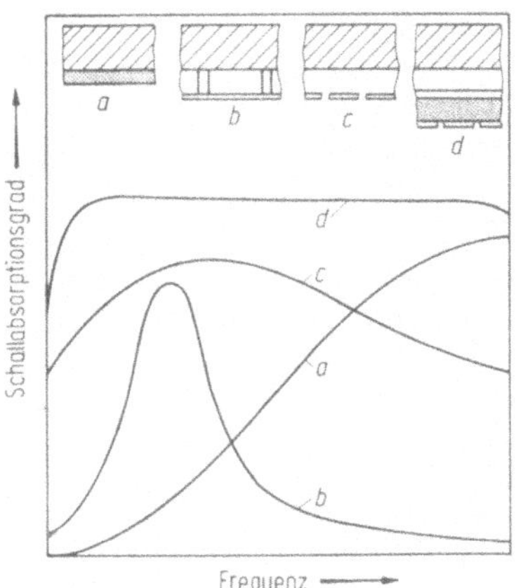

Bild 5-7. Prinzipielle Wirkungsweise kombinierter Schallabsorber.
a: Poröse Materialien
b: Plattenresonatoren oder Hohlraumresonatoren
c: Lochplatte aus teilweise schluckendem Material (Kombination aus *a* und *b*).
d: Plattenschwinger mit porösem Material und Lochplattenbekleidung (Kombination aus *a*, *b* und *c*).

Tabelle 5-3. Schallabsorptionsgrad verschiedener Wand- und Deckenbekleidungen in Abhängigkeit von der Frequenz, nach [23]

lfd. Nr.	Verkleidung	Schallabsorptionsgrad bei den Frequenzen					
		125 Hz	250 Hz	500 Hz	1 000 Hz	2 000 Hz	4 000 Hz
1	25 mm Asbestspritzputz	0,2	0,3	0,5	0,6	0,75	0,7
2	25 mm Zementspritzputz mit Vermiculitezusatz	0,05	0,1	0,2	0,55	0,6	0,55
3	8 mm Schaumstoff-Tapete	0,03	0,1	0,25	0,5	0,7	0,9
4	Bimsbeton, unverputzt	0,15	0,4	0,6	0,6	0,6	0,6
5	115 mm Hochlochziegel, unverputzt, Löcher dem Raum zu offen, Mineralwolle im 60 mm Hohlraum hinter Ziegeln	0,15	0,65	0,45	0,45	0,4	0,7
6	25 mm Holzwolle-Leichtbauplatten, unverputzt						
	unmittelbar an Wand	0,05	0,1	0,5	0,75	0,6	0,7
	24 mm vor Wand, im Hohlraum Mineralwolle	0,15	0,7	0,65	0,5	0,75	0,7
7	50 mm Mineralfaserplatten (100 kg/m³)	0,3	0,6	1,0	1,0	1,0	1,0
8	20 mm Mineralfaserplatten mit Farbe in Flockenstruktur an Oberfläche	0,02	0,15	0,5	0,85	1,0	0,95
9	16 mm Mineralfaserplatten, 375 kg/m³, raumseitig mit Fußschicht, Oberfläche mit feinen Öffnungen versehen, 200 mm Deckenabstand	0,4	0,45	0,6	0,65	0,85	0,85
10	Blechkassetten, gelocht mit 20 mm Mineralfaserfilz, aufgelegt, 300 mm Deckenabstand	0,3	0,7	0,7	0,9	0,95	0,95
11	Gipskartonplatten, gelocht, Mineralfaser-Auflage, 100 mm Deckenabstand	0,3	0,7	1,0	0,8	0,65	0,6
12	Holzriemen mit 15 mm breiten, offenen Fugen, 20 mm Mineralfaser-Auflage						
	bei 30 mm Deckenabstand	0,1	0,25	0,8	0,7	0,3	0,4
	bei 200 mm Deckenabstand	0,4	0,7	0,5	0,4	0,35	0,3
13	Plüsch-Bespannung, gefaltet, 0,42 kg m² 50 mm Abstand von Wand	0,15	0,45	0,95	0,9	1,0	1,0
14	7 mm Teppichboden	0	0,05	0,1	0,3	0,5	0,6

2. *Platten- und Lochplattenresonatoren.* Diese bestehen aus einem Feder-Masse-System, das in der Nähe der Resonanzfrequenz eine ausgeprägte Schallabsorption besitzt. Die Absorption tritt in der Regel bei tiefen Frequenzen auf (Kurve b in Bild 5-7). Plattenresonatoren und poröse Schlucker werden oft auch in Form von mit Bohrungen versehenen Lochplatten kombiniert (Kurve c in Bild 5-7).

3. *Volumen- oder Hohlraumresonatoren nach Helmholtz.* Hierbei wird über eine kleine Öffnung (Resonatorhals) ein Resonatorvolumen an den Raum angekoppelt. Das Resonatorvolumen stellt die Federung dar; der im Resonatorhals hin und her schwingende Luftpfropfen bildet die Masse. Der Hohlraum kann durch Füllung mit porösem Material bedämpft werden. Gemäß Kurve b in Bild 5-7 tritt — ebenso wie beim Plattenresonator — auch beim Helmholtz-Resonator in der Nähe der Resonanzfrequenz eine hohe Absorption auf.

Tabelle 5-3 vermittelt zusammenfassend einen Überblick über die mit porösen und gelochten Bekleidungen erreichbaren Absorptionsgrade.

5.4 Luft- und Trittschalldämmung

5.4.1 Kennzeichnung und Messung

Die Kennzeichnung der Luft- und Trittschalldämmung von Bauteilen basiert auf dem Schalldämm-Maß R, das in der Regel von der Frequenz abhängt und in bestimmter Weise in sog. Einzahlangaben, d. h. in kennzeichnende Werte mittels eines Zahlenwertes umgesetzt werden kann [20]. Das Schalldämm-Maß kann im Labor, d. h. in einem Prüfstand, welcher Schallnebenwege ausschließt, gemessen werden oder im Bau. Die Nebenwegübertragung kann über die flankierenden Bauteile sowie über Schächte, Kanäle, Rohrleitungen, Randanschlüsse und dgl. erfolgen. Das Labor-Schalldämm-Maß bezeichnet man mit R, das Bauschalldämm-Maß mit R'. In erster (grober) Näherung gilt:

$$R' \approx R - (2 \text{ bis } 3) \text{ dB}. \tag{5-13}$$

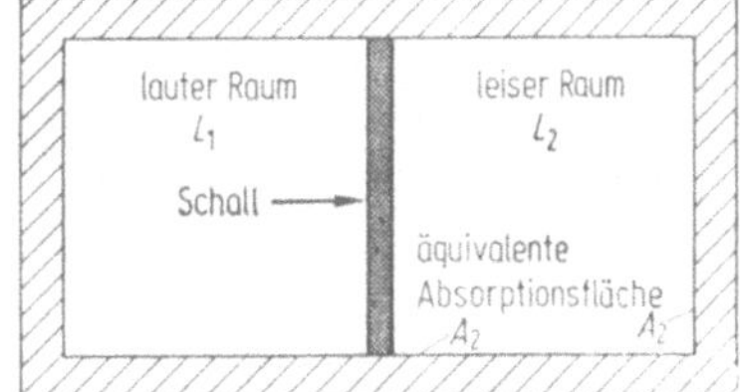

Bild 5-8. Zur Messung der Luftschalldämmung von Bauteilen. Gemessen wird die Pegeldifferenz $\Delta L = L_1 - L_2$.

Die Messung des Luftschalldämm-Maßes erfolgt gemäß der in Bild 5-8 veranschaulichten Meßanordnung, bei der die Pegeldifferenz ΔL zwischen dem lauten Raum (Pegel L_1) und dem leisen Raum (Pegel L_2) ermittelt wird, die auch von der Fläche S des raumtrennenden Bauteils und der äquivalenten Schallschluckfläche A_2 (vgl. Gl. (5-11)) im Empfangsraum abhängt:

$$\Delta L = L_1 - L_2 = R - 10 \lg \frac{S}{A_2} \tag{5-14}$$

Daraus erhält man für das Schalldämm-Maß R:

$$R = \Delta L + 10 \lg \frac{S}{A_2} \qquad (5\text{-}15)$$

Die Schallpegeldifferenz $\Delta L = L_1 - L_2$ kann auch als Norm-Schallpegeldifferenz D_n, wie folgt, angegeben werden

$$D_\mathrm{n} = \Delta L - 10 \lg \frac{A_2}{A_0} \qquad (5\text{-}16)$$

wobei die normierte Fläche A_0 in der Regel gleich 10 m² gewählt wird.

Die Messung der Trittschalldämmung wird gemäß Bild 5-9 mit einem Normhammerwerk [17] vorgenommen. Im Gegensatz zur Messung der Luftschalldämmung wird hierbei aber nicht die Pegel*differenz* ΔL, sondern der Trittschallpegel L_2 im leisen Raum bestimmt. Der gemessene Trittschallpegel L_2 kann wiederum — wie vorhin bei Gl. (5-16) — in einen Norm-Trittschallpegel L_n umgerechnet werden

$$L_\mathrm{n} = L_2 + 10 \lg \frac{A}{A_0} \qquad (5\text{-}17)$$

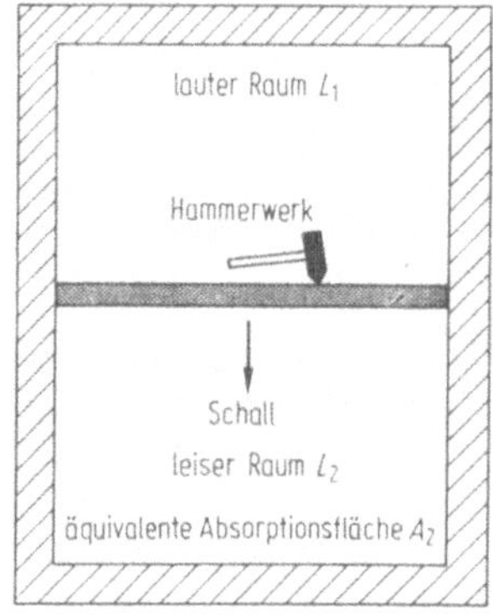

Bild 5-9. Zur Messung der Trittschalldämmung von Bauteilen. Gemessen wird der Trittschallpegel im (leisen) Raum L_2.

5.4.2 Einzahlangaben

Das Luftschalldämm-Maß R und der gemessene Trittschallpegel L_2 sind frequenzabhängig und werden bei verschiedenen Frequenzen ermittelt, wobei sich bei der Luftschalldämmung Terz- und bei der Messung der Trittschalldämmung Oktavintervalle eingebürgert haben. Ein in Terzintervallen ermitteltes Meßbeispiel ist gestrichelt in Bild 5-10a eingetragen. Zur Gewinnung von Einzahlangaben, die in Form *eines* Zahlenwertes die Frequenzabhängigkeit zusammenfassen, gibt es folgende Möglichkeiten

Luftschalldämmung

1. *Mittleres Schalldämm-Maß* R_m. Dabei wird das arithmetische Mittel über die in Terzintervallen ermittelten Schalldämm-Maße R gebildet.
2. *Luftschallschutzmaß LSM*. Der (gemessene) Terzintervallverlauf wird mit einer festgelegten Sollkurve (vgl. Bild 10a) verglichen, die quasi den „Idealverlauf" der Schalldämmung darstellen soll, welcher der geringeren Empfindlichkeit des menschlichen

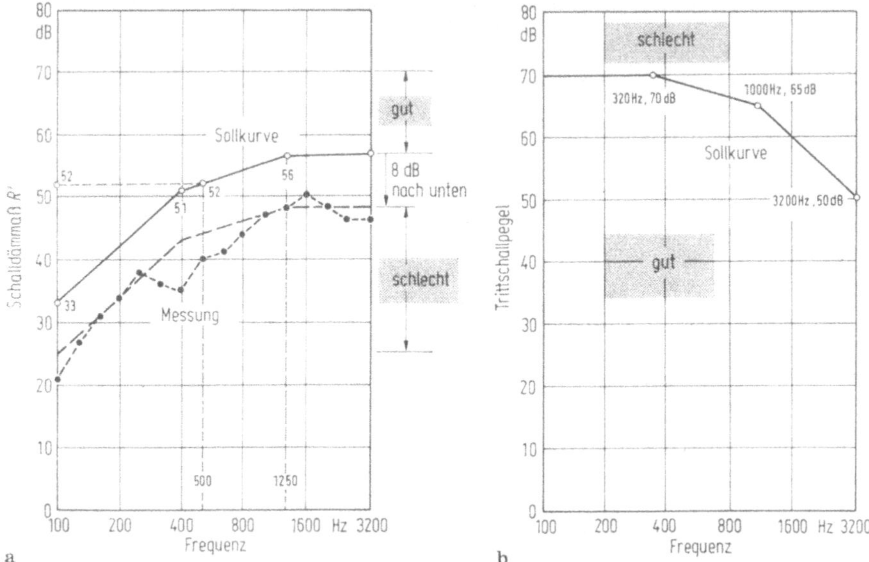

Bild 5-10. Bezugskurven, die gemäß [20] zur Ermittlung von Einzahl-Angaben dienen.
a) Luftschallschutzmaß LSM (Bezugskurve mit Angabe eines Meßbeispiels),
b) Trittschallschutzmaß TSM (Bezugskurve).

Ohres bei tiefen Frequenzen Rechnung trägt. Die Sollkurve (Bezugskurve) wird in Ordinatenrichtung solange verschoben, bis die *Unter*schreitung durch die Meßkurve im Mittel höchstens 2 dB beträgt. Die Größe der so definierten Verschiebung heißt „Luftschallschutzmaß LSM". In Bild 5-10a ergibt sich eine Verschiebung um 8 dB nach unten; d. h., das Luftschallschutzmaß beträgt −8 dB.

3. *Bewertetes Schalldämm-Maß R_w.* Da die negativen Werte des Luftschallschutzmaßes bei Nichtexperten leicht ein negatives Image für die schalltechnische Bewertung von Bauteilen aufkommen lassen könnten, hat man sich neuerdings zu einer formalen „Verschönerung" durch nochmalige Parallelverschiebung der Bezugskurve entschlossen. Man benützt hierzu den 500-Hz-Wert der Bezugskurve, der gemäß Bild 5-10a genau bei 52 dB liegt, und definiert das sog. bewertete Schalldämm-Maß R_w, wie folgt

$$R_w = \text{LSM} + 52\,\text{dB} \tag{5-18}$$

Es ist beabsichtigt, das LSM in Zukunft ganz aufzugeben und nur mehr das bewertete Schalldämm-Maß R_w zu benutzen. Näherungsweise gilt zwischen dem mittleren und dem bewerteten Schalldämm-Maß folgende Überschlagsformel

$$R_m \approx R_w + 2\,\text{dB} \tag{5-19}$$

Trittschalldämmung

1. *Trittschallschutzmaß TSM.* Im Gegensatz zur Luftschalldämmung stellt der Trittschallpegel keine „Dämmung", sondern ein Maß für das Störgeräusch dar. Bei der Festlegung der Bezugskurve (Bild 5-10b) mußte die Empfindung des menschlichen

Ohres in der Weise Berücksichtigung finden, daß hohe Frequenzen des Störgeräusches nachteilig sind; die Sollkurve nimmt deshalb bei hohen Frequenzen ab, und die Parallelverschiebung der Meßkurve — ähnlich vorgenommen wie beim Luftschallschutzmaß — darf nur zu einer *Über*schreitung der Sollkurve von höchstens 2 dB im Mittel führen. Verschiebungen nach oben führen zu einem negativen TSM, nach unten zu einem positiven TSM.

2. *Verbesserungsmaß VM.* Das Verbesserungsmaß gibt die Differenz der Trittschallschutzmaße einer genormten Bezugsdecke (vgl. [20]) an, wenn sie ohne und mit Deckenauflage gemessen wird. Tabelle 5-4 veranschaulicht die Verbesserungsmaße einiger gebräuchlicher Fußbodenbeläge.

Tabelle 5-4. Überblick über die Trittschallverbesserungsmaße in dB einiger gebräuchlicher Fußbodenbeläge, nach [23]

Linoleum, PVC-Beläge	5−7
Linoleum auf Korkschicht PVC-Beläge mit Schaumstoff oder Filzunterlage	13−18
Teppichböden	24−35
Schwimmender Estrich mit Unterschicht aus	
Holzfaserplatten 1,2 cm	15
Polystyrol-Hartschaumplatten normal hart, 1 cm	18
besonders weich, 1 cm	26
Kokosfasermatten, 1,3 cm	28
Mineralfaserplatten, 1 cm	27
Mineralfaserplatten, 1,5 cm	30

3. *Äquivalentes Trittschallschutzmaß TSM_{eq}.* Das äquivalente Trittschallschutzmaß stellt eine Einzahlangabe für eine Massivdecke (Rohdecke) ohne Deckenauflage dar. Zusammen mit dem Verbesserungsmaß VM der Deckenauflage ergibt sich das Trittschallschutzmaß TSM der gebrauchsfertigen Decke, wie folgt

$$\text{TSM} = \text{TSM}_{eq} + \text{VM} \tag{5-20}$$

Bild 5-11 zeigt, wie stark TSM_{eq} mit der flächenbezogenen Masse der Rohdecke zunimmt.

5.4.3 Schallschutztechnische Anforderungen

Mit Hilfe der im Abschnitt 5.4.2 erläuterten Bewertungsgrößen

— bewertetes Schalldämm-Maß R_w bzw. Luftschallschutzmaß LSM
— Trittschallschutzmaß TSM

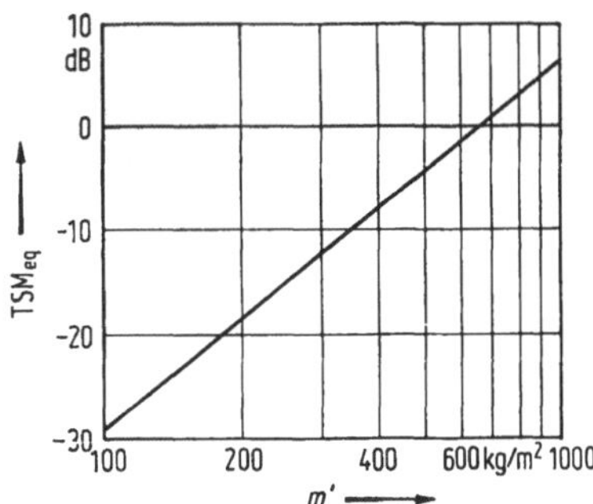

Bild 5-11. Abhängigkeit des äquivalenten Trittschallschutzes TSM_{eq} einer massiven Rohdecke vom Flächengewicht m' (flächenbezogene Masse), nach [23].

werden in DIN 4109 [5] drei Kategorien von Anforderungen und Richtwerte für den Schallschutz von Bauteilen festgelegt, nämlich:

a) Mindestanforderungen zum Schutz gegen Schallübertragung aus fremden Wohn- oder Arbeitsbereichen.
b) Richtwerte zum Schutz gegen Schallübertragung innerhalb des eigenen Wohn- und Arbeitsbereich.
c) Vorschläge für einen erhöhten Schallschutz.

Die in DIN 4109 festgelegten Anforderungen in schallschutztechnischer Hinsicht sind ausgiebig und z. T. auch kontrovers diskutiert worden. Die Diskussion dauert an.

Die Erhöhung der Mindestanforderungen bzw. die erhöhten Vorschläge des gehobenen Schallschutzes stoßen in ihrem Niveau auf eine gewisse technische und wirtschaftliche Grenze. Würde man nämlich das Niveau der Schalldämm-Anforderungen an einzelne Bauteile weiter steigern, so würde nicht unbedingt eine Erhöhung der Dämmung eintreten, weil die Übertragung mehr und mehr über die flankierenden Bauteile liefe. Die Probleme der Schall-Längsleitung gewinnen bei steigendem Anforderungsniveau der Trennteile immer mehr an Bedeutung [29]. Eine weitere Verbesserung der Schalldämmung und die dabei zusätzlich notwendigen Maßnahmen zur Abwehr der Flankenübertragung führen wahrscheinlich auch zu Kostensteigerungen, die künftig quantitativ erst noch überprüft werden müssen [30]. Hierbei ist insbesondere zu ermitteln, inwieweit der m²-Preis für das ausgeführte Gewerk

— durch Entwurf und Planung
— durch Behinderungen und Flickarbeiten anstelle eines störungsfreien Arbeitsablaufes
— durch Kostenverlagerungen, z. B. vom Rohbau auf den Ausbau
— durch kombinierte Anforderungsbefriedigung, z. B. im Wärme-, Schall- *und* Brandschutz

positiv oder negativ beeinflußbar wird.

5.4.4 Planungshinweise und Ausführungsbeispiele

Bezüglich der Planungshinweise und Ausführungsbeispiele wird auf DIN 4109 Bezug genommen. Es sei besonders verwiesen auf DIN 4109, Teil 2, Teil 3, welcher ausschließlich aus Ausführungsbeispielen für den Massivbau besteht, und Teil 4, welcher Entwurfsgrundlagen für den Skelett- und Holzbau enthält. In diesen Normenteilen sind alle wichtigen Hinweise — systematisch geordnet — zu finden. Wichtig erscheint, daß die bauakustischen Phänomene und Effekte verständlich werden, auf denen die in den Normenteilen gemachten Hinweise beruhen. Dies soll im folgenden geschehen.

5.5 Besondere bauakustische Phänomene und Grundsätze

Die Schallübertragung von einem (lauten) Sende-Raum in einen (leisen) Empfänger-Raum kann auf verschiedenen Wegen stattfinden und auf unterschiedlichen Phänomenen beruhen. Bild 5-12 vermittelt hierzu einen systematischen Überblick. Folgende Wege bzw. Phänomene können eine Rolle spielen:

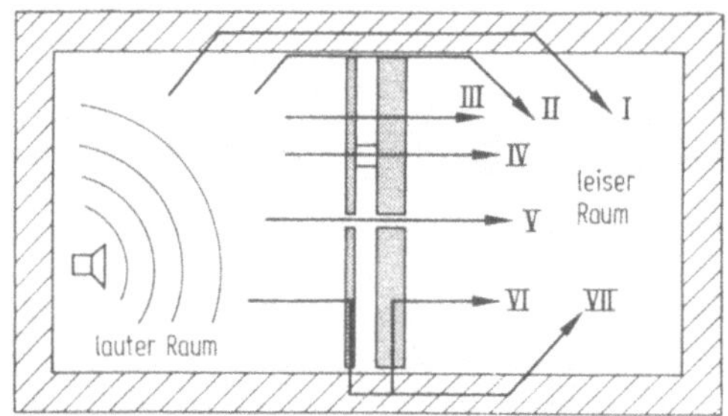

Bild 5-12. Schematische Darstellung verschiedener Wege der Schallübertragung von einem (lauten) Sende-raum in einen (leisen) Empfänger-raum.

I: Luftschall-Anregung der flankierenden Bauteile des Sende-Raumes, Übertragung der Schwingungen auf flankierende Bauteile des Empfangs-Raumes, Schallabstrahlung dieser Bauteile in den Empfangs-Raum („klassische" Längsleitung)

II: Übertragung über die Randeinspannung

III: Luftschallanregung des Trennelementes im Sende-Raum, Schallabstrahlung des Trennelementes in den Empfänger-Raum (Direktübertragung)

IV: Übertragung über die Verbindung zwischen den Schalen (Schallbrücke)

V: Übertragung durch Undichtheiten

VI: Luftschallanregung des Trennelementes im Sende-Raum, Übertragung der Schwingungen auf das flankierende Bauteil, Körperschallanregung der zweiten Schale, Schallabstrahlung der zweiten Schale im Empfangs-Raum

VII: Zunächst wie bei VI, aber Schallabstrahlung des flankierenden Bauteils im Empfangs-Raum.

Man erkennt aus dieser schematisierten Auflistung, welch vielfältige Effekte bei der Schallübertragung von einem lauten in einen leisen Raum beteiligt sein können. Es kommt hierbei auf die Konstruktion des Trennelementes (ob einschalig oder zweischalig) sowie auf die Randeinspannung und die flankierenden Bauteile an.

5.5.1 Einschalige Bauteile

Hierunter sollen Wände, Decken sowie Platten allgemein, z. B. auch Türen und Fenster, verstanden werden.

5.5.1.1 Einfluß von Undichtheiten

Akustische Undichtheiten sind dann vorhanden, wenn der Luftschall — ohne Umsetzung in Körperschall — durch Löcher, Schlitze oder Lunker und dgl. von der lauten zur leisen Seite durch das Bauteil hindurchgeht. Dies ist im allgemeinen der Fall, wenn man durch das Bauteil „hindurchblasen" kann. Grobe Undichtheiten können die Luft-

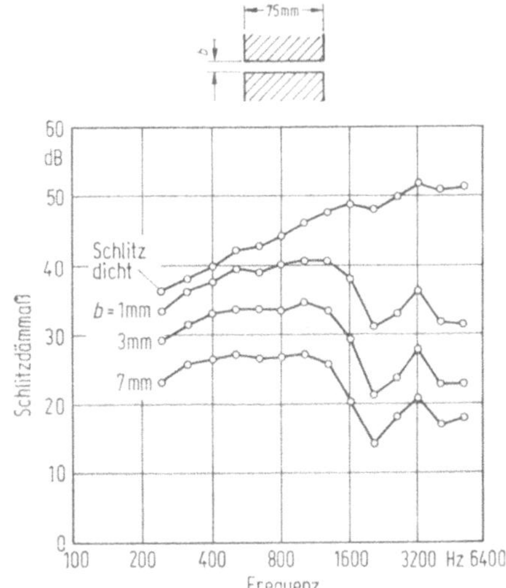

Bild 5-13. Schlitzdämm-Maß von 1 m langen Schlitzen verschiedener Breite b, bezogen auf 1 m² Plattenfläche in Abhängigkeit von der Frequenz, nach [23].

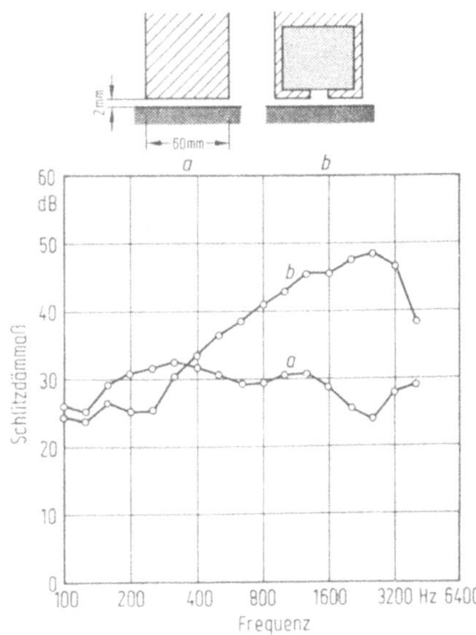

Bild 5-14. Schlitzdämm-Maß eines Schlitzes ohne und mit angekoppeltem Hohlraum in Abhängigkeit von der Frequenz, nach [23].

schalldämmung fast völlig zunichte machen. Unverputzte Mauerwerke mit Lunkern in
den Fugen haben deshalb eine schlechte Schalldämmung.

Das Dämm-Maß von Schlitzen, wie sie bei demontablen Trennwänden, Türen und
Fenstern auftreten, ist in Bild 5-13 dargestellt. Man erkennt die durch Resonanzeffekte
bedingte Abnahme der Dämmung bei höheren Frequenzen, die sehr störend wirkt. Eine
zukunftsträchtige Lösung zur Erhöhung der Schlitzdämmung, die vor allem bei Bewe-
gungsfugen in Türen wichtig ist, besteht in der Ankopplung eines Hohlraumes mit Be-
dämpfung (Volumenresonator gemäß Bild 5-14b).

5.5.1.2 Einfluß der flächenbezogenen Masse

Nach dem sog. Bergerschen Massengesetz nimmt die Schalldämmung einschaliger,
homogener Platten — ziemlich unabhängig vom Material — mit der Masse zu. Näherungsweise läßt sich das mittlere Schalldämm-Maß R_m in Abhängigkeit von der flächenbezogenen Masse, wie folgt, ermitteln:

$$R_\mathrm{m} \geqq 12 + 5{,}3 \sqrt[3]{m} \tag{5-21}$$

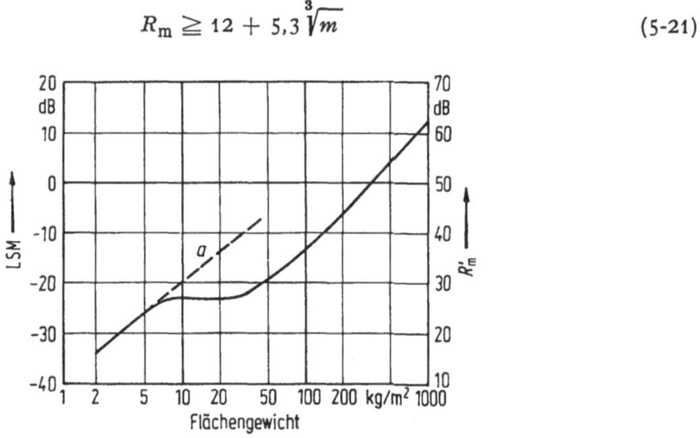

Bild 5-15. Abhängigkeit des Luftschallschutzmaßes LSM einschaliger Platten von ihrem Flächen-
gewicht (flächenbezogene Masse), modifiziert nach [23, S. 48].
———————— Mineralische Baustoffe (Beton, Mauerwerk, Gips, Glas usw.).
— — — — Platten mit besonders niedriger Biegesteife (Gummi, Bleiblech, Stahlblech bis 2 mm
Dicke).

Man kann es auch aus Bild 5-15 entnehmen. Die gestrichelte Kurve deutet aber auch
Ausnahmen vom Massegesetz an, wobei die Biegesteifigkeit der Platte eine Rolle spielt.
Bei einer (hypothetischen) Platte ohne Biegesteife nähme die Luftschalldämmung mit
der Frequenz um ca. 6 dB/Oktave zu (Kurve a in Bild 5-16). In Wirklichkeit tritt jedoch
nach [31] in der Nähe der sog. Koinzidenz- oder Grenzfrequenz (f_c oder f_gr) ein Einbruch
in der Dämmkurve auf. Dieser Einbruch hängt mit einer räumlichen Resonanz zusammen,
bei der, wie Bild 5-17 veranschaulicht, die Fortpflanzungsgeschwindigkeit der Biege-
welle w_B in der schwingenden Platte den Wert w_sp erreicht; w_sp ist die Spur-Vektorkompo-
nente der Geschwindigkeit w der unter einem bestimmten Winkel einfallenden Schallwelle.

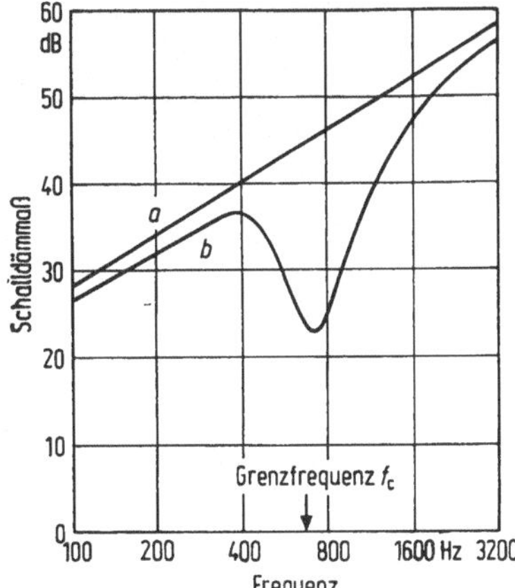

Bild 5-16. Zum Koinzidenzeffekt bei einschaligen Platten: Das Schalldämm-Maß nimmt mit der Frequenz zu. Bei der Grenzfrequenz tritt ein Einbruch in der Kurve auf.

(a Theoretisch (Platte ohne Biegesteife), b Praktisch)

Die Wellenspur fällt somit mit der Biegewellengeschwindigkeit zusammen (Koinzidenz) Die Koinzidenzfrequenz f_{gr} errechnet sich wie folgt:

$$f_{gr} = 64 \cdot \frac{\sqrt{\varrho/E}}{d} \tag{5-22}$$

wobei bedeuten:

f_{gr} Koinzidenzfrequenz in Hz
ϱ Dichte des Plattenmaterials in kg/m³
E Elastizitätsmodul in MN/m²
d Plattendicke in m

Die Koinzidenzfrequenz sollte nicht in den Hauptfrequenzbereich zwischen 200 und 1 500 bis 2 000 Hz zu liegen kommen; hier wirkt sie sich ungünstig aus. Man kann sie durch Wahl biegeweicher Schalen über 2 000 Hz hinaufschieben; dies hat für die Konstruktion der Bauteile eine große Bedeutung. Gelingt es, sie unter 100 Hz zu verlagern, so wirkt sich die hohe Biegesteifigkeit (bei einschaligen Bauteilen) günstig aus.

Wie Bild 5-18 veranschaulicht, erzielt man biegeweiche Platten, wenn gemäß Gleichung (22) die Dichte groß und der E-Modul sowie die Dicke klein gewählt werden. Der schraffierte Bereich in Bild 18 zeigt an, bis zu welchen Dicken aus den einzelnen Baustoffen biegeweiche Platten entstehen.

5.5.2 Zweischalige Bauteile

Unter zweischaligen Bauteilen versteht man im akustischen Sinne Wände oder Decken, die aus zwei einzelnen, durch eine Luftschicht voneinander getrennten Schalen bestehen. Die Luftschicht kann auch mit einer weichfedernden Dämmschicht ausgefüllt sein.

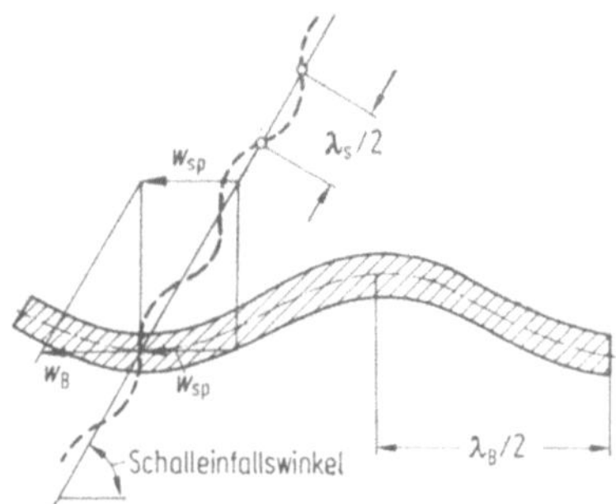

Bild 5-17. Koinzidenz- oder Spuranpassungseffekt bei einschaligen Platten.

Schallwelle (der Luft)
Fällt unter einem bestimmten Winkel auf die Platte ein.
λ_s Wellenlänge der Schallwelle
w Schallgeschwindigkeit
w_{sp} Spurkomponente des Geschwindigkeitsvektors w

Biegewelle (der Platte)
λ_B Wellenlänge der Biegewelle
w_B Fortpflanzungsgeschwindigkeit der Biegewelle

Koinzidenz
$$w_B = w_{sp}$$

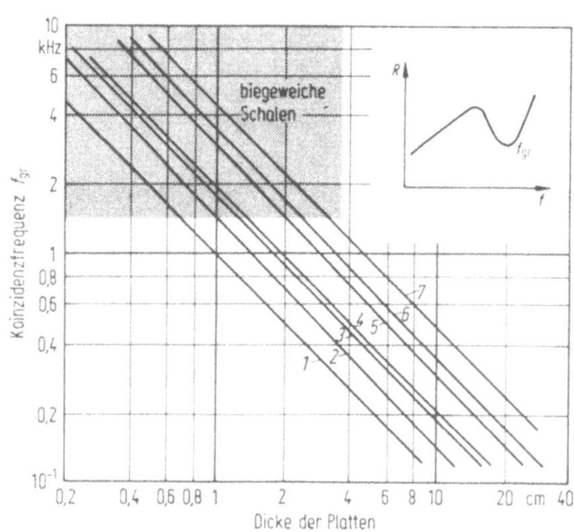

Bild 5-18. Koinzidenzfrequenzen für Platten aus verschiedenen Materialien in Abhängigkeit von der Plattendicke, nach [23].

(*1* Glas, *2* Normalbeton, *3* Sperrholz, *4* Vollziegel, *5* Gips, *6* Hartfaserplatten, *7* Gasbeton)

5.5.2.1 Einfluß des Resonanzeffektes

Die Übertragung des Schalls auf dem Weg III in Bild 5-12 durch zweischalige Bauteile hindurch vollzieht sich in einem Schwingungssystem, das aus zwei Massen (den beiden Schalen) und einer Feder (der Luft- oder Dämmschicht) besteht. Wie aus der Schwingungslehre bekannt, ist ein solches System grundsätzlich „resonanzfähig".

Im Frequenzverhalten wirkt sich dies gemäß Bild 5-19 so aus, daß zunächst — bei tiefen Frequenzen links im Bild — beide Schalen phasengleich, d. h. wie *eine* Schale schwingen. Die Wirkung der elastischen Zwischenschicht ist hierbei vernachlässigbar; die Zunahme der Schalldämmung beträgt in diesem Bereich, wie bei Kurve a in Bild 5-16,

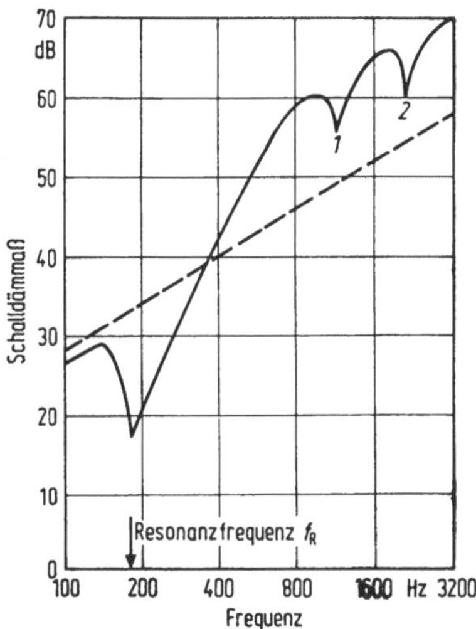

Bild 5-19. Zum Resonanzeffekt bei zweischaligen Bauteilen.
——————— Zweischaliges Bauteil.
Unterer Einbruch (f_R): bedingt durch Resonanz
Obere Einbrüche (1, 2): bedingt durch stehende Wellen zwischen den Schalen oder durch Koinzidenzeffekte der Einzelschalen.
— — — — Gleichschwere Einzelschale

ca. 6 dB/Oktave. Dann tritt bei der Resonanzfrequenz f_R ein tiefer Einbruch infolge Resonanz auf. Für verschiedene Anwendungsfälle sind Skizzen und Formeln zur Berechnung der Resonanzfrequenzen in Bild 5-20 wiedergegeben. Anschließend schwingen beide Schalen nahezu voneinander unabhängig; die Zunahme der Schalldämmung ist gravierend (praktisch ca. 15 dB/Oktave). Im Bereich hoher Frequenzen treten wiederum (kleinere) Einbrüche auf, die durch stehende Wellen zwischen den Schalen oder durch Koinzidenzeffekte der Einzelschalen bedingt sein können.

Die geschilderten Zusammenhänge zeigen, daß bei zweischaligen Konstruktionen zur Erzielung einer besseren Schalldämmung als bei einschaligen

— die Resonanzfrequenz möglichst tief liegen sollte, am besten unter 100 Hz
— die Koinzidenzfrequenzen der Einzelschalen entweder ebenfalls sehr tief (unter 100 Hz, biegesteif) oder hoch liegen sollten (über 2000 Hz, biegeweich).

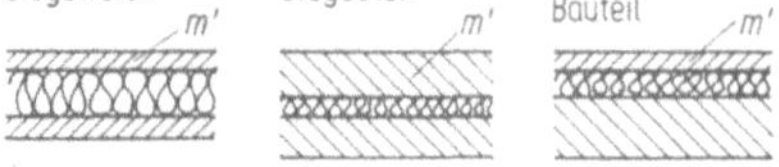

Schalen-zwischenraum	Resonanzfrequenz		
	zwei gleiche Schalen		biegeweiche Vorsatzschale vor schwerem Bauteil
	Schalen biegeweich	Schalen biegesteif	
Luftschicht mit schallschlucken-der Einlage	$\dfrac{90}{\sqrt{m'd}}$ Hz	$\dfrac{340}{\sqrt{m'd}}$ Hz	$\dfrac{65}{\sqrt{m'd}}$ Hz
Dämmschicht mit beiden Schalen vollflächig verbunden	$270\sqrt{\dfrac{s'}{m'}}$ Hz	$900\sqrt{\dfrac{s'}{m'}}$ Hz	$190\sqrt{\dfrac{s'}{m'}}$ Hz

m' in kg/m^2 Flächengewicht der Vorsatzschale bzw. der Einzelschale
d in m   Schalenabstand
s' in MN/m^3 dynamische Steifigkeit der Dämmschicht

Bild 5-20. Skizzen und Formeln zur Berechnung der Resonanzfrequenz für verschiedene Anwendungsfälle, nach [23]. Die neueren Forschungsergebnisse von [23] weichen von DIN 4109 [5] ab.

5.5.2.2 Einfluß der Hohlraumdämpfung

Bei den Formeln für die Resonanzfrequenz in Bild 5-20 wird vorausgesetzt, daß im Hohlraum zwischen den Schalen ein genügend hoher Strömungswiderstand vorhanden ist, wie ihn etwa eine Füllung aus Mineralfasern besitzt (Hohlraumdämpfung). Die Dämpfung kann, wie Bild 5-21 zeigt, das ganze Volumen des Hohlraumes ausfüllen (Fall 1), bei offenporigen Füllstoffen an einer Schale angebracht werden (Fall 2), eventuell auf der der Schale zugewandten Seite eine Dampfsperre besitzen (Fall 3), auf beide Schalen verteilt werden (Fall 4) oder schlangenförmig zwischen dem Ständerwerk in der Mitte der Schalen

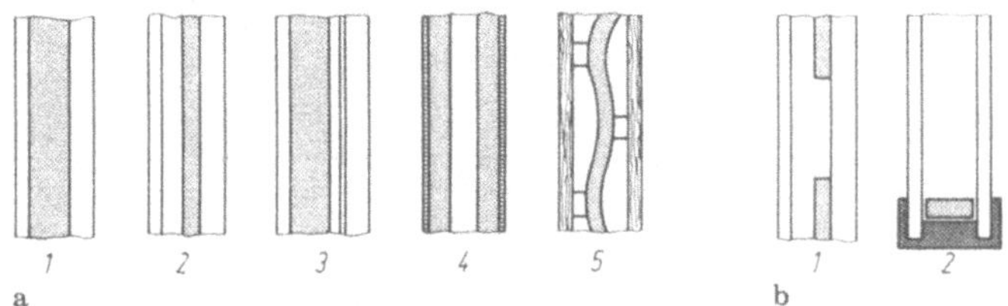

Bild 5-21. Schematische Darstellung der Hohlraum- und Randdämpfung in zweischaligen Bauteilen.

a) *Hohlraumdämpfung* (*1:* Dämmschicht als Stützkern (vgl. Bild 5-20); *2:* Offenporiger Dämmstoff an *einer* der beiden Schichten; *3:* wie 2, nur mit aufkaschierter Folie; letztere muß an der Wandschale anliegen (z. B. Dampfsperre); *4:* Offenporiger Dämmstoff, an beide Wandschalen angebracht; *5:* Dämmstoff schlangenförmig in der Mitte verlegt).
b) *Randdämpfung* (*1:* Dämmstoff nur im Randbereich angebracht; *2:* Dämmstoff nur im Rahmen- bzw. Stegbereich (Doppelfenster)).

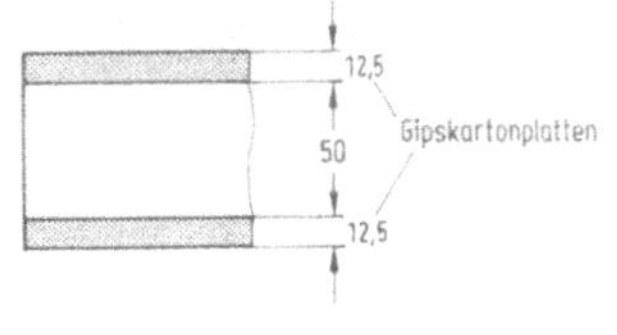

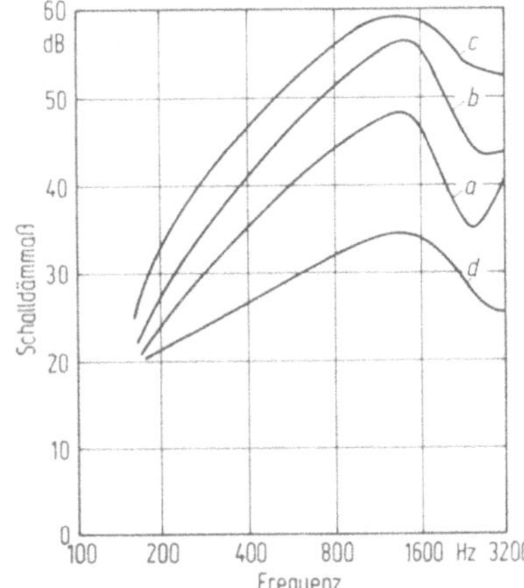

Bild 5-22. Schalldämm-Maß einer zweischaligen Gipskarton-Ständerkonstruktion mit verschiedener Hohlraumfüllung in Abhängigkeit von der Frequenz, nach [23].

verlegt sein. Der Hohlraum braucht auch nicht ganzflächig gefüllt zu werden; das Dämpfen der Randbereiche genügt (Bild 5-21 b). Bei durchsichtigen Bauteilen (Fenstern, Fall 2 unten) bleibt nur die Dämpfung entlang des Verbindungssteges. Allerdings erbringen randgedämpfte Konstruktionen, wie Bild 5-22 verdeutlicht, nicht die volle Wirkung wie bei voller Hohlraumfüllung.

5.5.2.3 Einfluß der Schallabstrahlung

Werden Schalen mit verschiedener Biegesteife, d. h. bei verschiedener Koinzidenzfrequenz f_{gr}, zu gleich großen Biegeschwingungen angeregt, so strahlt, wie Bild 5-23a zeigt, die biegeweiche Schale (Kurve c) weniger Schall ab als die biegesteife (Kurve a). Die besonders geringe Schallabstrahlung der biegeweichen Gipsplatte im Falle c tritt auf, solange die Wellenlänge λ_B der Biegewelle in der abstrahlenden Platte kleiner ist als die Wellenlänge λ_S der Schallwelle gleicher Frequenz. Wird die auf der leisen Seite liegende Wandschale der Doppelwand über die flankierenden Teile vom Rand her angeregt, so tritt — je nachdem, ob sie biegesteif oder biegeweich ist — eine unterschiedliche Wellenlänge λ_B der Biegeschwingung auf mit den in Bild 5-23a dargestellten Abstrahlungskonsequenzen. Dies ist dadurch bedingt, daß sich vor der schwingenden Platte Über- und

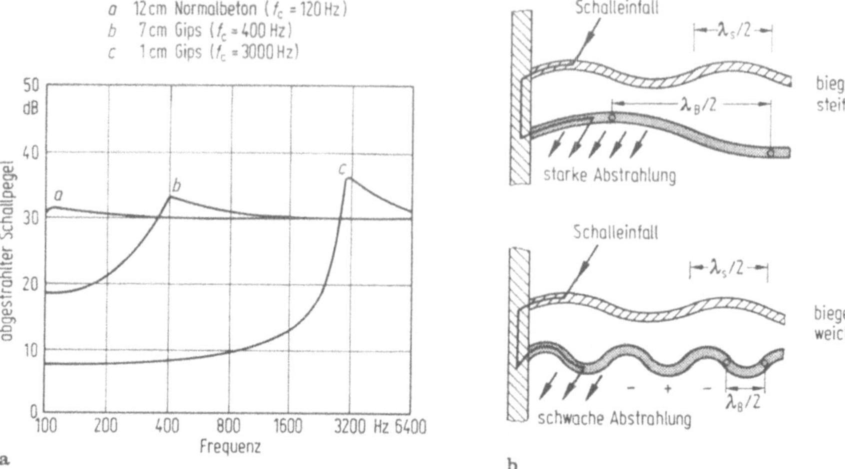

Bild 5-23. Zum Abstrahleffekt verschiedener Wandschalen bei Anregung über flankierende Bauteile, nach [23].

a) Abgestrahlter Schallpegel von Wandschalen mit verschiedener Biegesteife bei gleich großen Biegeschwingungen.

b) Schallübertragung über die Randeinspannung und Abstrahlung bei biegesteifer und biegeweicher Schale auf der leisen Seite.

Unterdruckzonen bilden (Bild 5-23b), die im biegeweichen Falle so eng beieinander liegen, daß sich ihre Wirkung auf den Raum praktisch aufhebt („akustischer Kurzschluß"). Dünne, biegeweiche Wandschalen mit hoher Koinzidenzfrequenz sind somit abstrahlmäßig positiv zu beurteilen.

5.5.2.4 Einfluß der Randeinspannung

Aufgrund des eben geschilderten Abstrahleffektes verhalten sich biegeweiche Konstruktionen gegenüber der Schallübertragung über die Randeinspannung wesentlich günstiger als biegesteife Schalen. Dies ist bedeutsam, weil über den Rand u. U. mehr Schall übertragen werden kann als über das gesamte Trennelement (vgl. die unterschiedlichen Übertragungswege in Bild 5-12). Bild 5-24 zeigt zusammenfassend, welche Möglichkeiten zur Unterdrückung des über die Randeinspannung übertragenen Einspannschalls bestehen. Neben der bereits erörterten Anordnung einer biegeweichen Schale können an der Einspannstelle federnde Dämmstreifen eingelegt werden. Man kann auch — etwa durch Füllung mit Sand oder anderen körperschalldämpfenden Materialien (z. B. Bitumen) — die Materialdämpfung erhöhen (Bild 5-25, Meßpunkte c).

5.5.2.5 Einfluß der Längsleitung

Die Schallübertragung über die flankierenden Bauteile (auch „Längsleitung" genannt) ist in Bild 5-12 erläutert worden (vgl. die Wege I, II, VI und VII). Die zwischen zwei Räumen erreichbare Schalldämmung wird durch den Längsleitungseffekt begrenzt: Auch

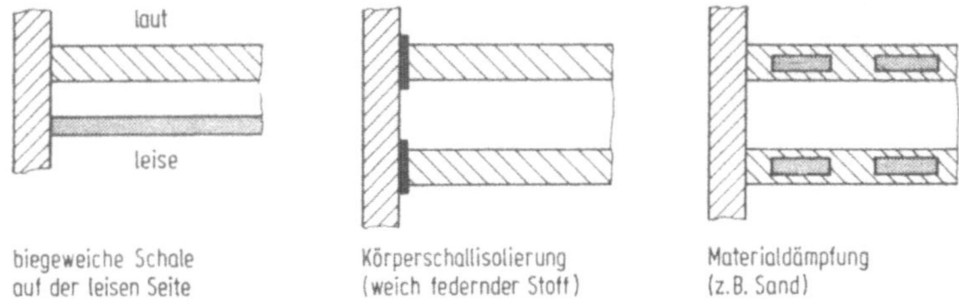

Bild 5-24. Schematische Darstellung der Möglichkeiten, den über die Randeinspannung übertragenen Einspannschall zu reduzieren.

Grundregeln:
1. Biegeweiche Schale auf der leisen Seite.
2. Körperschallisolierung an den Einspannstellen.
3. Hohe Materialdämpfung der Schalen.

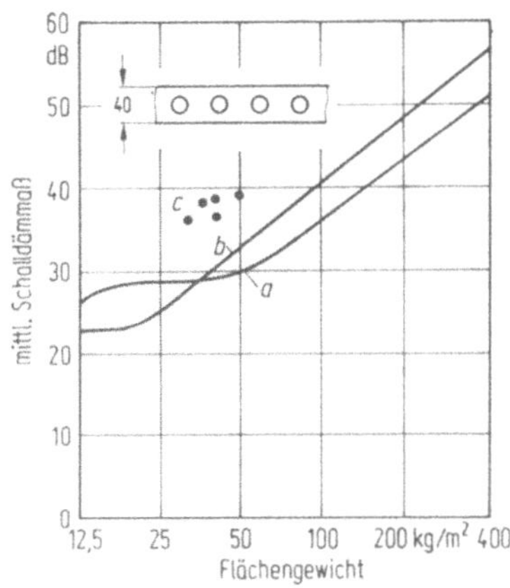

Bild 5-25. Mittleres Schalldämm-Maß von Platten mit unterschiedlicher Materialdämpfung in Abhängigkeit vom Flächengewicht, nach [23].

a: Gips- und Betonplatten
b: Platten aus Holzwerkstoffen
c: Meßpunkte für Röhrenspanplatten mit Sandfüllung

wenn die akustischen Eigenschaften des Trennelementes selbst noch so gut sind, kann wegen der Flankenübertragung nur ein gewisses Dämm-Niveau erreicht werden. Die Flankenübertragung kann die Schalldämmung sogar zunichte machen. Ein besonders gefährliches Beispiel, das in letzter Zeit bei nachträglichen Energiesparmaßnahmen durch Anbringung von Innendämmschichten (leider) häufig demonstriert wurde, veranschaulicht Bild 5-26. Aufgrund der innerseitig angebrachten Hartschaum-Wärmedämmschicht, die im akustischen Sinne als Federung wirkt, und des Trockenputzes, der als Masse wirkt, entsteht ein resonanzfähiges System, das im Resonanzfrequenzbereich im lauten Raum viel Schallenergie aufnimmt, durch Längsleitung in die Nachbarwohnung überträgt und

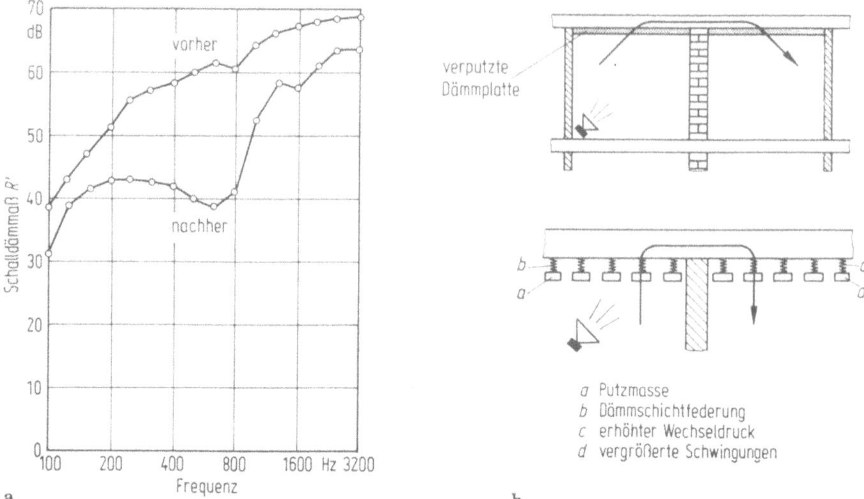

Bild 5-26. Einfluß der Schall-Längsleitung, dargestellt am Beispiel einer nachträglich angebrachten innerseitigen Wärmedämmung, nach [23].
a) Luftschalldämmung zwischen zwei Wohnungen *vor* der Wärmedämm-Maßnahme und nachher. Als innerseitige Wärmedämmschicht wurden 3 cm dicke Hartschaumplatten mit 1,2 cm dicker Gipskartonbekleidung angebracht.
b) Schematische Darstellung des bei innerseitiger Wärmedämmung im obigen Falle entstehenden Schwingungssystems. Die Dämmschicht wirkt als Federung, der Trockenputz als Masse.

dort — wo ebenfalls innerseitig gedämmt worden ist — ebenfalls im Resonanzbereich wiederum viel Schallenergie abstrahlt. Die Folge ist, daß die Schalldämmung durch die (gut gemeinte) Energiesparmaßnahme ruiniert wird (vgl. Bild 5-26a).

Die Flankenübertragung beruht im wesentlichen auf Körperschallausbreitung im Gebäude. Für ihre Unterdrückung ist weniger die Materialdämpfung bei der Ausbreitung in den Bauwerksteilen wirksam, sondern vielmehr die Dämmung an den Verbindungsstellen (Stoßstellen), wie z. B. an Querschnittssprüngen, Ecken, Kreuzungen, Verzweigungen und dgl. Die Wirkung dieser Stoßstellen kann beschrieben werden durch

— das Verzweigungsdämm-Maß, welches die Differenz der Schallschnellepegel vor und hinter der Stoßstelle oder der Verzweigung beinhaltet
— das Längsdämm-Maß oder Körperschalldämm-Maß, welches — ähnlich dem Schalldämm-Maß — durch die auftreffende und die durchgelassene (Körper-)Schalleistung definiert wird.

Da ein trennendes Bauteil im allgemeinen von vier flankierenden Teilen umgeben wird, waren die Einflüsse der Flankenübertragung bislang schwer überschaubar, bis in [32] eine grundlegende, zusammenfassende Arbeit vorgelegt wurde. Unter folgenden Voraussetzungen läßt sich nunmehr der resultierende Schallschutz zwischen Räumen mit bekannten Dämm-Maßen aller beteiligten Bauteile berechnen [29]:

(a Die Längsdämm-Maße der flankierenden Bauteile und Schächte (z. B. bei Lüftungs- oder Kabelkanälen) seien zahlenmäßig bekannt.

b) Die Längsdämm-Maße gemäß a) seien *nicht* oder nicht wesentlich von der Art des Trennelementes beeinflußt.
c) Die Bauteile und ihre Verfugung seien ausreichend dicht.
d) Alle für die Längsleitung in Frage kommenden Bauteile und Anordnungen mögen bei der Berechnung berücksichtigt werden.

Unter diesen Prämissen kann das bewertete Bau-Schalldämm-Maß R'_w wie folgt ermittelt werden:

$$R'_\mathrm{w} = -10\lg\left[10^{-0,1R_\mathrm{w}} + 10^{-0,1R'_\mathrm{L1w}} + 10^{-0,1R'_\mathrm{L2w}} + 10^{-0,1R'_\mathrm{L3w}} + \cdots\right] \qquad (5\text{-}23)$$

Dabei bedeuten:

R_w: Bewertetes Schalldämm-Maß des Trennteils, gemessen in einem Prüfstand ohne Nebenwege

$R'_\mathrm{L1w}, R'_\mathrm{L2w}, \ldots, R'_\mathrm{L5w}$: Bewertetes Bau-Längsdämm-Maß der oberen Decke (1), der unteren Decke (2), der Außenwand bzw. Fassade (3), der Flurwand (4), eines Schachtes (5), evtl. weiterer Teile (n).

Die bewerteten Bau-Schall-Längsdämm-Maße R'_Lnw errechnen sich in folgender Weise aus den im Prüfstand ohne Nebenwege gemessenen Längsdämm-Maßen R_Lnw:

$$R'_\mathrm{Lnw} = R_\mathrm{Lnw} + 10\lg\frac{A_\mathrm{Tr}}{A_0} - 10\lg\frac{l_\mathrm{n}}{l_0} \qquad (5\text{-}24)$$

Dabei bedeuten:

$n = 1, 2, 3, \ldots$: Laufender Index für die flankierenden Teile
A_Tr: Fläche der Trennwand
A_0: Bezugsfläche (10 m²)
l_n: gemeinsame Kantenlänge zwischen der Trennwand und den n-ten flankierenden Bauteilen
l_0: Bezugslänge (3 m)

Wenn keine gemeinsame Kante des übertragenden Bauteils mit Flankenteilen vorliegt, z. B. bei einem Kabelkanal, entfällt der Ausdruck $10\lg(l_\mathrm{n}/l_0)$ in Gleichung (5-24).

Mit den Gleichungen (5-23) und (5-24) ist für Skelettbauten und Holzbauwerke ein geeignetes Recheninstrumentarium gegeben, um die vielfältigen Verbindungen zu behandeln. Für Massivbauten sind diese Gleichungen leider nicht anzuwenden, weil die obige Voraussetzung b) hierbei nicht zutrifft. Im Gegensatz zu Skelett- und Holzbauten übt bei Massivbauten nämlich das Trennteil in der Regel einen wesentlichen Einfluß auf die Längsdämmung der Flanken aus. Deshalb werden in [6, dort Tabelle 9] gewisse Mindestanforderungen für die Flankenteile vorgeschrieben, um zwischen zwei Aufenthaltsräumen auch im ungünstigsten Falle der Kombination noch einen ausreichenden Schallschutz zu erreichen.

5.5.3 Drei- und mehrschalige Bauteile

Die in 5.5.2 für zweischalige Bauteile gegebenen Hinweise gelten sinngemäß auch für drei- und mehrschalige Konstruktionen, wobei die Regeln auf jeweils benachbarte Schalenpaare angewendet werden müssen. Für ausreichende Schalldämmung benötigt man bei vielschaligen Bauteilen im allgemeinen relativ große Dicken des Gesamtbauteils. Wenn die Frage zu entscheiden ist, ob bei vorgegebener Gesamtdicke oder Gesamtmasse eine zwei- oder mehrschalige Konstruktion optimal ist, so wird man die Zweischalen-Konstruktion bevorzugen; die bei zweischaliger Ausführung tiefere Lage der Resonanzfrequenz, die wegen des größeren Schalenabstandes und der größeren, auf die Einzelschale zu vereinigende Masse ohne Mühe erreichbar ist, wirkt sich günstig aus.

5.5.4 Flächig zusammengesetzte Bauteile

Wird ein Bauteil, z. B. eine Wand, von einem Fenster oder einer Tür durchbrochen, so verschlechtert sich in der Regel die Schalldämmung. Das Gesamt-Schalldämm-Maß R_g aus Wand *und* Fenster errechnet sich nach folgender Gleichung [5]:

$$R_g = R_W - 10 \lg \left[1 + \frac{A_F}{A_{W+F}} \left(10^{\frac{R_W - R_F}{10}} - 1 \right) \right] \qquad (5\text{-}25)$$

Hierin bedeuten:

R_W: Schalldämm-Maß der Wand allein
R_F: Schalldämm-Maß des Fensters
A_{W+F}: Fläche von Wand und Fenster
A_F: Fensterfläche

Gleichung (5-25) ist auf die Terzen bzw. Oktaven im bauakustisch interessanten Frequenzbereich anzuwenden. Näherungsweise kann man die Rechenoperation auch mit dem bewerteten Schalldämm-Maß R_w vornehmen.

5.6 Geräusche von haustechnischen Anlagen

Unter haustechnischen Anlagen versteht man Wasser- und Abwasseranlagen, Anlagen der elektrischen Energieversorgung, der Heizung, Lüftung oder Klimatisierung, Aufzüge, Gemeinschaftswaschanlagen oder Kücheneinrichtungen, Müllschlucker und ortsfeste Schwimm- bzw. Sportanlagen. Nicht hierunter zählen bewegliche Haushaltsgeräte (z. B. Staubsauger, Waschmaschinen und dgl.).

Gemäß [8, 33] gelten für den Schutz vor Geräuschen aus haustechnischen Installationen folgende Grundsätze:

1. Der höchstzulässige Schallpegel in Aufenthaltsräumen, hervorgerufen durch Geräusche der Wasserinstallation, wird mit 30 dB (A) festgelegt.
2. Wichtigste Aufgabe ist die Herstellung und Prüfung geräuscharmer Armaturen und Geräte der Wasserinstallation. Zur Bewertung werden zwei Armaturengruppen geschaffen.
3. Geräusche aus Abwasserleitungen müssen durch planerische und bauliche Maßnahmen bekämpft werden. Hierzu werden Grundrißgruppen und Mindestwerte für die Luft- und Trittschalldämmung der Bauteile zwischen Räumen festgelegt, welche haustechnische Installationen enthalten.
4. Die beim Wassereinlauf und beim Betrieb von Sanitäreinrichtungen entstehenden Geräusche werden wie bei 3. bekämpft.

Die Installationsgeräusche entstehen in erster Linie in den Armaturen, nicht in den Leitungen. Die in den Armaturen vorhandenen starken Querschnittseinschnürungen haben hohe örtliche Strömungsgeschwindigkeiten zur Folge, die Wirbel- bzw. Kavitations-

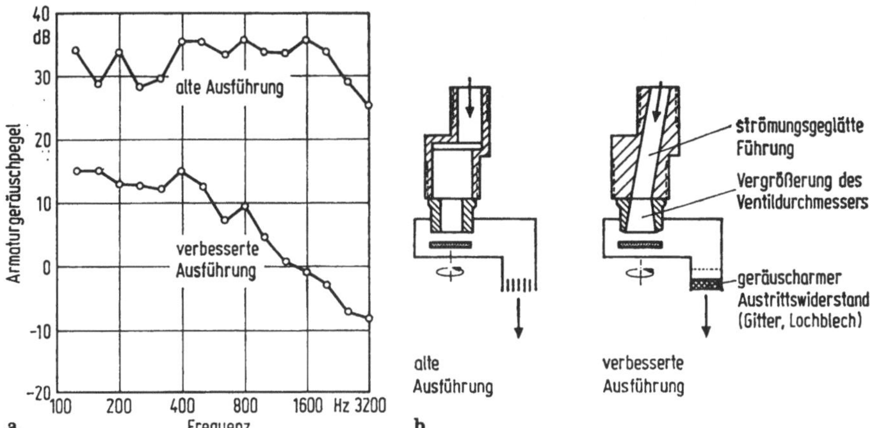

Bild 5-27. Geräuschminderung bei einer Wasserarmatur, nach [23, dort S. 155].
a) Querschnitt durch die Armatur. (*a:* ursprüngliche Ausführung, *b:* verbesserte Ausführung).
b) Armaturengeräuschpegel der ursprünglichen und verbesserten Ausführung in Abhängigkeit von der Frequenz.

bildung verursachen. Die dadurch ausgelösten Schwingungen „klettern" entlang der Rohrleitung und der Wassersäule weiter. In der Regel führt eine Verdopplung der Durchflußmenge zu einer Pegelzunahme um 12 dB (A).

Die Wirbelgeräusche lassen sich durch eine Vergrößerung des Ventilsitz-Durchmessers, die Kavitationsgeräusche durch einen geeigneten Strömungswiderstand beim Wasseraustritt (Sprudler) wesentlich verringern. Bild 5-27 verdeutlicht den Erfolg solcher Verbesserungsmaßnahmen. Armaturen müssen neuerdings ein amtliches Prüfzeichen (I oder II) besitzen. Der Architekt und der Installateur müssen — je nachdem, ob eine bauakustisch günstige oder ungünstige Grundrißanordnung vorliegt — überlegen, wo sie Armaturen mit Prüfzeichen I oder II anordnen. Da die leiseren Armaturen der Gruppe I nicht nennenswert teurer sind als die Armaturen mit Prüfzeichen II, werden künftig wohl mehr und mehr ausschließlich die schalltechnisch besseren Armaturen Verwendung finden.

5.7 Schutz gegen Außenlärm

Unter Außenlärm wird die Einwirkung von Verkehrslärm (Straßen-, Schienen-, Wasser- und Luftverkehr) sowie von Lärm aus Gewerbe- und Industriegebieten verstanden. Der Schutz gegen solchen Außenlärm ist vorwiegend eine planerische Aufgabe, die stadt- und siedlungsstrukturelle Anordnungen berührt. Ausgangspunkt für solche Planungen ist der maßgebliche Außenlärmpegel, dessen Festlegung schwierig ist, weil unterschiedliche allgemein- und privatrechtliche Regelungen vorliegen können. Für die einzelnen Lärmarten ist hierbei zu unterscheiden [35], ob die Schallschutzmaßnahme vorgesehen ist

1. allgemein aus Gründen des Gesundheitsschutzes, z. B. auf Wunsch des Bauherrn, aus dem Verantwortungsbewußtsein des Planverfassers oder aufgrund künftiger bauaufsichtlicher Regelungen,

2. aus Gründen eines Schadensanspruches gegen den Verursacher, z. B. um eine Entschädigung durchzusetzen.

Für den ersten Zweck (allgemeiner Schutz) sind alle Bestimmungen in DIN 4109 enthalten; für den zweiten Zweck (Immissionsschutz, Entschädigung) gelten z. T. Gesetze, z. T. werden zur Zeit noch kontroverse Diskussionen geführt: Die Baulastträger, d. h. die Gewerbebetriebe, die Kommunen, Länder und der Bund, welche eventuelle Regreß-

Tabelle 5-5. Übersicht über die Regelungen zum Straßenverkehrslärm, nach [35]

Zweck	allgemeiner Schutz	Immissionsschutz und Entschädigung		
gesetzl. Grundlage	(Bauordnung?)	BlmSCHG		
Ausführungs-Best.	DIN 4109 T. 6	VLärmG		
Geltungsbereich	$\leqq$ 50 bis > 70 dB(A) (LPB $\geqq$ 0)	allgemein	nachts	tags
		Wohngebiete	> 55 dB(A)	> 65
		Kern- gebiete	> 60	> 70
		Industrie- gebiete	> 65	> 75
Bestimmung des maßgeblichen Außenlärmpegels	Anhang DIN 4109 T. 6 Tabelle 1 A Lärmkarte DIN 18005	Anhang zum VLärmG		
Zuordnung der Schutzmaßnahmen	DIN 4109 T. 6 oder Messung	? (DIN 4109 T. 6)		

Tabelle 5-6. Übersicht über die Regelungen zum Schienenverkehrslärm, nach [35]

Zweck	allgemeiner Schutz	Immissionsschutz und Entschädigung		
gesetzl. Grundlage	(Bauordnung)	BlmSCHG		
Ausführungs-Best.	DIN 4109 T. 6	VLärmG		
Geltungsbereich	$\geqq$ 50 bis 70 dB (A)	allgemein	nachts	tags
		Wohngebiete	> 55 dB(A)	> 65
	LPB $\geqq$ 0	Kern- gebiete	> 60	> 70
		Industrie- gebiete	> 65	> 75
Bestimmung des maßgeblichen Außenlärmpegels	DIN 18005 und DIN 45641	Anhang zum VLärmG		
Zuordnung der Schutzmaßnahmen	DIN 4109 T. 6 oder Messung	? (DIN 4109 T. 6)		

Tabelle 5-7. Übersicht über die Regelungen zum Fluglärm, nach [35]

Zweck	allgemeiner Schutz	Immissionsschutz und Entschädigung
gesetzl. Grundlage	(Bauordnung)	Fluglärm-G
Ausführungs-Best.	DIN 4109 T. 6	Fluglärm-Schallschutz-VO
Geltungsbereich	$\leqq$ 50 bis $>$ 70 dB (A) (LPB $\geqq$ 0)	Schutzzone I $>$ 75 dB(A) Schutzzone II 67 $-$ 75 dB(A)
Maßgeblicher Außenlärm	Fluglärm-G + Sachverständiger	Schutzzonen nach Fluglärm-Schallschutz-VO
Zuordnung der Schutzmaßnahmen	DIN 4109 T. 6 oder Messung	Fluglärm-Schallschutz-VO oder Messung

Tabelle 5-8. Übersicht über die Regelungen zum Gewerbelärm, nach [35]

Zweck	allgemeiner Schutz
gesetzliche Grundlage	(Bauordnung)
Ausführungs-Bestimmungen	DIN 4109 T. 6
Geltungsbereich	$\leqq$ 50 bis $>$ 70 dB (A) (LPB $\geqq$ 0)
Bestimmung des maßgeblichen Außenlärmpegels	TA Lärm zur Gewerbeordnung und DIN 45642
Zuordnung der Schutzmaßnahmen	DIN 4109 T. 6 oder Messung

Tabelle 5-9. Zuordnung von Lärmpegelbereichen zu den maßgeblichen Außenlärmpegeln, nach [9]

Lärmpegelbereiche	0	I	II	III	IV	V
Maßgebliche Außenlärmpegel in dB (A)	$\leqq$ 50	51 bis 55	56 bis 60	61 bis 65	66 bis 70	$>$ 70

ansprüche befriedigen müßten, wünschen eine möglichst hohe Schwelle, um die Entschädigungsmaßnahmen überhaupt noch finanzieren zu können! Die für den Immissionsschutz zuständigen Behörden hingegen möchten aus dem gestiegenen Lärmschutzbewußtsein heraus eine möglichst niedrige Schwelle, um ruhige Bereiche zu schaffen. Die Regelungen sind im einzelnen z. T. auch ziemlich verworren [22].

Die Tabellen 5-5 bis 5-8 geben eine schematische Übersicht über die Festlegungen und gesetzlichen Regelungen zu den einzelnen Lärmarten. Die mit Fragezeichen versehenen Felder sind derzeit noch unklar. Tabelle 5-9 ordnet den maßgeblichen Außenlärmpegel im Bereich $\leqq$ 50 dB(A) bis $>$ 70 dB(A) bestimmten Lärmpegelbereichen 0 bis V zu. Tabelle 5-10 enthält die Mindestanforderungen an die Luftschalldämmung von Außen-

Tabelle 5-10. Mindestanforderungen an die Luftschalldämmung von Außenbauteilen für die einzelnen Lärmpegelbereiche, nach [9]

Spalte	1	2	3	4	5	6	7
Zeile	Lärm-pegel-bereich nach Tabelle 5-9	Raumarten					
		Bettenräume in Krankenanstalten und Sanatorien		Aufenthaltsräume in Wohnungen, Übernachtungsräume in Beherbergungsstätten, Unterrichtsräume		Büroräume[1]	
		Bewertetes Schalldämm-Maß R'_w (für Außenwände) bzw. R_w (für Fenster) in dB[2]					
		Außenwand[3]	Fenster[4]	Außenwand[3]	Fenster[4]	Außenwand[3]	Fenster[4]
1	0	30	25	30	25	30	25
2	I	35	30	30	25	30	25
3	II	40	35	35	30	30	25
4	III	45	40	40	35	30	30
5	IV	50	45	45	40	35	35
6	V	55	50	50	45	40	40

[1]) In Einzelfällen kann es wegen der unterschiedlichen Raumgrößen, Tätigkeiten und Innenraumpegel bei Büroräumen zweckmäßig oder notwendig sein, die Schalldämmung der Außenwände und Fenster gesondert festzulegen.

[2]) Die Mindestwerte der Schalldämmung gelten für Außenbauteile, nachgewiesen nach DIN 4109 Teil 6, Abschnitt 5.
Beim Gütenachweis am Bau nach Abschnitt 6 dürfen die sich aus der Tabelle für die Außenwand einschließlich Fenster ergebenden Mindestwerte der Gesamtschalldämmung unter anderem wegen anderer Meßverfahren um 2 dB unterschritten werden. Bei der Beurteilung des bewerteten Schalldämm-Maßes von Außenwand einschließlich Fenster ist der Mindestwert der Gesamtschalldämmung nach DIN 4109 Teil 2 (z. Z. noch Entwurf), Abschnitt 6.4., aus den Anforderungen an die Einzelbauteile zu ermitteln (siehe aber Fußnote 4).

[3]) Für Decken von Aufenthaltsräumen, die zugleich den oberen Gebäudeabschluß bilden, sowie für Dächer und Dachschrägen von ausgebauten Dachgeschossen gelten die Mindestwerte für Außenwände. Bei Decken unter nicht ausgebautem Dachgeschoß und bei Kriechböden sind die Anforderungen durch Dach und Decke gemeinsam zu erfüllen. Die Anforderungen gelten als erfüllt, wenn das Schalldämm-Maß der Decke allein um nicht mehr als 10 dB unter dem geforderten Wert liegt.

[4]) Wenn die Fensterfläche in der zu betrachtenden Außenwand eines Raumes mehr als 60% der Außenwandfläche beträgt, sind an die Fenster die gleichen Anforderungen wie an Außenwände zu stellen.

bauteilen, wie sie in den einzelnen Lärmpegelbereichen nach Tabelle 5-9 eingehalten werden müssen.

Gemäß DIN 18005 [10] kann der Verkehrslärm nach folgender Gleichung für den Mittelungspegel bestimmt werden:

$$L_m = L_{m(T,N)}^{(25)} + \Delta L_{S\perp} + \Delta L_{StrO} + \Delta L_V + \Delta L_B \tag{5-26}$$

Dabei bedeuten:

L_m: Mittelungspegel am Immissionsort in dB(A). In den Mittelungspegel gehen Stärke und Dauer jedes Einzelgeräusches ein, ohne daß auffällige Einzeltöne oder Impulse spitzenmäßig berücksichtigt werden.

$L_{m(T,N)}^{(25)}$: Mittelungspegel in 25 m Abstand von der nächsten Fahrbahnachse, abhängig von der Verkehrsstärke und vom LKW-Anteil, getrennt für Tag (T) und Nacht (N).

$\Delta L_{S\perp}$: Korrektur für den senkrechten ($\perp$) Abstand der baulichen Anlage von der Fahrbahnmitte.

ΔL_{StrO}: Korrektur für unterschiedliche Fahrbahnoberflächen.

ΔL_V: Korrektur für Verkehrsbedingungen (Ampeln, Kreuzungen, Fahrgeschwindigkeit)

ΔL_B: Korrektur für bauliche und topographische Gegebenheiten (Wälle, Bodeneinschnitte. usw).

Liegen zwischen dem Emissionsort und dem Immissionsort Hindernisse, so wird der Schall abgeschirmt. In erster (grober) Näherung kann man sagen, daß man den emittierten Schall dann nicht hört, wenn man die Schallquelle nicht sehen kann. Die optische (lichttechnische) Verbindung vom Sender zum Empfänger ist aber nicht völlig vergleichbar mit der akustischen, weil bei der Licht- und Schallausbreitung unterschiedliche Verhältnisse der Wellenlänge zur Geometrie der Abschirmung vorliegen. Während die Wellenlänge des Lichtes stets sehr viel kleiner ist als die Abschirmgeometrie, ist die Wellenlänge des Schalls etwa in der gleichen Größenordnung wie die Hindernisbreite. Dies führt dazu, daß die Schallwellen z. T. auch um die Abschirmung herumgebeugt werden. Dieser *Beugungseffekt* bewirkt, daß in den Schallschatten hinter einem schallundurchlässigen Hindernis ein gewisser Anteil hineingebeugt wird. Die Kurven gleichen Lärmpegels in Bild 5-28 verdeutlichen dies: Im Schallschatten hinter den an die Straßenschlucht angrenzenden Gebäuden bilden sich Pegel-Dellen aus. Dies ist in ähnlicher Form auch an der Rückseite von Schallschirmen der Fall.

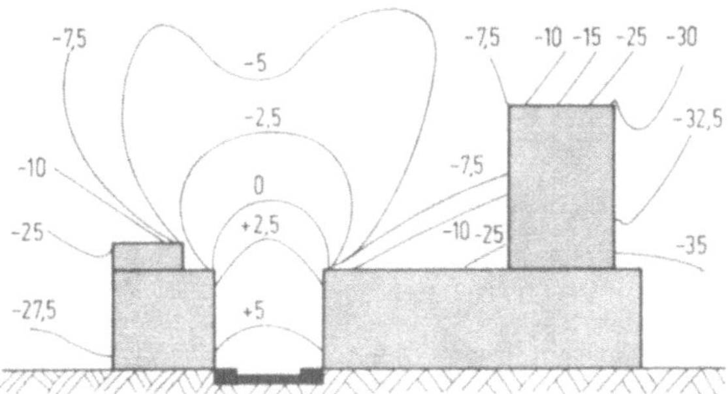

Bild 5-28. Kurven gleichen Lärmpegels bei Ausbreitung von einer Verkehrs-Schallquelle, nach [34]. Die Straße zwischen den Gebäuden wird als Linienquelle betrachtet.

Literatur zu 5. Schallschutz

1 Umweltbundesamt (Hrsg.): Projektgruppe Lärmbekämpfung beim Bundesminister des Inneren. 2. Aufl. Berlin 1979

2 Bundesverwaltungsgericht: Entscheidung vom 21. Mai 1976, BVerwG IV C 80/74

3 *Ehm, H.:* Die Anforderungen der neuen DIN 4109 an den Schallschutz. VDI-Berichte (1978), H. 336, S. 17−23

4 DIN 4109: Schallschutz im Hochbau. Teil 1: Einführung und Begriffe. (Entwurf Febr. 1979)

5 DIN 4109: Schallschutz im Hochbau. Teil 2: Luft- und Trittschalldämmung in Gebäuden; Anforderungen und Nachweise; Hinweise für Planung und Ausführung. (Entwurf Febr. 1979)

6 DIN 4109: Schallschutz im Hochbau. Teil 3: Luft- und Trittschalldämmung in Gebäuden; Ausführungsbeispiele für Massivbauten. (Entwurf Febr. 1979)

7 DIN 4109: Schallschutz im Hochbau. Teil 4: Entwurfsgrundlagen für Skelettbauten und Holzbauwerke. (Entwurf Okt. 1984)

8 DIN 4109: Schallschutz im Hochbau. Teil 5: Schallschutz gegenüber Geräuschen aus haustechnischen Anlagen und Betrieben; Anforderungen und Nachweise; Hinweise für Planung und Ausführung. (Entwurf Febr. 1979)

9 DIN 4109: Schallschutz im Hochbau. Teil 6: Bauliche Maßnahmen zum Schutz gegen Außenlärm. (Entwurf Febr. 1979)

10 DIN 18005: Schallschutz im Städtebau. Teil 1: Berechnungs- und Bewertungsgrundlagen. (Entwurf April 1982)

11 DIN 18005: Schallschutz im Städtebau. Teil 2: Richtlinien für die schalltechnische Bestandsaufnahme. (Entwurf Jan. 1976)

12 DIN 45630: Grundlagen der Schallmessung. Teil 1: Physikalische und subjektive Größen von Schall. (Dez. 1971)

13 DIN 45630: Grundlagen der Schallmessung. Teil 2: Normalkurven gleicher Lautstärkepegel. (Sept. 1967)

14 DIN 45633: Präzisionsschallpegelmesser. Teil 1: Allgemeine Anforderungen. (März 1970). Neuerdings ersetzt durch DIN IEC 651: Schallpegelmesser. (Dez. 1981)

15 DIN 45633: Präzisionsschallpegelmesser. Teil 2: Sonderanforderungen für die Anwendung auf kurzdauernde und impulshaltige Vorgänge (Impulsschallpegelmesser). (Nov. 1969). Neuerdings ersetzt durch DIN IEC 651: Schallpegelmesser. (Dez. 1981)

16 DIN 45634: Schallpegelmesser und Impulsschallpegelmesser; Anforderungen, Prüfung. (Sept. 1974). Neuerdings ersetzt durch DIN IEC 651: Schallpegelmesser. (Dez. 1981)

17 DIN 52210: Bauakustische Prüfungen; Luft- und Trittschalldämmung. Teil 1: Meßverfahren. (Juli 1975)

18 DIN 52210: Bauakustische Prüfungen; Luft- und Trittschalldämmung. Teil 2: Prüfstände für Schalldämm-Messungen an Bauteilen. (Aug. 1981)

19 DIN 52210: Bauakustische Prüfungen; Luft- und Trittschalldämmung. Teil 3: Eignungs-, Güte- und Baumuster-Prüfungen. (Aug. 1981)

20 DIN 52210: Bauakustische Prüfungen; Luft- und Trittschalldämmung. Teil 4: Ermittlung von Einzahl-Angaben. (Juli 1975)

21 TA-Lärm: Technische Anleitung zum Schutz gegen Lärm vom 16. Juli 1968. (Beilage zum Bundesanzeiger vom 26. Juli 1968.)

22 *Mehra, S.; Gertis, K.:* Überblick über die rechtliche Situation des Schutzes gegen Straßen- und Schienenverkehrslärm in der Bundesrepublik Deutschland. Bauphysik 3 (1981) 177−180.

23 *Gösele, K.; Schüle, W.:* Schall, Wärme, Feuchte: Grundlagen, Erfahrungen und praktische Hinweise für den Hochbau. 5. Aufl. Wiesbaden: Bauverlag 1979

24 *Fasold, W.; Sonntag, E.:* Bauphysikalische Entwurfslehre. Bd. 4: Bauakustik. Köln: R. Müller 1972

25 *Schild, E.;* u. a.: Bauphysik: Planung und Anwendung. Braunschweig: Vieweg 1977

26 *Cremer, L.; Müller, H.:* Die wissenschaftlichen Grundlagen der Raumakustik. Band I; Band II. Stuttgart. Hirzel 1978; 1976

27 *Furrer, W.; Lauber, A.:* Raum- und Bauakustik, Lärmabwehr. 3. Aufl. Basel: Birkhäuser 1972

28 *Fasold, W.; Winkler, H.:* Raumakustik. (Band 5 der Bauphysikalischen Entwurfslehre). Berlin: Verlag Technik 1976

29 *Royar, J.:* Die physikalisch-technischen Grenzen der Luftschalldämmung: Das Problem der Schall-Längsleitung bzw. der Flankenübertragung. VDI-Berichte (1978), H. 336, S. 31−35.

30 *Hanusch, H.:* Möglichkeiten für den Schallschutz in Skelettbauten mit leichtem Aus-

bau aus Gipskartonplatten. VDI-Berichte (1978), H. 336, S. 57—64.

31 *Cremer, L.:* Theorie der Schalldämmung dünner Wände bei schrägem Einfall. Akust. Zeitschrift (1942) 81—91.

32 *Gösele, K.:* Untersuchungen zur Schall-Längsleitung. (Berichte aus der Bauforschung, 56). 1968

33 *Eisenberg, A.:* Geräusche der Wasserinstallationen — Stand der Entwicklung und Normung. VDI-Berichte (1978), H. 336, S. 65—68.

34 NRW-Minister für Arbeit, Gesundheit und Soziales: Schallausbreitung in bebauten Gebieten. Kölnische Verlagsdruckerei, Köln (1975).

35 *Meyer, H. G.:* Schallschutz gegen Außenlärm (DIN 4109, Teil 6): Überblick über die Anforderungen an und Auswirkungen auf derzeit übliche Außenwandkonstruktionen. VDI-Berichte (1978), H. 336, S. 83—92.

6. Baulicher Brandschutz

Von *Karl Kordina* und *Claus Meyer-Ottens*

6.1 Einleitung

Der Temperaturverlauf eines Brandes zeigt im allgemeinen vier charakteristische Zeitabschnitte (Bild 6-1): Die beiden ersten Abschnitte sind charakterisiert durch die *Brandentstehung*, die beiden letzten durch den *voll entwickelten Brand*.

Im ersten Zeitabschnitt, der *Zündphase*, wird zunächst irgendein Stoff gezündet. Durch die Zündquelle — z. B. Kurzschluß in einer elektrischen Leitung oder herunterfallende heiße Eisenteilchen bei Schweiß- oder Schneidarbeiten — geraten möglicherweise umliegende Stoffe zur Entzündung, was von der Art der Stoffe, deren Abmessungen, der Oberflächenbeschaffenheit, der Luftzufuhr und anderen Dingen abhängt.

Hieraus entsteht im zweiten Zeitabschnitt ein *Schwelbrand*. Hierbei können sich die Flammen entsprechend den örtlichen Gegebenheiten so ausbreiten, daß der betroffene Raum durch die frei werdende Wärme mehr und mehr aufgeheizt wird. Dies erfolgt so lange, bis alle im Raum vorhandenen brennbaren Stoffe zur Entzündung gebracht werden. Ist dieser Zeitpunkt oder -bereich erreicht, spricht man vom „Flash-over": Der Schwelbrand geht in einen voll entwickelten Brand über.

Beim Vollbrand steigen die Temperaturen in der ersten Phase, der *Erwärmungsphase*, rasch an und überschreiten unter Umständen 1 000 °C. Nach Überschreiten eines Temperaturmaximums wird die letzte Phase, die *Abkühlungsphase*, eingeleitet.

Die Dauer des voll entwickelten Brandes richtet sich nach der Menge der brennbaren Stoffe, nach dem Sauerstoffangebot und nach den örtlichen Gegebenheiten. Dabei kann es passieren, daß brennbares Material in einem mit dem Brandraum verbundenen Nebenraum zunächst nicht zur Entzündung kommt, weil der Brandraum dem Nebenraum den gesamten Sauerstoff entzieht oder der Nebenraum durch einströmende, kühlende Frischluft im Zuluftstrom zum Brandraum liegt. Erst wenn der Nebenraum genügend Sauerstoff erhält und Wärme-Strahlungs- und -Strömungsverhältnisse den Nebenraum erfassen, breitet sich das Feuer auch auf diesen Raum aus [1, 2].

Der in Bild 6-1 gezeigte Temperatur-Zeit-Verlauf ist natürlich idealisiert. Er zeigt nur das Prinzip und macht die vier beschriebenen Abschnitte deutlich. Der Verlauf kann hinsichtlich Temperatur und Zeit je nach brennbarem Material und gegebenen Randbedingungen auch anders aussehen.

Während in der ersten Phase eines Entstehungsbrandes an *Brandrisiken* die Zündquellen und die Entflammbarkeit als Hauptpunkte zu nennen wären, wird die zweite Phase des Entstehungsbrandes durch die Flammenausbreitung und Wärmeentwicklung

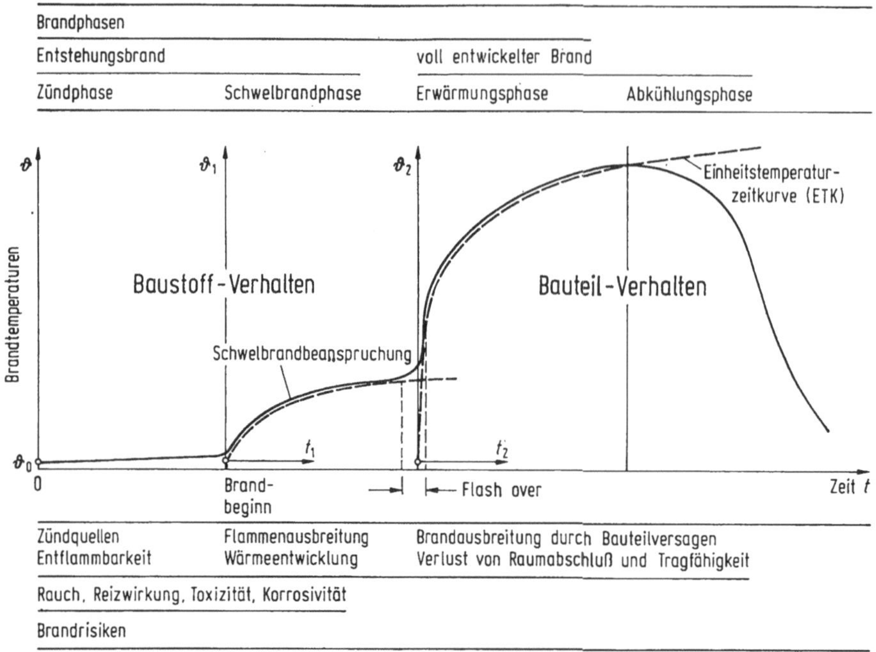

Bild 6-1. Brandphasen, Brandtemperaturen (Schema) und Brandrisiken (Beispiele).

charakterisiert. Parallel hierzu sind im allgemeinen die Risiken Rauch, Reizwirkung, Toxizität und ggf. Korrosivität zu nennen, die auch bei den weiteren Zeitabschnitten eine Rolle spielen.

Beim Entstehungsbrand stehen die Brandlast und — bezogen auf das Bauwesen — das *Baustoff-Verhalten* im Vordergrund, das innerhalb der Technischen Baubestimmungen hauptsächlich durch die Bestimmungen von DIN 4102 Teil 1 behandelt wird.

Im Gegensatz hierzu ist in den beiden letzten Brandphasen im allgemeinen das *Bauteil-Verhalten* bestimmend. Die Brandausbreitung kann hier durch Bauteilversagen beeinflußt werden, wobei zwischen Verlust von Raumabschluß und von Tragfähigkeit unterschieden wird. Im Sinne der Technischen Baubestimmungen liegt ein Versagen auch dann vor, wenn bei Erhaltung der Tragfähigkeit ein raumabschließendes Bauteil so durchwärmt wird, daß brennbare Stoffe auf der dem Feuer abgekehrten Seite zur Entzündung gebracht werden, siehe DIN 4102 Teil 2.

Um einheitliche Prüf- und Beurteilungsgrundlagen zu schaffen, wurde auf internationaler Ebene eine sogenannte Einheitstemperaturzeitkurve (ETK) für Brandprüfungen an Bauteilen festgelegt. Sie ist im Bild 6-1 im Koordinatensystem t_2, ϑ_2 gestrichelt dargestellt. Sie entspricht der Standardkurve der internationalen Norm ISO 834, die in vielen Ländern der Erde als Normkurve oder Bezugsgröße verwendet wird, vgl. ebenfalls DIN 4102 Teil 2.

In der Bundesrepublik Deutschland wird nur die Einheitstemperaturzeitkurve als Beurteilungsmaßstab für das Bauteilverhalten verwendet. In der Regel liegt sie den folgenden Betrachtungen zugrunde.

Die Beurteilung der Bauteile auf der Basis sogenannter natürlicher Brände — einschließlich der Erfassung der Abkühlungsphase — ist in DIN 4102 dagegen nicht. vorgesehen, wenngleich dieses Verfahren in Einzelfällen zur Durchführung von Grenzbetrachtungen gelegentlich auch herangezogen wird.

Für die Beurteilung von Bränden in Industriegebäuden wird z. T. die Vornorm DIN 18230 Teil 1 (November 1982) ,,Baulicher Brandschutz im Industriebau; Rechnerisch erforderliche Feuerwiderstandsdauer" herangezogen. Mit ihr wird versucht, den Brandverlauf und damit die erforderliche Feuerwiderstandsdauer von Bauteilen in derartigen Gebäuden zu berechnen. Dabei werden neben der Brandlast Bewertungs- und Sicherheitsfaktoren eingeführt, die zum Teil mit natürlichen Bränden zusammenhängen, s. auch Abschnitt 6.2.10.

Abschließend ist darauf hinzuweisen, daß in den folgenden Abschnitten nur der vorbeugende, bauliche Brandschutz behandelt wird — wegen des betrieblichen Brandschutzes s. [3].

6.2 Technische Baubestimmungen

6.2.1 DIN 4102 — Übersicht

Grundlage für den baulichen Brandschutz ist DIN 4102 ,,Brandverhalten von Baustoffen und Bauteilen". Diese Norm liegt mit den Teilen 2, 3 und 5 bis 7 in der Ausgabe 1977 und mit den Teilen 1 und 4 in der Ausgabe 1981 vor. Teil 8 ist z. Z. (1985) noch Entwurf. Der Inhalt der Teile und die Zuordnung der Teile untereinander sind aus dem in Bild 6-2 wiedergegebenen Schema ersichtlich. Darüber hinaus gibt es für die Prüfung und Beurteilung von Rohrummantelungen, Rohrabschottungen, Installationsschächten und

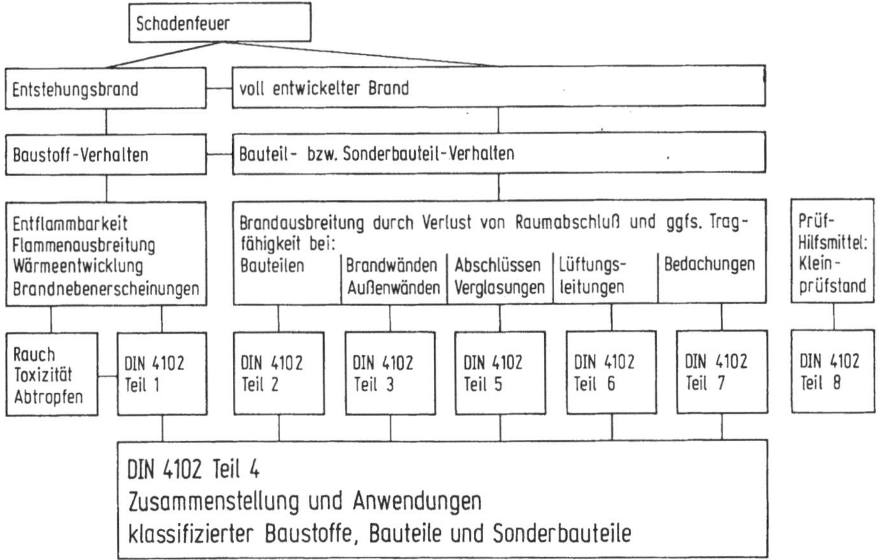

Bild 6-2. Baulicher Brandschutz im Bereich von DIN 4102 (Schema).

-kanälen sowie für die Abschlüsse ihrer Revisionsöffnungen DIN 4102 Teil 11 Ausgabe 1985. Für die Beurteilung von Abschottungen von Kabeldurchführungen ist DIN 4102 Teil 9 in Vorbereitung. Geplant ist ferner ein Normteil zur Prüfung und Beurteilung des Funktionserhaltes von Elektrokabeln.

6.2.2 DIN 4102 Teil 1 — Baustoffe; Begriffe, Anforderungen und Prüfungen

In DIN 4102 Teil 1 werden brandschutztechnische Begriffe, Anforderungen, Prüfungen und Kennzeichnungen für Baustoffe festgelegt. Die Norm gilt für die Klassifizierung des Brandverhaltens von Baustoffen zur Beurteilung des Risikos als Einzelbaustoff und auch in Verbindung mit anderen Baustoffen; maßgebend ist das ungünstigere der beiden Ergebnisse. Einzelbaustoffe, die ausschließlich in Verbindung mit anderen Baustoffen verwendet werden können, sind in diesem Zustand zu beurteilen.

Als Baustoffe im Sinne dieser Norm gelten auch

— platten- und bahnenförmige Materialien,
— Verbundwerkstoffe,
— Bekleidungen,
— Dämmschichten,
— Beschichtungen,
— Rohre und Formstücke.

Das Brandverhalten von Baustoffen wird nicht nur von der Art des Stoffes beeinflußt, sondern insbesondere auch von der Gestalt, der spezifischen Oberfläche und Masse, dem Verbund mit anderen Stoffen, den Verbindungsmitteln sowie der Verarbeitungstechnik.

Die Baustoffklasse muß durch Prüfzeugnis bzw. Prüfzeichen auf der Grundlage von Prüfungen nach Teil 1 der Norm nachgewiesen werden. Ohne Prüfungen können die in DIN 4102 Teil 4 aufgezählten Baustoffe in die dort angegebenen Baustoffklassen eingereiht werden, vgl. Tabelle 6-1.

Tabelle 6-1. Baustoffklassen nach DIN 4102 Teil 1

Baustoffklasse		Bauaufsichtliche Benennung
A		nichtbrennbare Baustoffe
	A 1	
	A 2	
B		brennbare Baustoffe
	B 1	schwerentflammbare Baustoffe
	B 2	normalentflammbare Baustoffe
	B 3	leichtentflammbare Baustoffe

Nach den Prüfzeichenverordnungen der Länder bedürfen Baustoffe der Klasse A, soweit sie brennbare Bestandteile enthalten, und Baustoffe der Klasse B 1 eines Prüfzeichens des Instituts für Bautechnik (IfBt) in Berlin, sofern sie nicht im Anhang zur Prüfzeichenverordnung ausgenommen sind.

Neben den Festlegungen von Teil 1 der Norm sind die *Prüfgrundsätze* für prüfzeichenpflichtige nichtbrennbare (Klasse A) und schwerentflammbare (Klasse B 1) Baustoffe maßgebend. Die Prüfgrundsätze werden vom Sachverständigenausschuß (SVA) ,,Brandverhalten von Baustoffen" des IfBt ausgearbeitet. Sie werden in den Mitteilungen des IfBt veröffentlicht.

Für die prüfzeichenpflichtigen Baustoffe ist eine Überwachung/Güteüberwachung mit entsprechender Kennzeichnung erforderlich. — DIN 4102 Teil 1 wird ausführlich in [4] kommentiert.

6.2.3 DIN 4102 Teil 2 — Bauteile; Begriffe, Anforderungen und Prüfungen; s. auch [5]

In DIN 4102 Teil 2 werden brandschutztechnische Begriffe, Anforderungen und Prüfungen für Bauteile festgelegt. Als Bauteile im Sinne dieser Norm gelten Wände, Decken, Stützen, Unterzüge, Treppen usw.

Das Brandverhalten von Bauteilen wird durch die Feuerwiderstandsdauer und durch weitere Eigenschaften gekennzeichnet.

Die *Feuerwiderstandsdauer* ist die Mindestdauer in Minuten, während der ein Bauteil unter praxisgerechten Randbedingungen unter einer bestimmten Temperaturbeanspruchung die in DIN 4102 Teil 2 aufgezählten Anforderungen erfüllt.

Bauteile werden entsprechend ihrer Feuerwiderstandsdauer in die in Tabelle 6-2 angegebenen *Feuerwiderstandsklassen* eingestuft.

Tabelle 6-2. Feuerwiderstandsklassen F

Feuerwiderstandsklasse	Feuerwiderstandsdauer in Minuten
F 30	≥ 30
F 60	≥ 60
F 90	≥ 90
F 120	≥ 120
F 180	≥ 180

Die Feuerwiderstandsklasse von Bauteilen muß durch Prüfzeugnis auf der Grundlage von Prüfungen nach dieser Norm nachgewiesen werden. Bei einigen Bauteilen sind darüber hinaus weitergehende Bestimmungen zu beachten. Hierzu gehören gemäß den Einführungserlassen zu DIN 4102 [1, 5]:

— Bauteile mit im Innern, auf der Oberfläche oder in Fugen angeordneten Beschichtungen, Folien und ähnlichen Schutzschichten, die durch die Temperaturbeanspruchung erst wirksam werden — z. B. Bauteile mit dämmschichtbildenden Anstrichsystemen oder -platten, die eine Einstufung in eine Feuerwiderstandsklasse erst bewirken.

— Verglasungen der Feuerwiderstandsklasse F, die erst durch eine Temperaturbeanspruchung ihre Brandschutzwirkung erreichen.

— Bauteile mit brandschutztechnisch notwendigen Putzbekleidungen, die nicht durch Putzträger (z. B. Rippenstreckmetall oder Drahtgewebe) am Bauteil gehalten werden — hierunter fallen z. B. Betonbauteile, die für eine bestimmte Feuerwiderstandsklasse unterdimensioniert sind und den gewünschten Feuerwiderstand erst durch einen dünnen Spezial-Haftputz erhalten —,

— Unterdecken und Wände als Begrenzungen von Rettungswegen, wenn diese eine Konstruktionseinheit, einen sogenannten Flucht- oder Rettungstunnel, bilden, wobei die

Tabelle 6-3. Feuerwiderstandsklassen und Benennungen nach DIN 4102 Teil 2

	1	2	3	4	5
Zeile	Feuerwider-standsklasse nach Tabelle 6-2	Baustoffklasse nach DIN 4102 Teil 1 der in den geprüften Bauteilen verwendeten Baustoffe für		Benennung[2])	Kurz-bezeich-nung
		wesent-liche Teile[1])	übrige Bestand-teile, die nicht unter den Begriff der Spalte 2 fallen	Bauteile der	
1	F 30	B	B	Feuerwiderstandsklasse F 30	F 30-B
2		A	B	Feuerwiderstandsklasse F 30 und in den wesentlichen Teilen aus nichtbrennbaren Bau-stoffen[1])	F 30-AB
3		A	A	Feuerwiderstandsklasse F 30 und aus nichtbrennbaren Baustoffen	F 30-A
4	F 60	B	B	Feuerwiderstandsklasse F 60	F 60-B
5		A	B	Feuerwiderstandsklasse F 60 und in den wesentlichen Teilen aus nicht brennbaren Bau-stoffen[1])	F 60-AB
6		A	A	Feuerwiderstandsklasse F 60 und aus nichtbrennbaren Baustoffen	F 60-A
7	F 90	B	B	Feuerwiderstandsklasse F 90	F 90-B
8		A	B	Feuerwiderstandsklasse F 90 und in den wesentlichen Teilen aus nichtbrennbaren Baustoffen[1])	F 90-AB
9		A	A	Feuerwiderstandsklasse F 90 und aus nichtbrennbaren Baustoffen	F 90-A
10	F 120	B	B	Feuerwiderstandsklasse F 120	F 120-B
11		A	B	Feuerwiderstandsklasse F 120 und in den wesentlichen Teilen aus nichtbrennbaren Baustoffen[1])	F 120-AB
12		A	A	Feuerwiderstandsklasse F 120 und aus nichtbrennbaren Baustoffen	F 120-A

Tabelle 6-3. (Fortsetzung)

	1	2	3	4	5
Zeile	Feuerwiderstandsklasse nach Tabelle 6-2	Baustoffklasse nach DIN 4102 Teil 1 der in den geprüften Bauteilen verwendeten Baustoffe für		Benennung[2])	Kurzbezeichnung
		wesentliche Teile[1])	übrige Bestandteile, die nicht unter den Begriff der Spalte 2 fallen	Bauteile der	
13	F 180	B	B	Feuerwiderstandsklasse F 180	F 180-B
14		A	B	Feuerwiderstandsklasse F 180 und in den wesentlichen Teilen aus nichtbrennbaren Baustoffen[1])	F 180-AB
15		A	A	Feuerwiderstandsklasse F 180 und aus nichtbrennbaren Baustoffen	F 180-A

[1]) Zu den wesentlichen Teilen gehören:
  a) alle tragenden oder aussteifenden Teile, bei nichttragenden Bauteilen auch die Bauteile, die deren Standsicherheit bewirken (z. B. Rahmenkonstruktionen von nichttragenden Wänden),
  b) bei raumabschließenden Bauteilen eine in Bauteilebene durchgehende Schicht, die bei der Prüfung nach dieser Norm nicht zerstört werden darf.
  c) Bei Decken muß diese Schicht eine Gesamtdicke von mindestens 50 mm besitzen; Hohlräume im Innern dieser Schicht sind zulässig.
Bei der Beurteilung des Brandverhaltens der Baustoffe können Oberflächen-Deckschichten oder andere Oberflächenbehandlungen außer Betracht bleiben.

[2]) Diese Benennung betrifft nur die Feuerwiderstandsfähigkeit des Bauteils; die bauaufsichtlichen Anforderungen an Baustoffe für den Ausbau, die in Verbindung mit dem Bauteil stehen, werden hiervon nicht berührt.

Wände — im allgemeinen leichte Trennwände, die nicht nach DIN 1045 oder DIN 1053 Teil 1 bemessen sind — nur bis zur Unterdecke reichen und der darüber liegende Raum für Installationen freibleibt, sowie
  — raumabschließende Bauteile der Feuerwiderstandsklasse $\geq$ F 90, durch die Rohrleitungen aus brennbaren Baustoffen mit lichten Durchmessern $>$ 50 mm oder gebündelte elektrische Leitungen in sogenannten Abschottungen durchgeführt werden.

Die Brauchbarkeit derartiger

— dämmschichtbildender Systeme,
— F-Verglasungen,
— spezieller Putzbekleidungen,
— Fluchttunnelkonstruktionen sowie
— Rohr- und Kabelabschottungen

kann nicht allein durch Normprüfungen nach DIN 4102 Teil 2 beurteilt werden; es sind weitere Nachweise zu erbringen — z. B. im Rahmen der Erteilung einer *allgemeinen bauaufsichtlichen Zulassung* [5].

Maßgebend für die Einstufung in eine Feuerwiderstandsklasse ist das ungünstigste Ergebnis von Prüfungen an mindestens 2 Probekörpern.

Bauteile mit nach DIN 4102 Teil 2 ermittelten Feuerwiderstandsklassen sind entsprechend den verwendeten Baustoffen außerdem in die *Benennungen* nach Tabelle 6-3 einzureihen.

In neueren Bauordnungen wird neben den Benennungen F...-A, F...-AB und F...-B auch die Benennung F...-B/A verwendet. Diese Benennung kennzeichnet eine ausreichend dicke Schicht aus Baustoffen der Klasse A unter oder vor einer Konstruktion aus brennbaren Baustoffen, vgl. Bild 6-3 sowie [26].

Benennung	Erläuterungen	Beispiele mit Decken, Maße in mm
F...-A	DIN 4102 Teil 2,	Stahlbetondecke ohne notwendige Bekleidung
F...-AB	Einführungserlasse,	Stahlbetondecke mit notwendiger Bekleidung *B*
F...-B	BRABA, Heft 22	Holzbalkendecke
F...-B/A	Neue – Landes Bau O, – Durchführungs VO – Ausführungsbestimmungen	Holzbalkendecke mit ausreichend dicker Schicht *A*: ≧ 12,5 Gipskarton-Bauplatten ≧ 10 Gipsfaserplatten ≧ 8 Silikatplatten ≧ 25 Holzwolle Leichtbauplatten

Bild 6-3. Benennungen nach DIN 4102 Teil 2 (9/77) mit Beispielen entsprechend [5] sowie Angaben zur „ausreichend widerstandsfähigen Schicht aus Baustoffen der Klasse A (F ... -B/A)".

6.2.4 DIN 4102 Teil 3 — Brandwände und nichttragende Außenwände; Begriffe, Anforderungen und Prüfungen; s. auch [6]

In DIN 4102 Teil 3 werden brandschutztechnische Begriffe, Anforderungen und Prüfungen für Brandwände und für nichttragende Außenwände einschließlich Brüstungen und Schürzen festgelegt. Diese Bauteile können wegen abweichender Anforderungen nicht in die Feuerwiderstandsklassen F 30 bis F 180 nach DIN 4102 Teil 2 eingestuft werden.

Brandwände sind Wände zur Trennung oder Abgrenzung von Brandabschnitten. Sie sind dazu bestimmt, die Ausbreitung von Feuer auf andere Gebäude oder Gebäudeabschnitte zu verhindern und müssen unter anderem auch Zusatzlasten aufnehmen können, die z. B. im Brandfall durch einstürzende Nachbarbauteile entstehen können.

Nichttragende Außenwände im Sinne von DIN 4102 Teil 3 sind raumhohe raumabschließende Bauteile wie Außenwandelemente, Ausfachungen usw. — im folgenden kurz *Außenwände* genannt —, die auch im Brandfall nur durch ihr Eigengewicht beansprucht werden und nicht zur Aussteifung von Bauteilen dienen. Außenwände können aber dazu dienen, die auf ihre Fläche wirkenden Windlasten und andere horizontale Verkehrslasten auf tragende Bauteile, z. B. Wand- oder Deckenscheiben, abzutragen.

Zu den nichttragenden Außenwänden zählen auch

a) brüstungshohe, nichtraumabschließende, nichttragende Außenwandelemente — im folgenden kurz *Brüstungen* genannt — und

b) schürzenartige, nichtraumabschließende, nichttragende Außenwandelemente — im folgenden kurz *Schürzen* genannt —,

die jeweils den Überschlagsweg des Feuers an der Außenseite von Gebäuden vergrößern.

Nichttragende Außenwände, Brüstungen und Schürzen werden entsprechend den Angaben von DIN 4102 Teil 3 in die Feuerwiderstandsklassen W 30 bis W 180 eingestuft. Die Benennungen lauten analog den Angaben von Tabelle 6-3 W...-A, W...-AB und W...-B.

Die Feuerwiderstandsklasse von Brandwänden und nichttragenden Außenwänden muß durch Prüfzeugnis auf der Grundlage von Prüfungen nach dieser Norm nachgewiesen werden. Maßgebend für die Beurteilung ist auch hier das ungünstigste Ergebnis von Prüfungen an mindestens zwei Probekörpern.

Neben den Normbestimmungen bestehen außerdem die Bestimmungen des Verbandes der Sachversicherer über Komplextrennwände. Komplextrennwände sind Brandwände, die gegenüber DIN 4102 Teil 3 erhöhte Anforderungen erfüllen müssen.

6.2.5 DIN 4102 Teil 5 — Feuerschutzabschlüsse, Abschlüsse in Fahrschachtwänden und gegen Feuer widerstandsfähige Verglasungen; Begriffe, Anforderungen und Prüfungen; s. auch [5] und [7]

In DIN 4102 Teil 5 werden brandschutztechnische Begriffe, Anforderungen und Prüfungen für

— Feuerschutzabschlüsse,
— Abschlüsse in Fahrschachtwänden der Feuerwiderstandsklasse F 90 und
— Verglasungen der Feuerwiderstandsklassen G (gegen Feuer widerstandsfähige Verglasungen)

festgelegt.

Das Brandverhalten der in dieser Norm angeführten Sonderbauteile wird durch die Feuerwiderstandsdauer und durch andere Eigenschaften gekennzeichnet. Die Bauteile werden in die Feuerwiderstandsklassen nach Tabelle 6-4 eingestuft. Abschlüsse in Fahrschachtwänden der Feuerwiderstandsklasse F 90 werden selbst nicht in Feuerwiderstandsklassen eingestuft.

Gemäß den Einführungserlassen zu DIN 4102 [1, 7] wird zusätzlich bestimmt, daß die Brauchbarkeit nicht genormter Bauarten von Feuerschutzabschlüssen, Abschlüssen in Fahrschachtwänden der Feuerwiderstandsklasse F 90 und Verglasungen der Feuer-

Tabelle 6-4. Feuerwiderstandsklassen nach DIN 4102 Teil 5, Teil 6 und Teil 11

1	2	3	4	5	6	7
			Feuerwiderstandsklassen von			
Feuerwider-standsdauer in Minuten	Feuerschutz-abschlüssen	Verglasungen G[a]	Rohren und Form-stücken für Lüftungsleitungen	Absperrvorrichtungen gegen Brandüber-tragung in Lüftungs-leitungen (Brandschutzklappen)	Maßnahmen gegen Brandübertragung bei Rohr-leitungen	Installationsschächten und -kanälen sowie von Abschlüssen ihrer Revisionsöffnungen
$\geqq$ 30	T 30	G 30	L 30	K 30	R 30	I 30
$\geqq$ 60	T 60	G 60	L 60	K 60	R 60	I 60
$\geqq$ 90	T 90	G 90	L 90	K 90	R 90	I 90
$\geqq$ 120	T 120	G 120	L 120	—	R 120	I 120
$\geqq$ 180	T 180	G 180	—	—	—	—

[a] Verglasungen der Feuerwiderstandsklassen F müssen gemäß DIN 4102 Teil 2 *alle* an raumabschließende Wände der entsprechenden Feuerwiderstandsklasse gestellten Anforderungen erfüllen; Verglasungen der Feuerwiderstandsklassen G brauchen dagegen die Kriterien „$\Delta T \leqq$ zul ΔT auf der feuerabgekehrten Seite" und „Widerstandsfähigkeit gegen Stoßbeanspruchung" nicht zu erfüllen — siehe auch [5].

widerstandsklasse G nicht allein durch Prüfzeugnisse nach dieser Norm beurteilt werden kann; es sind weitere Eignungsnachweise zu erbringen, z. B. im Rahmen der Erteilung einer allgemeinen bauaufsichtlichen Zulassung.

6.2.6 DIN 4102 Teil 6 — Lüftungsleitungen; Begriffe, Anforderungen und Prüfungen

In DIN 4102 Teil 6 werden brandschutztechnische Begriffe, Anforderungen und Prüfungen von Lüftungsleitungen festgelegt. Die Lüftungsleitungen müssen allein oder in Verbindung mit weiteren Bauteilen verhindern, daß sie während ihrer Feuerwiderstandsdauer Feuer und Rauch in andere Geschosse oder Brandabschnitte übertragen. Die Norm behandelt darüber hinaus Absperrvorrichtungen in Lüftungsleitungen; sie sind dazu bestimmt, allein oder in Verbindung mit anderen Bauteilen (z. B. Auslöseeinrichtungen) die Übertragung von Feuer oder Rauch durch Lüftungsleitungen zu verhindern. Bauteile von Lüftungsleitungen werden in die Feuerwiderstandsklassen nach Tabelle 6-4 eingestuft.

DIN 4102 Teil 6 und in Zusammenhang damit erteilte Prüfzeichen des Instituts für Bautechnik sowie die von den obersten Bauaufsichtsbehörden der Länder erlassenen Richtlinien über brandschutztechnische Anforderungen an Lüftungsanlagen in Gebäuden werden in [8] ausführlich kommentiert.

6.2.7 DIN 4102 Teil 7 — Bedachungen; Begriffe, Anforderungen und Prüfungen; s. auch [9]

In DIN 4102 Teil 7 werden brandschutztechnische Begriffe, Anforderungen und Prüfungen für Bedachungen zum Nachweis der Widerstandsfähigkeit gegen Flugfeuer und strahlende Wärme festgelegt. Als Bedachungen im Sinne dieser Norm gelten Dacheindeckungen und Dachabdichtungen einschließlich etwaiger Dämmschichten sowie Lichtkuppeln oder andere Abschlüsse für Öffnungen im Dach.

Gegen Flugfeuer und strahlende Wärme widerstandsfähige Bedachungen sollen die Ausbreitung des Feuers auf dem Dach und eine Brandübertragung vom Dach in das Innere des Gebäudes bei der in dieser Norm festgelegten Beanspruchung verhindern. Die Prüfung auf Widerstandsfähigkeit gegen Flugfeuer und strahlende Wärme ersetzt nicht die Prüfung auf Wärmebeständigkeit gegen Sonneneinstrahlung (s. DIN 52123 Teil 1). DIN 4102 Teil 7 liegt seit März 1987 überarbeitet vor.

6.2.8 DIN 4102 Teil 11 — Rohrummantelungen, Rohrabschottungen, Installationsschächte und -kanäle sowie Abschlüsse ihrer Revisionsöffnungen; Begriffe, Anforderungen und Prüfungen

In DIN 4102 Teil 11 werden brandschutztechnische Begriffe, Anforderungen und Prüfungen von Maßnahmen gegen Brandübertragung bei Rohrleitungen, gegebenenfalls einschließlich ihrer Dämmschichten und Umhüllungen, und bei Installationsschächten und -kanälen festgelegt. Die Rohrummantelungen und die Rohrabschottungen sowie die Installationsschächte und -kanäle müssen so ausgebildet sein, daß Feuer und Rauch während der Feuerwiderstandsdauer nach Tabelle 6-4 durch Decken oder Wände nicht übertragen werden.

6.2.9 Sonstige Normen und Richtlinien

Neben DIN 4102, der wichtigsten Brandschutznorm im Bauwesen, auf die sich viele Bestimmungen beziehen, gibt es noch eine Reihe anderer Brandschutznormen und Richtlinien. Die wichtigsten Normen *oder* Richtlinien sind in Tabelle 6-5 zusammengefaßt. Darüber hinaus sind im elektrotechnischen Bereich VDE-Bestimmungen zu beachten — s. z. B. VDE 0100 ,,Bestimmungen für das Errichten von Starkstromanlagen mit Nennspannungen bis 1 000 V''.

Tabelle 6-5. Sonstige, z. T. als Technische Baubestimmungen eingeführte Brandschutz-Normen und Richtlinien im Bauwesen

	Norm oder Richtlinie	Ausgabe
DIN 18082	Feuerschutzabschlüsse, Stahltüren T 30-1;	
Teil 1	—; Bauart A	Januar 1985
Teil 3	—; Bauart B	Januar 1984
DIN 18090	Aufzüge; Flügel- und Falttüren für Fahrschächte mit feuerbeständigen Wänden	Februar 1969
DIN 18091	Aufzüge; Horizontal- und Vertikalschiebetüren für Fahrschächte mit feuerbeständigen Wänden	Februar 1969
DIN 18092	Kleinlasten-Aufzüge; Vertikal-Schiebetüren für Fahrschächte mit feuerbeständigen Wänden	Mai 1963
DIN 18093	Feuerschutzabschlüsse; Einbau von Feuerschutztüren in massive Wände aus Mauerwerk oder Beton; Ankerlagen, Ankerformen, Einbau	Juni 1987
DIN 18232		
Teil 1	Baulicher Brandschutz; Rauch- und Wärmeabzugsanlagen; Begriffe und Anwendung	September 1981
Teil 2	Baulicher Brandschutz im Industriebau; Rauch- und Wärmeabzugsanlagen; Rauchabzüge; Bemessung, Anforderungen und Einbau	September 1984
Teil 3	Baulicher Brandschutz im Industriebau; Rauch- und Wärmeabzugsanlagen; Rauchabzüge; Prüfungen	September 1984
DIN 18160	Hausschornsteine	
Teil 1	—; Anforderungen, Planung und Ausführung	Februar 1987
Teil 2	—; Verbindungsstücke	Februar 1963
Teil 5	—; Einrichtungen für Schornsteinfegerarbeiten	April 1981
Teil 6	—; Hausschornsteine; Prüfbedingungen und Beurteilungskriterien für Prüfungen an Prüfschornsteinen	Juli 1982
TVR-Gas	Technische Vorschriften und Richtlinien für die Einrichtung und Unterhaltung von Niederdruckgasanlagen in Gebäuden und Grundstücken; bzw. Technische Baubestimmungen —	1969
	Technische Regeln für Gas-Installationen (DVGW — TRGI)	1973/1976
HRR	Technische Baubestimmungen — Heizräume (Heizraumrichtlinien)	Oktober 1972
HBR	Technische Baubestimmungen — Bau und Betrieb von Behälteranlagen zur Lagerung von Heizöl (Heizölbehälter-Richtlinien)	1970

Zu den Feuerschutzabschlüssen ist zu bemerken, daß die hier nicht aufgeführten Normen DIN 18081 und DIN 18084 — Ausgabe 1969 — zur Zeit (1988) nicht mehr gültig sind. An einer Neuaufstellung wird gearbeitet.

Als Feuerschutzabschlüsse mit bestimmter Feuerwiderstandsklasse gelten neben Stahltüren T 30-1 nach DIN 18082 noch andere Feuerschutzabschlüsse mit allgemein bauaufsichtlicher Zulassung, die das IfBt auf der Grundlage von Beratungen des SVA „Feuerschutzabschlüsse" herausgibt [7].

Die Normen DIN 18090 bis DIN 18092 werden aufgrund der Neuausgabe von DIN 4102 September 1977 z. Z. ebenfalls überarbeitet.

Die Brauchbarkeit von Feuerungsanlagen — insbesondere von Hausschornsteinen — kann nicht allein nach DIN 18160 beurteilt werden; es sind — z. B. im Rahmen der Erteilung einer allgemeinen bauaufsichtlichen Zulassung — weitere Eignungsnachweise zu erbringen. Zulassungen werden durch den SVA „Einrichtungen für Feuerungsanlagen" des Instituts für Bautechnik u. a. auf der Grundlage von Bau- und Prüfgrundsätzen beraten [10].

Neben den bisher behandelten Brandschutznormen und Richtlinien gibt es noch andere Normen, Vornormen und Normentwürfe, die im Brandschutzwesen eine wichtige Rolle spielen. Es sind dies u. a.:

— DIN 18230 (Vornorm) Baulicher Brandschutz im Industriebau (November 1982)
   Teil 1:   Rechnerisch erforderliche Feuerwiderstandsdauer
   Beiblatt 1 zu Teil 1: Abbrandfaktoren m und Heizwerte
   Teil 2:   Ermittlung des Abbrandfaktors m
   Diese Normen werden in Abschnitt 6.2.10 behandelt; sie werden außerdem ausführlich in [11] und [12] kommentiert.
— DIN 18095 Türen; Rauchschutztüren (z. Z. Entwurf 1983)
   Teil 1 — ; — ; Begriffe und Anforderungen
   Teil 2 — ; — ; Bauartprüfung der Dauerfunktionstüchtigkeit und Dichtheit

6.2.10 DIN 18230 Teil 1 — Brandschutz im Industriebau; Rechnerisch erforderliche Feuerwiderstandsdauer

Die als Vornorm 1982 erschienene DIN 18230 Teil 1 ermöglicht eine einheitliche brandschutztechnische Bemessung von Industriebauten mit festlegbarer Brandbelastung in bezug auf die rechnerisch erforderliche Feuerwiderstandsdauer ihrer Bauteile.

Unter Berücksichtigung von Bewertungs- und Sicherheitsfaktoren werden für jeden Brandbekämpfungsabschnitt die auf die Brandbeanspruchung nach DIN 4102 Teil 2 bis Teil 6 und Teil 11 bezogenen erforderlichen Feuerwiderstandsdauern ermittelt, aus denen Brandschutzklassen abgeleitet werden können.

Änderungen der Brandbelastung nach Größe oder Anordnung, die nach dieser Norm zu höheren Anforderungen führen, können baugenehmigungsbedürftig sein. Der Bauherr sollte mögliche spätere Nutzungs- oder bauliche Änderungen, die eine höhere Brandschuztklasse ergeben könnten, schon bei der Planung berücksichtigen. Weiterhin wird darauf hingewiesen, daß der Betreiber verpflichtet ist, durch eine entsprechende Betriebsanleitung dafür zu sorgen, daß die für die Bemessung nach DIN 18230 festgelegte höchstzulässige bewertete Brandbelastung nicht überschritten wird. Gegebenenfalls ist das Anbringen eines entsprechenden Schildes am Hauptzugang zum Brandbekämpfungsabschnitt zweckmäßig.

DIN 18230 Teil 1 kann für Gebäude oder Teile davon angewendet werden, die für Produktions- oder Lagerbetriebe eines Unternehmens bestimmt sind (Industriebauten).

Ihre unmittelbare Anwendung ist nicht möglich für Hochhäuser, Hochregallager, Silos, Schüttgutlager großer Ausdehnung, energieerzeugende und -verteilende Betriebsgebäude und -anlagen sowie für Industriebauten mit sehr großen Brandbekämpfungsabschnitten.

Diese Norm gilt für explosionsgefährdete Betriebe nur in bezug auf einen Brand, soweit dadurch bauliche Explosionsschutzmaßnahmen nicht berührt werden.

Diese Norm gilt nicht für Freianlagen und Überdachungen von Lagerungen, die mindestens dreiseitig offen sind.

DIN 18230 Teil 1 kann nur angewendet werden, wenn die Brandbelastung festlegbar ist. In den Sicherheitsbeiwerten werden außerdem die erforderlichen allgemeinen Brandschutzmaßnahmen zur Verhütung und Bekämpfung von Bränden vorausgesetzt einschließlich einer Löschwasserversorgung nach den Technischen Regeln des DVGW-Arbeitsplattes W 405 und dem Vorhandensein einer Feuerwehr mit mindestens einem Löschzug (bestehend aus mindestens einer Löschgruppe nach der Feuerwehr-Dienstvorschrift FwDV 4 und einer Löschstaffel nach der Feuerwehr-Dienstvorschrift FwDV 3).

Diese Norm dient der Ermittlung der rechnerisch erforderlichen Feuerwiderstandsdauer der Bauteile (erf t_F) eines Brandbekämpfungsabschnittes.

Dabei wird davon ausgegangen, daß bei einem Brand ein Versagen der Einzelbauteile mit ausreichender Wahrscheinlichkeit nicht eintritt bzw. nicht zum Einsturz der tragenden Konstruktion (Tragwerk, Gesamtkonstruktion) führt und ein Löschangriff auch innerhalb des Gebäudes in angemessener Zeit vorgetragen werden kann. Die genannten Feststellungen gelten nicht, wenn auf die Einhaltung der nach dieser Norm ermittelten Feuerwiderstandsdauer ganz oder teilweise verzichtet wird.

Die brandschutztechnische Bemessung von Bauteilen beruht auf dem Nachweis ausreichender Standsicherheit für den Fall eines vollentwickelten Brandes. Der Nachweis gilt als erbracht, wenn die der Feuerwiderstandsklasse der Bauteile entsprechende Nennfeuerwiderstandsdauer gleich oder größer ist als die rechnerisch erforderliche Feuerwiderstandsdauer.

Die rechnerisch erforderliche Feuerwiderstandsdauer erf t_F der Bauteile wird ermittelt aus der rechnerischen Brandbelastung q_R, die unter Berücksichtigung der im Brandbekämpfungsabschnitt vorhandenen Brandbelastung q und deren Abbrandverhalten (m-Faktor, Ermittlung s. DIN 18230 Teil 2) festgestellt und über einen Umrechnungsfaktor (c-Faktor) sowie einen Wärmeabzugsfaktor (w-Faktor) in eine äquivalente Branddauer $t_ä$ umgerechnet wird. Anschließend ist die äquivalente Branddauer $t_ä$ mit einem eine ausreichende Zuverlässigkeit berücksichtigenden Sicherheitsbeiwert γ, gegebenenfalls auch mit dem Zusatzbeiwert γ_{nb} zu multiplizieren. Der Sicherheitsbeiwert γ berücksichtigt z. B. auch die Lage und die Größe des Brandbekämpfungsabschnittes sowie die Funktion des Bauteils. Der Zusatzbeiwert γ_{nb} berücksichtigt eine etwa vorhandene Feuerlöschanlage oder eine anrechenbare anerkannte Werkfeuerwehr.

$$\text{erf } t_F = t_ä \cdot \gamma \cdot \gamma_{nb} = q_R \cdot c \cdot w \cdot \gamma \cdot \gamma_{nb} \quad \text{in min}$$

kann den Feuerwiderstandsklassen nach DIN 4102 Teil 2 bis Teil 6 und Teil 11 zugeordnet werden.

Der Ablauf der Berechnung ist aus den nachfolgend abgedruckten Schemata 1 und 2 ersichtlich. Einzelne Berechnungsbeispiele können z. B. [29] entnommen werden.

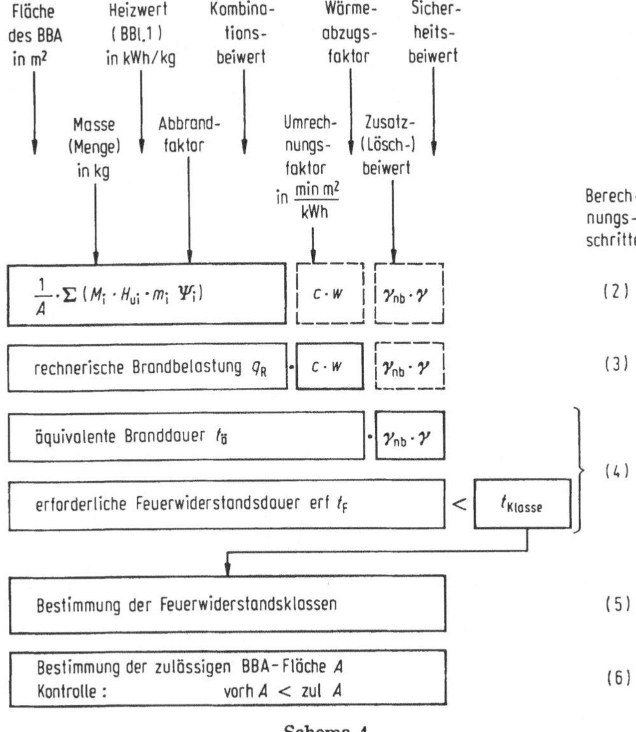

Schema 1

6.3 Bauaufsichtliche Brandschutzvorschriften

6.3.1 Allgemeines

Die Grundlagen bauaufsichtlicher Brandschutzforderungen sind in Gesetzen und dazugehörigen Verordnungen sowie in Technischen Baubestimmungen und Verwaltungsvorschriften, die über Erlasse eingeführt und mit den Gesetzen und Verordnungen verbunden werden, enthalten. Die wichtigste Vorschrift ist die jeweils gültige Landesbauordnung. Dieses Gesetz ist jeweils unmittelbar wirksames Recht. Vorschriften der Bauordnungen gelten auch dann, wenn bei der Errichtung baulicher Anlagen z. B. im Bauschein nicht auf die Beachtung der einen oder anderen Bestimmung hingewiesen wird.

In den Landesbauordnungen können natürlich nicht alle technischen Tatbestände perfekt geregelt werden. Das hat der Gesetzgeber den Verordnungen (VO) überlassen. Sie lassen sich in zwei Gruppen zusammenfassen:

1. Durchführungsverordnungen und
2. Sonderverordnungen.

Die wichtigsten Durchführungsverordnungen sind die Bauvorlagen-VO und die Allgemeine Durchführungs-VO oder 1. Durchführungs-VO zur Bauordnung. In der Bau-

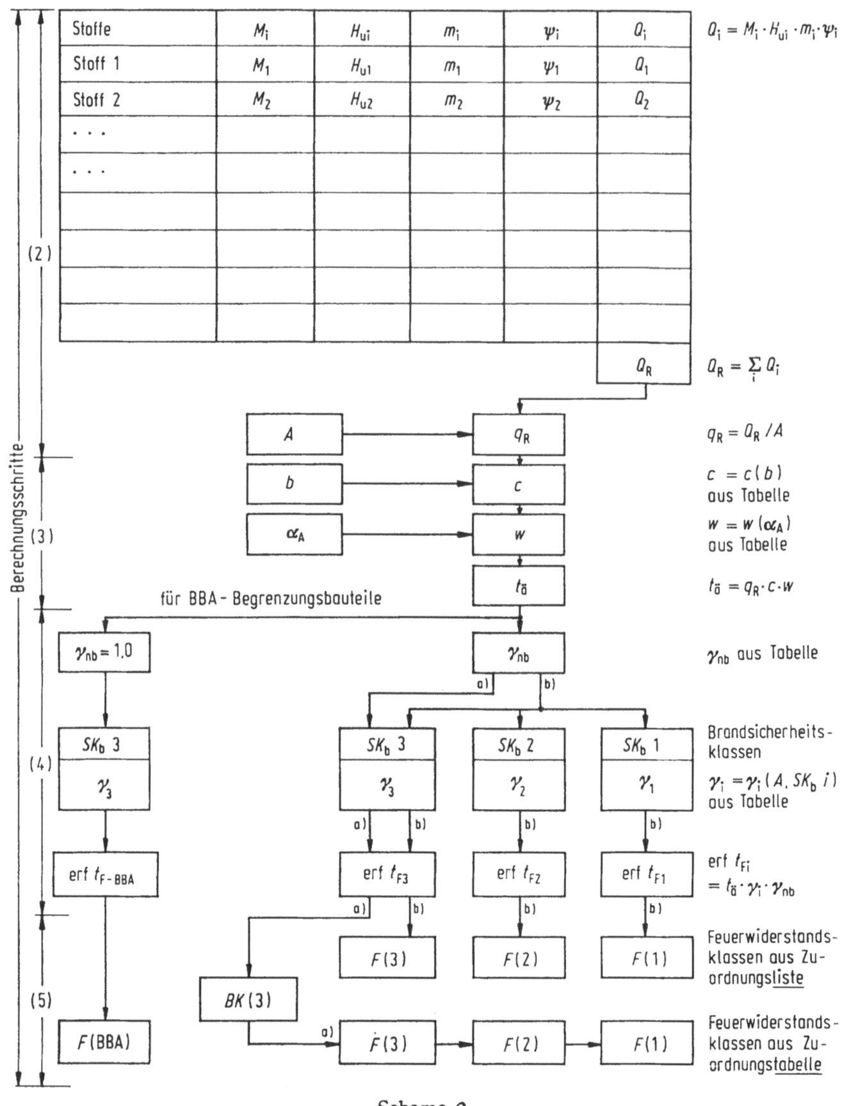

$$Q_i = M_i \cdot H_{ui} \cdot m_i \cdot \psi_i$$

$$Q_R = \sum_i Q_i$$

$$q_R = Q_R / A$$

$$c = c(b)$$
aus Tabelle

$$w = w(\alpha_A)$$
aus Tabelle

$$t_{\ddot{a}} = q_R \cdot c \cdot w$$

$$\gamma_i = \gamma_i(A, SK_b\, i)$$
aus Tabelle

$$\text{erf } t_{Fi} = t_{\ddot{a}} \cdot \gamma_i \cdot \gamma_{nb}$$

Schema 2

vorlagen-VO wird z. B. festgelegt, wie Brandschutznachweise zu erbringen sind. Die Verordnung regelt damit den Nachweis des Brandschutzes durch Prüfzeugnis oder auch durch Gutachten. Die Allgemeine Durchführungs-VO konkretisiert dagegen einzelne Bestimmungen der Bauordnung. In einigen Bundesländern gibt es darüber hinaus noch Ausführungsbestimmungen zur Allgemeinen Durchführungs-VO.

Auf dem Gebiet der Sonderverordnungen werden bestimmte bauliche Anlagen besonderer Art oder Nutzung erfaßt, die häufiger gebaut werden als z. B. ganz spezielle bauliche Anlagen. Die Sonderverordnungen werden ggf. durch Richtlinien und Ausführungsbestimmungen ergänzt. Im Zusammenhang mit der Versammlungsstätten-VO wären z. B. die Schulbaurichtlinien zu nennen; diese Verwaltungsvorschrift konkretisiert die Bestimmungen auf dem Schulbausektor genauer und schränkt den Ermessensspielraum weiter ein. Für den Hochausbau — insbesondere für hohe Hochhäuser — sind ggf. die „Richtlinien über die bauaufsichtliche Behandlung von Hochhäusern" zu beachten.

Die Landesbauordnungen und Verordnungen werden durch die in Abschnitt 6.2 schon behandelten Technischen Baubestimmungen und durch Verwaltungsvorschriften ergänzt. Die im Brandschutzwesen wichtigste Verwaltungsvorschrift ist die Richtlinie für die Verwendung brennbarer Baustoffe im Hochbau.

Auf die Bauordnungen und Verordnungen sowie auf die Richtlinien für die Verwendung brennbarer Baustoffe und die „Hochhausrichtlinien" wird in den folgenden Abschnitten weiter eingegangen.

Die Landesbauordnungen, Durchführungsverordnungen und Sonderverordnungen einschließlich Verwaltungsvorschriften — u. a. über Hochhäuser, Krankenhäuser, Schulbauten, Versammlungsstätten, Warenhäuser, Industriebauten und Garagen — werden ausführlich in [13—21] kommentiert. Eine Übersicht über die wichtigsten Vorschriften enthält [1].

6.3.2 Grundsatzforderungen

In allen Bauordnungen befinden sich bezüglich des Brandschutzes Grundsatzforderungen. Sie lauten in der Fassung der Bauordnung Nordrhein-Westfalen (BauO NW):

§ 3

Allgemeine Anforderungen

(1) Bauliche Anlagen sowie andere Anlagen und Einrichtungen im Sinne von § 1 Abs. 1 Satz 2 sind so anzuordnen, zu errichten, zu ändern und zu unterhalten, daß die öffentliche Sicherheit oder Ordnung, insbesondere Leben oder Gesundheit, nicht gefährdet wird. Die der Wahrung dieser Belange dienenden allgemein anerkannten Regeln der Technik sind zu beachten. Von diesen Regeln kann abgewichen werden, wenn eine andere Lösung in gleicher Weise die allgemeinen Anforderungen des Satzes 1 erfüllt; § 21 bleibt unberührt.

(2) Für den Abbruch baulicher Anlagen sowie anderer Anlagen und Einrichtungen im Sinne des § 1 Abs. 1 Satz 2 und für die Änderung ihrer Benutzung gilt Absatz 1 sinngemäß.

(3) Als allgemein anerkannte Regeln der Technik gelten auch die von der obersten Bauaufsichtsbehörde oder der von ihr bestimmten Behörde durch öffentliche Bekanntmachung eingeführten technischen Baubestimmungen. Bei der Bekanntmachung kann die Wiedergabe des Inhalts der Bestimmungen durch einen Hinweis auf die Fundstelle ersetzt werden.

§ 17

Brandschutz

(1) Bauliche Anlagen sowie andere Anlagen und Einrichtungen im Sinne des § 1 Abs. 1 Satz 2 müssen unter Berücksichtigung insbesondere

— der Brennbarkeit der Baustoffe,
— der Feuerwiderstandsdauer der Bauteile ausgedrückt in Feuerwiderstandsklassen,

— der Dichtheit der Verschlüsse von Öffnungen,
— der Anordnung von Rettungswegen

so beschaffen sein, daß der Entstehung eines Brandes und der Ausbreitung von Feuer und Rauch vorgebeugt wird und bei einem Brand die Rettung von Menschen und Tieren sowie wirksame Löscharbeiten möglich sind.

(2) Baustoffe, die nach der Verarbeitung oder dem Einbau leichtentflammbar sind, dürfen bei der Errichtung und Änderung baulicher Anlagen sowie anderer Anlagen und Einrichtungen im Sinne des § 1 Abs. 1 Satz 2 nicht verwendet werden.

(3) Jede Nutzungseinheit mit Aufenthaltsräumen muß in jedem Geschoß über mindestens zwei voneinander unabhängige Rettungswege erreichbar sein. Der erste Rettungsweg muß in Nutzungseinheiten, die nicht zu ebener Erde liegen, über mindestens eine notwendige Treppe führen; der zweite Rettungsweg kann eine mit Rettungsgeräten der Feuerwehr erreichbare Stelle oder eine weitere notwendige Treppe sein. Ein zweiter Rettungsweg ist nicht erforderlich, wenn die Rettung über einen Treppenraum möglich ist, in den Feuer und Rauch nicht eindringen können (Sicherheitstreppenraum). Gebäude, deren zweiter Rettungsweg über Rettungsgeräte der Feuerwehr führt und bei denen die Oberkante der Brüstungen notwendiger Fenster oder sonstiger zum Anleitern bestimmter Stellen mehr als 8 m über der Geländeoberfläche liegen, dürfen nur errichtet werden, wenn die erforderlichen Rettungsgeräte von der Feuerwehr vorgehalten werden.

(4) Bauliche Anlagen, bei denen nach Lage, Bauart oder Nutzung Blitzschlag leicht eintreten und zu schweren Folgen führen kann, sind mit dauernd wirksamen Blitzschutzanlagen zu versehen.

6.3.3 Verknüpfung der Landesbauordnung mit Technischen Baubestimmungen; Einführungserlasse zu DIN 4102

In den Bauordnungen und sonstigen Verordnungen der Länder der Bundesrepublik Deutschland werden u. a. die in Spalte 1 von Tabelle 6-6 wiedergegebenen bauaufsichtlichen Benennungen verwendet.

Tabelle 6-6. Benennungen nach verschiedenen Bauordnungen und nach DIN 4102 Teil 2

	1	2	3
	Bauaufsichtliche Benennung	Benennung nach DIN 4102	Kurz-bezeichnung
1	feuerhemmend	Feuerwiderstandsklasse F 30	F 30-B
2	feuerhemmend und in den tragenden Teilen aus nicht-brennbaren Baustoffen	Feuerwiderstandsklasse F 30 und in den wesentlichen Teilen aus nicht-brennbaren Baustoffen	F 30-AB
3	feuerhemmend und aus nichtbrennbaren Baustoffen	Feuerwiderstandsklasse F 30 und aus nichtbrennbaren Baustoffen	F 30-A
4	feuerbeständig	Feuerwiderstandsklasse F 90 und in den wesentlichen Teilen aus nicht-brennbaren Baustoffen	F 90-AB
5		Feuerwiderstandsklasse F 90 und aus nichtbrennbaren Baustoffen	F 90-A

Was hierunter zu verstehen ist, geht aus den Einführungserlassen zu DIN 4102 hervor. Sie verknüpfen die Bestimmungen und Begriffe der Bauordnungen mit den Baustoff- und Bauteilklassen bzw. Benennungen der Technischen Baubestimmungen.

Nach den Einführungserlassen verschiedener Bundesländer entsprechen die bauaufsichtlichen Benennungen der BauO den in Tabelle 6-6 zusammengestellten Benennungen nach DIN 4102 Teil 2.

Die Einführungserlasse zu DIN 4102 sind den jeweils maßgebenden Ministerialblättern zu entnehmen; sie sind — bis auf den Erlaß des Landes Bremen — in [22] abgedruckt.

Tabelle 6-7. Brandschutzforderungen an Baustoffe und Bauteile im normalen Hochbau am Beispiel der BauO NW; schraffierte Bereiche sind Risikobereiche

Gebäudeklasse		1	2		3	4
Bauteil — Baustoff			Wohngebäude		Gebäude	Sonstige Gebäude außer Hochhäusern
		freistehend 1 WE	mit geringer Höhe (OKF $\leq$ 7 m) $\leq$ 2 WE	$\geq$ 3 WE		
Tragende Wände	Dach	0	0[a]	0[a]		0[a]
	Sonstige	0	F 30-B	F 30-AB[b]		F 90-AB
	Keller	0	F 30-AB	F 90-AB		F 90-AB
Nichttragende Außenwände		0	0	0		A oder F 30-B
Außenwand-Bekleidungen		0	0	0		B 1
			B 2 → geeignete Maßnahmen			
Gebäudeabschlußwände		0	F 90-AB	BW		BW
			(F 30-B) + (F 90-B)	F 90-AB		
Decken	Dach	0	0[a]	0[a]		0[a]
	Sonstige	0	F 30-B	F 30-AB[c]		F 90-AB
	Keller	0	F 30-B	F 90-AB		F 90-AB

[a] Bei giebelständigen Gebäuden — Dach von innen   F 30-B
[b] Bei Gebäuden mit $\leq$ 2 Geschossen über OKT   F 30-B
[c] Bei Gebäuden mit $\leq$ 2 Geschossen über OKT   F 30-B
    Bei Gebäuden mit $\geq$ 3 Geschossen über OKT   F 30-B/A

6.3.4 Tabellarische Übersicht über Brandschutzforderungen an Baustoffe und Bauteile im normalen Hochbau

Maßgebend für den Brandschutz sind die in Abschnitt 6.3.1 genannten Gesetze, Verordnungen und Verwaltungsvorschriften. Da diese Bestimmungen sehr umfangreich sind, werden nur die wichtigsten Anforderungen an Baustoffe und Bauteile im normalen Hochbau am Beispiel des Landes Nordrhein-Westfalen in den Tabellen 6-7 und 6-8 und am Beispiel der Hansestadt Hamburg in den Tabellen 6-9 und 6-10 wiedergegeben.

Tabelle 6-8. Brandschutzforderungen an besondere Bauteile im normalen Hochbau der BauO NW; schraffierte Bereiche sind Risikobereiche

Gebäudeklasse		1	2	3	4
Bauteil − Baustoff		Wohngebäude		Gebäude	Sonstige Gebäude außer Hochhäusern
		freistehend 1 WE	mit geringer Höhe (7 m Grenze) $\leq$ 2 WE	$\geq$ 3 WE	
Gebäudetrennwände − 40 m Gebäudeabschnitte		−	(F 90-AB)	BW / F 90-AB	BW
Wohnungstrennwände	Dach	−	F 30-B	F 30-B	F 30-B
	Sonstige	−	F 30-B	F 60-AB	F 90-AB
Treppenraum	Dach	−	0	0	0
	Decke	−	0	F 30-AB	F 90-AB
	Wände	−	0	F 90-AB	Bauart BW
	Bekleidung	−	0	A	A
Treppen	tragende Teile	−	0	0	F 90-A
Allgemein zugängliche Flure als Rettungswege	Wände	−	−	F 30-B	F 30-AB / F 30-B/A
	Bekleidung	−	−	0	A
Offene Gänge vor Außenwänden	Wände, Decken	−	−	0	F 90-AB
	Bekleidung	−	−	0	A

Von diesen Vorschriften kann nur auf dem Wege der „Ausnahme" oder „Befreiung" abgewichen werden. Die Forderungen können nicht allgemein auf die anderen Bundesländer übertragen werden, da hier — wie schon ausgeführt und im Vergleich der Tabellen 6-7/8 und 6-9/10 deutlich erkennbar — Unterschiede bestehen. Die jeweils schärferen Forderungen der Tabellen 6-7 bis 6-10 können jedoch zur Orientierung auch in den anderen Ländern verwendet werden.

In einigen Ländern mit „neuer" oder „novellierter" Bauordnung sind die Einzelvorschriften nicht in der Bauordnung, sondern in der Durchführungsverordnung zu finden; die Richtlinien für die Verwendung brennbarer Baustoffe im Hochbau können auch in die Durchführungsverordnung eingearbeitet sein — so z. B. in Niedersachsen.

Die Tabellen 6-7 bis 6-10 enthalten einige Bereiche, die unterschiedlich stark hervorgehoben sind. Diese gekennzeichneten Bereiche stellen u. a. wegen der Verwendung brenn-

Tabelle 6-9. Brandschutzforderungen an Baustoffe und Bauteile im normalen Hochbau am Beispiel der BauO Hamburg

Gebäudeklasse		1	2	3	4
Bauteil — Baustoff		Wohngebäude		Gebäude	Sonstige Gebäude außer Hochhäusern
		frei-stehend 1 WE	mit geringer Höhe (OKF $\leq$ 7 m) $\leq$ 2 WE	$\geq$ 3 WE	
Tragende Wände	Dach	0	0[a]	0[a]	0[a]
	Sonstige	0	F 30-B	F 30-AB	F 90-AB
	Keller	0	F 30-AB	F 90-AB	F 90-AB
Nichttragende Außenwände		0	0	0	F 30-AB
Außenwand-Bekleidungen		0	0	B 1	B 1
			B 2 → geeignete Maßnahmen		
Gebäudeabschlußwände		0	F 90-AB	BW	BW
				F 90-AB	
Decken	Dach	0	0[a]	F 30-B v. innen	F 30-B v. innen
	Sonstige	0	F 30-B	F 30-AB	F 90-AB
	Keller	0	F 30-AB	F 90-AB	F 90-AB

[a] Bei giebelständigen Gebäuden — Dach von innen: F 30-B

Tabelle 6-10. Brandschutzforderungen an besondere Bauteile im normalen Hochbau der BauO Hamburg; Risikobereiche sind durch stärkere Umrahmung hervorgehoben

Gebäudeklasse		1	2	3	4
Bauteil — Baustoff		Wohngebäude		Gebäude	Sonstige Gebäude außer Hochhäusern
		frei-stehend 1 WE	mit geringer Höhe (OKF $\leq$ 7 m) $\leq$ 2 WE	$\geq$ 3 WE	
Gebäudetrennwände — 40 m Gebäudeabschnitte		—	—	BW / F 90-AB	BW
Wohnungs-trennwände	Dach	—	F 30-B/A	F 30-B/A	F 90-AB
	Sonstige	—	F 30-B/A	F 90-AB	F 90-AB
Treppenraum	Dach	—	F 30-B	F 30-AB	F 90-AB
	Decke	—	F 30-B	F 30-AB	F 90-AB
	Wände	—	F 30-B/A	F 90-AB	Bauart BW
	Bekleidung	—	0	A	A
Treppen	tragende Teile	—	0	F 30-AB	F 90-A
Allgemein zugängliche Flure als Rettungswege	Wände	—	—	F 30-AB	F 90-AB
	Bekleidung	—	—	A	A
Offene Gänge vor Außenwänden	Wände	—	—	F 30-B/A	F 30-B/A
	Bekleidung	—	—	A	A

barer Baustoffe Risikosituationen dar, die bei sehr starker Umrahmung als besonders gravierend angesehen werden — insbesondere dann, wenn der Bauherr oder Hersteller gerade nur die Mindestanforderungen der LBO einhält. Die Risikosituationen werden in [26] ausführlich behandelt.

Die tabellarischen Übersichten werden außerdem in [1] und [13] kommentiert. Tabellarische Übersichten über Anforderungen an Baustoffe und Bauteile bei Gebäuden besonderer Art oder Nutzung (Geschäftshäuser, Versammlungsstätten, Garagen usw.) sind in [1] enthalten, wegen ausführlicher Kommentierungen s. [14—21].

6.4 Baustoffklassen

6.4.1 Allgemeines

In DIN 4102 Teil 4 „Zusammenstellung und Anwendung klassifizierter Baustoffe, Bauteile und Sonderbauteile" werden alle genormten, nicht prüfzeichenpflichtigen Baustoffe katalogartig aufgezählt, die in die Baustoffklassen A 1, B 1 und B 2 eingestuft sind.

Zusätzlich zu diesen, im folgenden wiedergegebenen Klassifizierungen gelten als Baustoffe der Klassen A 1, A 2 und B 1 außerdem Baustoffe mit einem gültigen Prüfbescheid des Instituts für Bautechnik, Berlin [23]. Als Baustoffe der Klassen A 1 und B 2, die nicht der Prüfzeichenpflicht unterliegen, gelten ferner Baustoffe mit einem gültigen Prüfzeugnis.

Die in DIN 4102 Teil 4, in Prüfbescheiden und in Prüfzeugnissen angegebenen Baustoffklassen gelten nur für die genannten Baustoffe oder Baustoffverbunde. Nichtgenannte Verbunde, z. B. Verbunde von brennbaren Baustoffen mit anderen brennbaren oder nichtbrennbaren Baustoffen, können ein anderes Brandverhalten und damit eine andere Baustoffklasse besitzen. Die Baustoffklassen nicht genannter Baustoffe oder Baustoffverbunde sind nachzuweisen.

6.4.2 Baustoffe der Klasse A nach DIN 4102 Teil 4

6.4.2.1 Baustoffe der Klasse A 1

Zur Baustoffklasse A 1 gehören:

a) Sand, Kies, Lehm, Ton und alle sonstigen in der Natur vorkommenden bautechnisch verwendbaren Steine.
b) Mineralien, Erden, Lavaschlacke und Naturbims.
c) Aus Steinen und Mineralien durch Brenn- und/oder Blähprozesse gewonnene Baustoffe wie Zement, Kalk, Gips, Anhydrit, Schlacken-Hüttenbims, Blähton, Blähschiefer und Blähglas sowie Blähperlite und -vermiculite.
d) Mörtel, Beton, Stahlbeton, Spannbeton, Steine und Bauplatten aus mineralischen Bestandteilen, auch mit üblichen Anteilen von Mörtel- oder Betonzusatzmitteln — s. DIN 1053 Teil 1 und Teil 4, DIN 1045 und DIN 18550 Teil 2.
e) Asbestzement und Mineralfaser, jeweils ohne organische Zusätze.
f) Ziegel, Glas, Steinzeug und keramische Platten.
g) Metalle, und Legierungen in nicht fein zerteilter Form mit Ausnahme der Alkali- und Erdalkalimetalle und ihrer Legierungen.

Die hier aufgezählten Baustoffe werden ausführlich in [1] kommentiert und durch zahlreiche Beispiele ergänzt.

6.4.2.2 Baustoffe der Klasse A 2

Baustoffe der Klasse A 2 bedürfen z. Z. in jedem Fall eines besonderen Nachweises.
Anmerkung:
Typische Vertreter der Baustoffklasse A 2 sind z. B. Gipskartonplatten und Mineralfaserplatten jeweils mit gültigem Prüfbescheid. Zur Baustoffklasse A 2 gehören auch Betone mit Polystyrol-Zusatz (EPS-Betone), Kleber, Kunststoffmörtel und Kunststoffputze, jeweils mit bestimmter Zusammensetzung und gültigem Prüfbescheid [1].

6.4.3 Baustoffe der Klasse B nach DIN 4102 Teil 4

6.4.3.1. Baustoffe der Klasse B 1

Zur Baustoffklasse B 1 gehörten:

a) Holzwolle-Leichtbauplatten nach DIN 1101.
b) Gipskartonplatten nach DIN 18180 mit geschlossener oder gelochter Oberfläche.
c) Asbestpappe und Asbestpapier nach DIN 3752.
d) Rohre und Formstücke aus PVC hart mit einer Wanddicke $\leq$ 3,2 mm.
e) Fußbodenbeläge:
PVC-Bodenbeläge nach DIN 16951 und
Bodenbeläge aus Vinyl-Asbest-Platten nach DIN 16950, jeweils aufgeklebt auf massivem, mineralischem Untergrund, sowie
Eichen-Parkett aus Parkettstäben nach DIN 280 Teil 1, Mosaik-Parkett-Lamellen nach DIN 280 Teil 2 und Parkettriemen nach DIN 280 Teil 3, jeweils auch mit Versiegelungen.

6.4.3.2 Baustoffe der Klasse B 2

Zur Baustoffklasse B 2 gehören:

a) Holz sowie genormte Holzwerkstoffe, soweit nachfolgend nicht aufgeführt, mit einer Rohdichte $\geq$ 400 kg/m^3 und einer Dicke $>$ 2 mm oder mit einer Rohdichte von $\geq$ 230 kg/m^3 und einer Dicke $>$ 5 mm.
b) Genormte Holzwerkstoffe, soweit nachfolgend nicht aufgeführt, mit einer Dicke $>$ 2 mm, die vollflächig durch eine nicht thermoplastische Verbindung mit Holzfurnieren oder mit dekorativen Schichtpreßstoffplatten nach DIN 16926 beschichtet sind.
c) Kunststoffbeschichtete dekorative Holzfaserplatten nach DIN 68765 mit einer Dicke $\geq$ 4 mm.
d) Kunststoffbeschichtete dekorative Holzfaserplatten nach DIN 68751 mit einer Dicke $\geq$ 3 mm.
e) Dekorative Schichtpreßstoffplatten nach DIN 16926.
f) Gipskarton-Verbundplatten nach DIN 18184.
g) Mehrschicht-Leichtbauplatten aus Schaumkunststoffen und Holzwolle nach DIN 1104 Teil 1.
h) Tafeln aus PVC hart nach DIN 16927 Teil 1 und Teil 2.
i) Rohre und Formstücke aus

   — PVC hart nach DIN 8062
   — Polypropylen nach DIN 8078 und DIN 19560
   — PE hart (Polyethylen hart)
     Typ 1 nach DIN 8075 Teil 1,
     Typ 2 nach DIN 8075 Teil 2 und nach DIN 19535 sowie aus
   — Acrylnitril-Butadien-Styrol (ABS) oder
   — Acrylester-Styrol-Acrylnitril (ASA) nach DIN 16890 und DIN 19561.

j) Tafeln aus gegossenem Polymethylmethacrylat nach DIN 16957 mit einer Dicke $\geq$ 2 mm.
k) Polystyrol-(PS)-Formmassen nach DIN 7741 Teil 1, ungeschäumt, plattenförmig, mit einer Dicke $\geq$ 1,6 mm.

l) Ungesättigtes Polyesterharz nach DIN 16946 Teil 2 — auch mit Glasfaserverstärkung oder mit mineralischen Zuschlägen — mit einer Dicke $\geq$ 1,3 mm.

m) Polyethylen nach DIN 16776 Teil 1, ungeschäumt, mit einer Rohdichte $\leq$ 940 kg/m³ und einer Dicke $\geq$ 1,4 mm sowie mit einer Rohdichte $>$ 940 kg/m³ und einer Dicke $\geq$ 1,0 mm.

n) Polypropylen-Formmassen nach DIN 16774 Teil 1, ungeschäumt, Typ PP-B-M, mit einer Dicke $\geq$ 1,4 mm.

o) Fugendichtungsmassen im Sinen von DIN 52460, ungeschäumt, auf der Basis Polyurethan ohne Teer- oder Bitumenzusätze sowie Polysulfid, Silikon und Acrylat jeweils im eingebauten Zustand zwischen Baustoffen mindestens der Klasse B 2.

p) Fußbodenbeläge aus
PVC-Belägen nach DIN 16951 und DIN 16952 Teil 1 bis Teil 4 im verklebten Zustand,
Vinyl-Asbest-Platten nach DIN 16950,
Linoleum-Belägen nach DIN 18171 und DIN 18173 oder textilen Fußbodenbelägen nach DIN 66090.

q) Asphalt.

r) Dachpappen- und Dichtungsbahnen nach DIN 18190 Teil 1 bis Teil 5, DIN 52121, DIN 52128, DIN 52130, DIN 52131, DIN 52140 und DIN 52143.

Anmerkung:

Sofern es für bestimmte Anwendungsfälle erforderlich ist, ist der Nachweis, daß die Dachpappen- und Dichtungsbahnen nicht „brennend abfallen", gesondert zu führen. Das brennende Abfallen, festgestellt bei Prüfungen nach DIN 4102 Teil 1 ist mit dem „Brennenden Ablaufen", festgestellt bei Prüfungen nach DIN 4102 Teil 7, nicht gleichzusetzen.

6.5 Feuerwiderstandsklassen von Bauteilen

6.5.1 Allgemeines

Die Feuerwiderstandsdauer und damit auch die Feuerwiderstandsklasse eines Bauteils hängt im wesentlichen von folgenden Einflüssen ab:

a) Brandbeanspruchung (ein- oder mehrseitig),

b) verwendeter Baustoff oder Baustoffverbund,

c) Bauteilabmessungen (Querschnittsabmessungen, Schlankheit, Achsabstände von Bewehrungsstäben von der beflammten Oberfläche usw.),

d) bauliche Ausbildung (Anschlüsse, Auflager, Halterungen, Befestigungen, Fugen, Verbindungsmittel usw.),

e) statisches System (statisch bestimmtc oder unbestimmte Lagerung, einachsige oder zweiachsige Lastabtragung, Einspannungen usw.),

f) Ausnutzungsgrad der Festigkeiten der verwendeten Baustoffe infolge äußerer Lasten und

g) Anordnung von Bekleidungen (Ummantelungen, Putze, Unterdecken, Vorsatzschalen usw.).

In DIN 4102 Teil 4 „Zusammenstellung und Anwendung klassifizierter Baustoffe, Bauteile und Sonderbauteile" werden alle Bauteile, deren Eigenschaften auf der Grundlage von Normen beurteilt werden können und die in Feuerwiderstandsklassen nach DIN

4102 eingestuft sind, katalogartig aufgezählt. Die hier — wie auch in Prüfzeugnissen — angegebenen Feuerwiderstandsklassen gelten immer nur in Abhängigkeit von den vorstehend aufgezählten Einflußgrößen, d. h. von den jeweils angegebenen Randbedingungen.

Die Klassifizierung von Einzelbauteilen setzt voraus, daß die Bauteile, an denen die klassifizierten Einzelbauteile angeschlossen werden, mindestens derselben Feuerwiderstandsklasse angehören; ein Träger gehört nur z. B. dann einer bestimmten Feuerwiderstandsklasse an, wenn auch die

- Auflager — z. B. Konsolen —,
- Unterstützungen — z. B. Stützen oder Wände — sowie
- alle statisch bedeutsamen Aussteifungen und Verbände

der entsprechenden Feuerwiderstandsklasse angehören.

6.5.2 Brandverhalten von Stahlbeton- und Spannbetonbauteilen

6.5.2.1 Versagensarten

Bei brandbeanspruchten Stahlbeton- und Spannbetonbauteilen können im wesentlichen die in Bild 6-4 schematisch zusammengestellten Versagensarten unterschieden werden.

Versagen durch Biegebruch

Bei auf Biegung beanspruchten, statisch bestimmt aufgelagerten Stahlbeton- und Spannbetonbauteilen tritt das Versagen in den meisten Fällen durch einen Bruch der in der Biegezugzone liegenden Stahleinlagen auf. Die Bewehrung wird in Abhängigkeit von den Bauteilabmessungen, dem Achsabstand und der Betonart erwärmt, vgl. Bilder 6-5 und 6-6. Dabei nimmt die Festigkeit der Stahleinlagen ab, bis die kritische Stahltemperatur crit T in Abhängigkeit von der vorhandenen Spannung erreicht wird, vgl. Bilder 6-7 und 6-8. Die durch Temperaturunterschiede zwischen Bauteil-Ober- und -Unterseite hervorgerufenen Verformungen werden im Laufe der Brandbeanspruchung durch Kriechverformungen überlagert, die bis zum Versagen des biegebeanspruchten Bauteils zunehmen.

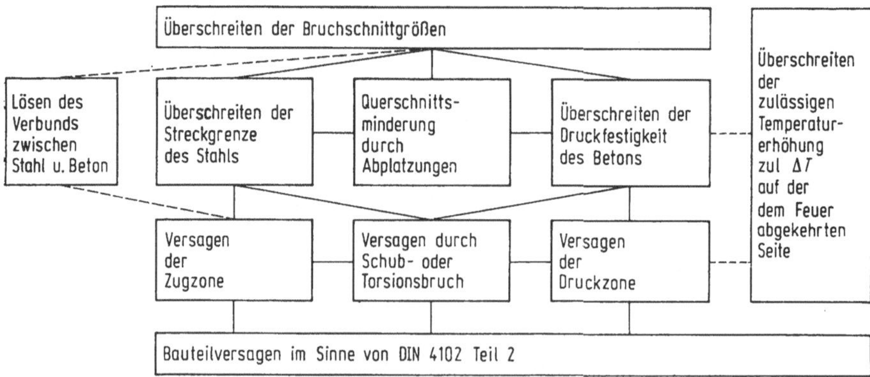

Bild 6-4. Schematische Übersicht über die Versagensarten bei brandbeanspruchten Stahlbeton- und Spannbeton-Bauteilen.

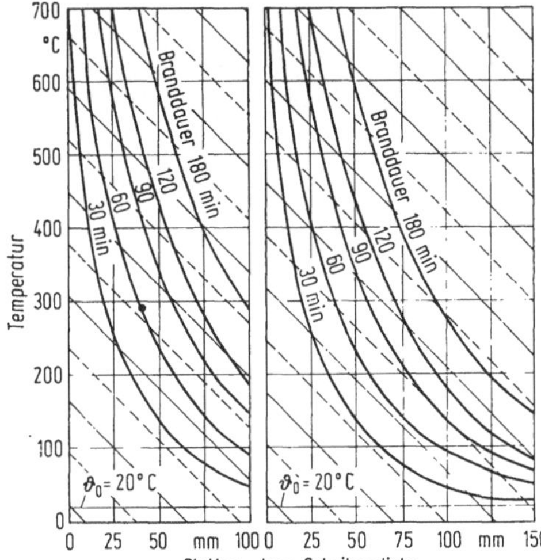

Bild 6-5. Temperaturverteilung in einseitig nach DIN 4102 Teil 2 (ETK) beanspruchten Platten bzw. Scheiben (Wänden) aus Normalbeton mit quarzhaltigem Zuschlag.

Bei Brandbeanspruchung statisch unbestimmt gelagerte Platten und Balken werden durch die Behinderung der Auflagerverdrehung und infolge ungleichmäßiger Temperaturdehnungen Zwangmomente erzeugt. Sie erhöhen die Stütz- bzw. Einspannmomente, während die Feldmomente abgebaut werden. Die Höhe des Zusatzmomentes ΔM ist u. a. von den jeweils vorliegenden Steifigkeiten abhängig. Wenn die Biegedruckzone nicht vorzeitig versagt, ist das Anwachsen von ΔM durch das Erreichen der Fließgrenze der oben liegenden, relativ kalten Stütz- bzw. Einspannbewehrung begrenzt. Bei einem Sicherheitsbeiwert $\nu = 1{,}75$ kann die Biegezugkraft im Stütz- bzw. Einspannbereich und damit näherungsweise auch das Stütz- bzw. Einspannmoment auf das 1,75fache des Ausgangszustands anwachsen und sich ein Fließgelenk bilden.

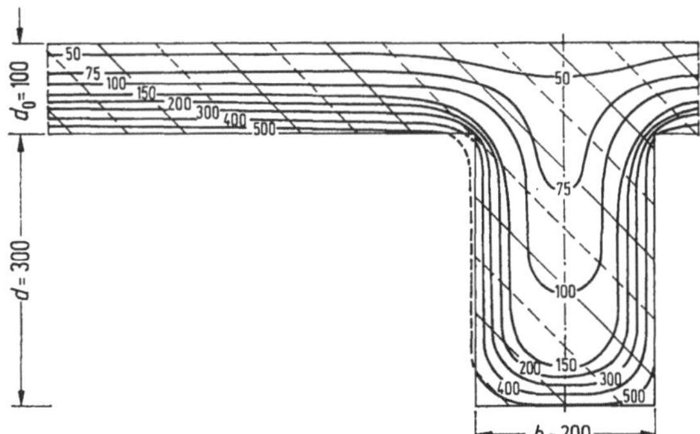

Bild 6-6. Isothermen in °C bei einem dreiseitig nach DIN 4102 Teil 2 (ETK) beanspruchten Plattenbalken mit quarzhaltigem Zuschlag nach 30 Minuten Beanspruchungsdauer (Maße in mm).

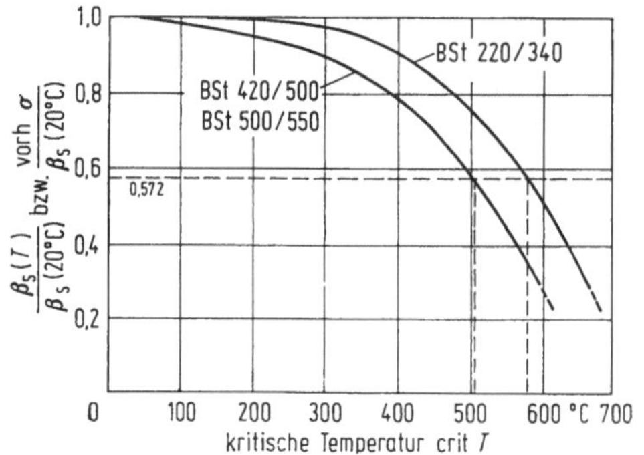

Bild 6-7. Abfall des Verhältnisses $\beta_S(T)/\beta_S(20\,°C)$ von Betonstählen in Abhängigkeit von der Temperatur.

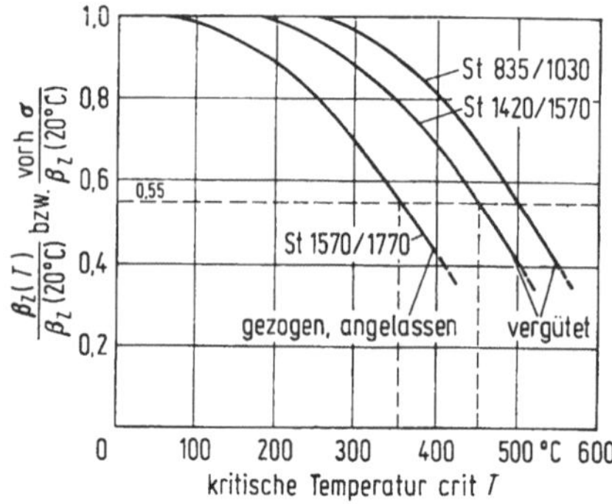

Bild 6-8. Abfall des Verhältnisses $\beta_Z(T)/\beta_Z(20\,°C)$ von Spannstählen in Abhängigkeit von der Temperatur.

Aufgrund dieses Verhaltens darf der Achsabstand der Feldbewehrung statisch unbestimmt gelagerter Platten und Balken gegenüber den Mindestwerten statisch bestimmt gelagerter Bauteile unter bestimmten Voraussetzungen abgemindert werden. Einzelheiten sind DIN 4102 Teil 4 sowie [1] zu entnehmen.

Das Verhalten von Beton- und Spannstählen unter hohen Temperaturen sowie das Erwärmungsverhalten verschiedener Betonquerschnitte bei ein- bis vierseitiger Brandbeanspruchung wird in [1] ausführlich beschrieben. Dabei werden Parameter wie Stahlart, Stahlspannung, Erwärmungsgeschwindigkeit usw. sowie Querschnittsabmessungen Betondeckungen bzw. Achsabstände, Betonarten usw. erfaßt.

Lösen des Verbundes

Bei allmählichem Versagen des Verbundes müssen die Lasten zunehmend durch eine Bogen-Zugbandwirkung zu den Auflagern abgetragen werden. Dies ist jedoch nur so lange möglich, wie die Endverankerung der Bewehrungselemente standhält. Versagt der Verbund, kann ein frühzeitiger Bruch eintreten. Ein derartiges Versagen ist jedoch im Vergleich zum Biegebruch sehr selten [1].

Versagen durch Schub- oder Torsionsbruch

Die Beurteilung von Schub- und Torsionsbrüchen infolge Brandeinwirkung ist wesentlich schwieriger als die der Biegebrüche, zumal auf diesen Gebieten nur wenige, bei torsionsbeanspruchten Bauteilen überhaupt keine Versuchserfahrungen vorliegen. Da auf

Torsion beanspruchte Bauteile, die gleichzeitig eine bestimmte Feuerwiderstandsdauer aufweisen sollen, selten vorkommen, ist eine allgemeingültige Lösung dieses Problems nicht dringend; mögliche Einzelfälle können ggf. aufgrund der jeweils vorliegenden Abmessungen und sonstigen Randbedingungen gelöst werden. Im Gegensatz hierzu ist das Schubversagen von weitaus größerer Bedeutung.

Nach den bisher vorliegenden Versuchserfahrungen reichen die im Brandschutz für biegebeanspruchte Bauteile entwickelten Bemessungsvorschriften im allgemeinen ohne Zusatzvorschriften aus, um Stahlbetonbalken für die Feuerwiderstandsklassen F 30 bis F 90 zu bemessen. Um die Feuerwiderstandsklassen F 120 und F 180 zu erreichen, müssen dagegen in vielen Fällen — insbesondere in den Schubbereichen 2 und 3 nach DIN 1045 — besondere Maßnahmen getroffen werden (ausführliche Erläuterungen s. [1]).

Versagen der Druckzone

Bei auf Druck beanspruchten Stahlbetonbauteilen tritt das Versagen in der Regel durch Überschreiten der Betondruckfestigkeit ein. Der Betonquerschnitt wird in Abhängigkeit von den Abmessungen, der Betonart und den sonstigen Randbedingungen erwärmt. Dabei nimmt die Festigkeit des Betons ab, bis die kritische Betontemperatur crit T in Abhängigkeit vom Ausnutzungsgrad erreicht wird.

Die an der Druckaufnahme beteiligten Bewehrungsstäbe verlieren entsprechend den Angaben von Bild 6-7 mit ansteigender Temperatur ihre Festigkeit. Bei geringen Bewehrungsgehalten spielt die Bewehrung in der Regel eine untergeordnete Rolle. Bei hohen Bewehrungsgehalten sind beide Baustoffe — Beton und Stahl — für das Tragverhalten im Brand gleichermaßen verantwortlich. Dies ist besonders dann von Bedeutung, wenn die Bewehrung infolge einer vergrößerten Betondeckung nur langsam erwärmt wird.

In der Regel werden jedoch dem Beton die höheren Lastanteile zugewiesen. Die außen liegenden, stark erwärmten Bewehrungsstäbe sind nicht mehr in der Lage, Kräfte aufzunehmen; sie knicken infolge der Gefügezerstörung des umgebenden Betons aus [1].

Versagen durch Abplatzungen

Abplatzungen sind Betonabsprengungen infolge einer Brandbeanspruchung. Sie bewirken eine Verminderung des Querschnitts und können hierdurch zu einem verfrühten Versagen führen. Es werden folgende drei Arten von Abplatzungen unterschieden:

a) Zuschlagstoff-Abplatzungen,
b) explosionsartige Abplatzungen und
c) Abfallen von Betonschichten.

Die Ursachen bei Normalbetonen sind hinreichend bekannt, so daß es möglich ist, entsprechende Verhinderungsmaßnahmen zu ergreifen. Sie wurden u. a. bei der Aufstellung von DIN 4102 Teil 4 berücksichtigt — s. Abschnitt 6.5.2.2 und [1].

Versagen durch Überschreiten der zulässigen Temperaturerhöhung auf der dem Feuer abgekehrten Seite

Im Sinne von DIN 4102 liegt bei raumabschließenden Bauteilen wie Decken und Wänden auch dann bereits ein Versagen vor, wenn die nach Norm zulässigen Temperaturerhöhungen von 140 K im Mittel und 180 K maximal auf der dem Feuer abgekehrten Seite überschritten werden. Wann und unter welchen Randbedingungen die Grenzwerte überschritten werden, kann z. B. aus Bild 6-5 abgeleitet werden. Dabei sind jedoch Wärmebrücken z. B. an Fugen, Anschlüssen und Befestigungsmitteln zu beachten [1].

6.5.2.2 Klassifizierte Bauteile nach DIN 4102 Teil 4

Bemessungsgrundlagen

Die wichtigste Grundlage zur Bemessung statisch bestimmt aufgelagerter Stahlbeton- und Spannbetonbauteile ist die in DIN 4102 Teil 4 definierte und in [1] erläuterte kritische Stahltemperatur der Bewehrung crit T. Sie beträgt bei Stahlbetonbauteilen crit $T = 500\,°C$ und ist bei Spannbetonbauteilen $350\,°C \leqq \text{crit } T \leqq 500\,°C$. Sie kann in Sonderfällen entsprechend den Angaben der Bilder 6-7 und 6-8 korrigiert werden.

Maßgebend für die Bemessung von Stahlbeton- und Spannbetonbauteilen ist neben der Einhaltung bestimmter Mindestquerschnittsabmessungen und ggf. maximaler Betondruckspannungen der Achsabstand u der Bewehrung von der beflammten Oberfläche, der mit der kritischen Temperatur crit $T = 500\,°C$ gekoppelt ist. Weicht die kritische Temperatur von $500\,°C$ ab, sind die vorgeschriebenen Mindest-u-Werte durch Δu-Werte zu korrigieren.

Bei Verwendung von Normalbeton mit überwiegend karbonathaltigem Zuschlag dürfen die vorgeschriebenen Mindest-u-Werte und in einigen Fällen auch die Mindestquerschnittsabmessungen vermindert werden. Einzelheiten hierzu sind DIN 4102 Teil 4 und [1] zu entnehmen.

Bei Anordnung von Putzen und Bekleidungen — z. B. bei Anordnung von Vorsatzschalen und Unterdecken — dürfen die vorgeschriebenen Mindest-u-Werte und in zahlreichen Fällen auch die Mindestquerschnittsabmessungen ebenfalls reduziert werden. Einzelheiten sind auch hier DIN 4102 Teil 4 und der erläuternden Literatur zu entnehmen [1, 5, 24].

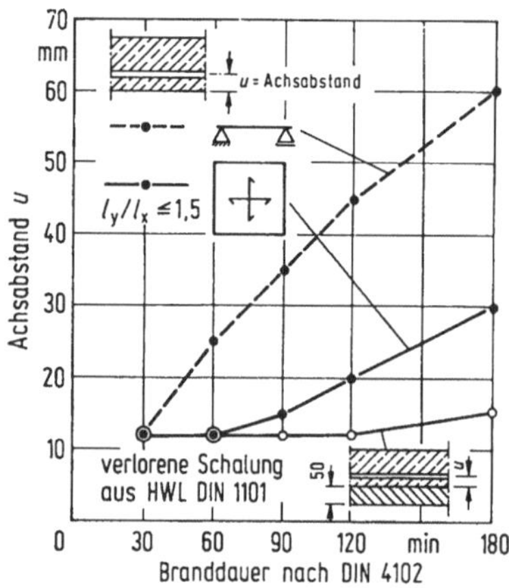

Bild 6-9. Mindestachsabstand u der Bewehrung (crit $T = 500\,°C$) von Platten aus Normalbeton für verschiedene Systeme (Beispiele).

Klassifizierte Deckenplatten (Beispiele)

Bei Deckenplatten sind Platten mit und ohne Hohlräume zu unterscheiden. Setzt man die Einhaltung bestimmter Mindestplattendicken — bei Platten mit Hohlräumen auch bestimmter Mindestdicken unter den Hohlräumen — voraus (s. DIN 4102 Teil 4 und [1]), hängt die Feuerwiderstandsdauer im wesentlichen vom statischen System und vom Achsabstand der Bewehrung ab. Bild 6-9 zeigt als Beispiel die Mindestachsabstände u der Bewehrung für einachsig und zweiachsig gespannte Platten mit einer Bewehrung von

crit $T = 500\,°C$ bei Verwendung von Normalbeton mit überwiegend quarzhaltigem Zuschlag für verschiedene Systeme:

a) Die obere Kurve zeigt die Mindestwerte für einachsig gespannte, statisch bestimmt gelagerte Platten; sie sind bei Feuerwiderstandszeiten ≥ 120 min sehr groß und erfordern bei Betondeckungen $c > 40$ mm eine zusätzliche Schutzbewehrung gegen Abfallen der Betondeckung bei längerer Brandbeanspruchung.

b) Die mittlere Kurve zeigt die Mindestwerte für zweiachsig gespannte Platten mit $l_y/l_x \leq 1,5$ unabhängig vom statischen System — d. h. unabhängig von Einspannungen und Durchlaufwirkungen. Die Flächentragwerkswirkung macht sich hier gegenüber dem einachsig gespannten Plattenstreifen günstig bemerkbar.

c) Die untere Kurve zeigt die Mindestwerte bei Verwendung einer verlorenen Schalung aus 50 mm dicken Holzwolle-Leichtbauplatten nach DIN 1101, die mit ≥ 6 Haftsicherungsankern/m² aus Stahl zusätzlich mit dem Beton verankert sind. Diese Mindestwerte gelten für alle statischen Systeme.

Weitere Angaben können DIN 4102 Teil 4 und [1] entnommen werden.

Klassifizierte Balken (Beispiele)

Im Gegensatz zu Platten werden Balken in der Regel 3- oder 4seitig vom Brand beansprucht. Die Erwärmung der Bewehrung erfolgt daher i. allg. schneller als bei Platten, weshalb statisch bestimmt gelagerte Balken zur Erzielung gleicher Feuerwiderstandsklassen größere Achsabstände u — und auch bestimmte seitliche Achsabstände u_s — aufweisen müssen. Als Parameter wird die Balkenbreite b eingeführt. Die Mindestachsabstände u der Bewehrung (crit $T = 500\,°C$) statisch bestimmt gelagerter, 3seitig beanspruchter Rechteckbalken aus Normalbeton mit $b \geq 80$ mm sind beispielhaft in Bild 6-10 im Vergleich zu Platten mit $b = \infty$ dargestellt. Bei Balken mit anderen Querschittsformen — z. B. bei I-förmigen Balken — und bei eingespannten oder durchlaufenden Balken sind andere Mindest-u-Werte maßgebend und weitere Parameter zu beachten — s. Abschnitt 6.5.2.1 sowie DIN 4102 Teil 4 und [1].

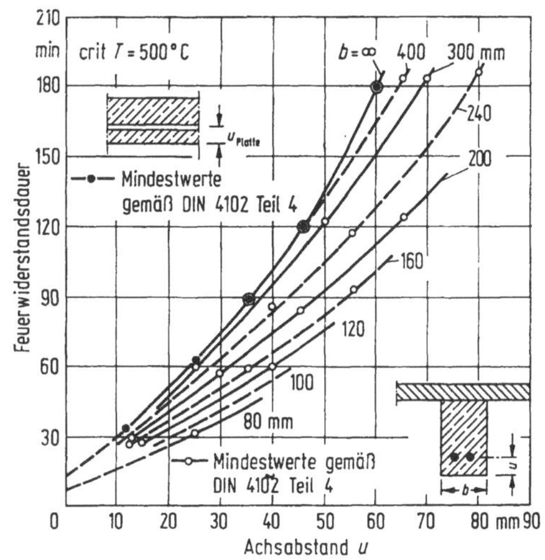

Bild 6-10. Mindestachsabstände u statisch bestimmt gelagerter Balken in Abhängigkeit von der Balkenbreite b im Vergleich zu statisch bestimmt gelagerten Platten ($b = \infty$) für die Feuerwiderstandsklassen F 30 bis F 180.

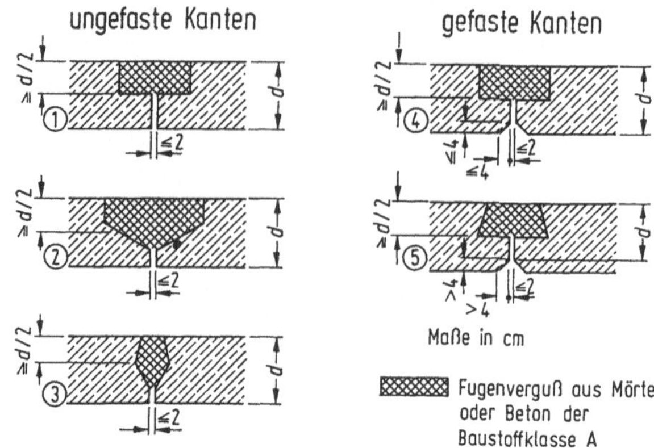

Bild 6-11. Geschlossene Fugen zwischen Fertigteilplatten (Schema).

Klassifizierte Fertigteile (Beispiele)

Für Deckenplatten und Balken aus Fertigteilen gelten die vorstehenden Angaben sinngemäß.

Fugen zwischen Fertigteilplatten sind entsprechend den Angaben von Bild 6-11 mit Mörtel oder Beton der Baustoffklasse A zu schließen.

Gefaste Kanten dürfen unberücksichtigt bleiben, wenn die Fasung $\leqq 4$ cm bleibt. Bei Fasungen > 4 cm ist die Mindestdicke d auf den Endpunkt der Fasung zu beziehen, s. DIN 4102 Teil 4.

Fugen zwischen Fertigteilplatten dürfen bis zu einer Breite von 3 cm auch offen bleiben, wenn auf der Plattenoberseite ein im Fugenbereich bewehrter Estrich oder Beton jeweils aus Baustoffen der Klasse A entsprechend den Angaben von DIN 4102 Teil 4 angeordnet wird. Fugen zwischen Balken oder Rippen sind entsprechend den Angaben von Bild 6-12 mit Mörtel oder Beton der Baustoffklasse A zu schließen.

Werden die Fugen wie vorstehend beschrieben ausgeführt, dürfen die in den in DIN 4102 Teil 4 angegebenen Mindestbalken- bzw. Mindestrippenbreiten auf zwei aneinander

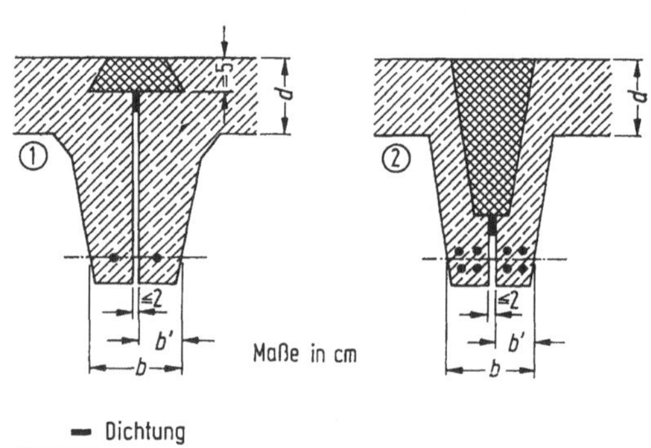

Bild 6-12. Fugen zwischen Balken oder Rippen von Fertigteilen (Schema).

grenzende Fertigteile bezogen werden. Die Breite einer einzelnen Rippe b' — s. Bild 6-12 — darf nicht schmaler als $(b/2)$ — 10 mm werden.

Bei Sollfugenbreiten $> 2,0$ cm ist b auf die Einzelbalken bzw. -rippen (Randträger) eines Fertigteils zu beziehen. Wegen weiterer Fugendetails s. [1].

Klassifizierte Stützen (Beispiele)

Das Brandverhalten von Stützen ist komplexer Natur. Die zahlreichen Parameter (Randbedingungen), die die Feuerwiderstandsdauer einer Stahlbetonstütze beeinflussen, sind in Bild 6-13 schematisch dargestellt [1].

In DIN 4102 Teil 4 sind zum Nachweis der Feuerwiderstandsklassen nur noch die Parameter Querschnittsdicke und Achsabstand u der Längsbewehrung zu berücksichtigen, wobei zwischen 1-seitiger und 4-seitiger Brandbeanspruchung unterschieden wird, vgl. Tabelle 6-11. Im Anhang zur Norm wird für Sonderfälle noch der Parameter ,,Auslastungsgrad" behandelt. Die Vereinfachungen der Norm ermöglichen eine schnelle und unkomplizierte Zuordnung zu einer Feuerwiderstandsklasse — sie bewirken aber auch, daß in einigen Fällen Reserven an Feuerwiderstandsdauer nicht ausgenutzt werden. Für Nachweise im Einzelfall ist [1] heranzuziehen.

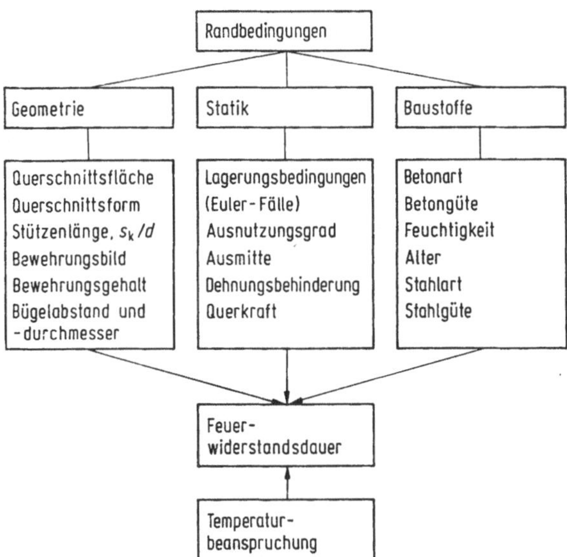

Bild 6-13. Schematische Übersicht über die wichtigsten Einflüsse auf die Feuerwiderstandsdauer von Stahlbetonstützen.

Klassifizierte Wände

Für Wände gelten die in Bild 6-13 zusammengestellten Parameter sinngemäß. Außerdem muß bei Wänden zwischen raumabschließenden und nichtraumabschließenden sowie zwischen tragenden und nichttragenden Wänden unterschieden werden. Ferner ist zu unterscheiden, ob es sich um ,,normale" Wände — beurteilt mit F-Klassen nach DIN 4102

Tabelle 6-11. Mindestdicke und Mindestachsabstand von Stahlbetonstützen aus Normalbeton

Zeile	Konstruktionsmerkmale	Feuerwiderstandsklasse-Benennung				
		F 30-A	F 60-A	F 90-A	F 120-A	F 180-A
1	Mindestquerschnittsabmessungen					
1.1	unbekleideter Stützen bei mehrseitiger Brandbeanspruchung					
1.1.1	Mindestdicke d in mm	150	200	240	300	400
1.1.2	Zugehöriger Mindestachsabstand u in mm[a] oder alternativ	18	30	45	55	70
1.1.3	Mindestdicke d in mm	150	240	300	400	500
1.1.4	Zugehöriger Mindestachsabstand u in mm[a]	18	25	35	45	60
1.2	unbekleideter Stützen bei einseitiger Brandbeanspruchung					
1.2.1	Mindestdicke d in mm	100	120	140	160	200
1.2.2	Zugehöriger Mindestachsabstand u in mm	18	25	35	45	60
2	Mindestquerschnittsabmessungen von Stützen mit einer Putzbekleidung nach DIN 4102 Teil 4 (3/1981), Abschnitt 3.14.2.4					
2.1	Mindestdicke d in mm	140	140	160	220	320
2.2	Mindestachsabstand u in mm	18	18	18	18	30

[a] Zwischen den u-Werten der Zeilen 1.1.2 und 1.1.4 darf in Abhängigkeit von der Mindestdicke d geradlinig interpoliert werden.

Teil 2 (vgl. Abschnitt 6.2.3) — oder um nichttragende Außenwände einschließlich Brüstungen und Schürzen — beurteilt mit W-Klassen nach DIN 4102 Teil 3 (vgl. Abschnitt 6.2.4) — handelt. Schließlich müssen noch die Unterschiede zu Brand- und Komplextrennwänden beachtet werden (vgl. Abschnitt 6.2.4).

[1]) Die Angaben gelten sowohl für tragende, raumabschließende als auch unter Berücksichtigung des Geltungsbereichs für tragende, nichtraumabschließende Wände.

[2]) Bei Betonfeuchtigkeitsgehalten > 4 Gew.-% (siehe Anhang B.7) sowie bei Wänden mit sehr dichter Bewehrung (Stababstände < 100 mm) muß die Mindestdicke wenigstens 120 mm betragen.

[3]) Wegen der σ- und β_R-Werte entsprechend DIN 1045, Ausgabe Dezember 1978, Abschnitt 17.2 siehe Tabelle 38.

*) Alle Hinweise innerhalb Tabelle 6-12 beziehen sich auf DIN 4102 Teil, Ausg. März 1981.

Tabelle 6-12. Tragende[1]) und nichttragende Beton- und Stahlbetonwände aus Normalbeton*)

Zeile	Konstruktionsmerkmale	Feuerwiderstandsklasse-Benennung				
		F 30-A	F 60-A	F 90-A	F 120-A	F 180-A
1	*Unbekleidete Wände*	entsprechend DIN 1045				
1.1	Zulässige *Schlankheit* = Geschoßhöhe/ Wanddicke = h_s/d bei					
1.1.1	*nichttragenden* Wänden					
1.1.2	*tragenden* Wänden	25				
1.2	Mindestwanddicke d in mm bei					
1.2.1	*nichttragenden* Wänden	80[2])	80[2])	100[2])	120	150
1.2.2	*tragenden* Wänden bei einer maximalen Druckrandspannung					
1.2.2.1	$\sigma \leqq 0{,}5\beta_R/2{,}1$[3])	120	120	140	160	200
1.2.2.2	$\sigma \leqq 1{,}0\beta_R/2{,}1$[3])	120	140	170	220	300
1.3	Mindestachsabstand u in mm der Längsbewehrung bei	entsprechend DIN 1045				
1.3.1	*nichttragenden* Wänden					
1.3.2	*tragenden* Wänden bei einer maximalen Druckrandspannung					
1.3.2.1	$\sigma \leqq 0{,}5\beta_R/2{,}1$[3])	12	15	25	35	55
1.3.2.2	$\sigma \leqq 1{,}0\beta_R/2{,}1$[3])	12	25	35	45	65
1.4	Mindestachsabstände u und u_s in mm *über Öffnungen* mit					
1.4.1	einer lichten Weite $\leqq$ 2,0 m	12	15	25	35	55
1.4.2	einer lichten Weite $>$ 2,0 m	12	25	35	45	65
2	Wände mit *beidseitiger Putzbekleidung* nach den Abschnitten 3.1.5.1 bis 3.1.5.5	entsprechend DIN 1045				
2.1	Zulässige Schlankheit — Geschoßhöhe/Wanddicke — h_s/d bei					
2.1.1	nichttragenden Wänden					
2.1.2	tragenden Wänden	25				
2.2	Wanddicke d entsprechend Zeile 1.2; Abminderungen nach Tabelle 2 sind möglich; Mindestwanddicke d in mm jedoch bei					
2.2.1	nichttragenden Wänden	60				
2.2.2	tragenden Wänden	80				
2.3	Achsabstände u der Längsbewehrung sowie Achsabstände u und u_s über Öffnungen entsprechend den Angaben der Zeilen 1.3 und 1.4; Abminderungen nach Tabelle 2 sind möglich; u und u_s jedoch nicht kleiner als 12 mm					

Fußnoten siehe Seite 242

Tabelle 6-13. Mindestdicke und Mindestbreite von tragenden[1]) und nichttragenden Wänden sowie von tragenden Pfeilern aus Mauerwerk und Wandbauplatten

Die ( )-Werte gelten für Wände mit beidseitigem Putz nach Abschnitt 4.4.2.5, der bei Verwendung der Mörtelgruppen P II und P IVc eine Dicke $d_1 \geqq 15$ mm und bei Verwendung der Mörtelgruppen P IVa und PVIb eine Dicke $d_1 \geqq 10$ mm besitzen muß*)

Zeile	Konstruktionsmerkmale	Feuerwiderstandsklasse-Benennung				
		F 30-A	F 60-A	F 90-A	F 120-A	F 180-A
1	Mindestdicke d in mm *nichttragender Wände* aus					
1.1	Gasbeton-Blocksteinen oder -Bauplatten nach DIN 4165 und DIN 4166 sowie Hohlblock- oder Vollsteinen bzw. Wandbauplatten aus Leichtbeton nach DIN 18151, DIN 18152, DIN 18153 und DIN 18162	75 (75)	75 (75)	100 (100)	125 (100)	150 (125)
1.2	Mauerziegeln nach DIN 105 (Langlochziegel ausgenommen), Kalksandsteinen nach DIN 106 Teil 1 und Teil 2 und Hüttensteinen nach DIN 398	115 (71)	115 (71)	115 (115)	140 (115)	175 (140)
1.3	Langlochziegeln nach DIN 105	115 (71)	115 (71)	140 (115)	175 (140)	190 (175)
1.4	Geschoßhohen Ziegelfertigbauteilen nach DIN 1053 Teil 4	115 (115)	115 (115)	115 (115)	165 (150)	165 (150)
1.5	Wandbauplatten aus Gips nach DIN 18163 Teil 1 mit Rohdichten $\geqq 0,6$ kg/dm³	60	80	80	80	100
2	Mindestdicke d in mm *tragender*[1]) *Wände* aus					
2.1	Gasbeton-Blocksteinen nach DIN 4165 und Hohlblock- oder Vollsteinen aus Leichtbeton nach DIN 18151, DIN 18152 und DIN 18153 bei einer maximalen Druckspannung von					
2.1.1	$\sigma \leqq 0,3$ N/mm²	115 (115)	150 (115)	150 (115)	150 (115)	175 (125)
2.1.2	$\sigma \leqq 1,0$ N/mm²	150 (115)	175 (150)	200 (175)	240 (200)	240 (200)
2.1.3	$\sigma \leqq 1,6$ N/mm²	175 (150)	200 (175)	240 (175)	300 (200)	300 (240)

Tabelle 6-13. (Fortsetzung)

Zeile	Konstruktions-merkmale	Feuerwiderstandsklasse-Benennung				
		F 30-A	F 60-A	F 90-A	F 120-A	F 180-A
2.2	Mauerziegeln nach DIN 105, Kalk-sandsteinen nach DIN 106 Teil 1 und Teil 2 und Hüttensteinen nach DIN 398 bei einer maximalen Druck-spannung					
2.2.1	$\sigma \leqq 0{,}3$ N/mm²	115 (115)	115 (115)	115[2] (115)	140[2] (115)[2]	175[2] (140)[2]
2.2.2	$\sigma \leqq 1{,}4$ N/mm²	115 (115)	115 (115)	140 (115)	175 (140)	190 (175)
2.2.3	$\sigma \leqq 3{,}0$ N/mm²	115 (115)	140 (115)	140 (115)	190 (175)	240 (190)
2.3	Geschoßhohen Ziegelfertigbauteilen nach DIN 1053 Teil 4	115 (115)	165 (115)	165 (165)	190 (165)	240 (190)
3	Mindestquerschnittsabmessungen d/b in mm/mm tragender *Pfeiler* bei einer maximalen Druckspannung					
3.1	$\sigma \leqq 1{,}4$ N/mm²	240/240	240/300	240/365	300/365	365/365
3.2	$\sigma \leqq 3{,}0$ N/mm²	240/240	300/365	365/365	365/365	365/365

[1]) Die Angaben gelten sowohl für tragende, raumabschließende als auch für tragende, nichtraumabschließende Wände.

[2]) Bei Verwendung von Langlochziegeln sind die Werte von Zeile 1.3 maßgebend.

*) Alle Hinweise innerhalb der Tabelle 6-13 beziehen sich auf DIN 4102 Teil 4, Ausg. März 1981.

Aussteifende Wände sind scheibenartige Bauteile zur Knickaussteifung tragender Wände; sie sind hinsichtlich des Brandschutzes wie tragende Wände zu bemessen.

Um für die Praxis brauchbare Bemessungsregeln zu erhalten, mußte eine Reihe von Vereinfachungen durchgeführt werden. In DIN 4102 Teil 4 sind zum Nachweis der Feuerwiderstandsklassen — ähnlich wie bei Stützen — nur noch wenige Parameter zu berücksichtigen. Die wichtigsten sind: Wand-Dicke, -Schlankheit und -Lastspannung sowie Achsabstand der Bewehrung von der Oberfläche. Einzelheiten sind Tabelle 6-12, DIN 4102 Teil 4 sowie [1] zu entnehmen.

6.5.3 Brandverhalten von Mauerwerk und leichten Trennwänden

Mauerwerk aus Ziegeln, Kalksandsteinen, Betonbausteinen u. ä. erreicht in Abhängigkeit von Wand-Dicke und -Spannung i. allg. die Feuerwiderstandsklassen F 30 bis F 180 sowie die Klassifizierungen einer Brandwand oder Komplextrennwand. In DIN 4102

Teil 4 werden für die Ausführungsarten nach DIN 1053 Teil 1 und Teil 4 Mindestdicken und maximal zulässige Spannungen angegeben (s. auch Tabelle 6-13). Ausführliche Erläuterungen sind in [1] und [25] enthalten; wegen Brand- und Komplextrennwänden s. [6], wegen leichter Trennwände aus Gipskarton- oder Gipsfaserplatten siehe [5] und [27]. Die Angaben von Tabelle 6-13 enthalten u. a. nur Mindestabmessungen von Mauerwerk aus Ziegeln nach DIN 105 Teil 1; Mindestabmessungen für die Verwendung von Leichthochlochziegeln nach DIN 105 Teil 2 werden z. Z. noch erarbeitet. Mindestabmessungen für Mauerwerk nach DIN 1053 Teil 2 können z. B. [30] entnommen werden.

6.5.4 Brandverhalten von Stahlbauteilen

6.5.4.1 Kritische Stahltemperatur

Stahlbauteile versagen — ähnlich wie statisch bestimmt aufgelagerte biegebeanspruchte Stahlbetonbauteile —, wenn der Stahl seine kritische Temperatur erreicht hat — d. h. sobald die Streckgrenze auf die im Bauteil vorhandene Stahlspannung absinkt. Die kritische Temperatur crit T von Baustahl St 37 und St 52 wurde entsprechend den Angaben von DIN 4102 Teil 4 mit 500 °C festgelegt. Dieser konstante Wert bezieht sich auf die nach DIN 1050 bzw. DIN 18800 Teil 1 zulässigen Spannungen jeweils Lastfall H für St 37

a) zul $\sigma = 140$ N/mm² für Druck bzw. Biegedruck und
b) zul $\sigma = 160$ N/mm² für Zug bzw. Biegezug sowie

für St 52

c) zul $\sigma = 210$ N/mm² für Druck bzw. Biegedruck und
d) zul $\sigma = 240$ N/mm² für Zug bzw. Biegezug.

Die in DIN 4102 Teil 4 angegebenen Bedingungen gelten vereinbarungsgemäß auch dann, wenn beim Lastfall HZ höhere Spannungen vorliegen.

Sofern bei der Bemessung nach DIN 1050 bzw. DIN 18800 Teil 1 z. B. aus Brandschutzgründen geringere als die zulässigen Spannungen gewählt werden, darf crit T in Abhängigkeit vom Ausnutzungsgrad der Stähle

$$\frac{\beta_S(T)}{\beta_S(20\,°C) \cdot f \cdot \varkappa} \tag{6-1}$$

nach der Kurve in Bild 6-14 bestimmt werden (*Fall 1*). Im Verhältniswert (6-1) sind:

$\beta_S(T)$ temperaturabhängige Streckgrenze des Stahls zum Versagenszeitpunkt; sie ist identisch mit der Stahlgebrauchsspannung.
$\beta_S(20\,°C)$ Streckgrenze des Stahles bei 20 °C Raumtemperatur.
f Formfaktor nach Tabelle 6-14.
$\varkappa$ Beiwert für das statische System, der bei Bemessung nach DIN 4102 Teil 4 mit $\varkappa = 1$ anzusetzen ist.

Der Verhältniswert (6-1) ist auch dann anzuwenden, wenn die Bemessung von Trägern nach den vereinfachten Gleichungen entsprechend DIN 1050, Ausgabe Juli 1968, Abschnitt 5.3.3, bzw. nach DIN 18801 erfolgt.

Bei Stahlbauteilen, die nach dem Traglastverfahren nach St-Ri 008 bemessen werden, gelten die vorstehenden Angaben ebenfalls, wenn man anstelle des Quotienten (6-1) den Verhältniswert

$$\frac{P}{P_{\mathrm{pl}}} \tag{6-2}$$

verwendet (*Fall 2*). Dabei sind

P die Gebrauchslast und

P_{pl} die plastische Grenzlast.

Bei der Ermittlung der kritischen Temperatur nach den vorstehenden Fällen 1 und 2 darf die erforderliche Mindestbekleidungsdicke von Putzbekleidungen in bestimmten Fällen abgemindert werden, vgl. DIN 4102 Teil 4.

Bei druckbeanspruchten Stahlbauteilen — z. B. Stützen — kann crit T auf etwa 300°C absinken, wenn die Traglast nach DIN 18800 Teil 2 bemessen wird. Details zu crit T in Abhängigkeit der Parameter Lagerung entsprechend den Euler-Fällen 1 bis 4, Knickrichtung, Lastausnutzung, Ausmitte usw. können [28] entnommen werden.

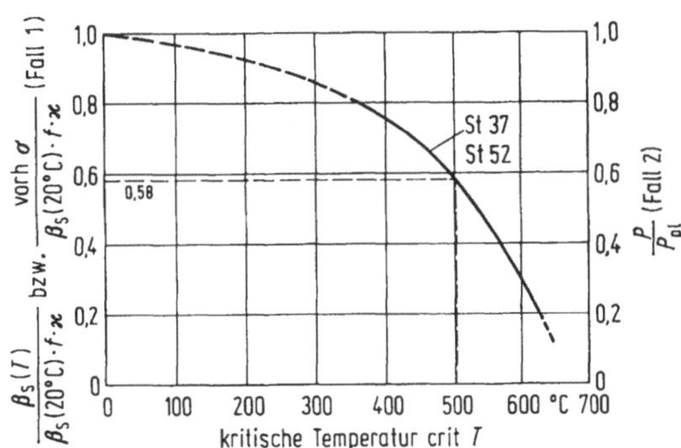

Bild 6-14. Abfall der Verhältniswerte (1) und (2) von Baustählen in Abhängigkeit von der Temperatur.

Tabelle 6-14

Profil	I	□	□	◯	▨	◉
		1:1	1:2			
f	1,14[1]	1,18	1,26	1,27	1,50	1,70

[1]Genauere Werte in Abhängigkeit von der Profilhöhe können der Richtlinie 008 des Deutschen Ausschusses für Stahlbau (DASt-Ri 008), Tabelle 3, entnommen werden.

6.5.4.2 Klassifizierte Stahlbauteile nach DIN 4102 Teil 4

Um zu erreichen, daß sich Stahlbauteile bei Brandbeanspruchung nur auf eine Stahltemperatur < 500°C (bzw. < 300°C) erwärmen, ist im allgemeinen die Anordnung einer Bekleidung erforderlich. Ihre Bemessung richtet sich nach dem Verhältniswert U/A in m^{-1} — d. h. nach dem Verhältnis von beflammtem Umfang zu der zu erwärmenden Querschnittsfläche. Bei *vierseitiger* Beflammung und *profilfolgender* Bekleidung ist

$$U/A = \frac{\text{Abwicklung}}{A}, \tag{6-3}$$

wenn A die Querschnittsfläche des Profils ist. Bei *vierseitiger* Beflammung und *kastenförmiger* Bekleidung ist

$$U/A = \frac{2h + 2b}{A}, \tag{6-4}$$

wenn h und b die Querschnittshöhe und -breite, z. B. von I-Profilen, darstellen. Bei *dreiseitiger* Beflammung und *profilfolgender* Bekleidung ergibt sich

$$U/A = \frac{\text{Abwicklung} - b}{A}, \tag{6-5}$$

wobei b und A die schon erläuterten Kennwerte darstellen.

Im allgemeinen wird der dem Feuer zugekehrte Flansch bzw. das dem Feuer zugekehrte Profilteil am schnellsten erhitzt. Ein Versagen des gesamten Profils erfolgt im allgemeinen aufgrund der Erhitzung eines solchen Profilteils. Für das sich am schnellsten erhitzende Profilteil ist ein modifizierter U/A-Wert zu berechnen:

$$(U/A)_{\text{mod}} = \frac{200}{t}, \tag{6-6}$$

ist die Dicke des in Frage stehenden Profilteils in cm. Für die Ermittlung der Mindestbekleidungsdicke ist der sich aus den Gleichungen (6-5) und (6-6) ergebende größere U/A-Wert zu verwenden.

Bei *dreiseitiger* Beflammung und *kastenförmiger* Bekleidung ist

$$U/A = \frac{2h + b}{A}. \tag{6-7}$$

Bei *einseitiger* Beflammung — dieser Fall liegt praktisch bei eingemauerten oder einbetonierten I-Trägern vor, bei denen nur die Flanschaußenflächen erwärmt werden — ist

$$U/A = \frac{100}{t}, \tag{6-8}$$

wenn t auch hier die Dicke des in Frage stehenden Profilteils (Flansches) in cm ist. Beispiele für U/A-Berechnungen sind in DIN 4102 Teil 4 enthalten.

Als Bekleidungen von Stahlbauteilen kommen zur Anwendung:

a) Bekleidungen aus Beton, Mauerwerk oder Platten [1],
b) Putzbekleidungen mit und ohne Putzträger wie z. B. Drahtgewebe [5, 24],
c) Plattenbekleidungen — z. B. aus Gipskartonplatten entsprechend DIN 4102 Teil 4,
d) Dämmschichtbildende Beschichtungen [5] sowie
e) Unterdecken u. a. aus:

— Drahtputzdecken nach DIN 4121,
— Holzwolle-Leichtbauplatten nach DIN 1101 mit und ohne Putz,
— Gipskarton-Putzträgerplatten nach DIN 18180 mit Putz,
— Gipskartonplatten nach DIN 18180 und
— Deckenplatten aus Gips nach DIN 18169.

Einzelheiten zu den vorstehend genannten Bekleidungsarten können DIN 4102 Teil 4 entnommen werden. Darüber hinaus gibt es zahlreiche firmengebundene Bekleidungen, deren Feuerwiderstand in Prüfzeugnissen beschrieben wird [5, 27].

6.5.5 Brandverhalten von Holzbauteilen

6.5.5.1 Entzündung, Heizwert, Abbrandgeschwindigkeit

Holz und die daraus hergestellten Holzwerkstoffe bestehen im wesentlichen aus Zellulose und Lignin, die ihrerseits aus Kohlenstoff, Wasserstoff und Sauerstoff aufgebaut sind. An nichtbrennbaren Bestandteilen sind der Feuchtigkeitsgehalt (Wassergehalt) und der Aschegehalt des Holzes zu nennen.

Ein hoher Feuchtigkeitsgehalt kann die Entflammbarkeit von Holz fühlbar herabsetzen; dies geht jedoch mit dem Austrocknen verloren. Holz mit einem Feuchtegehalt von $\leq$ 20% erhält hierdurch keine baupraktisch wertbare Schutzwirkung.

Bei der Erwärmung von Holz und Holzwerkstoffen setzt eine chemische Zersetzung der Holzsubstanz unter Bildung von Holzkohle und brennbaren Gasen ein. Spontane Entzündung kleiner Holzproben tritt im Temperaturbereich von $\geq$ rd. 350 °C ein. Eine Entzündung des Holzes ist jedoch auch schon bei wesentlich niedrigeren Temperaturen möglich, vorausgesetzt, daß eine genügend lange Erwärmung erfolgt. Versuche haben gezeigt, daß im baupraktischen Bereich bei lang anhaltender Erwärmung eine Entzündung auch schon bei $\geq$ 120 °C möglich ist [27].

Die „Entzündungstemperatur" ist nicht nur vom Wassergehalt und der Erwärmungsdauer, sondern sekundär auch von der Rohdichte des Holzes abhängig. Der Zündverzug steigt mit zunehmender Rohdichte. Der Heizwert von Holz und Holzwerkstoffen schwankt ebenfalls in Abhängigkeit von Rohdichte und Wassergehalt.

Für Bauhölzer und Spanplatten mit üblichem Feuchtigkeitsgehalt kann entsprechend dem Beiblatt 1 zu DIN 18230 als Heizwert H_u = 4,8 kWh/kg angegeben werden.

Nach der Entzündung — d. h. oberhalb von rd. 300 °C — verläuft der Verbrennungsvorgang exotherm, d. h. unter Energieabgabe; die Reaktionsgeschwindigkeit steigert sich ständig, auch ohne weitere äußere Energiezufuhr. Beim Verbrennungsvorgang bilden sich Gase mit steigendem Gehalt an Kohlenwasserstoffen. Der höchste Anteil brennbarer Kohlenwasserstoffe wird bei Temperaturen um 400 °C gebildet.

Die Abbrandgeschwindigkeit wird nicht nur vom Feuchtigkeitsgehalt, der Rohdichte und der Temperaturbeanspruchung, sondern auch vom Verhältnis Oberfläche/Volumen, von zusätzlichen Verformungen und von den Belüftungsbedingungen (Sauerstoffangebot) beeinflußt. Im folgenden wird die Abbrandgeschwindigkeit für Holz und Holzwerkstoffe bei bauüblichen Feuchtigkeitsgehalten unter der in DIN 4102 Teil 2 angegebenen Temperaturbeanspruchung behandelt. Die im folgenden angegebenen Werte gelten für „ungestörte", d. h. für weitgehend homogene Querschnitte. An Rissen, Spalten, Fugen, Ästen usw. können je nach Belüftungsbedingungen ggf. andere — meist ungünstigere — Werte maßgebend werden. Um auch diese Bereiche zu erfassen und unter dem Gesichtspunkt der Sicherheit abzudecken, muß die Wahl der Rechenwerte für die Abbrandgeschwindigkeit und die Wahl der für eine bestimmte Feuerwiderstandsdauer notwendigen Querschnittsabmessungen erfolgen.

Trägt man die bei brandbeanspruchten Balken gemessenen Abbrandtiefen in Abhängigkeit von der Branddauer in ein Diagramm ein und unterscheidet zwischen Meßstellen an den Seitenflächen und Unterseiten, dann ergeben sich nach Bild 6-15 zwei Streubereiche: Der untere Streubereich zeigt Werte, die in den Grenzen von 0,6 und 0,8 mm/min liegen; der obere Streubereich zeigt dagegen ungünstigere Werte. In der Biegezugzone erfolgt ein schnellerer Abbrand, der auf die zunehmende Durchbiegung und das damit vorhandene stärkere Ablösen von Kohleschichten während der Brand- und Biegebeanspruchung zurückzuführen ist.

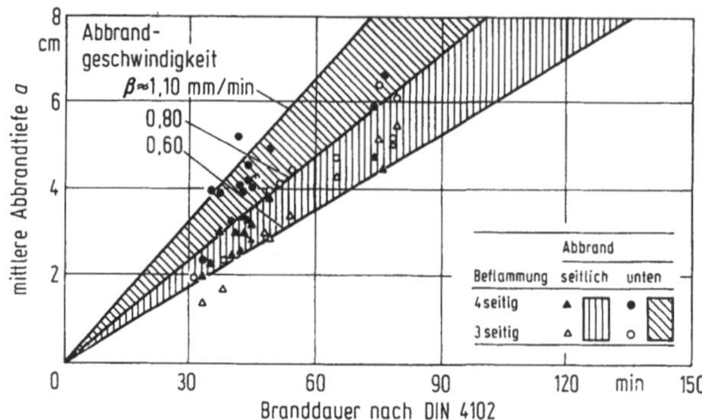

Bild 6-15. Mittlere Abbrandtiefen von Holzbalken mit Rechteckquerschnitt aus Nadelholz der Güteklasse II bei Biegespannungen von 10 bis 11 N/mm² in Abhängigkeit von der Branddauer nach DIN 4102.

Tabelle 6-15. Rechenwerte der Abbrandgeschwindigkeit für Nadelholz bei Brandbeanspruchung nach DIN 4102 Teil 2

Bauteil		Rechenwert für die Abbrandgeschwindigkeit mm/min
Stützen		0,7
Balken	Seite und Oberseite	0,8
	Unterseite	1,1
Decken- oder Dachschalungen	Unterseite	1,1

Aufgrund dieser Meßergebnisse und aufgrund sonst vorliegender Versuchserfahrungen [27] können für die Abbrandgeschwindigkeit von Nadelholz ($400 \text{ kg/m}^3 \leq \varrho \leq 600 \text{ kg/m}^3$) die in Tabelle 6-15 zusammengestellten Rechenwerte verwendet werden. Für Hölzer mit einer Rohdichte $> 600 \text{ kg/m}^3$ können näherungsweise 60% der angegebenen Werte verwendet werden.

Spanplatten nach DIN 68763 sowie auch andere Holzwerkstoffe besitzen ähnliche Abbrandgeschwindigkeiten wie Nadelholz, vgl. Bild 6-16. Als Rechenwerte für die Abschätzung der Abbrandtiefe, Plattendicke oder Durchbrandzeit können jeweils die oberen Grenzkurven verwendet werden; sie waren u. a. auch Grundlage für die Ermittlung der Feuerwiderstandsdauer von Holzkonstruktionen in DIN 4102 Teil 4.

Die in Bild 6-16 wiedergegebenen Kurven gelten für Spanplatten ohne Verformungseinfluß — d. h. ohne Biegeverformung. Sie können auch noch für die Beurteilung des Abbrandverhaltens von horizontal an der Unterseite von Deckentafeln eingebauten Holzwerkstoffplatten verwendet werden, die weitgehend nur durch ihr Eigengewicht auf Biegung beansprucht werden und nur eine geringe Biegeverformung erfahren. Bei

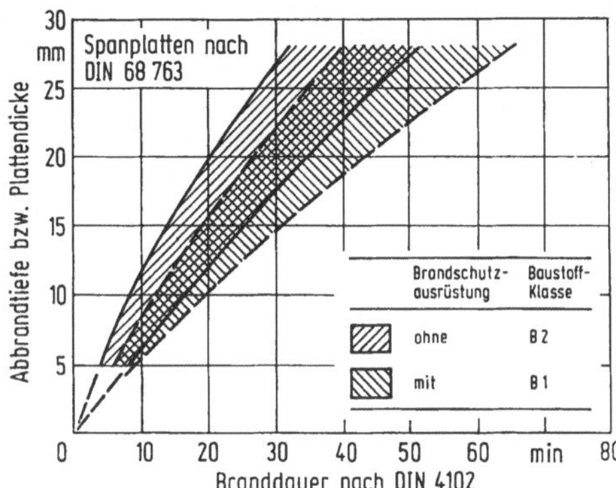

Bild 6-16. Abbrand (Durchbrand) von Spanplatten mit und ohne Brandschutzausrüstung bei Brandbeanspruchung nach DIN 4102 Teil 2 (ETK).

belasteten Holzwerkstoffplatten, z. B. auf der Deckenoberseite eingebaute Platten, die eine Verkehrslast (Flächenbelastung, Schneelast oder Einzellast) tragen müssen, sind die Abbrandverhältnisse an der biegeverformten Unterseite dagegen ungünstiger. In derartigen Fällen muß je nach Belastung mit einer bis zu 25% vergrößerten Abbrandtiefe gerechnet werden.

6.5.5.2 Klassifizierte Bauteile nach DIN 4102 Teil 4

Aufgrund der im vorstehenden Abschnitt angegebenen Abbrandgeschwindigkeiten und zahlreicher Prüferfahrungen [27] kann die Feuerwiderstandsdauer von Holzbauteilen abgeschätzt werden. DIN 4102 Teil 4 enthält Angaben zur Bemessung von Wänden,

Tabelle 6-16. Mindestbreite und Mindesthöhe unbekleideter Balken aus Brettschichtholz

Zeile	Brandbeanspruchung	Biegespannung σ	Mindestbalkenbreite b in mm Feuerwiderstandsklasse-Benennung							
			F 30-B				F 60-B			
			Seitenverhältnis $h/b \geqq$							
		N/mm²	1	2	4	6	1	2	4	6
1	3 seitig	$\geqq 14$	180	140	130	120	360	280	260	220
2		$= 11$	140	110	105	100	280	220	210	190
3		$= 7$	100	90	85	80	200	170	165	160
4		$\leqq 3$	80	80	80	80	150	140	140	140
5	4 seitig	$\geqq 14$	240	150	135	120	480	300	270	230
6		$= 11$	200	120	110	100	400	240	220	200
7		$= 7$	150	90	90	90	300	180	175	170
8		$\leqq 3$	110	80	80	80	220	160	150	140

Tabelle 6-17. Mindestdicke unbekleideter Stützen aus Brettschichtholz F 30-B

Spalte	1	2	3	4	5	6	7	8	9	10
Zeile	Querschnitt und Seitenverhältnis	Knickspannung $\sigma_{D\parallel} = \dfrac{\omega \cdot N}{b \cdot d}$ N/mm^2	Mindestdicke d in mm bei Lagerung entsprechend Euler-Fall 1 und 2 (s_k=1,0s bzw. s_K=2,0s)				Euler-Fall 3 und 4 (s_k=0,7s bzw. s_K=0,5s) bei einer Stablänge s in m $\leqq$			
			2,0	3,0	5,0	7,0	2,0	3,0	5,0	7,0
1		$\geqq$ 11	160	168	184	200	150	154	162	170
2	$b=d$	$=$ 8,5	145	151	163	175	140	143	149	155
3	d	$\leqq$ 5	120	124	132	140	120	122	126	130
4		$\geqq$ 11	140	148	164	180	140	144	152	160
5	$b \geqq 2d$	$=$ 8,5	130	136	148	160	130	133	139	145
6		$\leqq$ 5	120	122	126	130	115	116	118	120

Decken, Balken, Stützen, Zuggliedern und Verbindungen. Tabelle 6-16 zeigt beispielhaft die wichtigsten Randbedingungen für die Bemessung unbekleideter Balken aus Brettschichtholz der Feuerwiderstandsklassen F 30 und F 60 (Benennung F 30-B bzw. F 60-B); Tabelle 6-17 enthält beispielhaft die wichtigsten Angaben für die Bemessung unbekleideter Stützen aus Brettschichtholz für Rechteckquerschnitte mit F 30 (Benennung F 30-B). Weitere Angaben sind DIN 4102 Teil 4 und [27] zu entnehmen.

Entsprechend den Angaben von Abschnitt 6.5.1 besitzt auch eine Holzkonstruktion insgesamt nur dann eine bestimmte Feuerwiderstandsdauer, wenn alle dazugehörigen Bauteile — auch die schwächsten Glieder — mindestens den angestrebten Feuerwider-

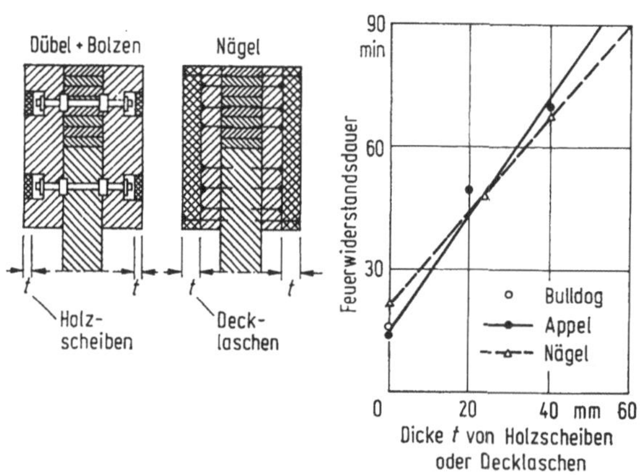

Bild 6-17. Verbesserung der Feuerwiderstandsdauer durch eingeleimte Holzscheiben oder aufgenagelte Decklaschen.

stand besitzen. Die Bemessung von Verbindungen muß daher genauso sorgfältig vorgenommen werden wie die Auswahl der angrenzenden Bauteilquerschnitte. Da es sich bei Verbindungen oft um „Schwachstellen" handelt, muß bei der Ausführung sogar besonders sorgfältig vorgegangen werden. Ungeschützte Verbindungen besitzen je nach Art, Ausführung und Beanspruchung in der Regel nur eine Feuerwiderstandsdauer zwischen 15 und maximal 25 Minuten.

Die bei umfangreichen Prüfungen gesammelten Erfahrungen [27] zeigen, daß es z. B. durch die Anordnung von Bekleidungen relativ leicht ist, den Feuerwiderstand auf über 30 oder sogar 60 Minuten zu verlängern. Das Grundprinzip für die Verlängerung der Feuerwiderstandsdauer liegt dabei in der Anordnung der Stahl- oder Alu-Teile im Holzinneren oder in der Abdeckung dieser empfindlichen Teile durch Holz oder Holzwerkstoffe, vgl. Bild 6-17. Weitere Beispiele sind DIN 4102 Teil 4 zu entnehmen. Sie werden in [27] ausführlich kommentiert und ergänzt.

6.5.6 Brandverhalten von Sonderbauteilen

Wie bereits aus Abschnitt 6.2 hervorgeht, gibt es neben „normalen" Bauteilen noch Sonderbauteile, die u. a. nach DIN 4102 Teile 5 bis 7 und 11 beurteilt werden. Derartige Bauteile sind z. T. zulassungs- oder prüfzeichenbedürftig; hinsichtlich des Brandverhaltens, der Feuerwiderstandsklasse und der Randbedingungen wird auf die Literatur verwiesen — s. u. a. [5, 7—9].

Literatur zu 6. Baulicher Brandschutz

1 *Kordina, K.; Meyer-Ottens, C.:* Beton-Brandschutz-Handbuch. Düsseldorf: Beton-Verlag 1981

2 *Bechtold, R.; Ehlert, K. P.; Wesche, J.:* Brandversuche Lehrte. Brandversuche an einem zum Abbruch bestimmten, viergeschossigen modernen Wohnhaus in Lehrte. (Bau- und Wohnforschung; Schriftenreihe des Bundesministers für Raumordnung, Bauwesen und Städtebau Nr. 04.037). Bonn—Bad Godesberg, 1978

3 *Schubert, K.-H.; Zwingmann, R.:* Brandschutzeinrichtungen. (Brandschutz im Bauwesen, 31). Berlin: Erich Schmidt (in Vorbereitung)

4 *Becker, W.; Hertel, H.; Teichgräber, R.:* Brandverhalten von Baustoffen; DIN 4102 Teil 1 mit Erläuterungen und Prüfzeichen im Hochbau. (Brandschutz im Bauwesen, 21). Berlin: Erich Schmidt (in Vorbereitung)

5 *Meyer-Ottens, C.:* Brandverhalten von Bauteilen. Teil I: DIN 4102 Teil 2 und ergänzende Bestimmungen mit Erläuterungen und Beispielen aus DIN 4102 Teil 4. Teil II: Richtlinien und Erläuterungen für die Zulassung von Anstrichen — Dämmschichtbildnern, F- und G-Verglasungen, Spritz-

putzen auf Stahl und Beton, Fluchttunnelkonstruktionen sowie Kabel- und Rohrabschottungen. (Brandschutz im Bauwesen, 22, Teile I und II). Berlin: Erich Schmidt 1981

6 *Meyer-Ottens, C.:* Brandwände, Komplextrennwände und nichttragende Außenwände. Erläuterungen zu DIN 4102 Teil 3 und ergänzenden Bestimmungen. (Brandschutz im Bauwesen, 23). Berlin: Erich Schmidt (in Vorbereitung)

7 *Westhoff, W.:* Brandverhalten von Feuerschutzabschlüssen und Fahrschachttüren. Teil I: DIN 4102 Teil 5 mit Erläuterungen. Teil II: Zulassungen. (Brandschutz im Bauwesen, 24, Teile I und II). Berlin: Erich Schmidt (in Vorbereitung)

8 *Weise, E.; Klingelhöfer, H. G.:* Brandverhalten von raumlufttechnischen Anlagen; DIN 4102 Teil 6 und brandschutztechnische Richtlinien mit Erläuterungen. (Brandschutz im Bauwesen, 25). Berlin: Erich Schmidt (in Vorbereitung)

9 *Jagfeld, P.:* Brandverhalten von Bedachungen. DIN 4102 Teil 7 und Erläuterungen. (Brandschutz im Bauwesen, 26). Berlin: Erich Schmidt 1985

10 *Bauer, G.; Steinhoff, D.; Ulbrich, G.:* Feuerungsanlagen. (Brandschutz im Bauwesen, 30). Berlin: Erich Schmidt (in Vorbereitung)

11 *Bub, H.; u. a.:* DIN 18230 — Baulicher Brandschutz im Industriebau mit Erläuterungen. (Brandschutz im Bauwesen, 27). Berlin: Erich Schmidt (in Vorbereitung)

12 *Halpaap, W.; Kempe, K.:* Rauch- und Wärmeabzug einschl. DIN 18232. (Brandschutz im Bauwesen, 28). Berlin: Erich Schmidt (in Vorbereitung)

13 *Schmidt-Ludowieg, N.; Steinhoff, D.:* Grundlagen des Brandschutzes im Bauwesen. Teil 1: Allgemeine Anforderungen; Teil 2: Bauteile und Baustoffe. (Brandschutz im Bauwesen, 1). Berlin: Erich Schmidt 1982

14 *Bub, H.:* Brennbare Baustoffe im Hochbau mit Erläuterungen. (Brandschutz im Bauwesen, 3). Berlin: Erich Schmidt 1984

15 *Baumgartner, R.:* Hochhäuser. (Brandschutz im Bauwesen, 11). Berlin: Erich Schmidt 1983

16 *Wichmann, R.:* Krankenhäuser. (Brandschutz im Bauwesen, 12). Berlin: Erich Schmidt (in Vorbereitung)

17 *Wichmann, R.:* Schulbau. (Brandschutz im Bauwesen, 13). Berlin: Erich Schmidt (in Vorbereitung)

18 *Wichmann, R.:* Versammlungsstätten. (Brandschutz im Bauwesen, 14). Berlin: Erich Schmidt (in Vorbereitung)

19 *Wichmann, R.:* Warenhäuser. (Brandschutz im Bauwesen, 15). Berlin: Erich Schmidt (in Vorbereitung)

20 *Temme, H. G.; Schubert, K. H.; Kempe, K.:* Industriebauten. (Brandschutz im Bauwesen, 16). Berlin: Erich Schmidt (in Vorbereitung)

21 *Temme, H. G.:* Garagen. (Brandschutz im Bauwesen, 17). Berlin: Erich Schmidt (in Vorbereitung)

22 *Klose, A.:* Brandsicherheit baulicher Anlagen. Band 1: Neue Normen für die Beurteilung des Brandverhaltens von Baustoffen und Bauteilen, DIN 4102 Teile 1—3 und 5—7. Düsseldorf: Werner 1978

23 Mitteilungen des Instituts für Bautechnik, Berlin. Berlin: Ernst & Sohn, sowie: Verzeichnis der Prüfzeichen für nichtbrennbare Baustoffe, schwerentflammbare Baustoffe und Textilien, Feuerschutzmittel für Baustoffe und Textilien. Berlin: Erich Schmidt

24 *Meyer-Ottens, C.; Steinert, J.:* Über das Haft- und Brandverhalten von Putzen auf Stahl-Profilen, -Blechdecken und Betonbauteilen; Prüferfahrungen unter Berücksichtigung verschiedener Korrosionsschutz- und Trennmittel sowie Norm- und Zulassungsbestimmungen. Bundesbaublatt, 1981, Heft 3 und 4, sowie: Betonwerk und Fertigteil-Technik, 1981, Heft 5 und 6

25 *Kordina, K.; Meyer-Ottens, C.:* Brandverhalten von Gasbetonbauteilen — Erläuterungen zu DIN 4102 Teil 4, Ausgabe März 1981. Wiesbaden: Bundesverband Gasbetonindustrie 1985

26 *Meyer-Ottens, C.:* Baulicher Brandschutz nach neuem Bauaufsichtsrecht — Brandrisiken im Bereich von Baustoffen und Bauteilen. a) Bundesbaublatt 1985, Heft 7. b) VFdB-Zeitschrift 1985, Heft 3

27 *Kordina, K.; Meyer-Ottens, C.:* Holz-Brandschutz-Handbuch. München: Deutsche Gesellschaft für Holzforschung (DGfH), 1983

28 *Hoffend, F.; Kordina, K.; Meyer-Ottens, C.:* Neue Prüfvorschriften für Stahlstützen bei Brandprüfungen nach DIN 4102 Teil 2. DIN-Mitt. 63 (1984) 3

29 *Bongard, W.:* Brandschutz von Hallen aus Stahl; Leitfaden für die Praxis. Köln: Stahlbau-Verlagsgesellschaft mbH 1984

30 *Kordina, K.; Hahn, Chr.:* Brandschutz im Mauerwerksbau. In: Mauerwerk-Kalender 1987, Berlin: Ernst & Sohn 1987

Teil F. Zur Geschichte der Bauingenieurkunst

Von *Robert von Halász*

1. Baukunst und Bautechnik

Bauen ist immer Kunst und Technik zugleich; die Gestalt des Bauwerks wird durch ästhetische Vorstellungen und Ideen, aber auch durch die Zwänge der Aufgabe und der Ausführung bestimmt. Die Anteile der oft in befruchtendem Widerspruch stehenden Gestaltungstendenzen sind bei jedem Bauwerk verschieden. In einem Fall überwiegt bei der Gestaltfindung die durch das Bauwerk auszudrückende Idee, in einem anderen Fall das Ziel der Zweckerfüllung, oder aber die Übermacht der durch Bruch- und Standfestigkeit bedingten technischen Zwänge. Als vollkommen kann das Bauwerk bezeichnet werden, dessen Gestalt zugleich in *jeder* Hinsicht überzeugt. Allerdings muß immer eine ausreichende Standfestigkeit gefordert werden.

In heutiger Zeit weitgehender Arbeitsteilung obliegt die Bewältigung eines Teils der Bauaufgaben dem Architekten, eines anderen Teils dem Ingenieur. Architekt und Ingenieur sind aufeinander angewiesen, sich zu gemeinsamem Tun zu verbinden. Dabei hat der Ingenieur die Aufgabe, das Werk auf Grund wissenschaftlicher Kenntnisse mitzugestalten, wobei er im wesentlichen über die exakte Analyse zur Synthese gelangt. Je besser es gelingt, alle Ziele zu einer abgewogenen Einheit zu verbinden, als desto vollkommener kann das Werk angesehen werden.

2. Aufgabe des Ingenieurs

Aufgabe des Ingenieurs ist es also, beim Entwurf den gesamten wissenschaftlich faßbaren, d. h. rationalen Teil der Gestaltung eines Bauwerks zu vertreten: die Bedingungen des Stofflichen, des Kräfteflusses, der Standfestigkeit, der Abwehr von Kälte und Hitze, von Schall und Strahlung, von Erschütterungen und von Regen, Wind, Grundwasser und Bodenfeuchtigkeit. Auch die Bedingungen der Ausführbarkeit, Herstellung und Wirtschaftlichkeit gehören dazu. Dies ist die *technische* Gestaltung.

Ingenieur ist, wer diese rational erfaßbaren Einflüsse beherrscht und es versteht, sie unter gegenseitig richtiger Abwägung im technischen Werk Gestalt werden zu lassen. Technisches Entwerfen ist eine äußerst komplexe Tätigkeit.

3. Das Geburtsjahr des modernen Bauingenieurwesens: 1743

Heute werden unter dem Begriff des Bauingenieurwesens technische Disziplinen zusammengefaßt, die bautechnische Probleme durch bewußte Anwendung mathematisch-naturwissenschaftlicher Kenntnisse lösen. Das moderne Bauingenieurwesen ist also angewandte Naturwissenschaft, wobei die mathematische Komponente der Naturwissenschaft in besonderem Maße überwiegt.

Wenn man festzustellen versucht, ab wann Mathematik, Stoffkunde, Festigkeitslehre und Statik *endgültig und bewußt* der Bautechnik dienstbar gemacht wurden, dann kann man den Anfang des Bauingenieurwesens eindeutig in die Mitte des 18. Jahrhunderts setzen und, wenn man will, in das Jahr 1743.

Daß der endgültige Durchbruch der Ingenieurwissenschaften in einem deutlich erkennbaren, verhältnismäßig kurzen Zeitraum erfolgte, wird durch einen Vorgang gekennzeichnet, auf den zum ersten Mal der durch seine Studien zur Technikgeschichte verdiente Hans Straub (Rom) schon 1942 [1] und dann in seinem Buch [2] 1949 aufmerksam gemacht hat. Das Ereignis ist dann mehrfach beschrieben worden, so von Straub und v. Halász [3] und I. Szabó [4] und sei daher hier nur kurz skizziert.

Gegen Mitte des 18. Jahrhunderts wurden in der ein Jahrhundert zuvor von Michelangelo erbauten Kuppel der Peterskirche in Rom besorgniserregende Risse festgestellt. Papst Benedikt XIV. beauftragte daher drei Mathematiker, Boscovich, Jacquier und Le Soeur, ein Gutachten zu erstellen, das zum Ziel haben sollte, auf Grund statischer Untersuchungen die Schadensursache festzustellen und Maßnahmen zur Behebung der Schäden vorzuschlagen. Daß erstmalig Wissenschaftler mit einer solchen Aufgabe betraut wurden, war damals ein ungewöhnlicher Vorgang und zeugte von dem durch die Arbeiten Galileis und anderer gewachsenen Vertrauen in die Naturwissenschaften.

Das Gutachten erschien im Jahre 1743 im Druck [5] und erregte weltweites Aufsehen, Begeisterung und Ablehnung, letztere besonders von Seiten der Baumeister, die sich lieber auf ihre Erfahrung als auf die neue Wissenschaft stützen wollten. Die Welt war sich damals bewußt (und das ist wesentlich für die Kennzeichnung des Vorgangs als Umbruch), daß ein *neuer* Weg, und zwar die Anwendung wissenschaftlicher Theorien zur Lösung einer baumeisterlichen Aufgabe beschritten worden war.

Als Ursache der aufgetretenen Schäden wurde das Nachgeben des Kämpferrings der Kuppel erkannt: der Horizontalschub und der Fehlbetrag des Querschnitts des Ringankers wurden errechnet und dies unter Anwendung der von Descartes und Johann Bernoulli entwickelten Methode, die wir heute das Prinzip der virtuellen Verrückungen nennen. Die Rechnung war nicht in allen Einzelheiten einwandfrei, konnte es nicht sein, u. a. weil das Wesen der Elastizität seinerzeit noch unbekannt war. Aber sogar mit einem Sicherheitskoeffizienten hatten die Verfasser gerechnet, wie überhaupt das Gutachten in verblüffender Weise bereits den heutigen Formen solcher Gutachten ähnelt.

Immerhin war aber zugleich auch einem angesehenen Baumeister, dem Venezianer Giovanni Poleni, ein Gutachten in Auftrag gegeben worden, der es vorzog, die im Laufe der Zeit entstandenen Schäden auf „natürliche" Art zu erklären, indem er Erdbeben, Blitzschläge, und Setzungen aus ungleich verteilter Auflast als Ursachen nannte.

Man hatte aber so starkes Vertrauen in die Berechnung der drei Mathematiker (und andere Zahlen hatte man eben nicht), daß Vanvitelli 1743/44 fünf weitere Zugringe zur Sicherung der Kuppel einbaute und von weiteren, viel einschneidenderen Maßnahmen, wie sie von anderer Seite vorgeschlagen worden waren, z. B. der Errichtung von vier gewaltigen Strebepfeilern, absah.

In voller Absicht ist in diesem Abschnitt die Entstehung des modernen Bauingenieurwesens als *Frucht der Renaissance* vorangestellt worden, bevor im folgenden auf die Vorgeschichte eingegangen wird: Die Bauingenieurkunst ist eine Kunst der Neuzeit.

4. Die Vorgeschichte der Bauingenieurkunst

4.1. Die Urformen

4.1.1 Vorbemerkungen

Urformen des Bauens sind das Graben, Schichten, Schütten, Spannen, Wölben, Stellen und Legen, wobei die zeitliche Entwicklung nahezu dieser Reihenfolge entspricht. Bemerkenswert ist, daß im Laufe der Geschichte keine neue Grundform hinzugekommen ist: die Urformen sind Grundformen auch noch des heutigen Bauens.

Weiterhin bemerkenswert ist, daß der Mensch imstande war, im Laufe seiner Ge‑ schichte auf der Basis *jeder* Grundform „große" Architektur hervorzubringen, wie aus den folgenden Abschnitten ersichtlich ist. Keinesfalls ist hochentwickelte Technik Voraussetzung großer Architektur.

4.1.2. Das Graben

Höhlen sind von Natur gegeben oder werden durch „Graben" geschaffen und dienen noch heute unter besonderen klimatischen Verhältnissen als „wohnliche" menschliche Unterkünfte. Beispiel: in Matmata (Tunesien) dienen in Lehm gegrabene Schächte mit einem Durchmesser von 8 bis 12 m als Innenhof für seitlich abgehende Höhlenwohnungen. Dort gibt es mehr als 700 solcher Behausungen, die in dem gegebenen Wüstenklima schwer durch oberirdische „moderne" Wohnstätten zu ersetzen sind. Ähnliche Bedeutung haben auch heute noch Höhlenwohnungen in Andalusien, Italien, Griechenland usw. In China (in den Provinzen Honan, Shansi, Shensi und Kansi) sind Fabriken, Schulen usw. in Lößhöhlen untergebracht.

Zahlreiche griechische und römische Amphitheater waren im wesentlichen durch Graben entstandene Bauwerke. Die bei der Ausführung erforderlich gewesene Bewegung großer Massen, aber auch die Planung, Architektur und Beherrschung der Transportprobleme müssen noch heute als eindrucksvolle Leistungen der Baumeister ihrer Zeit angesehen werden.

4.1.3. Das Schütten und Schichten

4.1.3.1. Der mittelamerikanische Erdhügel

Das einfachste durch Schütten und Schichten entstandene Bauwerk ist der Erdhügel. Die alten mittelamerikanischen Kulturen entwickelten eine großartige Architektur allein mit den Mitteln der Erdbewegung. Die von den Azteken so genannten Tzaqualli (= die von einem Steinmantel Umschlossenen) sind nichts anderes als Erdhaufen, die eine Kultstätte tragen, zu der man auf einer Außentreppe emporsteigt. Gräber im Innern, Aushöhlungen waren eine Ausnahme, sie sind jedenfalls für diese Kulturen in keiner Weise typisch [6], zumal den altamerikanischen Kulturen das Wölben nicht bekannt war. Die durch Schütten erzielten Erdhügel wurden zum Schutz gegen Erosion mit einer Stein- oder Mörtelpackung gesichert. In der Hochphase dieser Entwicklung entstanden aus der Steinpackung die wegen ihrer Skulpturen noch heute bewunderten Stufen„pyramiden". Die Form dieser Schichtbauten entwickelte sich vom abgestumpften Kegel zur viereckigen „Pyramide" aus einem Kern von Erde und Geröll, einem Mantel aus sorgfältig geschichteten, durch Mörtel verbundenen Steinplatten und einem Putz aus dauerhaftem Stuck. Diese Bauten kennzeichnen eine Reihe von Kulturen, die drei Jahrtausende bestanden und deren letzte Phase (1370—1521) die aztekische war [6]. Das Gebiet dieser Erdhügelarchitektur umfaßte Mittelamerika von Mittelmexiko im Norden bis Nicaragua im Süden und wies im übrigen außer den „Pyramiden" großzügig geplante kultische Flachanlagen auf, die auf eine entwickelte Vermessungskunst schließen lassen. Über das Schichten und Schütten kamen diese Kulturen allerdings nicht hinaus. Die selten auftretenden Kragkonstruktionen entwickelten sich nicht zu echten Wölbkonstruktionen.

4.1.3.2. Die ägyptische Pyramide

Die ägyptische Pyramide ist die monumentale Form einer über einem Grab errichteten Steinpackung, zu deren Innerem ein Eingang führt, und deren Äußeres mit einem Steinmantel gesichert ist. Die ersten Pyramiden wurden um 2550 v. Chr. gebaut. Die Pyramide von Medum blieb unfertig und ermöglicht daher einen Einblick in die Technik des Pyramidenbaues. Meist besteht der Kern aus unregelmäßig gelagerten, grob gearbeiteten Muschelkalksteinen; die Bekleidung besteht aus feinkörnigen, weißen, wohl ausgerichteten und bearbeiteten Kalksteinblöcken, teilweise auch aus Granit. Alle Pyramiden sind nach den Himmelsrichtungen ausgerichtet. Die Grabkammer liegt bei den alten Pyramiden im Erdboden vertieft, bei den späteren erhöht über Erdgleiche. Gänge und Hohlräume mußten vor der Packung der Pyramide angelegt und gegebenenfalls eingewölbt werden. Das Wölben war den Ägyptern schon im Mittleren Reich bekannt, wurde aber nur als technisches, nicht als gestalterisches Mittel im allgemeinen nur bei untergeordneten Bauteilen und nur gelegentlich angewandt.

Es mag sein, daß Gewölbe zu stark an Höhlen erinnerten und damit den architektonischen Vorstellungen nicht entsprochen haben. Nur im Palastbau Ramses III. in Medinet Habu, in Gräbern thebanischer Tempel und in Tempeln der Römerzeit sind einzelne Räume mit großen Spannweiten überwölbt.

4.1.3.3. Andere Schichtbauten

Bis in die heutige Zeit haben sich aus mörtellosen Steinpackungen errichtete Bauten erhalten, wie Türme, Burgen, Wälle, Mauern. Allbekannt sind die sog. Trulli in Apulien, steinerne Rundbauten mit Dächern in Form von Kuppeln oder Kegeln, die durch ringförmig auskragende Steinplatten gebildet wurden. In Sardinien stehen die sog. Nuraghi, bis 17 m hohe Türme, die wahrscheinlich der Verteidigung dienten. Beeindruckend sind auch die sog. Talayots auf der Insel Mallorca, megalithische Steinbauten.

4.2. Die griechische Bautechnik: Balken und Säule

Keine andere Baukunst hat die Architektur so nachhaltig geprägt wie die griechische. Dabei ist bewundernswert, daß auch dieser Architektur nur sehr bescheidene Mittel und Möglichkeiten zur Verfügung standen. Immer bewahrheitet sich die Tatsache, daß die Anstrengungen zur Überwindung von Schwierigkeiten der Reife einer Kunst zugute kommen. Bei der ägyptischen und griechischen Baukunst ist interessant festzustellen, daß beide noch nicht einmal die von ihnen beherrschten technischen Mittel ausgenutzt haben. Sie beschränkten sich bei der Entwicklung ihrer Architektur auf Balken und Säule, obwohl ihnen das Gewölbe, das später in der römischen und späteren Architektur eine so große Rolle spielen sollte, bereits bekannt war. Der Naturstein als auf Biegung beanspruchbarer Balken gestattete nur kurze Stützweiten und führte daher zu einer engen Säulenstellung. Die Maßverhältnisse der Säulen waren ebenfalls durch die Eigenschaften der aufeinander gestellten Steintrommeln, ihre Transport- und Montagegewichte beschränkt. Die Schlankheit der Säulen wurde im Laufe der Zeit nur vorsichtig vergrößert. Tatsächlich war der technische Spielraum für die Gestaltung sehr eng. Aber innerhalb dieses Spielraumes war die Durchbildung von höchster Vollendung. Der Bau und die Bauteile zeigten im ganzen und im einzelnen die Beherrschung der Funktionen und des Kräfteflusses wie auch der Eigenschaften des Baustoffes.

Am Beispiel der dorischen Säule sei angedeutet, wie Form und Funktion in Beziehung gesetzt waren: die Kanneluren deuten auf die Anspannung der Säule hin, die Entasis veranschaulicht die gefühlte elastische Verformung eines Druckstabes, der Echinus und der Abakus lassen die Funktion von Auflagerplatten erahnen usw.

Straub [2] hat darauf hingewiesen, daß von den archaisch-dorischen Säulen der Tempel in Paestum, Sizilien, bis zu den ionisch-korinthischen Formen des 5. bis 4. Jahrhunderts die Säulenschäfte schlanker und die Interkolumnien größer wurden. Das Formempfinden steigerte sich mit zunehmender Beherrschung des Bauhandwerks und mit differenzierterer Kenntnis der Gesteinseigenschaften. Besonders aber die Säulenabstände waren durch die geringe Biegefestigkeit des Steinmaterials beschränkt, und gerade dieser Umstand hat stark zur Ausprägung des „klassischen" Baustils geführt.

Unter den Zwängen einfacher Mittel, Säule und Balken, ja sogar unter Verzicht auf schon vorhandene Mittel entwickelte sich eine Baukunst, wie sie vollendeter zu keiner Zeit wieder erreicht worden ist.

4.3. Das Gewölbe in der römischen, romanischen und gotischen Baukunst

4.3.1. Definition und Bezeichnung

Das Gewölbe ist eine räumliche, z. B. tonnenförmig gekrümmte, frei über Räume spannende, auf feste Auflager abgestützte Überdeckung aus druckfesten Baustoffen. Die Tragfähigkeit wird außer durch die Steinfestigkeit durch die Formgebung des Gewölbes und meist auch durch einen keilförmigen Zuschnitt der Wölbsteine erzielt. Die Standfestigkeit des Gewölbes ist wesentlich abhängig von der Unnachgiebigkeit der Auflager, die einen Seitenschub erfahren. Wichtig für das Wesen des Gewölbes ist die Art seiner Herstellung: Da die aus der Form des Gewölbes resultierende Standfestigkeit erst nach Fertigstellung zustandekommt, kann der Aufbau des Gewölbes im allgemeinen nur mit Hilfe einer behelfsmäßigen Stützkonstruktion erfolgen: mit einem Lehrgerüst, das zugleich der Formgebung dient und auf dem die Wölbsteine verlegt werden, mit oder ohne Mörtel. Der Mörtel spielt eine untergeordnete (herstellungstechnische) Rolle, er ist nicht Wesensbestandteil des Gewölbes. Nach Abschluß des Wölbvorganges wird das Lehrgerüst entfernt. Wenn die Form zweckmäßig gewählt ist (z. B. nach der Stützlinie), dann stützen sich die Steine gegenseitig auf die Widerlager ab und das Gewölbe ist tragfähig. Die Steine und Fugen sind ausschließlich auf Druck beansprucht, mittig oder ausmittig, gegebenenfalls mit klaffender Fuge.

Jeder Belastung entspricht eine bestimmte Gewölbeform, deren Mittellinie nahe der Stützlinie liegt. Gewölbe eignen sich daher am besten für gleichbleibende Belastungen, z. B. bei Brücken unter Erdmassen. Zug- und Biegespannungen dürfen in Gewölben nicht auftreten, diese können mörtellos ausgeführt werden (bekannteste frühe Beispiele: Cloaca maxima in Rom, Kanaltunnel in Marseille).

Die Zahl der Formen von Gewölben ist überaus groß (einsinnig gekrümmte Tonnengewölbe, Gurtgewölbe, mehrsinnig gekrümmte Kreuzgewölbe, Netzgewölbe usw.).

Bestimmte Formen von Gewölben (z. B. schmale Gewölbe über Wandöffnungen) als Bögen zu bezeichnen ist sinn- und sprachwidrig. Bogen (mhd. boge, althd. bogo, engl. bow) bedeutet „gebogenes". Wölben und Biegen sind aber wesensverschieden. Bögen können nur aus biegefesten Baustoffen gebildet werden. Leider hat sich die Bezeichnung „Bogen" für „Gewölbe" seit alters wegen der Gleichheit der äußeren Form verbreitet: Titus„bogen", Arcus, Arc de Triomphe, Gurt„bogen". Es sind dies ihrem Wesen nach alles Gewölbe, die mit echten Bögen (Bogentragwerke aus Holz, Stahl, Stahlbeton) eben nur die äußere Form gemeinsam haben.

4.3.2. Die frühe Entwicklung des Gewölbebaues

Man kann das Gewölbe als die erste Ingenieurkonstruktion ansehen: als eine geniale Erfindung zur Lösung der Aufgabe, mit nur druckfestem Material weite Räume zu überbrücken, die *nicht* auf der Hand lag. Sie erforderte neben Gespür für Material und Kraft ingeniöse Phantasie.

Es war eher naheliegend und einfach, weite Räume mit nur *zug*festem Material zu überbrücken (Urwaldbrücken aus Lianen als Vorläufer der heutigen Hängebrücken aus Stahl, größte Stützweite Humberbrücke 1980: 530 + 1410 + 280 m); man darf aber nicht übersehen, daß die Natur dem Menschen sehr viel weniger zugfestes als druckfestes Material zur Verfügung stellt.

Mit nur *druck*festen Elementen aus Natursteinen oder gebranntem Stein, mit sozusagen listiger Formung und durch Verspannung zwischen unnachgiebigen Widerlagern den Raum zu überbrücken, wobei dann noch besondere Maßnahmen getroffen werden mußten, weil die Konstruktion erst nach endgültiger Fertigstellung tragfähig war: *das* erforderte eine jahrtausendelange Entwicklung. Die mittelamerikanischen Kulturen haben in ihrer dreitausendjährigen Geschichte den Schritt von der Krag- zur Gewölbekonstruktion nie vollzogen, was insofern auch verständlich ist, als die Gewölbekonstruktion keine Fortentwicklung der Kragkonstruktion darstellt, sondern einen neuen Denkansatz erforderte. Babylonier, Ägypter und Araber tasteten sich nur langsam von kleineren zu größeren Stützweiten vor. In Mesopotamien sind Gewölbe über Grabkammern und Kanälen aus dem Anfang des 3. Jahrhunderts v. Chr. festgestellt worden. Auch der Thronsaal der Königsburg in Babylon dürfte überwölbt gewesen sein. Von den Etruskern kennt man die Tagliata Etrusca bei Ansedonia und die gewölbte Brücke bei Biela nördlich von Rom mit 7,4 m Stützweite aus der Mitte des 1. Jahrtausends v. Chr. Der Thronsaal Ramses' III. (12. Jahrhundert v. Chr.) wies Tonnengewölbe aus ungebrannten Ziegeln mit lichten Weiten von 3,0 bis 3,5 m auf. Die Tonnengewölbe der Hängenden Gärten der Semiramis in Babylon stammen aus dem 6. Jahrhundert v. Chr.

Aber bezeichnenderweise schreiben die Griechen die Erfindung des Gewölbes erst Demokrit (470 bis 360 v. Chr.) zu. In der Tat haben sie Gewölbe nur im „Tiefbau" bei untergeordneten Bauten angewendet. Das Gewölbe war ihnen wie den Ägyptern lediglich ein konstruktives Mittel zur Bewältigung von technischen Aufgaben.

4.3.3. Die römische Ingenieurbaukunst

Auch die Römer mieden die Gewölbe als Ausdrucksmittel ihrer sakralen Baukunst. Beim Bau ihrer Tempel blieben sie Schüler der Griechen. Vor den großartigen Kuppelbau des Pantheons z. B. (43 m Spannweite, 2. Jahrhundert n. Chr.) stellten sie eine achtsäulige Giebelvorhalle, die den architektonischen Eindruck bestimmt. Das Gewölbe war nur technisches Mittel zur Überwindung großer Spannweiten. Um so mehr aber verwendeten sie Gewölbe bei nicht-sakralen Zweckbauten: Brücken, Aquädukten, Viadukten, Thermen, Stadttoren, Triumph„bögen" u. dgl. Besonders hervorzuheben sind die von Hadrian erbaute Engelsbrücke in Rom (Pons Aelius), Augustus' Talbrücke über die Nera bei Narni mit 16 × 31 m Stützweite, der Pont du Gard bei Nîmes, der Aquädukt in Segovia mit seinen mehrfach übereinandergestellten Gewölbereihen. Nicht zuletzt wegen ihrer Kuppel- und Gewölbebauten hat man später die Römer als die „ersten Ingenieure des Altertums" bezeichnet.

Was die Fertigung der Kuppeln und Gewölbe angeht, entwickelten die Römer Verbesserungen: Etwa seit dem 1. Jahrhundert n. Chr. ersetzten sie Naturstein und Ziegelmauerwerk der Gewölbe durch Schüttbeton aus Ziegel- und Tuffbrocken und Mörtel, was zu bedeutender Erleichterung und beschleunigter Arbeitsleistung führte. Was die Gewölbeformen anbetrifft, so entwickelten sie Kreuzgewölbe (so bei der Maxentiusbasilika, 25 m). Den Schub der Gewölbe minderten sie durch Erleichterung der Gewölbegewichte, indem sie Hohlraum durch Einbettung von eigens hierzu vorgefertigten kegelförmigen Tongefäßen herstellten, dies etwa seit dem 3. Jahrhundert n. Chr. (heute „verlorene Schalung" genannt).

4.3.4. Die Gewölbe der Romanik und Gotik

Mit dem Zerfall des weströmischen Reiches entfielen in Mitteleuropa für einige Jahrhunderte die großen Bauaufgaben. Aber in Byzanz und Vorderasien entstanden beachtliche Kuppelbauten wie vor allem die Hagia-Sophia-Kuppel mit 31 m Spannweite, erbaut in den Jahren 532 bis 637 von Anthemios von Thralles und Isodoros von Milet und die Sassanidischen Tonnengewölbe in Firusabad (Persien) um 240 mit bis 25,6 m Spannweite und 7 m dicken Widerlagermauern. Im Abendland gab es ebenfalls einige herausragende Leistungen, z. B. die Kuppel der karolingischen Palastkapelle zu Aachen (796 bis 804).

Dann aber kam in der Lombardei, der Normandie und am Mittelrhein um die Jahrtausendwende eine Entwicklung in Gang, die das Gewölbe aus einem technischen zu einem stilbildenden Mittel ersten Ranges erhob. Zunächst waren es in einem Übergangsstil die gewölbten Basiliken, bei denen die bis dahin üblichen Balkendecken durch gemauerte Gewölbe ersetzt wurden. Dann aber beeinflußte der immer besser beherrschte Gewölbebau das gesamte Baugefüge, und es entstanden in ganz Europa die noch heute ehrfurchtgebietenden Kirchen und Kathedralen des romanischen und gotischen Baustils, bei denen ein einziges konstruktives Mittel — das Gewölbe — entscheidend die Gestaltung beeinflußt hat. Natürlich haben, wie bei jeder Stilbildung, noch viele Faktoren mitgewirkt: die geistigen Strömungen, die gesellschaftlichen Verhältnisse, die Vorstellungskraft und Leidenschaftlichkeit einer Zeit — aber hier, in dieser Darstellung der Entwicklung der Ingenieurkunst muß mit Nachdruck auf den starken Einfluß des konstruktiven Mittels hingewiesen werden. So soll hier auch die Entwicklung vom romanischen zum gotischen Stil vom *konstruktiven* Standpunkt aus dargestellt werden.

In technischer Hinsicht ist das Spitzgewölbe (Spitz„bogen") durchaus keine Weiterentwicklung des Rundgewölbes (Rund„bogens"), das nach der Stützlinie für mehr oder weniger gleichmäßig verteilte Lasten geformt ist. Es bedurfte schon eines Anstoßes, einiger neuer Gedanken, um vom Rund,,bogen" zum Spitz,,bogen" zu kommen, wenn man bedenkt, daß noch den Statiker unserer Zeit ein Unbehagen befällt, wenn er das Gleichgewicht im Gewölbescheitel ohne Gegenwirkung einer Einzellast betrachtet. Bei der Entwicklung des gotischen Stils vom romanischen Stil fort, haben irrationale (hier nicht zu betrachtende) Vorstellungen der Zeit stark mitgewirkt. Aber es gab auch technische Beweggründe: Zum Spitzgewölbe war man in dem Bestreben gekommen, den immer schwierig zu meisternden Gewölbeschub zu mindern. Die im Scheitel auftretende Unstetigkeit (heute als Gelenk angesehen) spielte für die Abmessungen keine Rolle. Auch die Ausführung war beim gotischen System vereinfacht, indem nur die Rippen ordentliche Lehrgerüste benötigten, während Schalen und Kappen u. U. freihändig gewölbt werden konnten.

Mit einem Minimum an Materialaufwand wurde durch Trennung von tragendem Skelett und ausfüllenden Wänden, durch die Auflösung der Gewölbe in tragende Rippen und raumabschließende Kappen, durch die Auflösung der Widerlagermauern in gewölbte Streben und Pfeiler eine Struktur geschaffen, die unter der erschwerenden Forderung, nur druckfestes Gestein verwenden zu können, auch heute nicht besser entwickelt werden könnte.

Auf empirischem Weg allein hat die Gotik nicht nur zahlreiche neue Gewölbeformen gefunden, sondern — im heutigen Sinne — eine wirtschaftliche Bauweise entwickelt.

Es ist klar, daß eine solche Entwicklung nicht frei blieb von Irrtümern und Unfällen. So war in der Kathedrale von Chartres der Schub aus den Gewölben so stark, daß, obwohl von vornherein sehr starke Strebepfeiler angeordnet worden waren, Schäden auftraten. Im Jahre 1316 ließ man Pariser Baumeister kommen, darunter den ,,Maître de l'oeuvre de Notre Dame" namens Pierre de Chelles und ergänzte das vorhandene Strebewerk durch eine zusätzliche Abstrebung, hoch *über* den schon vorhandenen Ansatzpunkten.

Auch in Amiens (13. Jh.) mußte man im 14. Jahrhundert eine Verstärkung durchführen, diesmal *unter* den vorhandenen Ansatzpunkten. In Evreux (1260—1310) mußte man im 15. Jahrhundert das Gewicht der Auflast erhöhen. In Beauvais waren im Jahre 1272 Apsis und Teile des Chores bereits vollendet, als im Jahre 1284 ein Teil des Strebewerkes und die Gewölbe zerbrachen. Da man hier die Ursache in einem Ausweichen von Pfeilern erkannte, veränderte man das gesamte Gewölbe- und Pfeilersystem.

Es war die letzte Bauperiode des Abendlandes, die es verstand, ihre Weltanschauung eindrucksvoll in Bauten darzustellen, die in gleicher Weise formal und technisch vollendet, auch heute noch von außerordentlicher Wirkung sind. Besonders bei den Bauten der Gotik beeindruckt den Ingenieur von heute die unverhüllte Darstellung einer hochentwickelten Wölbkunst, die gleichzeitig Geist und Sinn jener Zeit auf das tiefste ergreift.

Es war auch die größte (und letzte) Periode in der Entwicklung der Bautechnik, die fast allein auf *Erfahrung* gegründet war. Die inzwischen sich langsam entwickelnde Naturwissenschaft übte noch keinen nachhaltigen Einfluß auf die Bautechnik aus.

In der gleichen Zeit wurden auch zahlreiche gewölbte *Brücken* ausgeführt. Hier allerdings setzte das mitteleuropäische Mittelalter nur die Tradition der Römer fort, brachte es allerdings zu Meisterleistungen.

Der bekannteste Brückenbau dieser Zeit war die Brücke über die Adda bei Trezzo in Oberitalien, die den Fluß in einem einzigen Gewölbe von 72 m Stützweite bei 21 m Pfeilerhöhe überspannte. Sie war 1370 bis 1377 für Bernabó Visconti gebaut worden. Anläßlich der Belagerung des Schlosses im Jahre 1416 wurde sie zum Einsturz gebracht. Die Spannweite dieser Brücke war doppelt so groß wie die der weitestgespannten Römerbrücke (Nerabrücke bei Narni).

4.3.5. Die Leistungen des mitteleuropäischen Mittelalters

Das mitteleuropäische Mittelalter hat bautechnische Leistungen vollbracht, die von keiner Zeit nachher wieder übertroffen worden sind, indem eine Einheit von Form und Wesen erreicht wurde, wie sie einmal zuvor nur im griechischen Altertum erreicht worden war. Dabei war die Erkenntnis allein auf Empirie und die Ausführung allein auf Handwerk gegründet.

4.4. Das Handwerk

Handwerk ist eine mit Material gestaltende Tätigkeit, die im besonderen mit der Hand unter Benutzung von Werkzeug und Gerät ausgeübt wird. Handwerk ist immer eine persönliche Einzelleistung des Meisters, das Werk bleibt dem Schöpfer körperlich, geistig und seelisch nahe. Das Werk trägt immer die persönliche Handschrift des Meisters. Die Mauer z. B. ist in diesem Sinn Handwerk, ist doch jeder einzelne Stein von Hand gesetzt und der Mörtel in unzähligen einzelnen Handreichungen mit der Kelle gelegt. Die Mauer weist daher die besondere Schönheit aller handgearbeiteten Werke auf: die reizvoll abgewandelten Unregelmäßigkeiten, die die Hand- von der perfektionierten Maschinenarbeit unterscheidet!

Die Verfahren des Handwerks entwickeln sich aus Erfahrung und Überlieferung. Die Verfahren des Handwerks gelten weithin als Lehren, sie werden fast ausschließlich über das Meister-Schüler-Verhältnis vermittelt. Die Weitergabe des Könnens geschieht auf berufsständischer Grundlage.

Handwerkliche Tätigkeit ist beim Bau auch heute noch überwiegend: das Mauern, das Zimmern, das Putzen, das Dachdecken und das Klempnern usw. nehmen zusammen weit mehr als die Hälfte des Arbeitsaufwandes beim Bauvorgang ein. Das Bauen ist bis auf den heutigen Tag in viel größerem Maße Handwerk geblieben als irgendein anderes Gewerbe. So ist z. B. der Anteil der Handarbeit im Maschinenbau, wo ursprünglich Schlosser und Schmied alle Metallarbeiten vollführten, viel stärker verdrängt als in der Bautechnik.

Das hohe Mittelalter Mitteleuropas hatte, wie aus dem obengesagten hervorgeht, die Blüte des handwerklichen Bauens bedeutet. Das Handwerk (Gegensatz: das industrielle Werk) ist aber bis zum heutigen Tag wichtig geblieben.

4.5. Der Aufbruch der mathematischen Analyse bis zu ihrer Anwendung in der Bautechnik

Bis zur Mitte des 18. Jahrhunderts war die Bautechnik im wesentlichen auf Erfahrung und Überlieferung gegründet. Durch die sich langsam entwickelnde Naturerkenntnis wurde sie zunächst nur wenig befruchtet. So ist zu verstehen, daß der Vorgang von 1743 von den Baumeistern als Fanal einer erdrutschartigen Entwicklung empfunden wurde und oft noch bis zu Anfang des 19. Jahrhunderts abgelehnt wurde. Bis heute ist das Wort von der „grauen Theorie" immer noch in der Baupraxis lebendig geblieben.

Den Weg zur Verwissenschaftlichung der Bautechnik, d. h. die Entwicklung des Bauingenieurwesens, kann man am einfachsten an der Literatur ablesen.

Was man etwa *um Christi Geburt* vom Bauen wußte, ist in einigen Büchern nachzulesen, wie vor allem

in *Vitruvs* „Zehn Büchern vom Bauen" („De architectura libri decem"), wo etwas über Baumaterialien, Säulenanordnungen, Tempelbau, Grund- und Hafenbau, Mauerwerk und Putz, Wasserleitungen und Brunnen, Hebezeuge, Schöpfräder und Pumpen zu erfahren ist,

in *Philons* Schrift über Festungs- und Hafenbau,

in *Herons* (um Chr. Geburt) Schriften über Winden, Hebel, Rollen, Keile und Schrauben, Gewölbe, Meßkunst, Planung und Trassierung von Tunneln,

in *Plinius' d. Ä.* (23—79 v. Chr.) Enzyklopädie über die gesamten Naturwissenschaften (37 Bücher),

in *Frontinus'* (30 bis 103 n. Chr.) Schrift über Wasserleitungen der Stadt (De aquae ductibus urbis Romae).

Im *Mittelalter* übte die scholastische Philosophie Logik und Mathematik und bereitete damit das spätere sog. exakte Denken der Naturwissenschaften vor:

Albertus Magnus (1193—1280), der Bahnbrecher des Aristotelismus, befaßte sich mit dem gesamten Wissen seiner Zeit, auch mit den Naturwissenschaften als selbständiger Beobachter [1].

Raimundus Lullus (1235—1316), „Doctor illuminatus", Gegner der rationalistischen Philosophie des arabischen Philosophen Ibn Roschd (Averroes) (1126—1198), eines großen Verehrers und Kommentators des Aristoteles. Lullus schrieb die Enzyklopädie „Ars magna".

Jordanus de Nemore (13. Jahrhundert) schrieb u. a. eine Statiklehre „Jordani super demonstrationem ponderis" [8], die dann später auch Leonardo da Vinci und Galilei beeinflußte.

Roger Bacon (um 1219—1294), „Doctor mirabilis", erkannte Mathematik, Experiment und Empirie als die drei Quellen der Naturerkenntnis.

Den endgültigen Aufbruch vollzog schließlich *Galilei* (1564—1642) mit seinen Discorsi 1638, indem er die bis dahin allein anerkannte Betrachtungsweise des Aristoteles überwand und die Naturwissenschaft allein auf Beobachtung und Experiment gründete. Diesen Vorgang hat (neben vielen anderen) zuletzt I. Szabó [4] gründlich beleuchtet.

Es folgten nun die allbekannten Arbeiten von *Newton* (1642—1727), *Mariotte* (1620 bis 1684), *Hooke* (1636—1709), *Jakob Bernoulli* (1654—1705) und *Leibniz* (1646—1716).

Die eigentliche Baustatik begann aber erst mit den Arbeiten von *Coulomb* (1736—1806). Das Hauptwerk Coulombs [9] erschien 1773, also rund 30 Jahre nach dem aufsehenerregenden Gutachten der drei Mathematiker über die Schäden an der Peterskuppel 1742. Nochmals rund 50 Jahre später erschien das erste vollständige Lehrbuch über Baustatik, nämlich von *Navier* (1785—1836), das 1826 veröffentlichte „Résumé" seiner Vorlesungen [10], die er an der Ecole des Ponts et Chaussées gehalten hat, an der ersten Hochschule für Bauingenieure, die 1747 gegründet worden war. 1831 wurde die erste Bauingenieur-Fachzeitschrift gegründet: die Annales des Ponts et Chaussées.

So kennzeichnen die Daten 1742 (Peterskuppel), 1773 (Coulomb) und 1826 (Navier) die Begründung der Bautechnik als einer angewandten Wissenschaft innerhalb von etwas mehr als 80 Jahren.

Die Entwicklung seither ist in den einzelnen Kapiteln der Hüttebände für jede einzelne Fachdisziplin des Bauingenieurwesens zu verfolgen.

Die während des gesamten 19. Jahrhunderts währende und bis heute noch unvermindert fruchtbare Entwicklung der Bautechnik ist begründet durch die ausgewogene Verbindung von Theorie und Praxis, wie sie Ende des 18. Jahrhunderts konzipiert worden war.

Literatur zu Teil F. Zur Geschichte der Bauingenieurkunst

1 *Straub, H.:* Schweizerische Bauzeitung 1942, S. 73 ff.
2 *Straub, H.:* Die Geschichte der Bauingenieurkunst 2. Auflage. Basel: Birkhäuser Verlag 1964.
3 *Straub, H.; v. Halász, R.:* Zur Geschichte des Bauingenieurwesens. Die Bautechnik 1960, S. 121 ff.
4 *Szabó, I.:* Geschichte der mechanischen Prinzipien. Basel: Birkhäuser Verlag 1977.
5 *Boscovich, Jacquier und Le Seur:* Parere di tre mattematici sopra i danni che si sonno trovati nella Cupola di S. Pietro sul fine dell' Anno 1742. Venezia 1743.
6 *Krickeberg, W.:* Altmexikanische Kulturen. Berlin: Safari-Verlag 1971.
7 *Albertus Magnus:* Opera omnia. (40 Bde.) Neue krit. Gesamtausgabe des Albertus-Magnus-Instituts in Köln.
8 *Duhem, P.:* Les Origines de la statique. 2 Bände. Paris: 1905—1906.
9 *Coulomb, Charles Auguste:* Essais sur une application des règles de maximis et minimis à quelques problèmes de statique relatifs à l'architecture. 1773.
10 *Navier, L. M. H.:* Résumé des leçons données à l'Ecole des Portes et Chaussées sur l'application de la mécanique à l'établissement des constructions et des machines. 1826.

Sachverzeichnis